山地植烟土壤维护与改良理论与实践

◎ 邓小华　周米良　田　峰　等 著

中国农业科学技术出版社

图书在版编目（CIP）数据

山地植烟土壤维护与改良理论与实践／邓小华等著．—北京：中国农业科学技术出版社，2019.6

ISBN 978-7-5116-4184-7

Ⅰ.①山…　Ⅱ.①邓…　Ⅲ.①烟草-山地栽培-土壤改良-研究　Ⅳ.①S572.06

中国版本图书馆 CIP 数据核字（2019）第 088424 号

责任编辑　金　迪　崔改泵
责任校对　李向荣

出 版 者　中国农业科学技术出版社
　　　　　北京市中关村南大街 12 号　邮编：100081
电　　话　(010) 82109194（编辑室）　(010) 82109702（发行部）
　　　　　(010) 82109709（读者服务部）
传　　真　(010) 82106650
网　　址　http://www.castp.cn
经 销 者　各地新华书店
印 刷 者　北京建宏印刷有限公司
开　　本　787mm×1 092mm　1/16
印　　张　21.5
字　　数　385 千字
版　　次　2019 年 6 月第 1 版　2019 年 6 月第 1 次印刷
定　　价　118.00 元

《山地植烟土壤维护与改良理论与实践》

著者名单

主　著： 邓小华　周米良　田　峰

著　者： 张明发　田明慧　彭曙光

陈　金　李海林　黎　娟

李源环　杨丽丽　刘　卉

陈前锋　滕　凯　张　胜

陈明刚　张乐奇　余建飞

尹光庭　陈治锋　黄远斌

李玉辉　向德明　段晓峰

前　　言

烤烟是中国重要的经济作物。土壤是烤烟种植的重要载体和烤烟养分的主要来源。受烟区长期连作、化肥大量施用等生产方式的影响，烟田土壤出现板结、酸化、有机质低、微生物活性弱等问题，导致土壤养分供应失衡和烟叶质量下降及烤烟生产的不稳定，严重制约了烤烟生产的可持续性。

良好的植烟土壤环境是优质烟叶生产的前提。针对山地烟区生产地块小、坡地多、远离居住区、土壤质量退化等现状，围绕恢复植烟土壤地力和提升植烟土壤丰产能力，以提高烟叶质量、降低成本、简化技术、绿色高效可持续生产为目标，湖南农业大学邓小华教授及其团队深入湘西烟区，与当地技术人员合作进行深入研究，揭示了玉米秸秆、绿肥在烤烟大田的腐解及养分释放规律，阐明了秸秆、绿肥、生物炭及其协同对植烟土壤物理性状、土壤微生物、土壤酶、土壤养分、烤烟生长发育及产质量的影响，构建了植烟土壤生产力可持续指数模型，研发了激发式秸秆就地还田提升地力、少耕+秸秆+腐熟剂+绿肥快速培肥山地土壤、秸秆+绿肥+生物炭生态协同改良土壤等技术，并在总结提炼后进行示范，提升了山地优质烟叶生产水平，促进了烟区可持续发展。

本书的撰写得到了湘西自治州烟草公司领导与专家的支持和帮助。特别感谢湖南省烟草公司重点项目“湘西烟区植烟土壤维护和改良研究与示范”的资助。撰写过程中引用了大量资料，除书中注明引文出处外，还引用了其他文献资料，未能一一列出，谨此表示衷心感谢！

鉴于对山地植烟土壤维护和改良理论与技术的认识水平有限，加之作者撰写时间仓促，书中疏漏和谬误在所难免，希望同行专家和广大读者不吝赐教。

邓小华

2019 年 3 月于长沙

目录

第一章　绪　论

优质烟叶生产的一个重要条件就是具有耕层疏松、通气良好的、适宜的土壤田间含水量和有机质、养分均衡等性能良好的优质土壤。烟区长期连作、化肥大量使用等生产方式，造成土壤板结、土壤耕作层变浅、土壤酸化、土壤有机质下降、土壤微生物活性降低等问题，导致土壤养分供应失衡和烟叶质量不稳定，严重影响了烤烟生产的可持续性。要从根本上提高烟叶质量，必须为烟草生长发育创造一个良好的土壤环境，均衡土壤对烟株的营养供应。相当长时间内维持或改良植烟土壤质量或健康状况将决定着烟叶生产可持续发展，众多科研人员围绕植烟土壤问题和改良技术进行了大量研究，丰富了植烟土壤保育理论技术，推动了植烟土壤可持续利用。

第一节　植烟土壤存在的问题

一、连作障碍日益凸显

中国耕地的“均田制”和农民恋地观念，使农村土地流转困难。随着中国烟草种植向更适宜烟叶生产的局部地区转移与集中，这些地区种烟面积不断扩大。烟草种植面积高度集中，往往难以做到合理轮作来调节烟田土壤肥力，导致烟草连作面积不断增加。中国烟区 70%以上分布于山区和半山区，受耕地有限和经济利益的驱动，多数烟农迫不得已连作种植烤烟。烟田连作已不是个别烟区的个别现象，是一种非常普遍存在的现象。在部分烟区烟叶种植中，烟田连作 5 年以上的情况已经是普遍现象，连作 10 年以上的烟田同样存在。由于土地流转困难，形成了越是老种烟户，烟田连作现象越严重的状况。尤其是近年来自然灾害的影响频度增加，使种烟叶收入持续降低，加之与其他作物种植比较效益下降，使相当一部分烟农退出烟叶种植，烟区能保留下来的种烟户多为种烟多年（有的甚至长达几十年）的“基本户”，而这些“基本户”长期用于烟叶种植的烟田连作现象表现得更为突出。

烟田长期连作已对烟区可持续发展构成严重威胁。尤其是南方烟区土地复种指数过高，覆盖面越来越大，给烟区造成的主要威胁有：一是烟田土传病害已成为威胁烟叶种植的突出矛盾，不仅表现在病害种类不断增加，烟叶花叶病、黑茎病、青枯病、根腐病、角斑病、根结线虫等病害在烟田连作区域内严重发生，而且危害面积和程度也呈逐年上升趋势。土传病害造成的直接后果是烟区的烟叶产量下降，甚至绝收，增加了烟农种烟风险性，并直接影响烟农种烟的积极性。二是烟叶质量下降。由于烟田连作和复种指数过高，使植烟土壤理化性状不断恶化，加之普遍存在的“化肥烟”现象使烟田土壤肥力退化更为严重。三是加速了烟区老化和衰败。土壤过度耕种使养分片面消耗，导致烟田全钾、有效硼、交换性镁、有效锌等必需元素亏缺加剧，使植烟土壤养分供应失衡，影响了烟株的生长发育。烟株瘦小，生长速度缓慢，开片不好，易出现各类缺素症状，导致烟叶产量明显下降。烟叶耐熟性和成熟度变差，烤后烟叶组织紧密，颜色发暗，油分降低，不耐贮藏，烟叶的可用性下降。张长华（2007）研究表明，烟茎、烟根、烟叶重量随着连作年限增加呈明显降低趋势。Yu 等（1997）和晋艳等（2002）研究发现，长期连作导致烤烟产质量下降，烟叶钾和糖含量也下降，而烟碱含量上升，香气质变差，并随年限的增加，烟叶评吸质量有逐年恶化的趋势。石秋环等（2009）和时鹏等（2011）研究认为，连作为根系病害提供了生存、繁殖场所，是地下害虫大量繁殖的原因。烤烟连作障碍因子归纳起来主要有植烟土壤理化性质改变和生态环境恶化、烤烟化感自毒作用、植烟土壤微生物区系的变化等，但引起烤烟连作障碍的主要因素是烤烟根际微生态失调（石秋环等，2009）。相关研究（刘巧珍等，2012；张继光等，2011）表明，连作烤烟根际微生态有明显变化，主要与微生物数量、土壤养分比例、土壤中的酶活性、自毒作用等方面有关。

烤烟是一种忌连作的茄科作物。烤烟连作会对烟叶生产造成一定的损失，主要表现为产量降低、烟叶品质下降、病虫害加重等。掠夺性烤烟种植最终会导致烟区衰亡的现实在中国一些老烟区已得到印证。在同一烟区内，区域种植自然转移的现象也表现十分突出：有些过去曾是烟叶种植示范区的乡镇现在已变成烟叶种植空白点，这种情况在各县域内都有不同程度存在。由此可见，烟区连年种烟，轮作周期短，周期内作物种类单一，连作障碍日益凸显，任何烟区如果不能很好地解决烟田连作和土壤肥力下降的问题，势必导致最终衰败的结局。

二、忽视有机肥和偏施化肥致使土壤质量下滑

多年来，对烟田施用有机肥料认识上的偏颇，长期忽视有机肥施用的后果已明显显现。一些烟区肥沃的耕地面积不断减少，而现有和新增耕地的土壤肥力普遍偏低。烟田长期大量施用化肥，少施或不施有机肥，导致土壤中碳、氮比严重失调，土壤团粒结构受到严重破坏，致使土壤板结，通气透水性明显下降，pH 值下降，土壤腐殖质减少，有机质含量降低，土壤微生物活性减弱。由于土壤保肥、保水能力降低，使肥料的利用率明显降低，最终导致烟叶品质下降。土壤大量残留的化学物质还会造成土体和水资源严重污染。土壤养分分解释放能力下降，致使养分特别是微量元素分解释放受阻，影响了根际营养元素的有效均衡供给和根系生长发育。特别是一些稻田土壤，由于土壤肥料浓度较高，土壤较黏重、通透性较差，肥料施用的供肥方式前低后高，致使下部烟叶营养不良、叶片小而薄，而上部叶偏厚、烟碱含量偏高、糖碱比例不协调，掩盖了烟叶香气风格特征，烟叶香气质和香气量降低，烟叶风格弱化。烟农往往在前期看到烟株生长缓慢，会采取增加肥料的手段，使上述问题进一步加剧。这类问题已在相当一段时间里严重影响了中国优质烟叶保障能力。

土壤酸化是指土壤中盐基离子被淋洗而氢离子增加、酸度增加的过程，由自然因素和人为因素引起。烟草生长一般要求植烟土壤 pH 值在 5.5~6.5 较为适宜，植烟土壤 pH 值过低，则不利于烟草生长发育和优质烟叶良好品质的形成。近年来，中国烟区土壤酸化日趋严重，尤开勋（2011）研究认为湖北省宜昌市烟区酸性土壤面积高达 76%以上；全国平衡施肥普查结果显示，中国主要植烟土壤中有很大一部分土壤 pH 值低于烟草最适生长 pH 值，以南方烟叶产区为主，此类植烟土壤对烟草生长和优质烟叶的生成有不利影响。植烟土壤酸化使土壤中盐基离子减少，造成土壤贫瘠，引起土壤肥力下降，还会降低土壤中微生物和有关酶类活性（王富国等，2011），从而不利于烤烟生长发育。植烟土壤酸化使土壤中 H^+增加，净电荷减少，造成钙、镁、钾等养分离子的吸附量显著减少，降低土壤矿质元素含量，使烤烟在生长过程中易产生缺素症等症状（王辉等，2005）。植烟土壤酸化导致烟叶中的烟碱含量增加及糖碱比不协调，影响烟叶品质（寇洪萍，1999）。植烟土壤酸化时，土壤中重金属离子活化，造成烤烟吸收大量可溶性重金属离子，容易形成“黑色烟草”和“灰色烟草”（左天觉，1993），降低烟叶品质，甚至会影响动物及人的健康。此外，植烟土壤酸化还会增加烤烟根茎病害的发生率（魏国胜等，2011），最终影响烤烟产量

和质量。

为追求烤烟高产和减少田间管理强度，过量使用化肥的“大肥大水”烤烟种植现象普遍发生，使得烤烟生产系统内部结构受到破坏，植烟土壤有机质含量下降，耕作层团粒结构破坏并减少，蓄水保肥能力下降，肥效作用降低，由此引发了环境污染、资源浪费、土壤养分失调、烟叶产量和质量下降等问题，严重地制约了烤烟生产的可持续发展。大量研究证明，长期偏施化肥，破坏土壤水稳性结构的稳定性，导致土壤容重增加、孔隙度降低、耕层土壤发僵和土壤酸化，改变了耕层土壤的水、气、热环境及肥料—土壤—烤烟养分系统的平衡，影响烤烟根系生长。王树会（2010）研究发现，烤烟生产上过量施用化肥会导致烟株生长势较差、烟叶产量与质量下降。因此，减施化肥在保障烟叶产量与质量兼优的同时，可更好地提高养分利用效率、保护生态环境和促进烟农增收。

三、施肥比例失调致使化肥投入效益明显下降

20 世纪 50 年代，中国种植烤烟以农家肥和饼肥为主，烟叶产量在 1 500kg/hm^2 左右，由于施用肥料的营养元素齐全，烟叶的内外在质量均较好，至今仍让人向往。50 年代末期，由于全国性原料缺乏，烟叶生产以增加产量为主，烟叶质量受到影响。60—70 年代，单位面积产量出现盲目增高趋势，烟叶质量已受到严重影响，而且这一阶段烟草栽培在施肥上主要以单一施用氮素化肥为主，轻施磷钾肥，加剧了烟田土壤营养元素比例失调，致使烟叶质量状况明显恶化，上中等烟比例大幅度减少，低次烟明显增大。这种形势下，中国烟叶生产曾一度普遍存在“恐氮心理”，只简单采取降低氮肥措施，未从均衡营养、全面协调营养供给入手，结果造成烟叶营养不良，发育不全，成熟度不够，生产的烟叶质量还是较难满足卷烟工业要求。直至今日，这种现象在部分烟区仍有存在。目前，中国农民对耕地的利用强度普遍增大，但只注重用地而忽视养地，在施肥方式上普遍存在“三轻三重”现象，即“重化肥、轻有机肥”“重氮磷肥、轻钾肥”“重大量元素肥、轻微肥”，致使土壤养分补充极不均衡，导致耕地越种越“瘦”。

中国局部烟区植烟土壤长期大量使用单一配方肥料，导致土壤氮、磷已较为丰富，但是养分供应的有效性明显下降。有资料表明中国烤烟肥料利用率较低，南方一些省份肥料的表观利用率仅为 20%～30%，经济利用率仅为 10%左右。究其原因，主要是对提高肥料利用率的相关性技术缺乏深入研究，特别是

南方烟区对肥料流失的控制和北方烟区的营养吸收障碍等方面没有从根本上研究解决。在一些南方多雨地区，由于肥料流失率较大，肥料投入较多，这与目前肥料施用技术掌握不当和肥料加工技术落后有直接关系。而目前中国烟叶质量与国际优质烟叶生产国之间的差异很大程度与植烟土壤养分状况和肥料施用不平衡有关。近几年，各烟区在大面积推广具有准确、高效等特点的测土配方施肥和套餐制施肥技术，并取得一定成效。在推广实施过程中需要各步骤紧密相联，任何一个环节出现问题，都会影响这些技术在烤烟施肥中的效果和作用。因此，需要不断加强田间试验、土壤养分测试技术、肥料配制和数据处理等方面的创新，不断改善烟草专用肥料的生产技术，不断提升测土配方施肥技术与烤烟营养需求之间的耦合，使烟农能够科学地施用各种配方肥料，既可以提高烟叶生产能力，改善烟叶质量，增加烟农收入，还可以降低生产投入，减少肥料流失对环境造成的污染。

四、缺乏保护性耕作致使耕层土壤结构不良

耕作层深厚和土壤质地良好是衡量土壤质量的基本要求，是优质烟叶生产的前提。一般来说，国际优质烟叶生产要求烟田整个土层厚度一般在 1m 以上，并要求有深厚的耕作层（25～35cm），土壤质地较轻，疏松多孔（孔隙度达 50%～55%，通气孔隙为 10%～15%），土质为沙壤土和壤砂土，上虚下实的层次构造（犁底层不明显，心土层较紧实，质地较重）。耕作层表土可通气、透水、增温，好气性微生物活动旺盛，土壤养分易分解，有利于烟苗生长和根系下扎，也有利于耕作管理。耕作层下部为犁底层，有一定的透水通气能力，又能保水保肥。心土层较紧实，质地较重，可托水、托肥。目前，中国相当部分烟区植烟土壤的耕作层正在逐渐变浅变薄，耕作层在 10～12cm 以下水稻土和在 10cm 以下旱作植烟土壤在部分烟区普遍存在。山区一些植烟土壤的熟化程度不高，兼有石芽裸露，质地结构较差，土层浅薄，耕层下有铁盘或铁锰结核层和石灰锅巴层等，保水保肥性差。

目前大多烟田仍沿用传统的耕作方式，机耕进展缓慢，大多采用畜力步犁翻耕，翻耕整地深度浅，甚至个别烟区还有人力翻耕，耕层更浅。另外，一些烟区土壤秋冬翻地面积也在逐渐减少，整地质量普遍不高，造成烟田土壤犁底层上移，耕作层变浅，土壤容重增大，保肥、保水、增温能力下降，严重影响了烟株根系生长发育和养分吸收。大部分烟田土壤普遍缺乏科学的保护性耕作方式，频繁、不合理地耕作使得土壤团粒结构逐渐丧失，而耕层浅薄的土壤环

境，保水保肥能力差，严重抑制根系发育，很难保证烟草种植的优质和稳产。因此，一是要扩大秋冬翻耕烟田面积，提高整地质量；二是要大面积推广机耕，增加耕作层深度；三是逐步引进粉垄技术，提高土壤保水保肥性。

五、不合理利用农用生产资源致使土壤环境污染加剧

烟草种植基本上是露天、露地进行的，不少耕地在不同程度上遭受包括重金属在内的工业“三废”点源和化肥、农药、农膜等农业面源污染。一些烟区由于长期过量使用化学肥料、农药、农膜，导致污染物在土壤中大量残留，直接影响土壤生态系统的结构和功能，使土壤微生物种群结构发生改变。烟田生物多样性减少，土壤理化性质不断恶化，导致土壤生产力下降，严重影响烟草生长发育，造成烟草正常施肥条件下减产和烟叶质量下降。

地膜覆盖技术在烤烟生产上广泛使用，其基本原理是利用地膜的隔离作用，膜下植烟土壤和膜上近地表空间特殊生态环境，对烟草生长、发育、养分吸收与代谢规律、烟叶成熟产生复合影响效应，提高烟叶产量和质量。但地膜覆盖技术也给烟区带来了一系列的环境问题。例如，地膜回收难度大，尤其是超薄地膜因韧性差、易破碎、回收率低，导致土壤中地膜残留量大。烟农处理农用薄膜方式粗放，大多直接在冬耕时打碎混入土壤，少数收集地膜，在田间地头烧掉。地膜作为石油化工产品，不易降解，给土壤环境带来了极大的危害。土壤中残留的地膜，破坏植烟土壤微生态和团粒结构，影响烤烟根系发育，导致烟叶产量和质量下降。土壤中残留的农膜还会影响农业机械设备的使用效率。因此，一是采用生物降解膜代替普通地膜，实现地膜能在田间完全降解；二是推广残留地膜机械化回收技术，现已开发出滚筒式、弹齿式、齿链式、滚轮缠绕式、气力式等残膜回收机械；三是修订完善的地膜标准，推广使用厚度均超过0.01mm地膜，回收较为方便；四是形成地膜回收机制，充分调动烟农积极性，有效回收地膜。贵州省遵义市烟草公司自组组装废旧农用地膜流水线、加工生产线，形成了“烟草公司组织，回收补贴引导、分类回收利用”的工作机制，以及“合作社运作、订单式生产、多元化利用”的运行模式（穆青等，2018），取得了一定成效。

六、掠夺式种植方式致使烟区土壤不堪重负

中国烟叶生产虽有近百年历史，与国外相比种烟历史并不长，大规模种植烤烟也仅有60多年时间，一些烟区甚至只有20多年的规模化烤烟种植史。由

于中国土壤复种指数较高，加之人口增长的压力，用地与养地的矛盾日益加剧，目前难以形成较好的休耕养地制度。在现实生产上，由于受局部经济利益的驱动、烟草作物的特殊效益和一些不合理的耕作制度，导致大部分烟区单纯依靠大量施用化肥、农药以保持烟叶高产出，形成了烟草种植掠夺式的生产经营方式。加之缺乏良好的培肥地力措施，对烟叶种植土壤、环境造成了较严重的破坏，使部分种烟时间较长的优质烟区出现土壤养分的非均衡性富集或过度耗减，土壤养分供给失衡，农田生态环境恶化，病虫危害加重，生产效益下降，造成烟株生长前期叶片扩展慢，生长后期土壤持续释放氮素，烟叶叶片增厚，烟碱含量及含氮化合物增加，糖含量、香气量和工业可用性相应降低，烟叶风格特色弱化，严重地制约烟草生产可持续发展。由于耕地基础地力下降，保水保肥性能、耐水耐肥性能下降，导致对干旱、水涝、养分不均衡等逆境胁迫更敏感，从而对烟田管理技术水平要求更高（即农民所说的“地越来越难伺候”），增加产量或维持高产与保持品质，主要靠化肥、农药、农膜的大量使用。要想从根本上改善烟叶品质，还必须为烟草生长发育创造一个良好的生长环境，尤其是一个良好的土壤环境，保证烟田土壤能够均衡对烟株进行营养供应。巴西、津巴布韦对烟地普遍进行秸秆覆盖，在烟沟中间植矮秆绿肥（如大瓜草）等。这些保护性栽培措施，一方面具有增温保墒作用，另一方面避免了雨水对地表直接冲击而加剧土壤板结和侵蚀。中国人均耕地少，难以采取烟田—绿肥轮作方式确立烟草种植制度。但可利用烟草与前作的换季空间，采取秸秆还田或种植绿肥等措施进行改良。近年来，烟草界逐步认识到这个问题。如福建省进行大规模稻草还田，山东省、湖南省采用秸秆还田和种植绿肥的方法，已取得显著成效。因此，通过建立以烟为主的耕作制度，合理配置烟田的轮作、套种、间种和复种等种植模式，促进烟田生态系统的良性循环，调节植烟土壤肥力，减轻病虫害危害，能够充分利用有限的生产资源获得较高的种植效益。

第二节　作物秸秆在植烟土壤改良中的应用

中国作为农业大国，农作物种类繁多，有水稻、小麦、玉米、油菜、芝麻、豆类、棉花、薯类、花生、烟草以及其他类型作物。秸秆是农作物收获籽实后的剩余部分，是宝贵的生物质资源。随着中国农业生产的发展，作物产量逐年递增，秸秆数量也随之增多。至 2015 年我国秸秆资源总量已超过 10 亿 t，占世界秸秆总产量的 20%~30%（贾秀飞等，2016）。秸秆中含有丰富的氮、磷、钾等营养物质，相当于中国化肥用量的2/5（徐蒋来等，2016）。在现代农业生产过程中秸秆还田作为一项重要的农业措施，可提高土壤有机碳含量、培肥地力、减少化肥施用量（刘巧真等，2012），促进作物生长发育，提升作物产量和质量，可将秸秆变废为宝，减少环境污染，促进农业可持续发展。

据美国农业部统计，美国每年生产的作物秸秆4.5亿t，秸秆还田量约占秸秆产量的68%，甚至高达90%，较高的秸秆还田率对美国农田土壤肥力的保持起着十分重要的作用。在加拿大农业区的玉米成熟时节，人们就用玉米收割机一边收割，一边把玉米秆切碎，切碎后的玉米秆作为肥料返还到农田里。英国秸秆直接还田量占其产量的73%。日本把秸秆还田当作农业生产中的法律去执行，日本微生物学家研究出了一种秸秆分解菌，使秸秆还田的效果更好。中国对秸秆直接还田或者作为旱地保水的主要覆盖措施的历史悠久。自“六五”以来，中国提出了渭北高原小麦秸秆全程覆盖耕作技术、小麦高留茬秸秆覆盖耕作技术、旱地玉米整秸秆全程覆盖耕作技术，对农田土壤肥力水平和农业生产产生了深远的影响。20世纪90年代中期，中国农机学会连续两次召开了农作物秸秆处理技术与设备学术讨论会。90年代末期，农业部和科技部多次召开秸秆还田经验交流会，筛选出了一批适宜各地自然、生产与经济条件的秸秆还田机具和农艺农机相结合还田模式，促进了秸秆还田工作的开展，使秸秆还田面积逐年扩大。近年来，在国家对农作物秸秆资源合理利用政策推动下，烟草工作者为了充分发挥秸秆还田作用，在秸秆堆沤还田、过腹还田、覆盖还田、直接还田等方面开展了大量研究工作，取得了一定成效。

一、作物秸秆腐解及养分释放规律

秸秆还田是提高土壤有机碳含量、培肥地力、循环利用养分的有效而简便的方法。秸秆还田后，在土壤微生物作用下进行腐解，释放出可供作物吸收利用的氮、磷、钾等养分。秸秆腐解速率及养分释放速率受土壤质地、水分、温度、秸秆本身化学组成、秸秆还田方式等因素的影响。许多研究表明，无论是水田还是旱地，在适宜的条件下，各种有机物的分解都是在分解初期（1~3个月内）速度最快，这阶段主要是易被分解的可溶性有机化合物被分解；以后逐渐进入“缓慢分解阶段”，这是未受到分解或分解程度不大的木质素、单宁和蜡质等物质通过物理化学变化进行逐步分解的过程，可长达2~3年或更长时间，最后有机物料转化成腐殖质积累在土壤中。采用光谱联用技术，对复合污染黄土中秸秆还田腐解残体的表面特性及生产胡敏酸性质差异研究表明，在秸秆还田全过程，秸秆腐解残体呈现出结构致密—表面崩溃—骨架破坏的表面形貌动态变化性特征，新生成的胡敏酸脂族性较高、芳香性较低，属于较“新鲜”和“年轻”的胡敏酸，有利于提高黄土有机质活性（范春辉等，2014）。戴志刚（2010）研究发现，水稻、油菜、小麦秸秆经124d还田后，养分释放速率表现为K>P>C>N，释放量表现为C> K>N>P。

秸秆及土壤本身富含大量微生物，完全可以使秸秆腐熟，但自然状态下秸秆的降解速度较慢，大量秸秆残茬会降低种子播种质量和作物产量和质量。大量报道表明，添加秸秆腐熟剂可加快秸秆腐熟分解进程，避免上述问题的发生（杨振兴等，2013；龙云鹏等，2013）。秸秆腐熟剂的作用机理，其实就是有机物的微生物分解代谢原理。在水稻、小麦、油菜、玉米等作物秸秆还田时，配施不同种类腐熟剂来加快秸秆腐解速度，可避免秸秆还田对下茬作物培育壮苗及长势和产量不利问题的发生。利用网袋法模拟烟田中秸秆腐熟剂对不同秸秆的腐解特征和养分特征研究表明，经过100d施用秸秆腐熟剂后玉米秸秆、水稻秸秆、油菜秸秆腐解速度分别提高了9. 60%、8. 22%、6. 42%，有机质分别提高了1. 08%、1. 34%、1. 58%，速效氮分别提高了1. 72%、2. 48%、4. 10%（陈银建等，2011）。

二、作物秸秆还田对植烟土壤物理特性的影响

土壤是影响烟草品质的重要环境因素。目前，土壤环境变劣已成为优质烟叶生产可持续发展的最大障碍因素。优质烟叶生产对土壤的要求是比较严格的，良好的通透性，以及水分和养分的协调供应是适宜烟草生长的最基本的条件。国内外学者关于秸秆还田对土壤物理特性的影响做了较多的研究，认为秸秆还田可以增加土壤孔隙度，降低土壤容重和土壤紧实度，改善土壤通气状况和水分状况，为作物生长提供良好的土壤环境。土壤容重是判断土壤肥力状况的重要指标，影响到土壤水肥气热的变化。适宜的土壤容重及孔隙度直接影响到微生物的代谢活动、作物根系养分运输情况和根系生长状况（Peterson等，2006）。田间定位试验研究表明，绿肥、稻草还田可改善土壤团聚体特性，大团聚体含量、平均质量直径和几何平均直径提高，分形维数降低；有机质分布表现出从小团聚体向大团聚体中转移的趋势；油菜还田改善土壤团聚体效果优于稻草，黑麦草优于箭筈豌豆（严红星等，2019）。不同秸秆还田年限的研究表明，秸秆还田能够显著提升土壤的贮水能力，降低土壤容重，增加土壤孔隙度，改善土壤的结构；秸秆还田能增加耕层土壤的微生物数量，且随着还田年限的

增加，显著改善土壤微生物群落结构（杨钊等，2019）。

三、作物秸秆还田对植烟土壤养分的影响

秸秆中含有大量碳、氮、磷、钾及各种中微量营养元素。秸秆还田后，秸秆周围会有大量的微生物进行繁殖，形成土壤微生物活动层，加速了对秸秆中有机态养分的分解释放。秸秆还田能够把作物吸收的大部分营养元素归还到土壤，是土壤养分平衡和耕地土壤持续利用的重要途径。秸秆还田腐解后释放大量营养元素，增加土壤养分，改善土壤肥力和质量（谭慧等，2018；杨会超等，2018）。秸秆还田长期定位试验研究表明，土壤有机质及速效养分含量均随秸秆还田量的增加而增加（薄国栋等，2016）。崔正果等（2018）通过原位定位试验研究表明，根茬+1/3 秸秆还田和根茬+秸秆全量粉碎耕翻还田后可使土壤有机质含量提高，是农田提高土壤有机质可行的农艺措施。秸秆还田对乌栅土及红壤性水稻土土壤肥力的影响研究结果表明，秸秆与化肥配合施用下，乌栅土和红壤性水稻土的土壤全氮、全磷、速效磷和速效钾含量与不施肥的对照相比显著提高；秸秆还田对红壤性水稻土的土壤全氮、全磷、速效磷含量与单一施用化肥处理相比显著提高，土壤有机质品质得以改善（孙星等，2007）。

秸秆还田不仅能补充土壤碳、氮、磷、钾，而且能改善土壤有机碳、氮、磷、钾的有效性。秸秆还田能够提高和更新土壤有机质。有机材料添加到土壤中，胡敏酸/富里酸比值增加，并趋于平稳（李翠兰等，2009）。玉米秸秆还田可提高植烟土壤有机质、有效磷和速效钾含量（刘洋等，2016）。Recous 等（1995）资料显示，玉米秸秆还田增加土壤无机氮累积量、碳素固持和矿化率及微生物氮循环，还田 40d 后土壤总氮固定量达到 39mg/g。作物秸秆在分解过程中产生的二氧化碳和有机酸，对磷的吸收具有掩蔽作用，从而提高了土壤磷素的有效性。周波（2003）研究表明，秸秆还田 3 年后土壤速效磷比未施秸秆的对照上升了 4.5%。农作物秸秆中一般含有数量较多的钾素，而且这些钾素都是以离子态存在，容易被水溶解出来，还田后可增加土壤速效钾含量（刘荣乐等，2000）。

四、作物秸秆还田对烤烟生长发育的影响

秸秆还田能改善土壤生态环境，提高作物的抗逆性和对不良环境的适应能力，提高烤烟根系活力，提高烤烟光合效率，促进烟株生长发育。秸秆还田能显著提高烤烟根系活力，延缓成熟期根系衰老速度（熊瑶等，2018）。施用小麦

秸秆还田前期抑制、后期促进烟株叶片发育，秸秆能够促进烟株生长（王毅等，2018）。韩志强等（2010）研究认为，不同作物秸秆还田对烟株生长发育影响差异显著。玉米和小麦秸秆还田比较，小麦秸秆还田好于玉米秸秆还田，可促进烟株生长发育，提高烟株的抗病性（李彦东等，2011）。5年玉米秸秆还田表明，秸秆还田能促进烟株生长，增加烟株干物质积累量及养分积累量，植株长势优于常规施肥处理（田艳洪等，2011）。闫宁等（2016）研究表明，烟草秸秆必须经过充分腐熟后再施入烟田中，否则影响烟株生长。秸秆及土壤本身富含大量的微生物，它们的存在完全可以使秸秆腐解，但自然状态下秸秆的降解速度较慢，并受土壤质地、水分、温度、秸秆本身化学组成、秸秆还田方式等因素的影响，秸秆在还田过程中考虑秸秆还田时间，避免影响下茬作物生长。

五、作物秸秆还田对烟叶质量的影响

秸秆还田具有良好的土壤效应、生物效应和环境效应，故能改善烤后烟叶理化特性、提高烟叶外观质量及感官评吸质量。小麦秸秆覆盖的烟叶化学成分协调性较好，可提高上部烟叶总糖、还原糖含量，降低中上部烟叶氯含量，提高中、上部烟叶的钾/氯比值，使中上部烟叶的糖/碱比值较接近10，下部烟叶的氮/碱比值较接近1（陆熊茜等，2012）。油菜秸秆覆盖还田可提高烟叶开片度和结构疏松度，增加烟叶糖含量和钾含量（彭莹等，2015）。玉米秸秆促腐还田可以改善烤烟农艺性状，提高烟叶产量和产值，提高烟叶开片度，降低烟叶含梗率，提高烟叶结构疏松度，增加烟叶糖含量和钾含量，提高烟叶评吸质量（周米良等，2015）。王毅等（2018）研究表明，秸秆还田改善了中部烟叶外观质量，叶片身份、油分得分及外观质量总分显著增加，提高了中上部烟叶含钾量，增幅分别为8.39%和22.63%。贾海红等（2015）研究表明稻草翻压还田对烟株生长的各个阶段均有较好的促进作用，可协调烤烟化学成分，提高香气量及吸食品质。

六、作物秸秆还田对烤烟经济效益的影响

大量实验证明，秸秆还田可实现烤烟增产，具有较好的经济效益。王育军等（2018）研究表明，秸秆还田的烟叶产量提高9.15kg/hm^2，上等烟比例增高1.24%。油菜秸秆覆盖还田，上等烟比例可提高8.35%~11.87%，产量可提高280.54~356.59kg/hm^2，产值可提高6 254.35~10 859.94元/hm^2，且油菜秸秆还田可降低20%~40%氮肥投入（彭莹等，2015）。小麦秸秆还田量

9 750kg/hm^2处理的烟叶等级构成最佳，上中等烟比例尤其是上等烟比例大幅提高，产值最高（尚志强，2008）。前作秸秆还田对后作烤烟经济性状影响的研究表明，麦秸堆沤还田、直接还田可显著提高烤烟上等烟比例，混合秸秆可以显著提高产量和产值（陆琳等，2009）。秸秆还田虽有利于提高烟叶产量、产值，提升烟农种植烤烟的经济效益，但不同烟区要因地制宜选择最佳秸秆还田方式和还田量。

第三节　绿肥在植烟土壤改良中的应用

绿肥作为一种重要的有机肥源，生物量大、管理方便、肥效快而持久、保肥保水能力强。翻压绿肥可为后续种植作物提供养分，同时可以起到保护生态环境的作用，有利于农业生产可持续发展。在国外，公元前古希腊和罗马帝国就有利用豆科作物压青改良砂土的习惯，后在欧洲农业生产中作为一种措施加以推广。现代西欧、美国、加拿大、日本等许多农业发达国家，在有限秸秆全部还田的基础上，通过不断扩大绿肥种植面积来提高土壤综合肥力。中国早在三千多年前就有利用绿肥作为稻田肥料的记载。中国是世界上绿肥种植年限最长、面积最大、范围最广的国家。在无机肥料推广以前，绿肥和农家肥以及其他豆科作物的种植和利用，始终作为增加土壤养分供应的主要来源。绿肥种植面积稳中有升，品种类别多种多样。利用绿肥作为农业生产的一项重要肥源是我国农业生产的一个特色。绿肥、有机肥成为生产绿色食品的重要肥源，对保障中国人民的食品安全具有重要意义。可以说，绿肥是传统与现代的有机结合体，是协调人与自然、协调消耗和保护的纽带。因此，发展绿肥生产，对地少人多的中国意义特别重大。

近年来，烤烟生产上单纯追求产量而长期大量使用化肥，加之受耕地有限性制约，烟草连作十分普遍，烟田土壤环境严重破坏，土壤质量下降。绿肥是一种养分完全的生物肥源。种植绿肥不仅是为土壤提供丰富养分、增加肥源的有效方法，而且对改良土壤微生态环境也有很大作用。利用冬闲季节种植绿肥，高效利用地、水、肥、气、热资源，绿肥覆盖地表可防止土壤水分散失，增加土壤田间持水量，改良烟田土壤理化特性，提高烟叶产量和品质；同时，还可以保护农业生态环境，有利于农业生产的可持续发展。据粗略估计，我国可以种植、利用绿肥的总面积约 0.5 亿 hm^2，甚至更大（曹卫东等，2009）。因此，利用冬季填闲种植绿肥在烤烟上生产具有重大意义。

一、绿肥腐解及养分释放规律

不同绿肥种类有不同的组成成分，其 C/N 比值、养分含量的差异很大。豆科绿肥能够固定空气中的氮，含氮素较多；十字花科绿肥根系能分泌较多的有机酸，对土壤中难溶性磷的吸收能力强，含磷素较多；籽粒苋可将土壤钾素富集起来，提供的钾素较多。不同绿肥大田翻压后的腐解和养分释放规律也不尽相同，绿肥翻压要综合考虑养分释放能否满足作物的需肥特性。研究不同绿肥种类在植烟状态下的大田腐解及碳、氮、磷、钾的释放规律，了解其在土壤中的腐解动态，为合理选用绿肥及农业生产施肥是有必要的。

光叶紫花苕子在植烟和不植烟条件下腐解特征研究结果显示，光叶紫花苕子中干物质在烟田土壤中腐解速率前 2 周最大，第 3 周至第 9 周腐解速率中等，9 周以后较慢；光叶紫花苕子中碳、氮、钾释放量前 1~2 周释放速率最快，其后释放速率迅速下降并趋于稳定，其中氮在前 5 周释放量占其整个烤烟生育期内释放总量的 78.61%~92.27%（孔伟等，2011）。苕子、箭筈豌豆、山黧豆在旱地条件下腐解及养分释放特征研究结果表明，三种绿肥均在翻压 15d 以内腐解最快，累计腐解率均在 50%以上，之后腐解速率渐渐减慢，三种绿肥的养分累积释放率均是 K>P>N，在翻压 70d 时，钾、磷、氮的累积释放率分别均在 90%以上、73.3%~78.7%、59.9%~71.2%（潘福霞等，2011）。有试验表明，翻压田菁绿肥一个月后，土壤中的氨态氮明显提高，之后维持在一定的水平，翻压 200d 后，土壤中硝态氮的释放仍达到较高的水平。利用 ^{15}N 标记田菁试验可以看出，作物生长前期吸收的养分来自田菁绿肥，而后期所吸收的养分来自土壤（刘怀旭，1985）。油菜、毛叶苕子、冬牧 70 黑麦腐解及养分释放规律研究结果表明，绿肥翻压 43d 内干物质重显著降低，前 3d 腐解速度最快，后降低趋势缓慢；翻压 21d 内氮释放较快，达到 60%以上；钾在翻压 9d 后，释放率达到 90%以上；磷在整个翻压期内释放较为平缓，翻压 113d 时油菜、毛叶苕子、冬牧 70 黑麦磷矿化率分别达到 89.6%，86.5%，75.6%；翻压前 21d，绿肥碳含量显著降低，以后逐渐缓慢，翻压 113d 后油菜、毛叶苕子、冬牧 70 黑麦碳矿化率为 93.4%，91.3%，81.9%（宁东峰等，2011）。

绿肥翻压后，其腐解速度与绿肥的质地、土壤性质、翻压时间、温度和水分含量等有密切关系。土壤水分含量是影响绿肥腐解的重要条件，土壤水分以田间持水量的 80%左右最有利于绿肥的腐解，土壤湿度越高，通气条件越差，绿肥分解释放就越慢。一般选择绿肥抽穗期、现蕾期、初花期、盛花期或豆荚期翻压（如紫云英的盛花期、金花菜的盛花至初荚期、田菁的现蕾期、苕子的现蕾至初花期及禾本科绿肥的抽穗初期）绿肥，鲜草产量、养分总量高，且老嫩适宜，翻压效果最好（张会芳等，2007）。在相同土壤肥力条件下，影响绿肥腐解释放效果的关键性因素是碳氮比。豆科绿肥含氮较高，C/N 比窄（11～25），养分释放迅速；禾本科绿肥含氮低，C/N 比宽（50～100），养分释放缓慢。若要提高绿肥的增产培肥效果和利用率，应设法提高绿肥的碳氮比值，如适当推迟翻压时间、与禾本科作物混种或加入适量的禾本科作物秸秆等措施。

二、绿肥还田对植烟土壤物理特性的影响

绿肥中含有多种营养元素，绿肥还田后作为微生物能量物质，分解后残留于土壤中，使土壤有机质及土壤腐殖质含量提高，有机残体和菌丝胶结形成大团聚体，从而使土壤中的机械稳定性小团聚体进一步团聚为大团聚体，促进土壤微粒的团聚作用，降低土壤容重，增加土壤孔隙度，增强土壤的保水保肥能力，协调土壤水、肥、气、热，从而有效改善土壤物理性状。3 年绿肥定位试验研究表明，翻压高量绿肥处理的土壤紧实度最低，其土壤紧实度较常规施肥和不施肥处理分别降低了 25.4%和 29.9%；翻压绿肥降低了小于 1mm 机械团聚体的含量，增加了土壤中大于 7mm 的机械团聚体含量（佀国涵等，2014）。土壤填闲种植绿肥翻压还田，可以降低土壤容重，而土壤孔隙度、阳离子交换量和持水能力等都有较大幅度提高，最大提高幅度分别为 6.4%、21.6%和 3.4%（李宏图等，2013）。黑麦、大麦、黑麦草、油菜 4 种绿肥翻压结果表明，在豫中、豫南烟区翻压绿肥 20 000～30 000kg/hm^2，土壤容重降低 0.03～0.1g/cm^3，翻压黑麦、大麦等 C/N 比值高的禾本科绿肥，土壤的容重降低最明显（刘国顺等，2006）。

三、绿肥还田对植烟土壤 pH 值的影响

土壤 pH 值直接影响着土壤中各种元素的存在形态及有效性。土壤有机质具有较高阳离子交换量，可使土壤缓冲能力增强，使土壤 pH 值不会因土壤环境大的变化而发生太大变化而影响作物生长。紫花苜蓿、毛叶苕子、箭筈豌豆和黑麦草绿肥翻压还田，除箭筈豌豆外，其余绿肥均能在一定程度上降低土壤 pH 值，降幅在 2.26%～3.22%，这主要是由于绿肥腐解过程中会形成一些酸性中间代谢产物和烟草根系分泌酸性物质的缘故（董绘阳等，2014）。潘福霞等（2011）研究认为翻压绿肥的土壤 pH 值有先升后降的趋势，山黧豆处理的土壤

pH 值变化幅度最大。李宏图等（2013）认为旱地土壤填闲种植绿肥翻压还土，可以降低 pH 值，最高降低 0.23 个单位。刘国顺等（2006）认为翻压黑麦、大麦、黑麦草、油菜可以降低当季作物土壤 pH 值 0.1~0.6，降低的程度与翻压绿肥的种类和翻压量有关，在中性至微酸性土壤上，绿肥翻压量越大，土壤 pH 值降低越明显。

四、绿肥还田对植烟土壤养分的影响

绿肥是农田中重要的有机肥源。绿肥翻压可以很好解决有机肥与化学肥料的施用结构，促进氮磷钾养分的平衡。充分利用冬季休闲的耕地种植绿肥，可以协调土壤养分平衡，消除土壤障碍因子（焦斌等，1986；曹文等，2000）。旱地土壤填闲种植绿肥翻压还土，可以促进大气—作物—土壤生态系统的物质和能量循环，固定大气中的碳和氮，活化和富集土壤养分，增加土壤有机碳和养分物质的投入，提高土壤养分有效性（李宏图等，2013）。翻压绿肥后土壤有机碳含量增幅 1.6%~6.2%；土壤无机氮含量显著提高，无机氮形态 0~20d 以铵态氮为主，30~70d 以硝态氮为主，翻压 70d 时的硝态氮含量可提高 15 倍以上；土壤速效磷的含量增幅为 11.9%~37.7%；土壤速效钾含量在翻压 15d 时达最高且可提高 1.5 倍以上（潘福霞等，2011）。绿肥翻压后的大田期，翻压绿肥地块的土壤中 pH 值、有机质、全氮、碱解氮、有效磷、速效钾含量与对照相比都有明显的提高（李正，2010）。

绿肥作为一种优质有机肥还能够解除土壤对磷、钾等元素的固定。有机肥对土壤磷吸附—解吸主要是由有机肥中的可溶性有机物起作用（章永松等，1996；扈强等，2015），一定程度上可以解除土壤磷固定。另外，绿肥作物的根系发达，入土深，可将土壤深层中不易被吸收或作物根系触及不到的养分吸收集中起来，待绿肥翻压还田后，大部分养分以有效态留在耕作层中，很容易为作物吸收（吕英华等，2003）。而且许多绿肥植物的根系如大麦、三叶草等能够分泌大量的低分子量有机酸（Gerke 等，1995）。绿肥翻压后形成的腐殖质和有机质均有较强的螯合作用，与石灰性土壤的钙、镁离子形成稳定的螯合物，土壤中水溶性钙、镁含量降低，从而可防止或减轻有效性磷的再度固定（柯振安，1986）。同样，籽粒苋（涂书新等，1999）、油菜和肥田萝卜（崔建宇等，1999）、大豆（王东升等，2006）等绿肥作物根系在缺钾胁迫的条件下，能大量增加根系的分泌量，根系分泌物中的草酸、酒石酸和柠檬酸等有机酸能有效地把深层矿物结构钾转化为速效钾。张明发等（2017）研究发现光叶紫花苕、黑麦草、箭筈豌豆、满园花，对缺磷土壤有改良作用。

五、绿肥还田对烤烟生长发育的影响

绿肥还田能够改善土壤物理性状，提高土壤保肥和保水能力，增加土壤有机质含量，从而促进烟草生长发育，提高烟叶产质量，实现经济、生态效益最大化。李正（2010）研究表明，翻压绿肥后，所有处理烟株大田农艺性状均好于对照，翻压绿肥的各处理之间没有明显的差异。李宏图等（2013）研究表明，绿肥翻压还土可以有效提高烤烟的有效叶片数，对烟叶叶面积增加有一定的促进作用，特别是对上部叶开片具有良好的影响；绿肥翻压还土对改善烤烟的农艺性状、构建烤烟良好的株型结构都具有积极的作用。连续 2 年的定位试验表明，在减少化肥施用量 15%、翻压绿肥 15 000kg/hm^2 情况下，于烤烟移栽前 15~25d 翻压绿肥效果较好，烤烟株高、最大叶面积等农艺性状，根、茎、叶及整株干物质量，烟叶产量和产值接近于或高于常规施肥措施，减少化肥用量 15%基础上不同时期翻压绿肥，有利于烤烟上部叶发育，使其单叶重量增加 4. 5%~18. 5%，还可使中上等烟比例提高 2. 7%~8. 6%（孔伟等，2013）。

六、绿肥还田对烟叶质量的影响

绿肥在分解过程中形成复杂的中间产物，能促进烤烟根系生长和代谢，有利于糖类、芳香物质的积累，因而烤后烟叶香气、吃味、外观品质较好。翻压绿肥能够提高烟叶钾含量，烤后烟叶钾含量最多提高 0. 5%左右，翻压黑麦草绿肥和油菜绿肥能增加中部烟叶中性致香成分含量（罗贞宝，2006）。烟田翻压黑麦草后，降低了中部烟叶总氮和烟碱的含量，增加了总糖、还原糖、苯丙氨酸类物质、类胡萝卜素类物质、棕色化产物类物质、类西柏烷类物质、新植二烯的含量和中性香气成分总量，使化学成分更加协调（叶协锋等，2008）。绿肥不同还田量研究表明，绿肥中等还田量对提高烟叶质量作用较大，并提倡绿肥还田量以中等适宜为佳（张明发等，2013）。绿肥与化肥配施可提高土壤供钾能力，使烤后烟叶化学成分更加协调，烟叶外观质量较好，评吸得分较高（杨帮浚等，1993）。不同绿肥多年定位研究表明，第 3 年冬牧 70 处理的上部烟叶化学成分协调性和感官评价均优于黄花苜蓿和紫云英处理（齐耀程等，2016）。而通过翻压绿肥冬牧 70（刘宏等，2016）、苕子（王瑞宝等，2010）、冬油菜（奚柏龙等，2013）研究发现，绿肥翻压能显著地提高烤烟的产量，其产量随绿肥翻压量的增加而增加；烟叶中总氮、烟碱含量与翻压量之间也存在正相关关系，翻压量控制在15 000kg/hm^{2}左右较好。

七、绿肥还田对烤烟经济效益的影响

绿肥还田改善土壤理化性状，进而影响作物生长和发育，增加作物光合面积，促进作物干物质积累与分配，最终影响到经济效益。绿肥翻压还田后，提高了烤烟产量、中上等烟比例和均价等主要经济性状，从而提高了烤烟生产的产值（李宏图等，2013）。不同绿肥多年翻压研究结果表明，随着绿肥翻压年限的增加，上等烟比例、均价、产量和产值的正影响增加，提高烟叶产值6.94%~19.27%（江智敏等，2015）。翻压绿肥箭筈豌豆后适量减施氮肥，可提高烤烟产量和产值，翻压绿肥箭筈豌豆还田可减施氮量9~18kg/hm^2（石楠等，2015）。邓小华等（2017）通过翻压黑麦草减施化肥氮研究表明，减施氮肥10%，烤烟上等烟比例、产值高于对照和不减氮处理；减施氮肥20% ~ 30%，烟株农艺性状、经济性状和烟叶质量相对较差。因此，翻压绿肥还田应根据绿肥种类和土壤肥力状况适当减少烤烟施氮量。

第四节 生物炭在植烟土壤改良中的应用

一、生物炭特征

生物炭是生物有机材料（如动物粪便、动物骨骼、植物根茎、木屑和麦秸秆等）在缺氧或绝氧环境中，经高温热裂解后生成的固态产物。既可作为高品质能源、土壤改良剂，也可作为还原剂、肥料缓释载体及二氧化碳封存剂等，已广泛应用于固碳减排、水源净化、重金属吸附和土壤改良等。生物炭由于其独特的性质和潜在的价值而被人们逐渐认识并应用，科学界将其称为“黑色黄金”。生物炭是一种多孔碳，可溶性极低，具有高度羧酸酯化和芳香化结构，是一种由生物质在高温限氧的控制条件下经过裂解炭化而成的固体物质，其组分是碳、氢、氧、氮、灰分、碳水化合物、矿物质以及无机碳酸盐等，其中碳含量多在70%以上。

生物炭的种类主要是由其原料所决定的，不同的生物质材料制备的生物炭名称不同，如秸秆类生物炭、木质类生物炭、壳类生物炭、污泥类生物炭等。随着对生物炭研究和应用的不断深入，生物炭在农业、环境等领域中都起到了不容忽视的作用。绝大部分生物炭呈碱性，可以有效提高土壤pH值；生物炭具

有多孔的特性，其孔隙结构能减少水分的渗滤速度，提高土壤蓄水储养的能力，还能吸附移动性强、易淋失的营养元素，同时其自身缓慢的分解能形成腐殖质，有助于土壤肥力的提高。由于生物炭具有多孔结构、较大的比表面积和丰富的表面官能团，也常被用来治理重金属污染、水质净化和污水处理等环境领域。Lehmann 曾在 Nature 杂志上撰文指出，植物体经热解处理，炭化后得到的生物炭可重新施入并封存于土壤中，以达到固碳的目的，这是一个净的“负碳”过程，可以大大降低大气中二氧化碳的含量，进而解决因温室气体排放所引起的全球气候变暖问题（Lehmann，2007）。不仅如此，在土壤中加入生物炭还可以增加土壤碳库，而且生物炭的高稳定性还可以实现碳封存，有利于维持耕地可持续生产。

二、生物炭应用对植烟土壤物理特性的影响

生物炭对土壤物理特性影响，一方面取决于土壤本身的质地，另一方面与生物炭本身颗粒大小、比表面积等众多特性有关。受生物炭多孔结构和比表面积大等特性的影响，其容重远低于矿质土壤，因而将生物炭添加到土壤中可以降低土壤容重。生物炭的孔隙分布、连接性、颗粒大小和颗粒的机械强度以及在土壤中移动等因素均可以影响土壤孔隙结构，具有多孔径的生物炭应用到土壤中能提高土壤孔隙度；但 Devereux 等（2012）研究发现，土壤平均孔径的大小与生物炭施用量成反比，这可能是由于生物炭自身孔隙度大且多分布在土壤颗粒之间，使土壤孔隙平均孔径减小所导致的。土壤的孔隙状况决定了土壤水分的入渗过程、持水容量和动力学特征，生物炭主要是通过改变土壤孔隙结构分布和数量，进而影响土壤持水性能（代快等，2017）；同时，受其高表面积的影响，当它施入土壤后，对提高土壤吸附能力有益，也可以导致土壤持水能力上升。此外，生物炭的应用，还能刺激形成土壤团聚体，并保持其稳定性（Zeelie，2012）。

三、生物炭应用对植烟土壤化学性质的影响

绝大多数生物炭呈碱性，且含有大量的盐基离子，因此，生物炭被认为是酸性土壤一种很好的改良剂。生物炭提高酸性土壤 pH 值主要是通过使土壤盐基饱和度增加、降低交换性铝水平来实现。生物质炭表面在热解时会产生丰富的-COO-(-COOH) 和-O-(-OH) 等含氧官能团（管恩娜等，2016），这些芳香族碳的氧化和羧基官能团的形成，会导致土壤表面阳离子交换位点的增加，从

而提高土壤阳离子交换能力。

生物炭施入土壤中，能提高土壤中的全氮、全磷、全钾含量。从供氮角度来讲，生物炭能提高土壤有机氮含量，但并不能直接提供植物生长的矿质氮，而是通过其多孔特性和巨大的比表面积吸附持留氮素、降低氮素的淋溶损失以及促进土壤中 NH_4^+-N、NO_3^--N 转化，改变氮素的持留和转化来实现的；与氮不同，生物炭本身含有较高的可溶性钾和大量的有效性较高的磷，因此加入土壤后会增加土壤中有效磷和钾的含量；同时，由于生物炭具有吸附性能，减少了雨水冲刷造成的养分流失，能提高土壤中镁和钙等养分含量。受其吸附作用影响，生物炭在施入土壤后还可以通过表面催化作用，促进有机小分子聚合成土壤有机质。此外，适当用量的生物炭还能提高土壤中脲酶和碱性磷酸酶活性。

生物炭是一种富碳材料，将其施入土壤相当于直接向土壤中输入了大量外源有机碳。由于生物炭的高度浓缩芳香环结构组成，这种结构具有很强的生物稳定性，随着施入时间的延长，其表面大量易挥发物质和易被氧化的官能团发生钝化，变成以惰性的芳香环状结构存在，导致生物炭的分解十分缓慢。正是由于这种极强的抗分解能力，在某些条件下生物炭可以在土壤中稳定存在上千年。因此，它是一种有效的、可行的和可持续封存碳的方式。由此看来，在植烟土壤中施入生物炭，可以提高土壤有机碳的含量，使土壤能持久的供给养分，提高土壤肥力。

四、生物炭应用对植烟土壤微生物的影响

因生物炭表面致密的孔隙结构和较高的碳素含量，其施入土壤后可为土壤微生物提供栖息场所，保护其免受捕食者的捕食，并为其提供营养物质，使土壤微生物数量增加（李成江等，2019；叶协锋等，2016）。但近年来有研究表明，过量生物炭的施用，会向土壤引入大量重金属及多环芳烃从而毒害微生物（胡瑞文等，2018）。

生物炭可以促使土壤细菌群落结构向特定的方向发展。生物炭添加为降解顽固碳源微生物的生长提供了有利条件，如放线菌；同时，因其本身呈碱性以及释放出乙烯，在施入植烟土壤后，反而抑制了酸杆菌门和疣微菌门群落的生长和繁殖，降低了它们的丰度（任天宝等，2018）。但从整体上来说，生物炭添加到土壤中是可以增加土壤总细菌丰度。真菌比细菌更容易降解生物炭中的顽固性碳，且能更好地在生物炭孔隙中生长以及利用额外资源，因而生物炭的添加可以增加真菌丰度，提高土壤真菌与细菌丰度比。

一般认为，根区微生物对糖类、氨基酸类、羧酸类、多聚物类、胺类和酚酸类的利用越高，土传病害发生越轻，而土壤 AWCD 值与土传病害发生呈负相关（李成江等，2019）。施用生物炭能提高土壤微生物 AWCD 值（任天宝等，2018）。因此，施用生物炭可在一定程度上减轻作物的连作障碍及土传病害的发生。

五、生物炭应用治理植烟土壤重金属污染

重金属的有效性一般是指环境中重金属元素在生物体内吸收、积累或毒性程度，降低重金属的生物有效性对于改善土壤质量至关重要。生物炭对无机污染物修复的主要机制包括静电吸附、离子交换和沉淀作用（王红等，2017）。呈碱性生物炭加入土壤中能提高土壤 pH 值，使土壤胶体 Zeta 电位向负值方向位移，促进土壤表面胶体所带负电荷量增加，进而增加重金属离子的静电吸附量（吴萍萍等，2017）。另外，生物炭具有很大的比表面积，含有丰富的含氧官能团且表面呈负电荷状态，能增加土壤对重金属离子的静电吸附量（叶协锋等，2017），从而降低重金属有效性。施加生物炭后，它与土壤胶体中的颗粒会形成很多有机胶体、有机无机复合体和土壤团聚体，增加土壤胶体表面阳离子吸附和置换能力，使得土壤 CEC 增大，从而使交换态重金属通过表面络合被吸附，在一定程度上起到了对重金属的钝化作用，最终达到降低土壤有效态重金属含量的目的。随着土壤碱性增加，土壤中重金属离子会生成难溶态的 $Pb(OH)_2$、$Cu(OH)_2$、$Zn(OH)_2$、$Mn(OH)_2$等沉淀，沉淀比离子移动性弱，且生物炭能与沉淀结合，可降低重金属在土壤中的移动性（王哲等，2019）。生物炭施用量提高并不能有效提高生物炭施用的经济性。在实际应用时，还应根据目标重金属的不同合理确定生物炭的施用量，以实现生物炭的高效经济利用（王红等，2017）。

六、生物炭应用对烤烟生长发育和产质量的影响

适量施用生物炭能提高烤烟的叶绿素含量，延长烟株成熟期，促进烟叶适时落黄，这有利于叶片干物质积累和化学成分及叶片内含物转化，增加烟叶中致香物质的含量（邹健等，2017）。在常规施肥的基础上，增施生物炭能显著提高上、中部叶总糖含量，降低烟碱含量，以此调节烤烟糖碱比值（龚丝雨等，2018；刘卉等，2018），但对还原糖和总氮含量的影响不大。因此，施生物炭能使烟叶化学成分更协调，对烟叶的香吃味和口感有较明显的改善作用。同时，

施用生物炭能提高烟叶外观质量，并提升烤烟钾、氯含量，有利于烤后烟叶燃烧品质提高，平衡烤烟燃烧性与吸湿性，减少烤烟作为卷烟工业原料利用时的造碎损失。但是，若生物炭用量过高，其对烤烟品质也会出现一定的负面影响（邹健等，2017）。适宜用量的生物炭能够提升烤后烟叶的中上等烟比例（牛玉德等，2016）和烤烟的产量产值（赵满兴等，2017），在短期连作条件下也是如此（刘卉等，2018）。但生物炭在提高产量和产值等方面并不是施用量越多或越少就好，而是要适当（赵满兴等，2017），超出一定量时会导致土壤保湿性能下降，抑制烟株生长，反而造成无增产效应，甚至减产（牛玉德等，2016）。

有关生物炭方面研究是最近几年才出现在人们视野中的新兴研究领域，它在土壤改良、作物栽培及其他领域上发挥了积极的作用。虽然国内外专家学者已经做了大量关于生物炭种类、对土壤效应以及作用机理方面的研究，但在一些关键问题上还存在较大争议，影响着生物炭施用的最大效益，相关研究还有待进一步扩展。

由于生物炭的种类、施用量以及土壤性质等因素的不同，导致生物炭作为土壤改良剂在提高土壤肥力、改良土壤性质等方面的研究结果存在较大差异。因此，施用生物炭改良植烟土壤，必须根据影响土壤的主要障碍因子，选择合适种类和用量，以期发挥生物炭改良效果。

有关施用生物炭对土壤的影响，目前绝大多数研究是小规模和为期一到两年的短期试验，而生物炭施入土壤之后引起变化是长期的。因此，对施用生物炭的土壤进行长期定位研究显得非常必要。

生物炭在土壤中发生的生化反应机理仍需进一步探索，如摸清施用不同生物炭后对土壤微生物群落结构的影响，运用分子生物学方法确定具体是哪一类甚至是哪一种微生物的活性发生改变，以期为不同类型的土壤和作物施用何种生物炭提供理论基础；另外，现有研究大多针对单一类型的生物炭，缺乏不同种类生物炭的选配和组合。以上这些问题的解决都需要广大专家学者共同努力。

第五节　土壤改良剂在植烟土壤改良中的应用

一、土壤改良剂的种类

按原料来源可将土壤改良剂分为天然改良剂、人工合成改良剂、天然—合成共聚物改良剂和生物改良剂。天然改良剂，按原料性质分成无机物料和有机物料。其中，无机物料主要包括天然矿物（石灰石、石膏、膨润石、珍珠岩、蛭石等）和无机固体废弃物（粉煤灰等）；有机物料主要包括有机固体废弃物（作物秸秆、豆科绿肥、畜禽粪便、工业污泥、城市污水污泥、城市生活垃圾等）、天然提取高分子化合物（多糖、纤维素、木质素、树脂胶、单宁酸、腐殖酸等）和有机质物料（泥炭、炭等）。人工合成土壤改良剂是模拟天然改良剂人工合成的高分子有机聚合物。国内外研究和应用的人工合成土壤改良剂有聚丙烯酰胺（PAM）、聚乙烯醇、聚乙二醇、聚乙烯醇树脂、脲醛树脂等，研究者最为关注的人工合成土壤改良剂是PAM。天然—合成共聚物改良剂主要包括腐殖酸—聚丙烯酸、纤维素—丙烯酰胺、淀粉—丙烯酰胺/丙烯腈、磺化木质素—醋酸乙烯、沸石/凹凸棒石—丙烯酰胺等。生物改良剂包括蚯蚓、好氧堆制肥、商用生物控制剂、微生物接种菌、菌根等，研究应用较多的是丛枝菌根（AM）和蚯蚓。

从19世纪末到20世纪40年代，天然土壤改良剂主要是利用天然有机质为原料，从中提取天然聚合物，如纤维素、半纤维素、木质素、多糖类、腐殖酸类等物质作为土壤改良剂，或者利用微生物合成产物等有机胶结物作为土壤改良剂。研究较多的是藻朊酸盐，它是从藻类中抽取的多糖羧酸类化合物，藻朊酸钠用量0.1%便有显著的改土效果。在20世纪初，西方国家就开展了利用天然高分子如纤维素、半纤维素、木质素、腐殖酸、多糖、瓜儿豆提取液、淀粉共聚物改良土壤的研究。它们具有原料充足、制备简单、施用方便、效果良好和经济可行等优点，但由于天然土壤改良剂易被土壤微生物分解，施用周期短，且用量较大，施用后释放的大量阳离子对土壤有毒害作用，因此并没有受到人们的重视，难以在生产上广泛应用。

从20世纪50年代开始，土壤改良剂的研究工作就从天然土壤改良剂过渡到人工合成土壤改良剂。克里利姆土壤改良剂是初期人工合成的改良剂，主要成分是聚丙烯酸钠盐，具有高效、抗微生物分解、无毒等优点。美国首先开发了商品名为Krilium的合成类高分子土壤改良剂，之后人们对大量的人工合成材料包括水解聚丙烯腈（HPAN）、聚乙烯醇（PVA）、聚丙烯酰胺（PAM）、沥青乳剂（ASP）及多种共聚物有了更充分的认识，并发现其中比较理想的是聚丙烯酰胺。人工改良剂的优点在于不易被土壤微生物分解，作用持久，且对土壤微生物和土壤动物无害，改良后的土壤更有益于作物的生长。在现代人工制剂中，人们往往根据土壤特性及主要限制因子，应用作物秸秆、氟石、磷石灰、膨胀土、蛭石、石膏等，并加入作物生长所需要的营养元素，研制出具有特定功效的改良剂，如酸性土壤改良剂、碱性土壤改良剂和营养型土壤改良剂，以达到改土和促进植物生长的双重作用（张黎明等，2005；龙明杰等，2000）。朱克亚等（2015）用农林废弃物中的砻糠炭、竹炭、硅藻土、强透气性无机材料、中通气性保水无机材料等制成改良剂明显改善了烟田土壤物理性状，改良酸性土壤取得了良好效果。目前，烟草上常用的植烟土壤改良剂有石灰、石灰石粉、白云石粉、秸秆、工业废渣和一些商用土壤改良剂。

二、土壤改良剂对植烟土壤理化特性的影响

（一）改善土壤结构

土壤结构是土壤肥力的重要基础。一般认为直径0.25~10mm（尤其是1~4mm）的水稳性土壤结构对土壤肥力有重要意义。施用土壤改良剂可促使分散的土壤颗粒团聚，形成团粒，增加土壤中水稳性团粒的含量和稳定性，显著提高团聚体质量，降低土壤容重，增大土壤总孔隙度，改善通气透水性，降低重金属危害，提高土壤利用价值。大量研究表明，施加土壤改良剂后土壤变得疏松，土壤孔隙增多，容重下降。疏松土壤有利于土壤中的水、气、热等交换及微生物活动，有利于土壤供给作物养分，从而提高土壤肥力。朱克亚等（2015）用农林废弃物制成改良剂使土壤容重显著下降，田间持水量明显提高，烟田土壤物理性状得到明显改善。吴淑芳等（2003）发现，使用3种改良剂聚丙烯酸、脲醛树脂和聚乙烯醇后，土壤容重均有下降。张继娟等（2005）研究认为不同PAM分子量的处理，土壤容重均有显著下降且存在明显差异。汪德水等（1990）研究认为沥青乳剂和PAM均能减少土面水分蒸发，保蓄水分，提高水分利用效率。巫东堂等（1990）研究中指出，施用沥青乳剂后，不仅能增加土壤含水量，而且具有抑制水分蒸发的效果；由于土壤结构的改善，土壤水分入渗率有了明显的增加。

（二）改善土壤保肥能力

土壤改良剂通过创建水稳性团粒和对肥料元素的吸附、活化作用，减少了肥料进入土壤液相，抑制肥料元素的流失，使土壤肥力得以保持，供给作物吸收利用，从而有利于提高肥料的利用率。施用土壤改良剂能增加草坪床土壤的有机质和全氮含量（高永恒，2004）。一些商用土壤调理剂和石灰可提高土壤碱解氮和速效磷含量，但降低了土壤速效钾含量（邓小华等，2018）。营养型土壤改良剂能活化酸性土壤中的磷和钾，促进氮和钾的缓效化，有利于养分的保蓄，

防止土壤养分的淋失，提高了养分利用率（郭和蓉等，2004）。有机农林废弃物改良剂，如小麦秸秆、油菜秸秆施入土壤可增加土壤有机质的含量，还能明显增加土壤速效 K 和缓效 K 的含量。用堆腐猪粪改良土壤，净氮矿化率低，可避免过量无机氮释放，还能增加各种中微量元素含量（Guerrero 等，2007）。

（三）调节土壤温度和水分

中国农业科学院土壤肥料研究所 1992 年在北京潮褐土冬小麦地试验，地表配施 0.1%PAM，观测小麦越冬期至次年小麦封垅前后地表温度变化，发现 PAM 处理对地表 5cm 土层温度影响最大，地表最高、最低温度和平均温度较对照均有提高。PAM 可有效改善土壤结构，使土壤大团聚体数目增加，增大土壤表面粗糙度，降低土壤容重，增大土壤总孔隙度和毛管孔隙度，进而使土壤颗粒和孔隙结构保持稳定，使土壤入渗率明显提高，提高土壤的含水量（Busscher 等，2007）。

（四）降低土壤侵蚀

喷施土壤改良剂后，表土稳固性加强，使土壤不易被水、风冲走和吹走，从而起到保土、固土作用。在风蚀地区，土表喷施土壤改良剂后，在土表结构不被破坏之前，能有效地控制风蚀。将 PAM 施入土壤中还能提高土壤抗蚀力和抗冲力，防治田间水土流失。吴淑芳等（2003）采用 3 种聚合物类改良剂（聚丙烯酸、聚乙烯醇、脲醛树脂）可明显推迟坡地产流时间，减少径流系数，土壤侵蚀量减少 58%以上；对于聚丙烯酸、脲醛树脂聚合物而言，随浓度增大，产流时间越来越长，径流系数与侵蚀量呈明显递减趋势。坡地沙壤土施用一定量的 PAM 可以提高土壤的入渗率，减少径流量，促进土壤沉降，减少土壤侵蚀量和肥力流失量（陈渠昌等，2006）。Francisco 等（2003）在喷灌时将 PAM 溶于灌溉水后施用，使坡地土壤渗透率提高，减少了径流量和土壤侵蚀量。

（五）调节土壤盐分

耕层土壤盐分动态变化受多种因素影响。土壤经改良剂处理，在地表形成一层薄膜或碎块隔离层，使土壤水分蒸发强度减弱以及浅层土壤结构得到改善，减弱盐分上升趋势，增强向下淋洗效果。某些土壤改良剂还可对碱化土壤起到中和作用。在滨海盐化潮土上施用沸石后明显提高了土壤的盐基交换能力，使土壤中可溶性盐分减少，土壤的阳离子交换量增大（周恩湘等，1991）。解开治等（2009）研究表明，施用改良剂还可缓解酸性土壤铝毒的危害。

三、土壤改良剂对植烟土壤微生物的影响

土壤微生物数量直接影响土壤生物化学活性及土壤养分组成与转化，是土壤肥力的重要指标之一。土壤酶是土壤中的生物催化剂，土壤中一切生化过程，都是在土壤酶参与下进行和完成的，土壤酶活性作为土壤质量的生物活性指标已被广泛接受。土壤细菌是土壤微生物的主要组成成分，能分解各种有机物质；放线菌是细菌的一类，它们对土壤中的有机化合物分解及土壤腐殖质合成起着重要作用；真菌能分解有机物质，使土壤中难以被植物利用的有机物变成无机物，利于其吸收。土壤微生物生长发育是营养、代谢与环境互为条件的复杂生理动态过程，其对土壤肥力形成及在植物养分转化中发挥着积极作用。土壤环境因素、营养因素及作物根系分泌作用等均对土壤微生物生长发育产生显著影响。采用“石灰+菌棒+常规化肥”组合能促进土壤细菌、放线菌、磷细菌、钾细菌及纤维素分解菌的繁殖，增强过氧化氢酶、脲酶、磷酸酶及纤维素酶的活性，促进烤烟产量的提高（邢世和等，2005）。在河南烟田施用土壤生态调节剂和微生物肥可提高土壤过氧化氢酶和碱性磷酸酶活性，增加土壤微生物总量，提高烤后烟叶评吸质量（刘巧真等，2011）。张晓海等（2002）研究表明土壤改良剂可在短时间内迅速增加烟田土壤微生物数量。Thyfwawn 等（2004）研究认为，微生物土壤改良剂施用后能诱导植物对土传病原物产生抗病性，减轻一些土传病原真菌和胞囊线虫、根结线虫等对植物造成的危害，提高植物营养水平，使植株健壮，增强植物对病原菌的抗性。以上研究表明，施用土壤改良剂可改善植烟土壤微生态环境。

四、土壤改良剂对烤烟生长发育及产质量的影响

对植烟土壤进行改良修复，提高烟叶产量和质量成为当前烤烟栽培研究的热点之一。胡军等（2010）研究表明施用土壤改良剂能够有效改善烟株营养，促进烟株对营养元素的吸收，烟株大田农艺性状表现良好。李彰等（2010）研究表明施用微生物土壤改良剂后，能明显改善旺长期土壤耕层物理性状和生态环境，烟株农艺性状明显改善，叶间距分布更趋合理，抗倒伏性增强，烟株发病率和发病指数极显著低于对照。腐殖酸对土壤环境和烤烟矿质营养的研究表明，腐殖酸可在一定程度上降低土壤 pH 值，增加土壤有机质含量、土壤中的蔗糖酶和磷酸酶活性，改善土壤理化性质，提高土壤生物学活性，明显提高了烤烟经济性状，使烟叶内的烟碱和致香物质等内含物质的含量更趋协调，糖氮比、

钾氯比等各项品质指标更趋合理（靳志丽等，2003）。郑宪滨等（2007）研究表明，施用腐殖酸可以显著提高烤烟钾含量；田艳洪等（2012）将腐殖酸用作基肥，可使烤烟增产8.0%~16.6%。雷波等（2011）研究认为，施用石灰+PAM土壤改良剂对烟株农艺性状无明显影响，但能改善烟叶外观质量，降低烟碱含量，提高烟叶产量、总糖和还原糖含量及评吸质量。

中国植烟土壤连作和片面重视化学肥料，致使土壤有机质含量锐减，土壤理化性质恶化，尤其是团聚体数量和质量下降，土壤通气状况退化，土壤肥力下降，土壤病原菌增多，土壤改良剂已广泛应用于植烟土壤的维护和改良。土壤改良剂作用主要有：改善植烟土壤物理性状，增强其保水保肥能力；增强植烟土壤中营养元素的有效性，提高其肥力；提高植烟土壤中有益微生物和酶活性，抑制土壤病原微生物，增强烤烟抗逆性；降低植烟土壤中污染重金属Cd、Pb、Zn、Co、Cu、Ni等的迁移能力，抑制烤烟对重金属吸收。但不同土壤改良剂应用也存在一些有待解决的问题：天然改良剂改良效果有限，且有持续期短或储量限制等问题；人工合成高分子化合物，其高成本以及潜在环境污染风险问题；以农业废弃物为原料的土壤改良剂存在重金属、病原微生物等有害物质问题。单一土壤改良剂存在改良效果不全面或有不同程度的负面影响等不足之处。因此，将不同改良剂配合施用，特别是无机改良剂、生物改良剂与农业废弃物的配合施用，近年来引起较多研究者的关注，但不同改良剂配合施用的方法及改良效果和改良机理有待进一步研究。

第二章　应用农作物秸秆改良山地植烟土壤

第一节　农作物秸秆资源在湘西烤烟生产上的应用

一、农作物秸秆利用价值及用途

农作物秸秆是农作物成熟收获其经济产品后（主要为籽实）所剩余的地上部分的茎叶、藤蔓或穗的总称，通常指水稻、小麦、玉米、薯类、大豆、油菜、烤烟等农作物在收获经济产品后剩余的部分。目前，秸秆资源化利用的主要途径有以下四个方面。

（一）秸秆肥料化利用

农作物秸秆含有丰富的有机质和矿物质营养，作为肥料还田可以增强土壤的肥力，补充氮、磷、钾、硫、铜、锰、铁、锌等微量元素，还可为土壤微生物繁殖与活动提供碳源和氮源，有利于土壤有机物分解、养分转化和土壤养分平衡。秸秆肥料化主要有秸秆还田、秸秆制作有机肥等直接或间接还田方式，主要还是秸秆还田，包括秸秆粉碎翻压还田、秸秆覆盖还田、过腹还田和焚烧还田。目前，秸秆肥料化利用面临一些难题：一是秸秆还田过程中可分解产生甲烷、硫化氢、二氧化碳等有害气体毒害农作物根系，同时还污染大气环境；二是秸秆还田机械化程度较低；三是秸秆还田生态效益周期较长，需经 3~4 年或更长时间才能见成效；五是某些农作物秸秆在田间不易腐烂，影响了农作物的播种质量和生长。因此，秸秆肥料化利用还有待于进一步改善，以促进农业的发展。

（二）秸秆饲料化利用

秸秆作为饲料可节约大量粮食，充分发挥秸秆的营养价值，可作为草食动物的饲料部分替代中国紧缺的草地资源，对于发展节粮型畜牧业具有重要意义，是缓解未来中国农产品供需矛盾和节粮路线的重要一环。在实践中，秸秆饲料的加工调制方法一般可分为物理处理、化学处理和生物处理 3 种。切段、粉碎、膨化、蒸煮、压块等物理方法，虽简单易行，容易推广，但一般情况不能增加饲料的营养价值；碱化、氨化、氧化剂等化学处理法可以提高秸秆的采食量和体外消化率，但也容易造成化学物质的过量，且使用范围狭窄、推广费用较高；青贮和微贮等生物处理法可以提高秸秆的营养价值，但要求技术较高，处理不好，容易造成腐烂变质。中国秸秆养畜目前还处于一种低水平、低效率的发展阶段，导致畜产品产量低、品质不高。此外，秸秆的处理技术也需要进一步的改进。

（三）秸秆能源化利用

农作物秸秆含碳量为40%左右，其能源密度在14.0~17.6MJ/kg，即燃烧热值相当于标准煤的50%。农作物秸秆能源利用的方式主要有3类：一是直接燃烧，包括传统方式的燃料和现代方式的秸秆加工成型产品、发电等；二是将农作物秸秆转化为气体燃料，如沼气、水煤气等；三是将秸秆转化为液体燃料，如燃料乙醇等。农作物秸秆的直接燃烧效率较低（仅为12%~15%），且在燃烧过程中会产生二氧化碳、甲烷、氧化氮、二氧化硫等温室气体和烟尘，污染生态环境。为提高农作物秸秆能源利用效率和降低秸秆燃烧污染环境，充分发挥秸秆蕴藏的巨大能量，将农作物秸秆直接燃烧转化为其他能源利用方式已成为一种发展趋势。尽管农作物秸秆作为新能源已经在中国进入实质应用阶段，但是秸秆发电处理核心技术缺乏以及成本高昂，限制了秸秆作为新能源的发展。

（四）秸秆工业原料化利用

秸秆作为工业原料利用的方式包括造纸、建材、编织材料，以及秸秆培养食用菌等。秸秆纤维可以用于生产可降解型包装材料、轻质建材、多种食品与糕点、酿醋酿酒、制作饴糖等。秸秆是中国造纸工业的重要原料，如甘蔗渣、麦秸、稻草、麻、棉秆等现已广泛应用于造纸业。在编织业，秸秆广泛用于草帘、草帽、草席、门窗、花盆等多种草编工艺品和日用品的生产中。由于秸秆中含有丰富的碳、氮、矿物质及激素等营养成分，且资源丰富，成本低廉，已被用作多种食用菌的培养料。

二、湘西*烟区农作物秸秆资源及利用

（一）湘西烟区农作物秸秆资源数量

根据湘西州2011年和2012年统计年鉴的数据，湘西州主要农作物有水稻、玉

* 湘西土家族苗族自治州，全书亦简称湘西、湘西州或湘西自治州。

米、薯类、油菜、烤烟、大豆、小麦、苎麻、棉花9种。参考王晓玉的文章《大田作物秸秆量评估中秸秆系数取值研究》（王晓玉等，2012），确定湘西州水稻、玉米、薯类、油菜、烤烟、大豆、小麦、苎麻、棉花的秸秆系数分别为0.98、0.96、0.52、2.98、0.85、1.52、1.38、6.55、3.35。经统计，湘西州各作物秸秆数量见图2-1，2011年湘西州秸秆总量为995 969.08t，2012年湘西州秸秆总量为1 002 281.62t。其中，烤烟秸秆2011年为25 325.73t，2012年为30 624.84t。

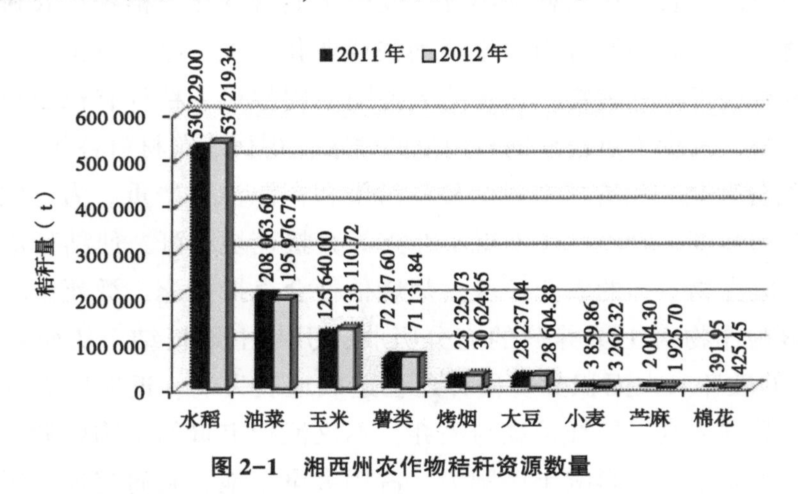

图2-1　湘西州农作物秸秆资源数量

（二）湘西烟区农作物秸秆资源组成

从图2-2看，湘西州农作物秸秆主要为水稻占53.42%，其次为油菜占20.22%，再次为玉米占12.95%。往后依次为薯类、烤烟、大豆、小麦、苎麻、棉花。从烤烟秸秆比例看，只占秸秆总量的2.84%。

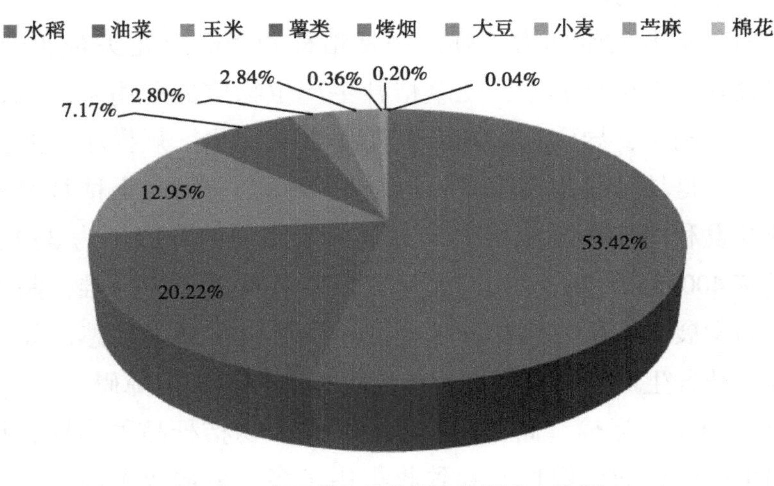

图2-2　湘西州农作物秸秆资源分布比例

（三）湘西烟区农作物秸秆资源利用现状

湘西州秸秆资源利用化程度低，秸秆的主要用途为秸秆还田或作饲料，其他利用形式较少。其利用主要存在以下问题。

（1）秸秆资源未能充分合理利用。在传统农业社会中，农作物秸秆是农业生产和生活中不可缺少的生产要素与生活资料。随着农业现代化的推进和农民生活水平的提高，农作物秸秆利用方式发生了显著变化，秸秆在农村能源、饲料、建筑材料等方面的原有用途逐渐消失或弱化。煤、电、液化气等现代商品能源的普及替代了秸秆燃料；化肥的大范围使用替代了秸秆有机肥料；农业机械替代了役畜，减少了对秸秆饲料用量的需求；现代建筑材料替代了秸秆建材。

（2）秸秆焚烧、丢弃所造成的环境污染和资源浪费严重。为赶农时、抢播种、减轻劳动强度，农民往往不得不在露天直接焚烧秸秆，使秸秆成为像工业生产领域中废弃物一样的农业垃圾。焚烧秸秆会直接烧死、烫死土壤中的有益微生物，影响作物对土壤养分的充分吸收，引起土地板结，从而对土壤造成“毁灭性”的破坏。大面积焚烧秸秆还会造成地表失墒、近地层大气气温升高和气象观测数据失真。秸秆焚烧与丢弃，不仅浪费宝贵的生物资源，而且污染环境、破坏生态平衡、影响土壤肥力、占用大量土地、阻碍交通、影响农村环境卫生。

（3）秸秆直接还田方式简单，不利于发挥秸秆肥土作用。秸秆砍成小段直接撒施在地里，通过翻耕来实现秸秆还田。这种方式在作物生长初期存在秸秆腐解与作物生长争氮问题，旱地秸秆还田还会造成土壤水分不足，还可能造成作物病虫害严重发生与蔓延。

（4）秸秆产业开发带动力不强。一是秸秆利用缺乏龙头企业带动。目前，湘西州有德农牧业需秸秆养牛，烟草秸秆生产生物质能源用来烤烟，但是，秸秆综合利用本大利小，导致秸秆综合利用企业数量少、规模小，龙头型、骨干型企业很少。二是秸秆收集用工多，运输成本高，农民收集秸秆经济性差。三是企业投资开发利用秸秆的积极性不高，企业收购秸秆成本为350元/t，实际卖出价格只有400元/t左右，获利非常有限，且项目融资困难，制约了秸秆综合利用企业的发展。四是一些秸秆综合利用新型技术尚不成熟，如秸秆气化集中供气工程、秸秆生产商品有机肥等在农村推广存在一定障碍。

（5）秸秆收集、运输、储存比较困难。农作物秸秆品种多样，具有生产时间集中性和生产区域的分散性，导致收集用工多，运输成本高，储存困难。湘西州为山区，秸秆资源分布区域较散，且大多分布在山区，加之收获季节性集中，造成秸秆的收集和贮运用工多、难度大、成本高，加上服务体系不健全，秸秆收集和贮运问题始终是制约秸秆产业化发展的瓶颈之一。

（6）秸秆资源化利用政策配套有待完善。目前，政府部门对农作物秸秆资源化利用的重视程度远远不够，缺乏政策激励机制和扶持资金，对秸秆资源化利用的国家和地方政府优惠政策有待完善；部分补贴资金落实不到位，极大地影响了秸秆资源化利用单位或个人的积极性，也影响了秸秆资源化利用产业的发展。

三、农作物秸秆资源在烤烟生产上的应用

目前，农作物秸秆在烤烟生产上的应用主要包括 3 个方面。一是将农作物秸秆作为生物质燃料用于烟叶的烘烤，有关这方面的研究是近几年的研究热点。二是用农作物秸秆生产有机肥。三是农作物秸秆直接还田作肥料并改良土壤。

（一）烟草上应用秸秆还田技术的意义

烟草可以在多种类型土壤上生长，但品质和产量有很大的不同，土壤是影响烟草品质的重要环境因素。目前土壤环境变劣已成为优质烤烟生产可持续发展的最大障碍因素，优质烟对土壤的要求是比较严格的，良好的通透性以及水分和养分的协调供应是适宜烟草生长的最基本的条件（李正风等，2007）。

应用秸秆还田能明显提高土壤速效钾含量，这可能与秸秆中钾含量较高和微生物固定较少有关。土壤中有机质的变化取决于有机物施用的数量、腐殖化系数、土壤中原有有机质的矿化率。提高土壤有机质水平，可增加秸秆的施用量以及提高秸秆腐解后的腐殖化系数，也可以降低原有有机质的矿化率。国内外大量的试验已证明，秸秆还田不仅可以提高土壤速效钾和土壤有机质含量，而且可以促进土壤中水稳性团聚体的形成，使容重降低，总孔隙度增加，提高土壤速效氮、磷、钾以及一些中微量元素的含量，改善土壤的结构和耕性，提高土壤中微生物及各种酶的活性等。秸秆还田对植烟土壤的改良和对烟叶品质的影响在于它对烟叶具有养分平衡效应，生物活性物质效应和协调生长环境效应（沈中泉，1988），有利于土壤性状的改良与维护和提高烟叶品质。

（二）秸秆还田利用技术

（1）秸秆溶田。秸秆溶田是指秸秆不经过堆沤腐熟，在作物收割后直接施

入土壤的秸秆利用技术。直接施用秸秆较堆积发酵后施用更有利于改良土壤结构。秸秆溶田有利于新鲜腐殖质在土壤内部形成，与土壤颗粒结合，促进土壤团粒结构的形成。由于秸秆溶田需要一定的土壤含水量，生产上常用溶田方式是稻草秸秆溶田。稻草溶田一般在烟稻轮作区晚稻收割后，及时将50%～100%鲜稻草切割成2～3段均匀撒在田间，施入一定量的厌氧性快腐剂，再灌水约10cm深，然后用旋耕机打田2～3遍，使稻草与土壤混合起浆，保持田间水层7～8cm，并让其自然落干。在稻草溶田过程中应注意水稻收割完后要及时回田，确保稻草溶田时间有40d以上，以达到彻底腐熟的目的，以免影响后季作物生长；打田前要灌水适量，打田后田间水分要充足。

（2）秸秆腐熟。秸秆腐熟方式可分为秸秆直接腐熟和家禽粪便与秸秆混合堆沤腐熟两种方式。秸秆直接腐熟时应将秸秆吃透水，手拧能滴水为宜。然后均匀地喷洒秸秆腐熟剂，堆高1.5m左右，堆体外用泥封严发酵，在腐熟30d左右进行翻堆一次。一般在堆制5～7d后堆体内温度开始升高，在7～10d内堆温可达70℃以上，高温持续10d左右进行翻堆，并补充水分，在堆体第二次发热后10d左右进行第二次翻堆，至秸秆料达到黑、烂、臭的程度时，已基本腐熟。但生产上更习惯将秸秆与家禽粪便进行混合堆沤或将圈肥、厩肥直接沤制，一方面秸秆的蓬松状态可为堆体微生物活动提供一个好氧环境和充足的碳源，另一方面家禽粪便可为微生物活动提供养分。

（3）秸秆覆盖。烟草生产中秸秆覆盖栽培主要是用麦秸（北方烟区）或稻草秸秆（南方烟区）进行地表覆盖。在美国、巴西等国家推行了很大面积的秸秆覆盖免耕栽培法，中国河南、湖南、福建等地秸秆覆盖面积也占到了很大的比例。秸秆覆盖方法主要有栽烟前覆盖、栽烟时覆盖和栽烟后覆盖。栽烟前覆盖是指起垄时结合圈施底肥，也可先在烟窝中浇一定量的水，然后进行秸秆覆盖，到栽烟时可减少一定的浇水量。此方法在栽烟前窝中保持有一定水分，同时提前施入了肥料，在土壤中进行了一定的转化，可使烟苗成活快、早生快发。栽烟时覆盖是按常规方法栽烟后，浇足定根水，进行覆盖，即边栽烟边覆盖。栽烟后覆盖是按常规方法栽烟后，待烟苗还苗生长时，即栽烟后4～7d，结合施提苗肥后进行覆盖。生产常用的覆盖方式为垄上覆盖秸秆、垄上覆盖地膜垄沟覆盖秸秆、垄上秸秆地膜双覆盖和全田秸秆覆盖。覆盖时以稍厚较好，覆盖度至少应不见土表，一般7～10cm厚。秸秆覆盖量11.25t/hm^2干稻草，秸秆覆盖至烟叶采收结束。

（三）烟草上应用秸秆还田技术的挑战性

（1）烟株生长期氮素供应问题。秸秆还田对植烟土壤虽有改良效果，但对当季烟叶品质的负效应不容忽视。有资料报道，土壤中有机态氮经矿化作用形成的无机态氮，是作物氮营养的重要来源，即使在施用氮肥的情况下，作物吸收的氮中至少也有50%来自土壤有机氮的矿化（Zhu Z 等，1997），可见土壤有机氮素水平对作物氮素营养有着重要的影响。但美国及部分中国学者认为，有机氮的缓效不利于烤烟早期生长，而且会影响烤烟品质，在烤烟大田生长期约90d 中，有机肥的氮素释放仅占其总氮的30%~50%，所以他们并不支持在烤烟上使用有机肥，当然包括秸秆还田。秸秆还田后，大量有机碳介入会使土壤氮矿化/固持过程的强度和时间发生重大变化；前期将进行强烈的氮素生物固持作用，使土壤有机氮素水平提高，无机氮素缺乏，导致作物与土壤微生物争氮素，产生“氮饥饿”现象，用量过大时烟株表现为发棵慢；后期又进行相对强烈的有机氮矿化作用，提高后期土壤供氮水平，而且烟株后期吸收的氮素主要来自土壤有机氮的矿化，这不利于烟叶正常落黄成熟，并导致上部烟叶的烟碱浓度升高，这对烟叶的品质有着极大的影响。

（2）秸秆覆盖对烤烟早发的影响。秸秆覆盖技术在烟草上应用存在的挑战性比秸秆耕翻还田小，因为前者对土壤的扰动较后者小得多。地膜覆盖在烟叶生产中起到了明显的保温保墒作用，但地膜覆盖后同时也带来了一系列的负面作用，如易造成烟苗灼伤现象，根系上移，抗逆性变差，后期揭膜不及时还容易造成高温危害现象。秸秆覆盖在一定程度上缓解了上述问题的出现，但秸秆覆盖前期却容易出现提温效果不明显，烟株早生快发优势不及地膜覆盖栽培。

前膜后秸覆盖和秸秆地膜双覆盖技术，可解决秸秆覆盖对烤烟早发的影响。前膜后秸覆盖栽培技术是指在烟株生长前期覆盖地膜，揭膜后覆盖秸秆直至采收结束。这种覆盖方式能够在烟草不同生育期保持比较好的水分条件。同时，在气温偏低季节的烟草生育前期，地膜覆盖显著提高地温；在气温偏高季节的生育中后期，揭膜、培土和覆盖秸秆，阻挡地表受光，减少地表蒸发，保持土壤水分、平抑地温，培土使得烟株增生大量不定根，形成分层、发达的架状根系，有利于对土壤水肥营养的吸收和土壤水肥气热关系的协调。秸秆地膜双覆盖技术是在秸秆覆盖的基础上进行地膜覆盖。这种覆盖技术也同时具备了两种覆盖方式的优点，并在揭膜后秸秆产生覆盖接力作用。相对前膜后秸覆盖方式来说，采用秸秆地膜双覆盖方式，前期秸秆在地膜覆盖作用下已有一定程度的腐解过程，有利于秸秆在土壤中的腐殖化作用。

四、农作物秸秆在湘西植烟土壤维护和改良中的应用对策

在湘西州烟区，农作物秸秆的应用主要在以下方面：一是作为生物质能源用于烤烟的烘烤燃料，目前相关方面的技术基本成熟；二是生产烟秸有机肥料用于烤烟生产；三是农作物秸秆过腹还田，主要利用玉米秸秆和稻草秸秆养牛，用牛粪改良土壤；四是农作物秸秆覆盖还田，主要利用稻草覆盖栽培烤烟；五是秸秆粉碎还田，主要是玉米秸秆收获后粉碎直接还田。目前，秸秆资源利用已经取得了一定的成效，但这些农作物秸秆利用方式都没有全面推广，仍然存在一些问题。

（一）政策引导与扶持，对农民实行激励机制

迫于其他秸秆处置方式的高成本压力，农民不得不选择秸秆焚烧方式。农户焚烧秸秆造成了严重的环境、社会和生态危害，不能得到有效遏制的一个根本原因是缺乏有效的激励机制。政府激励机制能够有效降低农民处置秸秆的成本，使农民获得比秸秆焚烧更大的收益，这样农民便会主动放弃秸秆焚烧，最终秸秆焚烧问题也就得到了解决。因此，在目前情况下，运用补贴方法控制农户焚烧秸秆较为有效，可建立一个政治上可行、成本较小、操作性强的奖励机制。

（二）科学规划，建立秸秆综合利用循环经济示范区

治理秸秆焚烧的关键是彻底解决秸秆的出路问题。目前，秸秆资源的技术开发已成为生态农业和可持续发展的一个重大课题，世界上许多国家都在开展这方面的研究。秸秆综合利用本身就具有循环经济的特点。因此，针对秸秆循环经济的特点，结合湘西州新农村建设和产业发展现状，可以建立秸秆综合利用循环经济示范区。示范区要利用秸秆及其伴生资源和各种生产废弃物的循环利用，将传统的“秸秆资源→产品→肥料”的直线式经济模式变成“资源↔产品↔废弃物↔再生资源”的反馈式经济发展模式。综合利用秸秆资源，变废为宝，凸显秸秆资源的社会效益和生态效益，为建设新农村、生态环保农村提供思路。

（三）改进现有技术，多渠道推广先进的秸秆综合利用技术

要实现秸秆资源化利用，靠单一的某一项技术是绝对不行的，必须因地制宜多渠道开发秸秆综合利用技术和设备，同时配套各项优惠政策和有力措施，

合理布局秸秆综合利用项目和产业，实现秸秆的有效、高效利用。

（1）改秸秆直接做燃料为生产生物质能源材料。如做成生物质颗粒，秸秆气化等，将生物质能源用于烟叶烘烤。

（2）改烟草秸秆焚烧为生产有机秸秆肥。以往的烟草秸秆利用率低，主要焚烧掉。烟草秸秆可与其他秸秆混合，生产有机秸秆肥，用来作为烤烟或其他作物的肥料。

（3）改水稻秸秆覆盖还田为直接溶田。湘西州烟稻一年一熟轮作制为主要模式。这种模式的冬闲时间长，如果在水稻收获后，将水稻秸秆砍成 20～30cm 的小段，结合秋冬翻耕，直接溶田，效果较好。如果采用覆盖，一是秸秆腐解较慢；二是不利烤烟早生快发。

（4）改玉米粉碎还田为直接沟埋还田。湘西地区一般为一年一熟制，冬闲时间长，种植较分散，将秸秆收集进行加工较困难。可以将秸秆就地沟埋，辅以一定的秸秆腐熟剂，利用较长的休闲期，秸秆完全可以腐解，不影响下季作物生产。如玉米收获后，将玉米秸秆就地埋于垄沟内，辅以秸秆腐熟剂，在烤烟移栽时，秸秆基本腐解，不影响烤烟前期生长。

（5）改油菜秸秆焚烧为覆盖还田。以往油菜秸秆焚烧的多，因为直接翻耕还田与其他作物播种存在季节矛盾。可以将油菜秸秆覆盖还田，如覆盖在玉米、烤烟等作物上。

（6）改单一秸秆还田改良土壤为秸秆还田与种植绿肥共同改良土壤。如在烤烟、玉米秸秆就地沟埋后，再播种绿肥等。

秸秆资源化利用程度低原因极其复杂，其中涉及政府、农民、企业或秸秆经济人的利益关系。由于利益关系难以协调，在秸秆问题上致使政府无所适从、农民有苦难言、企业或秸秆经纪人力不从心。如何有效协调他们之间的利益关系，是解决这一问题的关键。在如今秸秆的各种处理技术已日趋成熟的前提下，我们需要的不仅仅是秸秆处理技术的再改进，我们更需要的是一个整体解决方案。

中国作为一个以农业为主的发展中国家，秸秆资源化利用任重而道远。在新农村建设如火如荼开展、节能减排工作逐步推进、环境保护日趋重要的现实条件下，发展简便、实用、经济、环保、高效的秸秆处理、利用方法是今后相当长一段时间内的现实需求。合理和有效地解决秸秆问题，也远非一朝一夕之事，它需要全体社会成员的共同努力。

第二节　玉米秸秆腐解及养分释放动态

一、研究目的

中国是一个粮食生产大国，作物秸秆资源十分丰富。作物秸秆中含有丰富的氮、磷、钾及微量元素，是一种可持续获得的生物资源。秸秆还田后在土壤微生物作用下发生腐解，将秸秆中的有机质及氮、磷、钾等元素转化为土壤养分，从而改善土壤理化性质，提高土壤肥力，进而提高作物产量和质量。自然状态下秸秆的降解速度较慢，前人有关秸秆还田已有大量研究，在作物秸秆还田时，配施不同种类腐熟剂有利于有益微生物繁殖，加速秸秆等有机废弃物腐熟，为土壤提供较多的稳定的腐殖质，提高土壤有机质含量，改善土壤结构；秸秆中的氮、磷、钾营养元素转化为作物易吸收、利用的养分形式，减少化肥使用量，改善作物品质，同时避免秸秆还田对下茬作物培育壮苗、长势及产量等不利问题的发生。在秸秆还田过程中测定土壤养分的变化，从而推断出秸秆在土壤中的矿化过程，这种方法与秸秆在田间的腐解状况有较大的差异。利用网袋法模拟作物秸秆还田，探索秸秆腐解及养分释放动态变化，了解秸秆还田后的腐解矿化过程和养分释放规律，这对秸秆还田后大田施肥量、施肥时间、合理利用秸秆是有必要的。鉴于此，本研究利用网袋法模拟玉米秸秆还田，研究玉米秸秆应用不同腐熟剂的腐解速率及有机碳、氮、磷、钾养分释放特征，以期为合理选用腐熟剂和大田施肥提供科学依据。

二、材料与方法

（一）试验材料

试验在湖南农业大学耘园进行。供试秸秆腐熟剂：HM 腐熟剂（河南省恒隆态生物工程股份有限公司生产）；BM 有机物料腐熟剂（河南宝融生物科技有限公司生产）；有机废物发酵菌曲（北京市京圃园生物工程有限公司生产）；酵素菌速腐剂（淮安市大华生物制品厂生产）。供试作物秸秆为晒干的玉米秸秆。

（二）试验设计

试验设 5 个处理，每处理重复 3 次。T1 为不加腐熟剂的对照；T2 为 HM 腐熟剂；T3 为 BM 有机物料腐熟剂；T4 为有机废物发酵菌曲；T5 为酵素菌速腐剂。采用尼龙网袋掩埋法，尼龙网袋规格 100 目，20cm×25cm。每个尼龙网袋内装入玉米秸秆量 65g，密封口袋，开沟掩埋于土壤中。秸秆翻埋后，每隔 10d 取样 1 次，每次随机取样 3 袋，相当于 3 次重复，共取样 10 次。取出尼龙网袋后，用水冲洗、除去表面黏附泥土，在 60℃烘箱中烘干至恒重。

（三）测定项目与计算方法

（1）秸秆样品碳、氮、磷、钾测定。全碳用重铬酸钾外加热法，全氮采用 SKALAR 间隔流动分析仪测定，全磷用钼锑抗比色法，全钾用火焰分光光度计测定。

（2）相关计算公式

①干物质残留量（g）= 65g 玉米秸秆腐解后的残留质量；

② 腐解速度(g/d · kg) = $(M_t - M_{t-1})/(T_{t-1} - T_t)$；

③ 养分累计释放率(%) = $(C_0 \times M_0 - C_t \times M_t)/(C_0 \times M_0) \times 100\%$。

式中，C_0 为玉米秸秆初始养分浓度，C_t 为 t 时刻玉米秸秆养分浓度，M_0 为玉米秸秆初始干物重，M_t 为 t 时刻玉米秸秆干物重（残留量），T_t 为 t 时刻的天数。

三、结果与分析

（一）玉米秸秆腐解动态变化

由图 2-3 至图 2-5 可知，玉米秸秆应用不同腐熟剂随着腐解时间变化，玉米秸秆的干物质残留量、累积腐解率及腐解速度趋向基本一致，玉米秸秆应用不同腐熟剂的腐解速率表现为：快速腐解期（前 10d）、中速腐解期（10～50d）、缓慢腐解期（50～100d）。从图 2-3 看，玉米秸秆的干物质残留量在前 10d 快速减少，10d 时干物质残留量 T1～T5 分别为：42. 51g、42. 03g、43. 07g、45. 63g、46. 20g；20～50d 干物质残留量中速减少，50d 时干物质残留量 T1～T5 分别为：26. 51g、25. 14g、24. 47g、22. 23g、23. 58g；50～100d 的干物质残留量减少缓慢，100d 的干物质残留量 T1～T5 分别为：17. 96g、16. 77g、16. 34g、15. 58g、15. 88g。

从图 2-4 看，玉米秸秆前 10d 腐解速度最快，T1～T5 的腐解速度分别为：34. 24g/d·kg、35. 24g/d·kg、33. 74g/d·kg、29. 59g/d·kg、28. 71g/d·kg，到 50d 的腐解速度为中速腐解期，50d 时的腐解速度 T1～T5 分别为：4. 41g/d·kg、4. 74g/d·kg、8. 15g/d·kg、7. 89g/d·kg、5. 59g/d·kg；50～100d 的腐解速度缓慢，100d 时 T1～T5 腐解速度分别为：2. 95g/d·kg、3. 67g/d·kg、3. 56g/d·kg、

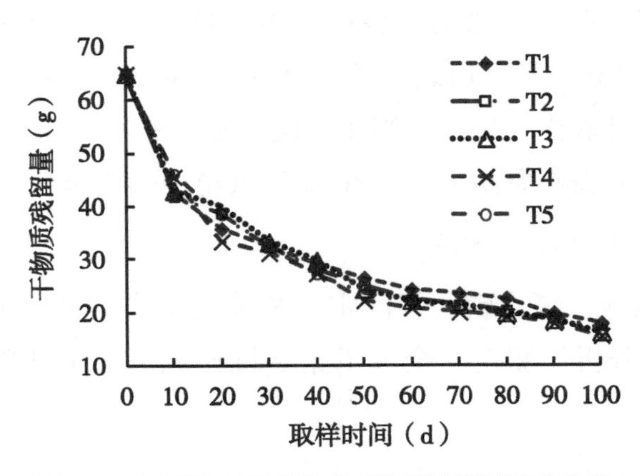

图 2-3　不同处理玉米秸秆干物质残留量动态变化

3.75g/d·kg、4.40g/d·kg。

从图 2-5 看，玉米秸秆累积腐解率前 10d 快速增加，T1～T5 累积腐解率分别为：34.50%、35.33%、34.01%、29.96%、28.86%；20～50d 为秸秆缓慢腐解期，50d 时 T1～T5 累积腐解率分别达到了 59.14%、61.73%、62.76%、65.73%、64.01%；50～100d 为缓慢腐解期，5 个处理玉米秸秆的累积腐解率变化趋于平缓，至还田 100d 的累积腐解率 T1～T5 分别为：72.46%、74.17%、74.75%、76.09%、75.43%。

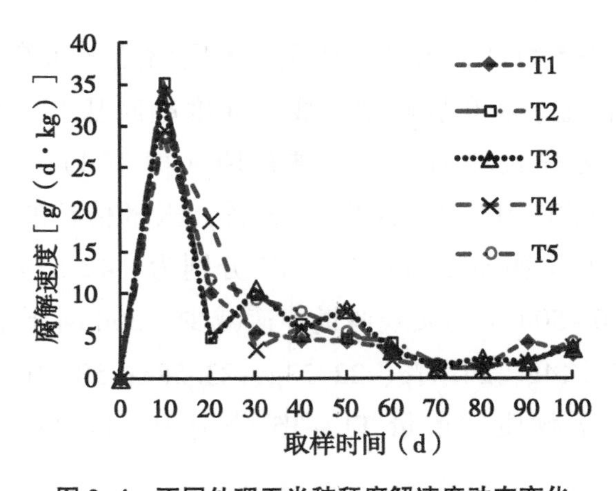

图 2-4　不同处理玉米秸秆腐解速度动态变化

不同腐熟剂玉米秸秆腐解动态变化不同，从图 2-3 看，腐解到第 10d，各处理之间干物质残留量差异不大。腐解至第 20d，T4 的干物质残留量最小，低于其他各处理。在秸秆腐解 50～100d 间，未加腐熟剂 T1 干物质残留量高于应用腐熟剂处理，应用腐熟剂处理间干物质残留量 T2(16.77g)>T3(16.34 g)>T5

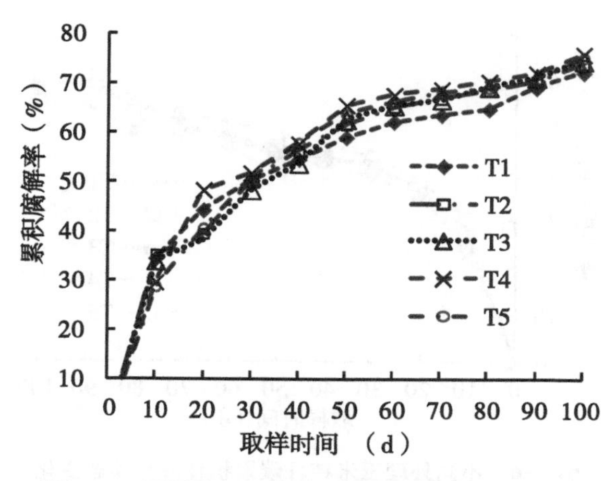

图 2-5　不同处理玉米秸秆累积腐解率动态变化

(15.88g)>T4（15.58g)。从图 2-4 看，玉米秸秆前 20d 平均每天的腐解速度以 T4 最大，其次为 T5。从图 2-5 看，前 20d 玉米秸秆累积腐解率 T4 最大，达到 48.40%，累积腐解率最小的为 T3，为 38.25%。在腐解 30d 时，玉米秸秆的累积腐解率基本可达到 50%。40d 开始应用腐熟剂处理的累积腐解率均高于对照，100d 时应用腐熟剂 T2、T3、T4、T5 玉米秸秆腐解率比未应用腐熟剂的 T1 分别提高 2.36%、3.16%、5.01%、4.1%，说明施用秸秆腐熟剂能加速秸秆腐解。

（二）有机质碳释放的动态变化

玉米秸秆中碳释放特征如图 2-6 所示，不同处理玉米秸秆碳累积释放速率随时间变化基本一致。玉米秸秆碳释放分为 3 个阶段：快速腐解期、腐解减缓期、腐解停滞期。秸秆还田前 20d 是碳快速释放期，腐解至 20d 时，秸秆碳释率 T1～T5 分别为：34.9%、37.13%、36.82%、36.06%、38.74%；秸秆还田 20～80d 为玉米秸秆碳释放缓慢期，80d 时秸秆碳释放率 T1～T5 分别为：49.00%、51.68%、54.76%、56.23%、55.69%；100d 时秸秆碳释放率 T1～T5 分别为：55.74%、55.65%、60.47%、59.78%、61.69%。

不同处理玉米秸秆碳释放率有差异，如图 2-6 所示，还田前 10d，应用腐熟剂处理与未应用腐熟剂处理间玉米秸秆碳释放略有不同，还田后 20d，应用腐熟剂处理秸秆碳释放率均超过未施用腐熟剂。施用腐熟剂各处理间，以 T5 最大，其余各处理间差异不大。说明应用腐熟剂能提高玉米秸秆碳释放率，以 T5 玉米秸秆碳释放最佳。

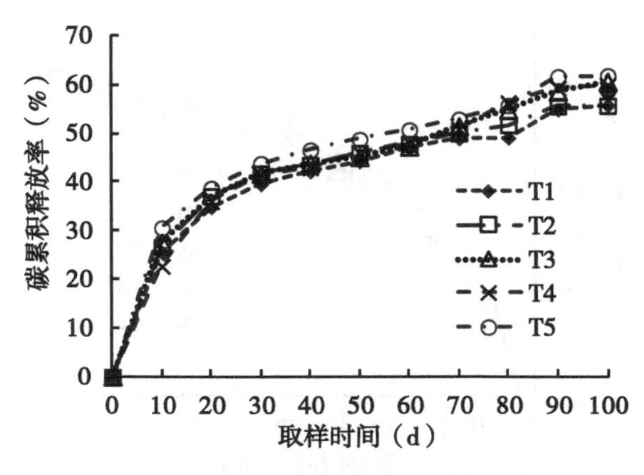

图 2-6　不同处理玉米秸秆碳累积释放率动态变化

（三）氮释放的动态变化

玉米秸秆氮累积释放率变化特征见图 2-7，试验结果表明，玉米秸秆氮释放量主要分为 2 个时期：快速释放期和腐解缓慢期，不同处理玉米秸秆氮快速释放期所占时间不一致。T1、T2、T3 秸秆中氮量在还田后 10d 内呈迅速降低的趋势，氮累积释放率分别为：31.78%、33.61%、31.78%，T4、T5 秸秆中氮快速释放期为前 20d，氮累积释放率分别为：36.36%、31.78%。随后，玉米秸秆氮累积释放率进入缓慢释放阶段。至 100d 时，T1～T5 氮累积释放率分别为：58.79%、54.21%、57.76%、61.54%、54.21%。后期 T4 的腐解量高于其他处理。总体上看，玉米秸秆氮释放量较少，经过 100d 的腐解，累积释放处理的氮量占玉米秸秆中总氮量的 55%左右。

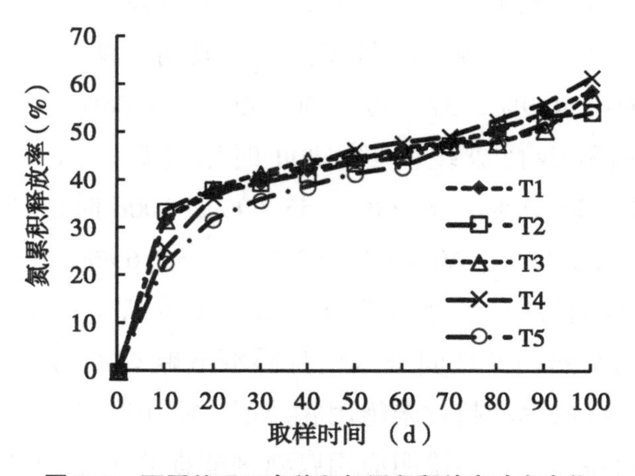

图 2-7　不同处理玉米秸秆氮累积释放率动态变化

应用不同腐熟剂玉米秸秆的氮累积释放率略有差异，如图 2-7 所示，20d 时，应用腐熟剂的 T2、T3 氮释放率大于 T1，施用腐熟剂的 T4、T5 氮释放率小于 T1。50d 时，氮累积释放率为：T4（46.43%）>T3（45.05%）>T1（44.14%）>T2（43.68%）>T5（41.39%）。100d 时氮释放率表现为：T4（61.54%）>T1（58.79%）>T3（57.76%）>T2（54.21%）= T5（54.21%）。施用腐熟剂对氮释放量除 T4 外，其余各处理效果不明显。

（四）磷释放的动态变化

玉米秸秆应用不同腐熟剂的磷释放率变化特征见图 2-8，试验结果表明，玉米秸秆中磷释放表现为匀速增加。在还田 20d 时，秸秆中磷释放相对较快，磷释放率 T1～T5 分别为：39.90%、38.50%、39.25%、35.36%、37.67%，T4 的磷释放率低于其他 4 个处理，其他各处理间差异不大。秸秆腐解至 60d 时，玉米秸秆中磷释放率 T1～T5 分别为：65.96%、70.87%、72.63%、73.55%、73.30%；本阶段应用腐熟剂处理磷释放率都高于未使用腐熟剂处理，应用腐熟剂处理间，以 T4 的磷释放速度最快。70d 后各处理秸秆磷累积腐解率差异不大，100d 时秸秆磷释放率 T1～T5 分别为：89.72%、89.80%、88.09%、89.82%、85.96%，施用秸秆腐熟剂对玉米秸秆中磷总量的释放影响不大，但它能够在短时间内加速秸秆中磷的释放。

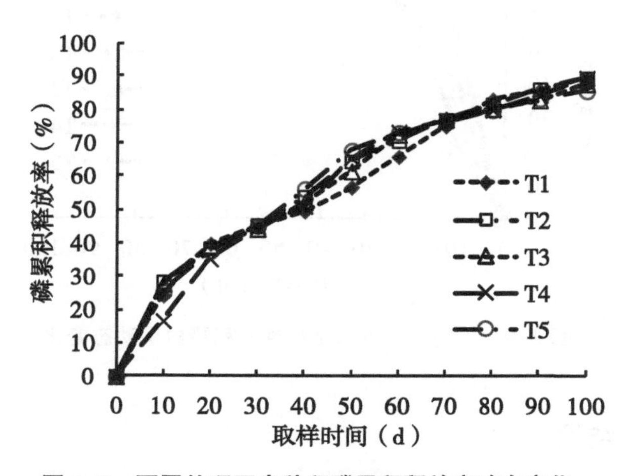

图 2-8　不同处理玉米秸秆磷累积释放率动态变化

（五）钾释放的动态变化

由图 2-9 可知，玉米秸秆钾释放分为 3 个阶段时期：快速释放期，腐解减缓期，腐解停滞期。各处理间玉米秸秆释放速度略有差异，还田后 20d，T1、

T2、T3、T4 腐解速度较快，20d 时钾累积腐解率分别为 84.41%、71.40%、64.43%、66.15%，此阶段 T1 的钾累积释放率明显高于其他处理。T5 在秸秆还田后 30d 的腐解速度较快，30d 时钾累积释放率为 80.76%，30~50d 为玉米秸秆钾腐解缓慢期，至 50d 时秸秆钾累积腐解率 T1~T5 分别为：91.34%、90.46%、88.00%、88.51%、87.00%；50~100d 玉米秸秆钾累积腐解率趋于稳定，100d 时钾累积释放率 T1~T5 分别为：95.29%、95.24%、93.02%、95.81%、95.02%。玉米秸秆钾释放特征表现为：腐解前 30d，秸秆中 80%钾被释放出来，后 70d 钾释放较平缓，只释放钾总量的 8%~17%。

不同处理钾累积释放率不同，如图 2-9 所示，玉米秸秆还田后 20d，各处理钾的累积释放率表现为：T1（84.41%）>T2（71.4%）>T5（68.47%）>T4（66.15%）>T3（64.43%）。腐解至 30d，各处理钾释放量逐渐接近，至 100d 结束时，各处理钾累积释放率为：T4（95.81%）>T1（95.29%）>T2（95.24%）>T5（95.02%）>T3（93.02%），施用腐熟剂对玉米秸秆钾释放率不明显。

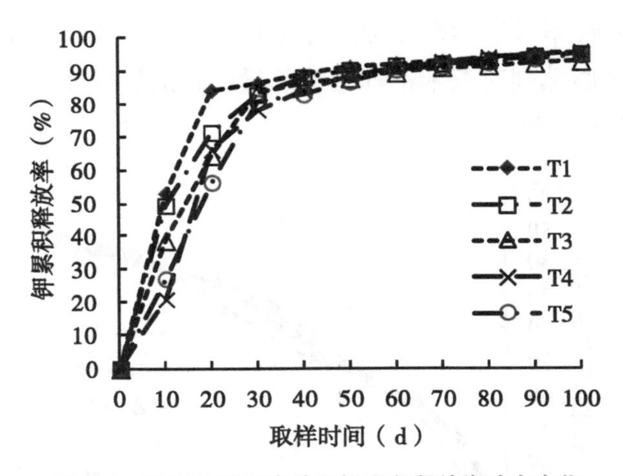

图 2-9　不同处理玉米秸秆钾累积释放率动态变化

四、讨论与结论

（1）玉米秸秆腐解特征表现为 3 个阶段：还田后前 10d 为快速腐解期，此阶段玉米秸秆失重明显，腐解速度及累计腐解率明显增加；10~50d 为玉米秸秆的中速腐解期，此阶段玉米秸秆失重量缓慢减少，腐解速度减小，累积腐解率缓慢增加；从 50d 到取样结束，此阶段为玉米秸秆的缓慢腐解期，玉米秸秆的腐解量已无多大变化。秸秆还田全过程呈现出“结构致密—表面崩溃—骨架破坏的表面形貌动态变化性特征，这一腐解动态变化可能与玉米秸秆组织结构有关，玉米秸秆外表具有很厚的角质层，且中腔被易腐解的髓填充，在腐解前10d，玉米秸秆中的髓迅速腐解，使玉米秸秆失重量、腐解速度、腐解率变化明显；腐解50d时，易分解物质基本释放，秸秆腐解速度相对减缓，剩余纤维素、半纤维素、木质素等刚性结构难分解物；至100d取样结束，秸秆腐解量变化缓慢，仍有大量的残留。最后，剩余秸秆腐解残体转化成腐殖质积累在土壤中，有利于提高土壤有机质活性。

（2）玉米秸秆中养分释放率之间的差异比较。由研究结果可知，100d结束时玉米秸秆碳养分释放率为：55.64%～61.69%，平均为58.66%；氮养分释放率为：54.21%～61.54%，平均为57.30%；磷养分释放率为：85.96%～89.82%，平均为：88.68%；钾养分释放率为：93.02%～95.81%，平均为94.88%。玉米秸秆养分释放表现为：钾>磷>碳>氮，此研究结果与戴志刚的（戴志刚等，2010）研究水稻、小麦、油菜养分释放规律一致。秸秆还田后的养分释放动态对指导农业生产合理施用化肥具有重要指导意义。秸秆碳、氮以有机态存在，不易分解释放，但秸秆中碳含量较大，长期秸秆还田释放出的碳对土壤有机质含量有较大影响。磷一部分以离子态存在，另一部分参与细胞壁构成，磷释放速度小于钾；秸秆中氮、磷含量较低，释放出来的氮、磷量较小。磷、氮是作物必需的营养元素，也是微生物活动所需要的物质，还田初期为避免微生物与作物竞争营养元素，秸秆还田应配施一定量的氮、磷肥。秸秆中钾素没有参与秸秆组织构成，作为易淋溶离子态在秸秆液中，在玉米秸秆还田后，钾素迅速释放出来，生产中，减少作物苗期的钾肥使用量，适当增加追肥量，使作物整个生育期获得充足的钾素。

（3）不同处理玉米秸秆腐解特征比较。由试验结果可知，玉米秸秆还田前10d应用腐熟剂与未应用腐熟剂各处理间差异不大；30～100d取样结束时，未施用腐熟剂T1小于其他各处理。应用腐熟剂的秸秆累积腐解率，以T4最大。玉米秸秆应用腐熟剂后，需经过5～7d的适应期，才开繁殖生长，腐熟剂施用初期并未加速玉米秸秆的腐解速度。腐解至30d时，此时易腐解物质基本完毕，玉米秸秆应用腐熟剂的腐解速度都高于未施用腐熟剂处理，说明秸秆腐熟剂对玉米秸秆中难分解物的分解有益，可加速秸秆中有机碳、氮、磷的释放。综合比较，农业生产中，秸秆还田可以添加腐熟剂，加速秸秆腐熟及养分释放，以有机废物发酵菌曲的效果最佳。

第三节　油菜秸秆还田的培肥效应及对烤烟产质量的影响

一、研究目的

土壤是影响烟叶质量的重要环境因素。目前植烟土壤环境变劣，影响优质烟叶生产可持续发展，对其改良和培肥已成为提高烟叶质量的根本出路。国内外大量的试验已证明玉米秸秆直接还田不仅可以改善土壤结构和耕性，而且还可以提高土壤速效钾和土壤有机质含量，提高土壤中微生物和各种酶的活性。油菜属于十字花科植物，油菜秸秆中富含氮、磷、钾等成分。油菜秸秆就地还田，非常有利于改善土壤和农田系统。由于油菜成熟与烤烟移栽时期存在季节矛盾，有关油菜秸秆直接还于烟田的报道较少。因此，为推进油菜秸秆资源化利用，在湘西州烟区探讨油菜秸秆覆盖还田对土壤养分和烤烟产质量的影响，旨在为油菜秸秆还田改良植烟土壤提供理论依据。

二、材料与方法

（一）试验设计

试验在湖南省凤凰县千工坪乡进行。试验设 3 个处理。A：油菜秸秆粉碎覆盖还田；B：油菜秸秆粉碎覆盖还田+覆膜；CK：空白，不施油菜秸秆，也不盖膜。3 次重复，小区面积 49.50m^2。每小区 8 行，采用宽窄行（100cm+120cm）。4 月下旬移栽烤烟，移栽株距为 50cm。施肥量为：三饼合一型基肥 750.00kg/hm^2、专用追肥 300.00kg/hm^2、提苗肥 75.00kg/hm^2、硫酸钾 375.00kg/hm^2。在 5 月下旬，收获的油菜秸秆铡断为 5cm 左右施在窄行里。油菜秸秆还田量为4 500kg/hm^2。采用半膜覆盖，在窄行中撒施油菜秸秆的上面覆盖地膜。其他管理按照《湘西州烤烟标准化生产技术方案》执行。

（二）测定项目与方法

（1）土壤养分测定：主要测定土壤速效氮、磷、钾，有机质，pH 值。

（2）农艺性状：分别于烤烟团棵期、现蕾期和第一次采烤期测量株高、茎围、有效叶数和最大叶长、最大叶宽，计算最大叶面积。

（3）经济性状：主要考查上等烟比例、均价、产量和产值。

（4）烤后烟叶物理特性：测定烟叶的开片率、含梗率、平衡含水率、单叶重、叶片厚度、叶质重。

（5）烤后烟叶常规化学成分：主要测定总糖、还原糖、烟碱、总氮、钾、氯。其中烟叶总糖、还原糖、总氮、烟碱、氯等化学成分含量测定采用SKALAR间隔流动分析仪，烟叶钾含量采用火焰光度法测定。

三、结果与分析

（一）对植烟土壤pH值和养分的影响

由图2-10a可知，在油菜秸秆还田后的2个月内，油菜秸秆还田处理A和B的植烟土壤pH大于CK；这以后，三个处理的植烟土壤pH差异不显著。

由图2-10b可知，油菜秸秆还田处理A和B的植烟土壤有机质大于CK。

由图2-10c可知，各处理的植烟土壤碱解氮含量B>A>CK。但处理A和B之间差异不显著；在6月25日前，处理A和B的土壤碱解氮显著大于CK；在7月20日后，处理A的土壤碱解氮与CK差异不显著。

由图2-10d可知，各处理的植烟土壤有效磷含量B>A>CK。在6月25日前，处理A和B之间土壤有效磷含量差异不显著，但处理A和B的土壤有效磷显著大于CK；在7月20日后，处理B的土壤有效磷显著高于处理A和CK，处理A与CK差异不显著。

由图2-10e可知，各处理的植烟土壤速效钾含量B>A>CK。在6月1日，处理A和B之间土壤速效钾含量差异不显著，但处理A和B的土壤速效钾显著大于CK；在6月25日后，三个处理的土壤速效钾含量差异显著。

以上分析表明，油菜秸秆还田能提高植烟土壤养分，以油菜秸秆粉碎覆盖还田+覆膜的处理效果相对较好。

（二）对烤烟农艺性状影响

由表2-1可知，在烤烟的团棵期，烤烟植株的农艺性状差异不显著。在烤烟的现蕾期和第1次采烤期，烤烟的叶片数差异不显著，但株高、茎围、最大叶面积差异显著。方差分析结果表明，处理A和B的株高、茎围、最大叶面积均大于CK。处理B的株高、茎围、最大叶面积大于处理A，但差异不显著。以上分析表明，油菜秸秆覆盖能改善烟叶农艺性状。

表 2-1　不同处理的烤烟农艺性状

处理	团棵期				现蕾期				第1次采烤期			
	株高/cm	茎围/cm	叶片数/片	最大叶面积/cm^2	株高/cm	茎围/cm	叶片数/片	最大叶面积/cm^2	株高/cm	茎围/cm	叶片数/片	最大叶面积/cm^2
A	23.45a	6.19a	14.30a	672.04a	119.64a	8.31a	18.48a	1 512.64a	123.43a	10.13a	20.2a	1 673.12a
B	23.79a	6.23a	14.69a	680.58a	120.87a	8.42a	19.35a	1 553.52a	123.89a	10.77a	19.8a	1 697.44a
CK	22.59a	5.95a	14.20a	661.62a	115.39b	7.87b	18.24a	1 423.72b	122.88a	8.89b	19.4a	1 512.27b

注：英文小写字母表示 5%差异显著水平，以下同。

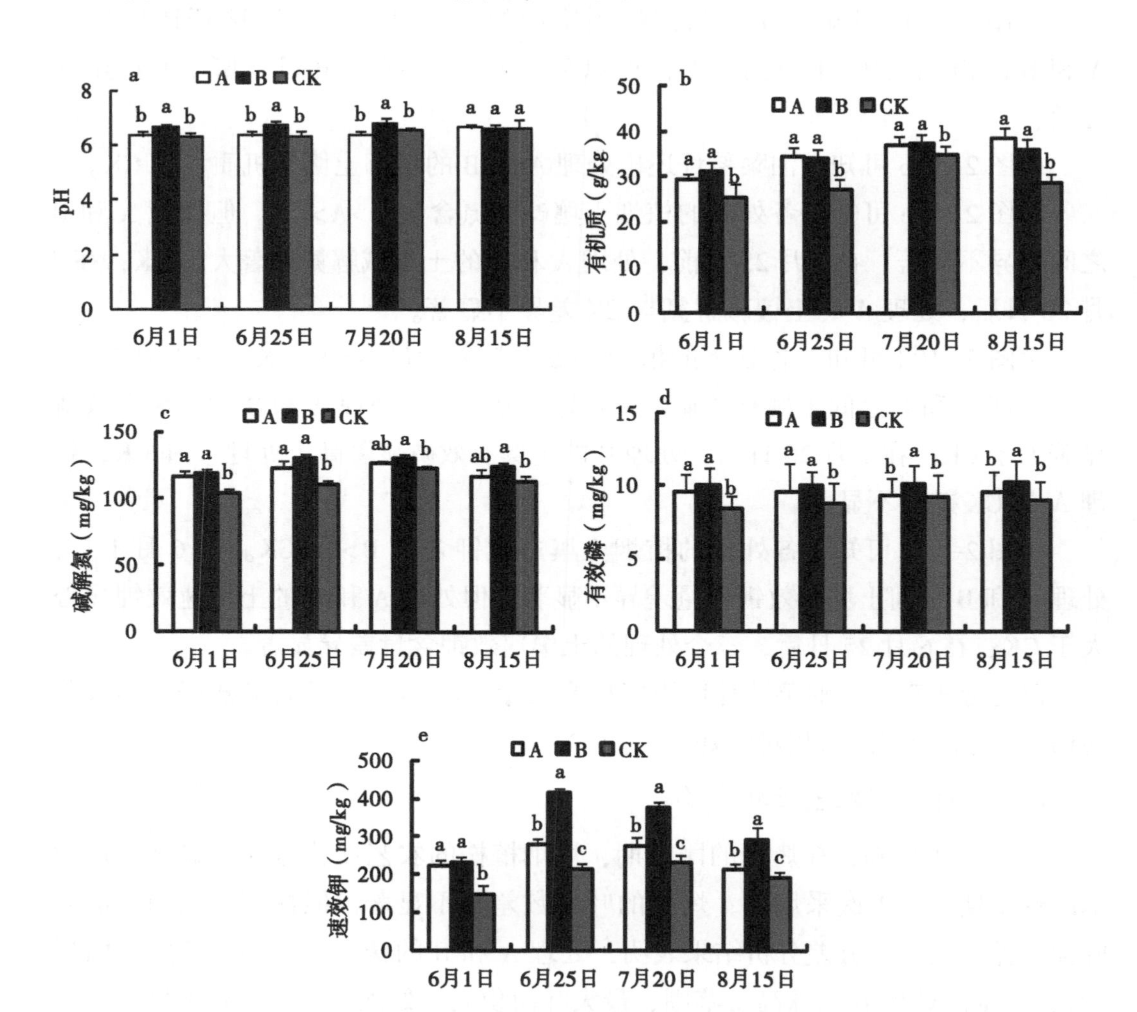

图 2-10　不同处理的植烟土壤主要养分变化

（三）对烤烟经济性状的影响

由表 2-2 可知，从上等烟比例看，油菜秸秆还田处理要大于对照。从均价看，处理 A 与对照差异不大，但对照低于处理 B。从产量和产值看，3 个处理差异显著，都是 B>A>CK。表明油菜秸秆覆盖还田+覆膜处理的经济性状较好。

表 2-2 不同处理的烤烟经济性状

处理	上等烟比例/%	均价/（元/kg）	产量/（kg/hm^2）	产值/（元/hm^2）
A	31. 09a	21. 62 b	1 904. 63b	41 192. 05b
B	34. 61a	23. 14a	1 980. 68a	45 797. 71a
CK	22. 74b	21. 41b	1 624. 09c	34 937. 77c

（四）对烟叶物理特性的影响

由表 2-3 可知，从上部烟叶看，油菜秸秆还田处理的开片率、叶片厚度、单叶重、含梗率显著大于 CK；叶质重显著低于 CK；平衡含水率差异不显著。从中部烟叶看，处理 A 的开片率显著大于 CK，但处理 B 的开片率虽大于 CK，但差异不显著；处理 A 和 B 的单叶重、含梗率显著大于 CK；三个处理之间的平衡含水率和叶质重差异不显著。以上表明油菜秸秆还田处理的物理特性要优于 CK。

表 2-3 不同处理的烟叶物理性状

部位	处理	开片率/%	厚/μm	单叶重/g	含梗率/%	平衡含水率/%	叶质重/（g/m^2）
上	A	30. 00a	141. 00b	12. 84b	32. 00a	16. 15a	82. 39 b
	B	30. 44a	153. 00a	13. 30a	32. 61a	16. 11a	84. 37b
	CK	28. 05b	134. 00c	10. 00c	29. 00b	16. 37a	96. 83a
中	A	31. 29ab	140. 00b	9. 50b	31. 58a	15. 32a	70. 22a
	B	33. 74a	152. 00a	10. 40a	32. 56a	14. 81a	68. 80a
	CK	30. 94b	121. 00c	8. 60c	29. 81b	14. 24a	69. 37a

（五）对烟叶化学成分的影响

由表 2-4 可知，从上部烟叶看，油菜秸秆还田的 2 个处理的烟叶总糖、还原糖、烟碱、钾含量显著高于对照；总氮和氯含量 3 个处理差异不显著。从中部烟叶看，油菜秸秆还田的 2 个处理的烟叶总糖含量显著高于对照；处理 B 烟叶还原糖含量显著高于对照，处理 A 的烟叶还原糖含量虽高于对照，但差异不显著；油菜秸秆还田的 2 个处理的烟叶钾含量显著高于对照；烟叶烟碱、总氮、氯含量3个处理差异不显著。以上分析表明，油菜秸秆覆盖还田可提高烟叶糖和钾含量。

表2-4 不同处理的烟叶化学成分

部位	处理	总糖/%	还原糖/%	烟碱/%	总氮/%	氯/%	钾/%
上	A	25.97a	21.61a	3.56a	1.91a	0.34a	2.57a
	B	24.73a	21.42a	3.96a	1.84a	0.42a	2.48b
	CK	19.85b	18.40b	3.24b	1.96a	0.47a	2.35c
中	A	27.78a	24.34ab	2.87a	1.90a	0.30a	3.01a
	B	28.56a	26.35a	2.74a	1.87a	0.48a	2.84b
	CK	24.81b	23.03b	2.83a	1.64a	0.38a	2.42c

四、讨论与结论

（1）油菜秸秆还田能提高土壤有机质、碱解氮、有效磷和速效钾含量。地膜覆盖，提高了油菜秸秆的腐解温度，加速了油菜秸秆腐解，释放的氮、磷、钾较没有覆盖地膜的处理要多，其提高土壤养分的效果较好。同时，没有覆盖地膜的处理，其养分流失率也较高。

（2）油菜秸秆覆盖还田能改善烟叶农艺性状，提高上等烟比例、产量和产值，提高了烤烟开片度，烟叶单叶重适宜、厚薄适中。这主要在于油菜秸秆直接还田有利于土壤腐殖质组成的更新和物理性状的改善，促进土壤养分循环，从而改善了烤烟生长发育环境，有利于烤烟生长，特别是提高了上部烟叶的开片度，使烟叶结构疏松，烟叶可用性提高。

（3）油菜秸秆覆盖还田可提高烟叶糖含量，是由于油菜秸秆还田的烤烟长势稳健，光合作用强，合成光合产物多。油菜秸秆覆盖还田提高了烟叶钾含量，是由于油菜秸秆还田能提高土壤钾含量的缘故。油菜秸秆覆盖还田的上部烟叶烟碱含量略高，主要是由于秸秆还田在烤烟生长后期产生相对强烈的有机氮的矿化作用，土壤后期供氮多所导致。因此，油菜秸秆覆盖还田应适当减少氮肥的施用。

从油菜秸秆覆盖还田的2个处理看，地膜覆盖处理的烤烟长势要强，这主要是由于地膜覆盖，提高了油菜秸秆的腐解温度，加速了油菜秸秆腐解，释放的氮、磷、钾较没有覆盖地膜的处理要多，其提高土壤养分的效果较好。

第四节　玉米秸秆有机肥堆制技术及大田施用效果

一、研究目的

湘西州玉米秸秆资源非常丰富，可利用玉米秸秆还田来提高土壤肥力，改善土壤结构和耕性。但玉米秸秆直接还田后在土壤中的生物化学转化过程，有可能导致烟株前期产生“氮饥饿”现象，后期有机氮的矿化作用强烈，与烤烟的需肥规律不相一致。因此，利用腐熟剂堆制玉米秸秆有机肥，研究玉米秸秆有机肥堆置方法及施用效果，为指导玉米秸秆还田改良植烟土壤提供依据，从而合理有效利用玉米秸秆资源，保护环境，促进山地烤烟生产的可持续发展。

二、材料与方法

（一）玉米秸秆有机肥堆制

试验设 4 个处理：T1，玉米秸秆；T2，玉米秸秆+尿素；T3，玉米秸秆+尿素+发酵菌曲；T4，玉米秸秆+尿素+ BM 有机物料腐熟剂。秸秆用铡草机或镰刀粗切，每处理用干玉米秆 32.5kg，堆成下底 1.6m × 1m，上顶宽 1.0m × 0.8m，高 1m。分 3 层，第一层、第二层各厚 40cm，第三层 20cm。每层秸秆上堆后按秸秆量的 1.8 倍分次加水使玉米秸秆湿透，均匀撒施堆腐设计要的速腐剂、尿素（各层腐秆剂和尿素用量比自下而上为 4∶4∶2），堆好后用薄膜封严。有机废物发酵菌曲为北京市京圃园生物工程有限公司生产；BM 有机物料腐熟剂为河南宝融生物科技有限公司生产；每处理用尿素量为 1 625g；腐熟剂量 550g。

主要测定指标：①腐化过程中的颜色变化；②腐化过程中的质地变化；③腐化程度。

（二）玉米秸秆有机肥大田施用

试验设 4 个处理。Ty，玉米秸秆还田，玉米秸秆还田量为 4 500kg/hm^2；Tf1，玉米秸秆+尿素+发酵菌曲堆制有机肥；Tf2，玉米秸秆+尿素+ BM 有机物料腐熟剂堆制有机肥；CK 为对照，空白。Tf1 和 Tf2 的玉米秸秆堆制有机肥用量，相当于干玉米秸秆 4 500kg/hm^2。3 次重复，小区长 8m，宽 6m，株行距 0.5m×1.2m，小区面积 48m^2。各处理其他操作保持一致，烤烟栽培管理按照

《湘西州烤烟标准化生产技术方案》执行。

主要测定指标：①分别于烤烟移栽后30d、50d、70d、90d，在烟垄上两株烟正中位置，每个处理分小区用环刀进行原位取样，测定土壤的容重和孔隙度；在烟垄上两株烟正中位置，每个处理随机采集0~20cm土样5个，混匀后用于测定土壤pH值、有机质、碱解氮、速效磷、速效钾。②烤烟经济性状，主要考查上等烟比例、均价、产量和产值。③烤烟物理特性，测定烟叶的开片率、含梗率、平衡含水率、单叶重、叶片厚度、叶质重。④烤烟化学成分，主要测定总糖、还原糖、烟碱、总氮、钾、氯。其中烟叶总糖、还原糖、总氮、烟碱、氯等化学成分含量测定采用SKALAR间隔流动分析仪，烟叶钾含量采用火焰光度法测定。

三、结果与分析

（一）不同堆制方式的有机肥颜色变化

由表2-5可知，随堆制时间增加，玉米秸秆有机肥的颜色加深，各处理的颜色变化均表现为灰黄色—灰褐色—灰黑色—黑色。T3和T4处理的玉米秸秆颜色变黑时间要快，且颜色程度要深。表明添加腐熟剂可加快玉米秸秆腐熟。

表2-5　不同处理的有机肥颜色变化

处理	0个月	1个月	2个月	3个月	4个月
T1	灰黄色	灰黄色	灰褐色	灰黑色	灰黑色
T2	灰黄色	灰褐色	灰黑色	黑褐色	黑色
T3	灰黄色	灰黑色	黑褐色	黑色	黑色
T4	灰黄色	灰黑色	黑褐色	黑色	黑色

（二）不同堆制方式的有机肥质地变化

由表2-6可知，随堆制时间延长，玉米秸秆有机肥变软或腐烂，各处理的质地变化均表现为硬脆—变软—松软—腐烂。T3和T4处理的玉米秸秆腐烂较快，且质地表现较好。表明添加腐熟剂加快和提高玉米秸秆腐熟程度。

表2-6　不同处理的有机肥质地变化

处理	0个月	1个月	2个月	3个月	4个月
T1	干脆	开始变软	发软	松软	细软

（续表）

处理	0个月	1个月	2个月	3个月	4个月
T2	硬脆	变软	松软	松软	腐烂
T3	硬脆	变软	腐烂	腐烂	腐烂且疏松
T4	硬脆	变软	腐烂	腐烂	腐烂且疏松

（三）不同堆制方式的有机肥腐化程度

施用前，查看各处理的腐熟程度，以T3处理的腐熟程度最高，其次为T4处理，T2处理的腐熟程度低，T1处理基本上没有腐熟。因此，在大田试验中，只选择T3和T4处理的有机肥，即玉米秸秆+尿素+发酵菌曲堆制有机肥、玉米秸秆+尿素+ BM有机物料腐熟剂堆制有机肥。

（四）对植烟土壤容重和孔隙度的影响

由图2-11可知，从土壤容重看，在烤烟移栽后30d和50d，Ty、Tf1、Tf2处理土壤容重低于CK；其中，Tf1和Tf2处理土壤容重显著低于CK。在烤烟移栽后70d和90d，Ty、Tf1、Tf2处理土壤容重低于CK；其中Tf1和Tf2处理土壤容重显著低于CK和Ty，Ty处理土壤容重显著低于CK。从土壤孔隙度看，在烤烟移栽后30d，Tf2处理土壤孔隙度显著高于其他3个处理，Ty和Tf1处理土壤孔隙度显著高于CK；50d后，Tf1和Tf2处理土壤孔隙度显著高于Ty和CK，但Ty处理的土壤孔隙度与CK差异不显著；70d后，Tf1和Tf2处理土壤孔隙度显著高于T2和CK，Ty处理土壤孔隙度也显著高于CK；90d后，Ty、Tf1、Tf2处理土壤孔隙度显著高于CK，且各处理土壤孔隙度存在显著差异。可见，施用玉米秸秆有机质堆肥可降低土壤容重和提高土壤孔隙度。

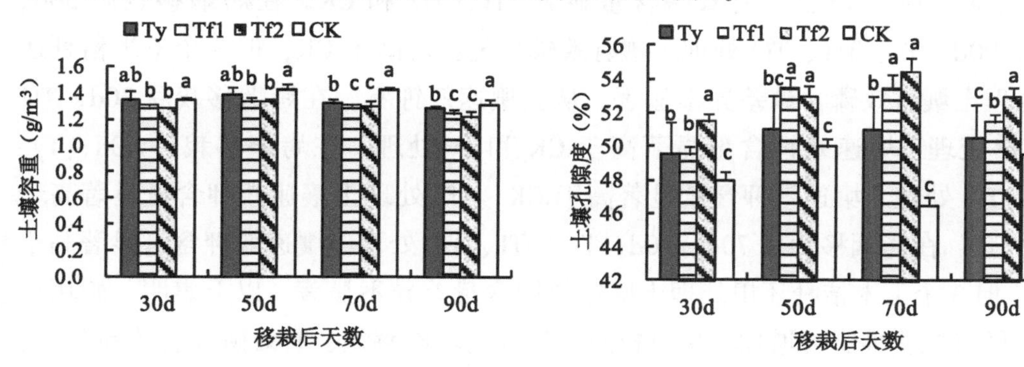

图2-11 不同处理的植烟土壤容重和孔隙度变化

（五）对植烟土壤 pH 值的影响

由图 2-12 可知，在烤烟移栽后 30d、50d，Ty、Tf1 处理土壤 pH 值高于 CK、Tf2。在烤烟移栽 70d 后和 90d 后，各处理土壤 pH 值差异不显著。

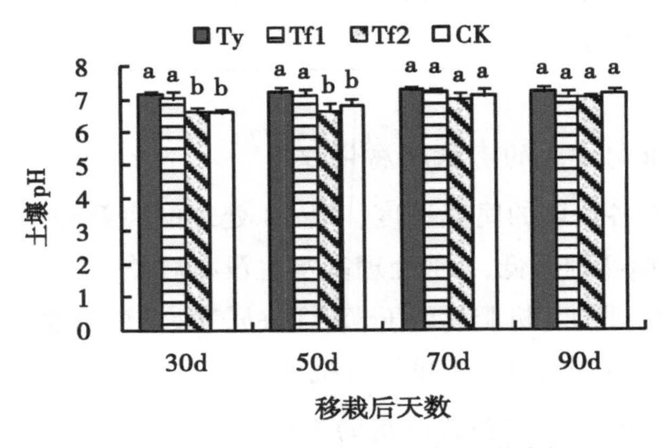

图 2-12　不同处理的植烟土壤 pH 值变化

（六）对植烟土壤养分的影响

由图 2-13 可知，从土壤有机质看，在烤烟移栽后 30d、50d，Tf1 和 Tf2 处理土壤有机质含量显著高于 CK 和 Ty 处理。在烤烟移栽 70d 后和 90d 后，Ty、Tf1 和 Tf2 处理土壤有机质含量显著高于 CK，且 Tf2 处理土壤有机质含量显著高于 Ty 处理。从土壤碱解氮看，在烤烟移栽 30d 后，Ty、Tf1 和 Tf2 处理土壤碱解氮含量显著低于 CK。50d 后，Tf1、Tf2 和 CK 处理土壤碱解氮含量显著高于 Ty。在烤烟移栽 70d 后和 90d 后，Ty、Tf1 和 Tf2 处理土壤碱解氮含量显著高于 CK，Tf1 处理土壤碱解氮含量也显著高于 Tf2 处理。从土壤有效磷看，在烤烟移栽后 30d，Ty 处理土壤有效磷含量显著 Tf1、Tf2 和 CK。在烤烟移栽后 50d、70d、90d，Ty、Tf1、Tf2 处理土壤有效磷含量显著高于 CK，但 3 个玉米秸秆还田处理土壤有效磷含量差异不显著。从土壤速效钾看，在烤烟移栽后 30d，Tf1 和 Tf2 处理土壤速效钾含量显著高于 CK 和 Ty 处理。在烤烟移栽后 50d，Ty、Tf1、Tf2 处理土壤速效钾含量显著高于 CK；Tf2 处理土壤速效钾含量显著高于 Ty、Tf1。在烤烟移栽后 70d、90d，Ty、Tf1、Tf2 处理土壤速效钾含量显著高于 CK，但 3 个玉米秸秆还田处理土壤速效钾含量差异不显著。以上表明，施用玉米秸秆有机质堆肥可增加土壤有机质，提高土壤碱解氮、有效磷和速效钾含量。

（七）不同处理对烤烟经济性状的影响

由表 2-7 可知，不同处理的上等烟比例和均价差异不显著。从产量看，

Tf1>Tf2>Ty>CK，以 Tf1 处理的产量最高，其次为 Tf2 处理；Ty 和 CK 处理的产量差异不显著。从产值看，Tf1>Tf2>Ty>CK，以 Tf1 处理的产值最高，其次为 Tf2 处理；Ty 和 CK 处理的产值差异不显著。表明玉米秸秆堆肥有利于提高烟叶产量和产值，提高种烟效益。

表 2-7　不同处理的烤烟经济性状

处理	上等烟比例/%	均价/（元/kg）	产量/（k/hm^2）	产值/（元/hm^2）
Ty	49. 27a	23. 83a	1 681. 10c	40 060. 61c
Tf1	56. 11a	23. 95a	1 895. 23a	45 418. 93a
Tf2	51. 12a	23. 90a	1 759. 54b	41 980. 85b
CK	52. 08a	24. 23a	1 648. 71c	39 978. 13c

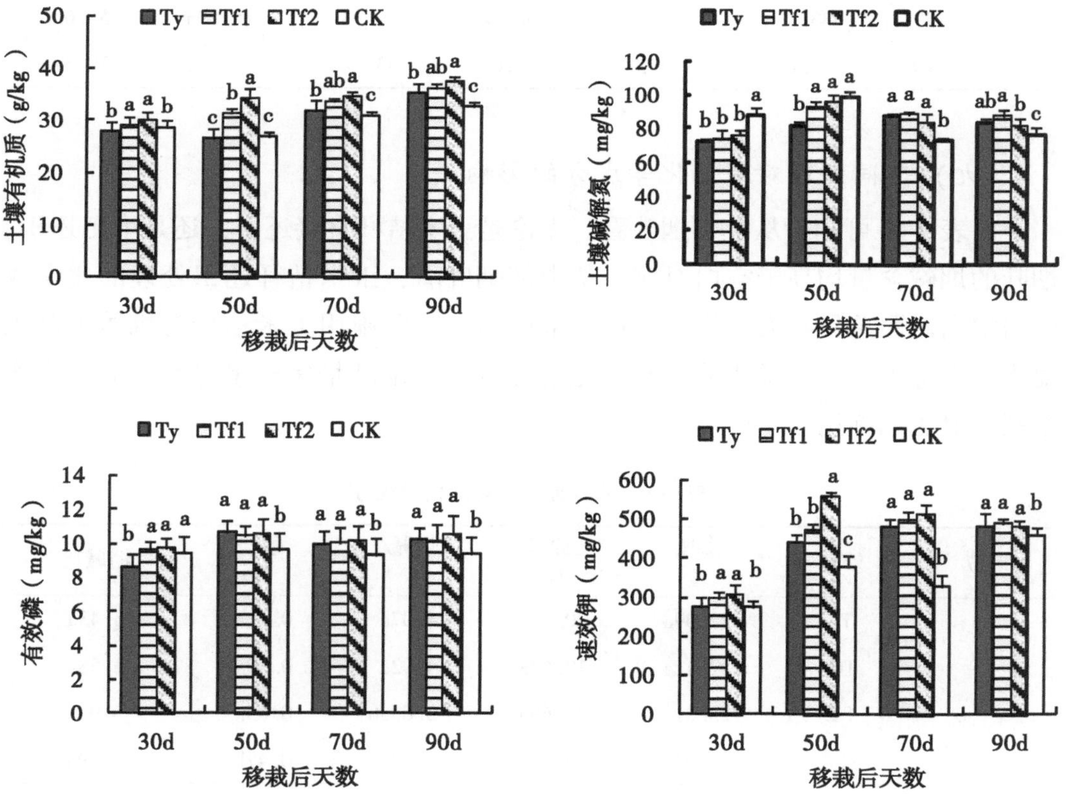

图 2-13　不同处理的植烟土壤养分变化

（八）不同处理对烤烟物理特性的影响

由表 2-8 可知，从上部烟叶物理特性看，施用玉米秸秆堆肥的两个处理

（Tf1、Tf2）开片率高，烟叶厚薄适中，平衡含水率高，叶质重适中。从中部烟叶物理特性看，施用玉米秸秆堆肥的两个处理（Tf1、Tf2）烟叶厚薄适中，平衡含水率高，叶质重适中。表明玉米秸秆堆肥的施用可提高烟叶物理性状。

表 2-8　不同处理的烤烟物理性状

部位	处理	开片率/%	叶片厚/μm	单叶重/g	含梗率/%	平衡含水率/%	叶质重/(g/m^2)
上	Ty	28.47b	166.00a	10.70b	29.17a	12.90b	96.55a
	Tf1	31.02a	141.00c	12.67a	32.99a	16.30a	80.88c
	Tf2	31.97a	160.67b	11.50a	31.81a	16.15a	81.45c
	CK	29.11b	176.00a	12.67a	31.89a	14.94b	86.45b
中	Ty	34.22a	161.00a	8.20b	33.87a	14.90b	72.20a
	Tf1	32.64a	116.33c	10.80a	35.00a	15.35a	62.00b
	Tf2	33.45a	123.33bc	10.87a	36.33 a	15.89a	59.65b
	CK	34.05a	136.3b3	11.20a	33.74a	14.87b	79.37a

（九）不同处理对烤烟化学成分的影响

由表 2-9 可知，从上部烟叶看，无论是玉米秸秆直接还田，还是堆肥还田，烟叶的烟碱含量均高于空白对照。从中部烟叶看，玉米秸秆还田处理的化学成分与空白对照差异不大，均是在适宜范围内。表明施用玉米秸秆有机质堆肥主要影响上部烟叶的化学成分，有可能会导致上部烟叶烟碱含量过高，应在生产中减少氮肥的施用。

表 2-9　不同处理的烤烟化学成分

部位	处理	总糖/%	还原糖/%	烟碱/%	氯/%	糖碱比
上	Ty	22.09a	20.31a	4.07a	0.62a	5.43a
	Tf1	22.42a	19.67a	4.02a	0.59a	5.58a
	Tf2	23.01	20.69a	3.89ab	0.65a	5.92a
	CK	23.07a	19.74a	3.73b	0.47b	6.19a
中	Ty	23.18b	21.23b	2.22b	0.70a	10.45a
	Tf1	28.79a	27.20a	2.88a	0.49b	10.01a
	Tf2	29.00a	27.41a	3.12a	0.54b	9.29a
	CK	28.34a	25.07ab	2.91a	0.47b	9.74a

四、讨论与结论

（1）玉米秸秆堆肥添加腐熟剂可加速玉米秸秆腐解，提高玉米秸秆堆肥质量。在堆制玉米秸秆有机肥时，一是要提高密封性，可减少堆内有机肥的水分散失，提高堆内有机肥温度，从而加快腐熟速度提高腐熟质量；二是水分要浇透，最好用水浸泡透，保证玉米秸秆腐熟充分；三是玉米秸秆要截断为5~6cm，便于与腐熟剂混匀；四是堆制时间长短要适宜，一般要在2个月以上。

（2）玉米秸秆直接还田有利于土壤腐殖质组成的更新和物理性状的改善，促进土壤养分循环。但其归还于烟田后，秸秆中大量的有机碳的介入，可能会出现烤烟前期“氮饥饿”和后期氮素养分较高现象，导致“黄弱苗”和烤烟落黄困难的问题。采用玉米秸秆腐熟还田可较好地解决这一问题。玉米秸秆还田可降低植烟土壤容重，增加植烟土壤孔隙度，从而提高植烟土壤的保水和保肥能力。与此同时，玉米秸秆还田还可提高植烟土壤有机质和有效磷和速效钾含量。对于植烟土壤碱解氮含量变化，在烤烟大田生长前期，由于秸秆腐解需要氮，土壤碱解氮含量略有下降，但到烤烟大田生长中、后期，植烟土壤碱解氮含量会增加。因此，玉米秸秆还田应相应减少氮肥使用量，以防止后期氮素较高不利烤烟落黄成熟，影响烟叶品质。

（3）玉米秸秆还田处理的上部烟叶烟碱含量较高，特别是玉米秸秆堆肥。主要是玉米秸秆还田提高了土壤养分。因此，对于玉米堆肥还田，最好适量减少氮肥的用量。

（4）不同秸秆堆肥的处理效果不同，从3个玉米秸秆还田处理看，以玉米秸秆+尿素+发酵菌曲堆制有机肥、玉米秸秆+尿素+ BM有机物料腐熟剂堆制有机肥的两个处理效果优于玉米秸秆直接还田，具有推广价值。

第五节　玉米秸秆促腐还田的腐解及对烤烟的影响

一、研究目的

国内外试验研究证明玉米秸秆还田可以改善土壤结构和耕性，还可以提高土壤速效钾和土壤有机质含量，以及土壤中微生物和各种酶的活性。直接还田的玉米秸秆在土壤中的转化是一个复杂的生物化学过程，虽有改良土壤效果，但其前期产生“氮饥饿”现象，后期又进行相对强烈的有机氮的矿化作用（李贵桐等，2002；朱玉芹等，2004），其肥力释放与烤烟的需肥规律不相吻合，影响烤烟正常生长发育和烟叶质量。为解决这一问题，本研究在湘西州烟区一年一熟种植制度下施用促腐剂将玉米秸秆直接还田，探讨在不同促腐条件下玉米秸秆直接还田的腐解效果及对烤烟生长与产质量的影响，旨在为玉米秸秆直接还田改良植烟土壤提供理论依据。

二、材料与方法

（一）试验设计

试验在湖南省凤凰县千工坪乡进行。供试土壤为石灰岩母质发育的旱地黄壤，土壤质地为壤土，pH 值为 6.23，有机质为 10.46g/kg，碱解氮为 38.20mg/kg，速效磷为 9.75mg/kg，速效钾为 108.76mg/kg。试验设 5 个处理，分别为 T1（玉米秸秆+尿素+发酵菌曲）、T2（玉米秸秆+尿素+ BM 有机物料腐熟剂）、T3（玉米秸秆+发酵菌曲）、T4（玉米秸秆+BM 有机物料腐熟剂）、CK（常规栽培，不用玉米秸秆，也不用促腐剂）。随机区组设计，3 次重复，15 个小区；小区面积 $48m^2$，8 行，行长 5m，密度为 50cm×120cm。玉米秸秆为当地种植的干玉米秸。有机废物发酵菌曲为北京市京圃园生物工程有限公司生产，BM 有机物料腐熟剂为河南宝融生物科技有限公司生产。在 2013 年的 10 月烤烟拔秆后，在垄沟内均匀平铺切成 30 ~ 50cm 小段的玉米秸秆，用量为 4 500kg/hm^2，玉米秸秆厚度不超过 10cm；再在玉米秸秆上均匀撒施尿素 60kg/hm^2或腐熟剂 22.5kg/hm^2；然后将原垄体从中剖开，分别倒向两边的原垄沟，覆土以掩埋玉米秸秆，清除烟蔸。2014 年 4 月上旬起垄前不翻耕土壤，烤烟专用基肥施于原玉米垄沟，剖开玉米垄体起垄，在原玉米垄沟上聚集土壤形成新的烤烟垄体，原玉米垄体则成为烤烟垄沟。4 月下旬移栽。烤烟品种为云烟 87。处理组施肥量为：三饼合一型基肥（氮、磷、钾含量分别为 7.5%、14.0%、8.0%）750.00kg/hm^2、专用追肥（氮、磷、钾含量分别为 10.0%、5.0%、29.0%）300.00kg/hm^2、提苗肥（氮、磷、钾含量分别为 20.0%、9.0%、0.0%）75.00kg/hm^2、硫酸钾 375.00kg/hm^2。对照组采用常规施肥（施 N 量为 108.00kg/hm^2，施 P_2O_5量为 129.00kg/hm^2，施 K_2O 量为 299.25kg/hm^2）。其他管理按照《湘西州烤烟标准化生产技术方案》执行。

（二）测定项目与方法

（1）玉米秸秆促腐效果：采用尼龙网袋掩埋法，尼龙网袋规格 100 目，

20cm×25cm。每个尼龙网袋内装入玉米秸秆量100g，按各处理的腐熟剂和尿素用量比例配施腐熟剂和尿素，密封口袋，放于玉米秸秆上并用土壤掩埋。秸秆翻埋后，分别于秸秆还田1个月、秸秆还田2个月、移栽前10d及烤烟生长的团棵期、打顶期、拔秆期取样1次，每次随机取样3袋，相当于3次重复。取出尼龙网袋后，用水冲洗、除去表面黏附泥土，在60℃烘箱中烘干样品并称重。玉米秸秆累计腐解率（%）=（玉米秸秆重量-玉米秸秆残留量）/玉米秸秆重量×100%。

（2）农艺性状：分别于烤烟团棵期、现蕾期和第1次采烤期测量株高、茎围、有效叶数和最大叶长、最大叶宽，计算最大叶面积。

（3）光合生理指标：分别于烤烟团棵期、现蕾期和第一次采烤期，采用Sunscan冠层分析仪测定叶面积指数，采用SPAD-502便携式叶绿素仪测量烟叶的相对叶绿素含量，采用LI-6400便携式光合作用测定系统测量净光合速率。所测叶片为从上至下数第5片叶，每个处理每次测10株。

（4）经济性状：主要考查上等烟比例、均价、产量和产值。

（5）烤后烟叶质量评价：由试验人员和专职分级人员按照GB 2635—92标准，从试验烟叶样品中挑选B2F和C3F等级烟叶约2kg，分别作为上部烟叶和中部烟叶的代表性样品用于烤后烟叶质量评价。物理特性主要测定烟叶的开片率、含梗率、平衡含水率、单叶重、叶片厚度、叶质重。常规化学成分主要测定总糖、还原糖、烟碱、总氮、钾、氯；其中，烟叶总糖、还原糖、总氮、烟碱、氯等化学成分含量测定采用SKALAR间隔流动分析仪，烟叶钾含量采用火焰光度法测定。评吸质量按YC/T138—1998・烟草及烟草制品进行单料烟样品的感官评吸；烤后烟样经回潮、切丝，卷制成每支长85mm、重（900±15）mg的单料烟支；组织专业评吸人员对香气质、香气量、杂气、刺激性、浓度、劲头、余味等指标打分，并分别按0.25、0.20、0.15、0.10、0.10、0.10、0.10的权重计算感官质量指数。

三、结果与分析

（一）不同促腐条件下玉米秸秆腐解动态

由表2-10可知，玉米秸秆还田后1个月，不同处理的玉米秸秆累计腐解率在51.20%~58.12%，其中添加尿素的处理（T1、T2）的玉米秸秆累计腐解率显著高于没有添加尿素处理（T3、T4）。至玉米秸秆还田后2个月，不同处理的玉米秸秆累计腐解率在60.80%~66.73%，其中添加尿素的处理（T1、T2）

的玉米秸秆累计腐解率显著高于没有添加尿素处理（T3、T4）。以后玉米秸秆腐解处于低温期间，腐解速率降低，至移栽前10d，不同处理的玉米秸秆累计腐解率在75.11%~78.33%，4个处理差异不显著，但4个处理的玉米秸秆累计腐解率均在75%以上。至烤烟团棵期、打顶期、拔秆期，玉米秸秆腐解速度较慢，4个处理的累计腐解率分别为86.85%~88.29%、88.04%~90.23%、91.28%~93.56%，处理间差异不显著。

表2-10　不同处理的玉米秸秆累积腐解率（%）

处理	还田后1个月	还田后2个月	移栽前10d	团棵期	打顶期	拔秆期
T1	57.04a	66.73a	78.33	88.29	90.23	93.23
T2	58.12a	64.07a	76.70	87.12	89.45	93.56
T3	53.07b	61.58b	75.82	86.85	89.76	92.47
T4	51.20b	60.80b	75.11	87.21	88.04	91.28

（二）不同处理对烤烟农艺性状的影响

由表2-11可知，在团棵期，烤烟植株的农艺性状差异不显著。在烤烟的现蕾期和第1次采烤期，烤烟的株高、茎围、叶片数差异也不显著。现蕾期烤烟最大叶面积差异显著，其大小排序为：T1>T2>CK>T3>T4，主要为T1处理的最大叶面积显著大于T3、T4和CK。第1次采烤期烤烟最大叶面积差异显著，其大小排序为：T1>T2>T4>T3>CK，T1处理最大叶面积与T2处理差异不大，但显著大于T3、T4和CK，玉米秸秆还田处理的最大叶面积显著高于对照。

表2-11　不同处理的烤烟农艺性状

处理	团棵期				现蕾期				第1次采烤期			
	株高/cm	茎围/cm	叶片数/片	最大叶面积/cm^2	株高/cm	茎围/cm	叶片数/片	最大叶面积/cm^2	株高/cm	茎围/cm	叶片数/片	最大叶面积/cm^2
T1	23.15a	6.09a	14.40a	677.04a	116.65a	8.09a	18.48a	1 518.74a	123.53a	10.03a	20.2a	1 673.12a
T2	23.40a	5.73a	14.07a	660.56a	120.87a	8.12a	17.95a	1 453.55ab	123.79a	9.77a	19.8a	1 607.45ab
T3	23.47a	6.01a	14.33a	672.21a	116.51a	8.13a	18.33a	1 413.54b	124.15a	9.87a	19.6a	1 581.87b
T4	23.35a	6.01a	14.40a	662.38a	119.66a	8.00a	18.52a	1 390.21b	122.79a	9.36a	20.2a	1 594.54b
CK	22.59a	6.05a	14.00a	660.66a	116.79a	7.97a	18.24a	1 433.72b	123.88a	9.69a	19.4a	1 512.27c

（三）不同处理对烤烟光合生理指标的影响

由表2-12可知，玉米秸秆还田可显著增加烤烟叶面积指数；添加尿素的玉米秸秆还田处理（T1、T2）的叶面积指数显著高于没有添加尿素的处理（T3、T4），以T1处理的叶面积指数最大。从叶绿素的相对含量SPAD值看，玉米秸秆还田可显著提高烟叶的叶绿素含量；添加尿素的玉米秸秆还田处理（T1、T2）的叶绿素含量相对高于没有添加尿素的处理（T3、T4），以T1处理的叶绿素含量最高。从烟叶净光合速率看，玉米秸秆还田可显著增加烟叶净光合速率；添加尿素的玉米秸秆还田处理（T1、T2）的烟叶净光合速率相对高于没有添加尿素的处理（T3、T4），以T1处理的烟叶净光合速率最大。

表2-12　不同处理的烤烟光合生理指标

处理	团棵期			现蕾期			第1次采烤期		
	叶面积指数	SPAD值	净光合速率/[μmol/(m^2·s)]	叶面积指数	SPAD值	净光合速率/[μmol/(m^2·s)]	叶面积指数	SPAD值	净光合速率/[μmol/(m^2·s)]
T1	2.97a	40.02a	16.24a	3.68a	46.87a	16.34a	2.42a	24.37a	9.71a
T2	2.67a	39.74a	15.82ab	3.53a	46.75a	16.00a	2.41a	23.61ab	7.90ab
T3	2.28b	38.94ab	14.59 b	3.25b	45.94a	15.59a	2.21b	22.65b	6.96b
T4	2.21b	38.66b	14.34b	3.27b	45.57a	15.38a	2.24b	21.57b	6.84b
CK	2.17c	37.75c	14.01c	3.11c	43.17b	14.66b	1.92c	17.00c	6.40c

注：SPAD值为SPAD单位。

（四）不同处理对烤烟经济性状的影响

由表2-13可知，不同处理的烟叶上等烟比例和均价以T3处理最高，但差异不显著。不同处理的烤烟产量排序为：T3>T4>T1>T2>CK，差异显著；多重比较结果为T1、T2、T3、T4处理的处理显著高于CK，T3处理的产量显著高于T1、T2和CK。不同处理的烤烟产值排序为：T3>T4>T1>T2>CK，差异显著；多重比较结果为T1、T2、T3、T4处理的产值显著高于CK，T3和T4处理的产值显著高于T1、T2和CK。

表 2-13　不同处理的烤烟经济性状

处理	上等烟比例/%	均价/（元/kg）	产量/（kg/hm²）	产值/（元/hm²）
T1	50.03	23.92	1 726.37b	41 294.77b
T2	50.28	23.79	1 725.60b	41 052.02b
T3	56.11	23.95	1 795.23a	42 995.76a
T4	51.12	23.90	1 759.54ab	42 053.01a
CK	52.08	23.23	1 648.71c	38 299.53c

（五）不同处理对烤烟物理特性的影响

由表 2-14 可知，从上部烟叶看，玉米秸秆直接还田处理的开片率显著高于对照，叶片厚度显著低于对照，单叶重显著高于对照（T4 除外），含梗率显著低于对照；T3 和 T4 处理的平衡含水率显著高于对照，叶质重显著低于对照；4 个处理以 T3 处理的开片率最高，含梗率最低，叶片厚度适中，单叶重适中。从中部烟叶看，玉米秸秆直接还田处理的开片率显著高于对照，叶片厚度显著低于对照，单叶重显著高于对照，叶质重显著低于对照。

表 2-14　不同处理的烤烟物理性状

部位	处理	开片率/%	叶片厚度/μm	单叶重/g	含梗率/%	平衡含水率/%	叶质重/（g·m²）
上	T1	30.64a	159.00b	12.20ab	33.82b	12.06c	82.93b
	T2	30.84a	155.00bc	13.57a	31.92c	14.66b	85.41a
	T3	31.02a	141.00c	12.67ab	30.99c	16.30a	80.88b
	T4	29.11a	160.67b	11.50bc	31.81c	16.15a	81.45b
	CK	28.97b	176.00a	10.67c	34.89a	14.94b	86.45a
中	T1	36.40a	101.00c	12.20a	34.23	15.88	48.70c
	T2	34.05ab	121.00b	10.33b	33.07	15.57	67.29b
	T3	32.64b	116.33c	10.80b	33.00	15.35	62.00b
	T4	33.45b	123.33b	10.87b	34.33	15.89	59.65b
	CK	31.31c	136.33a	8.90c	33.74	14.87	79.37a

（六）不同处理对烤烟化学成分的影响

由表 2-15 可知，从总糖和还原糖含量看，4 个玉米秸秆还田处理均显著高于对照。从烟碱含量看，上部烟叶以 T1、T2 处理的相对较高，中部烟叶以 T2

和对照处理的相对较高。总氮含量处理间差异不显著。从钾含量看，4个玉米秸秆还田处理的钾含量显著高于对照，上部烟叶以T3、T4处理相对较高，中部烟叶以T2、T3处理相对较高。烟叶氯含量处理间差异不显著，但4个玉米秸秆还田处理的氯含量均低于对照。

表2-15　不同处理的烤烟化学成分（%）

部位	处理	总糖	还原糖	烟碱	总氮	钾	氯
上	T1	24.34a	22.02a	4.06a	2.27a	2.40b	0.62a
	T2	24.35a	21.87a	3.84ab	2.30a	2.43b	0.58a
	T3	24.98a	22.49a	3.47bc	1.91a	2.57a	0.57a
	T4	25.31a	22.33a	3.27c	1.84a	2.48ab	0.53a
	CK	23.79b	20.62b	3.49bc	2.16a	2.35c	0.69a
中	T1	27.82b	25.37b	2.91b	1.77a	2.60b	0.50a
	T2	27.35b	26.20ab	3.61a	1.84a	2.90a	0.51a
	T3	27.77b	25.48b	3.02b	1.77a	3.04a	0.50a
	T4	30.71a	27.42a	2.85b	1.67a	2.88b	0.52a
	CK	27.08b	24.36c	3.21ab	1.62a	2.46c	0.61a

（七）不同处理对烤烟感官评吸质量的影响

由表2-16可知，以T3处理感官质量指数最高，主要表现为该处理的香气质、杂气、余味等感官评吸质量指标分值相对较优；往后依次为T4、T1、T2、CK。秸秆促腐还田处理的感官评吸质量均大于对照。添加尿素的2个处理（T1、T2）的感官评吸质量均小于不加尿素的处理（T3、T4）。

表2-16　不同处理烤后烟叶感官质量

部位	处理	香气质	香气量	杂气	刺激性	浓度	劲头	余味	感官质量指数
上部	T1	17.5	18.0	9.0	6.0	7.5	6.0	7.0	71.0
	T2	17.5	17.0	9.0	6.0	7.0	6.0	7.0	69.5
	T3	18.8	16.0	10.5	6.5	6.5	6.5	8.0	72.8
	T4	18.8	15.0	10.5	7.0	6.5	6.5	7.5	71.8
	CK	16.3	15.0	9.0	6.0	7.0	7.0	7.0	67.3

（续表）

部位	处理	香气质	香气量	杂气	刺激性	浓度	劲头	余味	感官质量指数
中部	T1	18.8	16.0	10.5	7.5	7.0	7.0	7.0	73.8
	T2	18.8	16.0	10.5	7.0	7.0	7.0	7.0	73.3
	T3	20.0	15.0	11.3	7.5	6.5	6.5	7.5	74.3
	T4	20.0	15.0	10.5	7.5	6.5	7.0	7.5	74.0
	CK	17.5	15.0	10.5	8.0	6.5	7.5	8.0	73.0

四、讨论与结论

作物秸秆直接还田有利于土壤腐殖质组成的更新和物理性状的改善，促进土壤养分循环。但禾本科秸秆直接还田方法不恰当，会出现烤烟生长前期“黄弱苗”和后期落黄困难现象。采用玉米秸秆堆腐、玉米秸秆覆盖、施用化肥调节碳氮比等方法虽然可以解决这一矛盾，但堆腐需要收集玉米秸秆集中处理，覆盖玉米秸秆难以腐烂，施用化肥调节碳氮比需改变现有施肥体系，在湘西山地烟区推广会存在一定困难。本研究采用提早玉米秸秆还田时间（于头年的10月份）和促腐剂加快玉米秸秆腐解，促腐剂含有的多种微生物能快速启动腐解过程，加快玉米秸秆中纤维素、半纤维素、木质素的腐解转化速度和土壤腐殖质形成，至烤烟移栽时，75%以上玉米秸秆已腐解，较好地解决了土壤氮素养分与烤烟需肥规律吻合的问题，且减工（免耕）提质增效，在一熟烟区具有广泛的推广价值。

土壤墒情及温度是影响秸秆腐解的重要因素。张宇等（2009）研究认为当土温过低，田间持水量少于20%时玉米秸秆腐解几乎停止。玉米秸秆在湘西山地提早直接还田，不可忽视土壤墒情。免耕沟埋玉米秸秆，没有翻耕垄沟，减少了雨水的下渗，更容易保贮土壤水分，有利于玉米秸秆腐解。在实际操作中，要求玉米秸秆厚度不超过10cm，以保证土壤覆盖厚度，有利于玉米秸秆腐解所需水分不容易蒸发。

由于玉米秸秆本身钾含量较高，还田后使土壤速效钾含量明显上升，有利于烤烟对钾的吸收。烟草是喜钾作物，充足的钾素供应可保证烤烟生长代谢的正常进行和健壮生长，使烟叶身份更加适中，弹性和柔性增加，还可改善烟叶燃烧性和持火力等，从而降低焦油含量，本研究结果证实玉米秸秆还田可以提高烟叶钾含量，提高烟叶的安全性。

玉米秸秆还田可以增加烟叶总糖和还原糖含量。烟草叶片碳水化合物的含量受到光照、温度、干旱、海拔高度等多种生态环境因素的影响。贾宏昉等（2014）研究发现土壤添加腐熟秸秆有利于成熟期烟叶碳代谢途径的进行，降低了烤后烟叶的淀粉含量，增加了总糖和还原糖含量。可见，玉米秸秆还田有利于成熟期烟叶碳代谢途径的进行。

在4个玉米秸秆促腐处理中，T1和T2处理添加了尿素，其营养生长虽然较强，但烟叶的产量和产值却低于T3和T4处理。特别是T1和T2处理的上部烟叶烟碱含量高影响化学成分的协调性，导致其评吸质量低于T3和T4处理。可见，添加尿素虽可加速玉米秸秆前期的腐解，但尿素的肥效期长，残留氮素影响后期正常成熟而难以烘烤。因此，玉米秸秆促腐还田最好不添加尿素，如果添加尿素，应在烤烟施肥中适当减少氮肥用量。

本研究中，综合考量玉米秸秆直接还田处理的农艺性状、经济性状和烤后烟叶物理性状、化学成分及评吸质量，以添加发酵菌曲的玉米秸秆还田处理（T3）相对较好。

第三章　种植绿肥改良山地植烟土壤

第一节　绿肥腐解及养分释放动态

一、研究目的

由于长期种烟和大量施用化肥，植烟土壤质量衰退已成为湘西烟叶产业发展的障碍因素之一。烤烟种植一般为一年一熟，从 10 月至翌年 4 月休闲期达 6 个月，极大地浪费了光、热资源。如果填闲种植绿肥，不仅可以充分利用土地资源，还可提高土壤有机质含量和培肥地力，达到维护和改良植烟土壤的目的，对现代烟草农业的可持续发展具有重要意义。而了解绿肥的腐解矿化过程和养分释放规律是合理利用绿肥的基础，这方面前人曾采用网袋田间埋植法进行了相关研究，但绿肥所在的地域和环境条件不同。另外，不同种类绿肥的组成成分不同，其碳氮比（C/N）、养分含量的差异亦很大，在不同环境条件下的腐解和养分释放规律也不尽相同。而且对于光叶紫花苕子（*Vicia villosa Roth var.*）、箭筈豌豆（*Vicia sativa L.*）、紫云英（*Astragalus sinicus L.*）、黑麦草（*Lolium perenne*）等绿肥在湘西州烟区烤烟生长季节的大田中腐解和养分释放动态研究报道相对较少。为此，利用网袋田间埋植法，对不同种类绿肥在植烟状态下的大田腐解及碳、氮、磷、钾养分的释放规律进行了田间试验，旨在了解绿肥在土壤中的腐解动态，为南方旱作烟区合理选用绿肥品种、确定绿肥翻压量和化肥配施量提供依据。

二、材料与方法

（一）试验设计

试验地位于湘西自治州凤凰县千工坪乡岩板井村（海拔 452m，经度 E109.30°，纬度 N28.01°），属中亚热带山地湿润季风气候区，年日照时数 1 266.3h，年平均气温 15.9℃，年降水量 1 308.1mm，无霜期 276d；土壤为石灰岩母质发育的旱地土壤，pH 值 6.23，有机质 10.46g/kg，碱解氮 38.20mg/kg，有效磷 9.75mg/kg，速效钾 108.76mg/kg。

供试绿肥为豆科光叶紫花苕子、箭筈豌豆、紫云英和禾本科黑麦草。4 种绿肥于初花期取地上部分鲜草剪切至 2cm 左右的小段，养分含量（质量分数）见表 3-1。供试尼龙网袋规格为 15cm×25cm，孔径为 75μm。

为真实反映绿肥中养分在田间的释放状况，采用尼龙网袋埋植法，每一个尼龙网袋装鲜草 100g，封紧袋口后埋入烟垄上 2 株烤烟中间 15cm 深处，每 2 株烤烟之间埋 1 袋。在烤烟移栽前 20d 烟田起垄时翻埋绿肥，然后分别于 7，14，21，28，35，42，49，63，77，91 和 140d 随机取样，每次取样 3 袋（相当于 3 次重复）。取出尼龙网袋后，除去表面黏附的泥土，于 60 烘箱中烘干样品。

表 3-1　翻压前绿肥地上部分水分及养分含量

绿肥品种	水分/%	C 干基/%	N 干基/%	P 干基/%	K 干基/%	C/N
光叶紫花苕子	84.32	42.03	3.27	0.32	1.69	12.85
箭筈豌豆	81.96	42.28	3.18	0.46	1.77	13.30
紫云英	83.01	41.57	2.32	0.23	1.48	17.92
黑麦草	78.09	42.64	2.72	0.23	1.40	15.68

（二）测定方法

（1）绿肥新鲜植株 105℃杀青 2h，75℃烘干至恒质量并计算绿肥含水率。

（2）采用重铬酸钾外加热法测定全碳，SKALAR 间隔流动分析仪测定全氮，钒钼黄比色法测定全磷，火焰分光光度计测定全钾。

（3）相关计算公式。

①绿肥干物质残留量（g/kg）= 1kg 鲜草腐解后的残留质量；

② 绿肥腐解速度(g/d · kg) = $(M_t - M_{t-1})/(T_{t-1} - T_t)$；

③ 养分累计释放率(%) = $(C_0 \times M_0 - C_t \times M_t)/(C_0 \times M_0) \times 100$。

式中，C_0 为绿肥初始养分浓度，C_t 为 t 时刻绿肥养分浓度，M_0 为绿肥初始干物重，M_t 为 t 时刻绿肥干物重（残留量），T_t 为 t 时刻的天数。

三、结果与分析

（一）绿肥腐解的动态变化

由图 3-1a～图 3-1c 可知，4 种绿肥翻压后的干物质残留量、腐解速率和累计腐解率随时间的变化曲线基本一致，其腐解过程主要分为 3 个阶段：快速腐解期（第 0~2 周）、中速腐解期（第 2~7 周）和缓慢腐解期（第 7 周以后）。从图 3-1(a)可看出，绿肥翻压后第 1 周的腐解量较少，从第 2 周开始至第 5 周绿肥腐解量快速增加，至翻压后 20 周（烤烟收获完毕）1kg 的光叶紫花苕子、箭筈豌豆、紫云英、黑麦草鲜草干物质残留量分别为 33.66、35.31、35.67 和 43.00g。从图 3-1(b)来看，翻压后至第 7 周，4 种绿肥的腐解速率较快，均以第 2 周最高，此时的光叶紫花苕子、箭筈豌豆、紫云英、黑麦草的腐解速率分别为 6.95、5.90、6.29 和 6.90g/(d·kg)。从图 3-1(c)来看，第 0~2 周为绿肥快速腐解期，翻压后 14d 时的光叶紫花苕子、箭筈豌豆、紫云英、黑麦草的累计腐解率分别为 38.35%、26.64%、37.02% 和 25.00%，平均每周的腐解率分别为 19.18%、13.22%、18.51%和 12.50%；第 3~7 周为绿肥中速腐解期，至翻压后 49d 时的光叶紫花苕子、箭筈豌豆、紫云英、黑麦草的累计腐解率分别达到 69.18%、60.64%、70.57% 和 67.90%，平均每周的腐解率分别为 6.16%、6.80%、6.71%和 8.58%；第 8~20 周为绿肥缓慢腐解期，4 种绿肥的累计腐解率变化趋于平缓，翻压后 140d 的光叶紫花苕子、箭筈豌豆、紫云英、黑麦草的累计腐解率分别为 78.53%、80.43%、79.01%和 80.37%，平均每周的腐解率分别为 0.72%、1.52%、0.65%和 0.96%。

不同绿肥品种的腐解动态存在差异。从图 3-1(a)看出，翻压后至第 3 周，禾本科绿肥（黑麦草）干物质残留量高于豆科绿肥（光叶紫花苕子、箭筈豌豆、紫云英）；第 4 周至第 12 周，黑麦草、箭筈豌豆的干物质残留量高于光叶紫花苕子、紫云英。从图 3-1(b)来看，在绿肥翻压后的第 3、第 4 周，禾本科绿肥腐解速率显著高于豆科绿肥，而其他时期绿肥品种间差异不显著。从图 3-1(c)看出，在翻压后腐解速率最快的第 2 周，不同绿肥品种的累计腐解率为光叶紫花苕子>紫云英>箭筈豌豆>黑麦草，其中光叶紫花苕子、紫云英的累计腐解率显著高于箭筈豌豆、黑麦草；从第 3 周至第 12 周，箭筈豌豆的累计腐解率显著低于其他绿肥，而光叶紫花苕子、紫云英、黑麦草的累计腐解率间差异不显著。说明箭筈豌豆的腐解，特别是后期腐解较其他绿肥缓慢。

绿肥翻压后的干物质释放率（$\hat{y}$）与翻压时间（t）关系可用对数方程拟合，光叶紫花苕子为 $\hat{y}=22.54\ln t-23.91$（$R^2=0.883$，$P<0.01$）；箭筈豌豆为 $\hat{y}=24.77\ln t-38.04$（$R^2=0.972$，$P<0.01$）；紫云英为 $\hat{y}=22.26\ln t-22.18$（$R^2=0.912$，$P<0.01$）；黑麦草为 $\hat{y}=25.57\ln t-36.7$（$R^2=0.897$，$P<0.01$）。

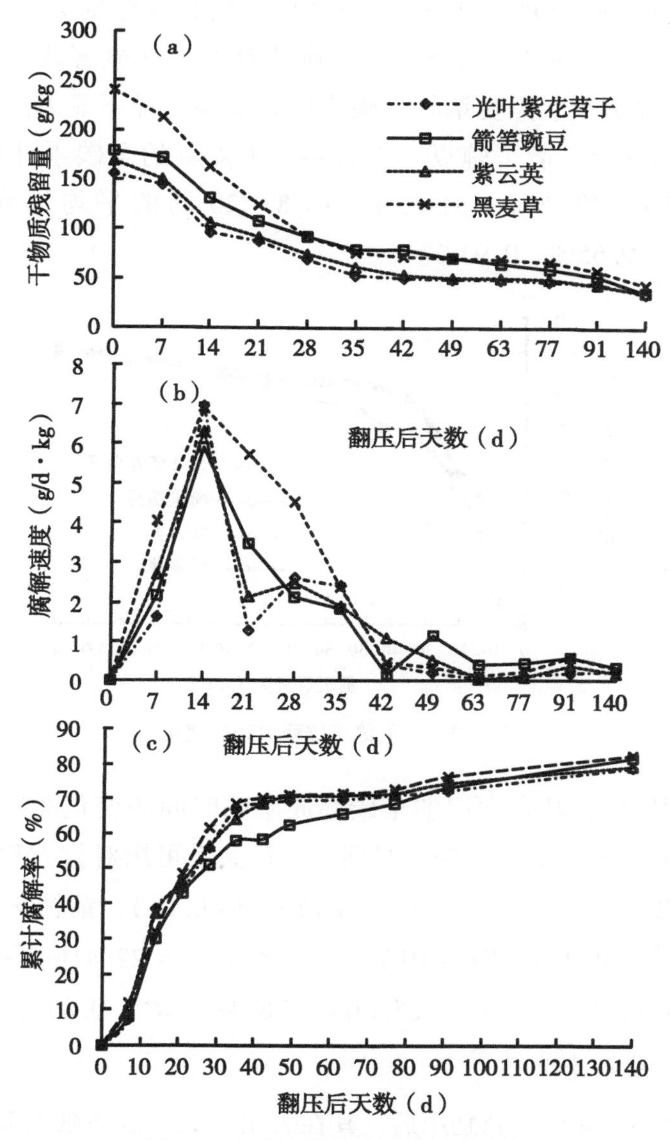

图 3-1　不同绿肥品种腐解动态变化

(二) 碳释放动态变化

由图 3-2 可知，4 种绿肥翻压后，其在大田的全碳释放率随时间的变化曲线基本一致。在绿肥翻压 2 周后的 14d，光叶紫花苕子、箭筈豌豆、紫云英、黑麦草的全碳累计释放率分别为 39.12%、27.41%、37.86%、26.10%，平均每周释放分别为 19.56%、13.70%、18.93%、13.05%；此阶段的光叶紫花苕子、紫云英的碳累计释放率显著高于箭筈豌豆、黑麦草。在绿肥翻压 49d 后的光叶紫花苕子、箭筈豌豆、紫云英、黑麦草的全碳累计释放率分别达到了 70.30%、

62.17%、71.32%、69.20%，第3~7周平均每周释放分别为6.23%、6.95%、6.69%、8.62%；此阶段，箭筈豌豆的全碳累计释放率显著低于其他绿肥，而光叶紫花苕子、紫云英、黑麦草的全碳累计释放率差异不显著。在绿肥翻压后140d的光叶紫花苕子、箭筈豌豆、紫云英、黑麦草的全碳累计释放率分别为79.57%、81.46%、79.79%、81.35%，第8~20周的平均每周释放分别为0.71%、1.48%、0.65%、0.93%。

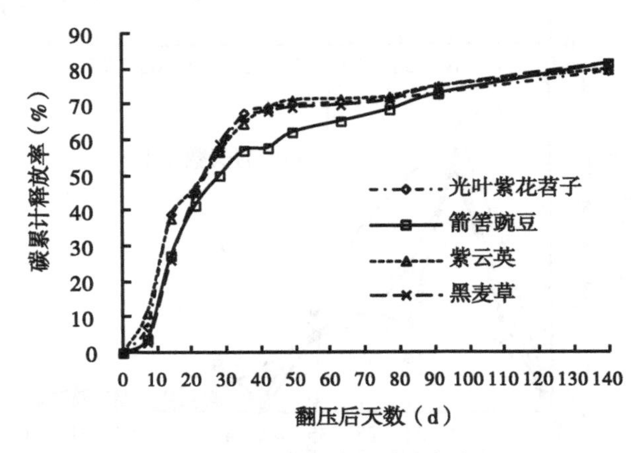

图3-2　不同绿肥碳释放动态变化

4种绿肥翻压后，其在大田的全碳释放率随时间的变化曲线基本一致。绿肥翻压后的碳释放率（$\hat{y}$）与翻压时间（t）关系可用对数方程拟合，光叶紫花苕子为$\hat{y}=22.81\ln t-23.86$（$R^2=0.880$，$P<0.01$）；箭筈豌豆为$\hat{y}=25.07\ln t-37.88$（$R^2=0.968$，$P<0.01$）；紫云英为$\hat{y}=22.41\ln t-21.99$（$R^2=0.911$，$P<0.01$）；黑麦草为$\hat{y}=25.8\ln t-36.41$（$R^2=0.893$，$P<0.01$）。

（三）氮释放动态变化

由图3-3可知，4种绿肥翻压后，其在大田的氮释放率随时间的变化曲线基本一致。绿肥翻压后的前2周氮释放最快，至14d光叶紫花苕子、箭筈豌豆、紫云英、黑麦草的氮累计释放率分别为53.18%、46.88%、50.33%、40.15%，平均每周释放分别为26.59%、23.44%、25.26%、20.08%；此阶段的禾本科绿肥的氮累计释放率显著低于豆科。经过7周的快速腐解，其后绿肥中氮素释放缓慢并逐渐趋于稳定。至绿肥翻压后49d，光叶紫花苕子、箭筈豌豆、紫云英、黑麦草的氮累计释放率分别为83.03%、75.68%、79.06%、79.28%，平均每周释放分别为5.97%、5.76%、5.71%、7.83%。在绿肥翻压140d后的光叶紫花苕子、箭筈豌豆、紫云英、黑麦草的氮累计释放率分别为89.50%、89.85%、89.14%、

91.34%，第 8~20 周的平均每周释放分别为 0.50%、1.09%、0.78%、0.93%。

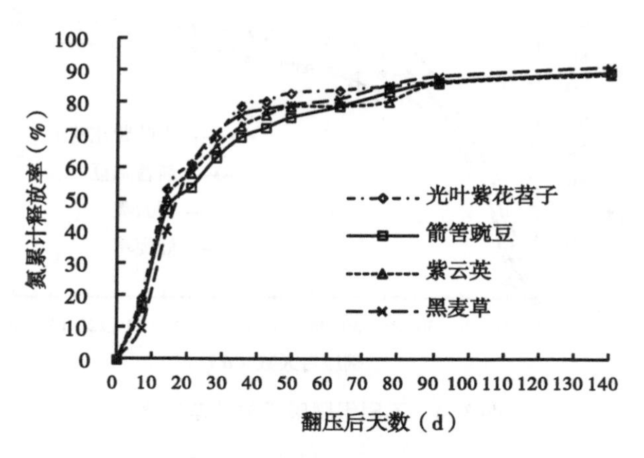

图 3-3 不同绿肥氮释放动态变化

4 种绿肥翻压后，其在大田的氮释放率随时间的变化曲线基本一致。绿肥翻压后的氮释放率（$\hat{y}$）与翻压时间（t）关系可用对数方程拟合，光叶紫花苕子为 $\hat{y}=22.33\ln t-9.518$（$R^2=0.868$，$P<0.01$）；箭筈豌豆为 $\hat{y}=23.85\ln t-19.9$（$R^2=0.951$，$P<0.01$）；紫云英为 $\hat{y}=22.76\ln t-14.37$（$R^2=0.899$，$P<0.01$）；黑麦草为 $\hat{y}=26.35\ln t-26.86$（$R^2=0.888$，$P<0.01$）。

（四）磷释放动态变化

由图 3-4 可知，4 种绿肥翻压后，其在大田的磷释放率随时间的变化曲线基本一致。绿肥翻压后的前 2 周磷释放最快，至 14d 光叶紫花苕子、箭筈豌豆、紫云英、黑麦草的磷累计释放率分别为 52.16%、36.01%、44.67%、35.71%，平均每周释放分别为 26.08%、18.00%、22.33%、17.86%；此阶段的光叶紫花苕子、紫云英的磷累计释放率显著高于箭筈豌豆、黑麦草。经过 7 周的快速腐解，其后绿肥中磷素释放缓慢并逐渐趋于稳定。至绿肥翻压后 49d，光叶紫花苕子、箭筈豌豆、紫云英、黑麦草的磷累计释放率分别为 84.78%、70.61%、82.34%、73.86%，平均每周释放分别为 4.47%、4.48%、5.29%、4.66%。此阶段的第 4~7 周，箭筈豌豆的磷累计释放率显著低于其他绿肥。在绿肥翻压 140d 后的光叶紫花苕子、箭筈豌豆、紫云英、黑麦草的磷累计释放率分别为 93.29%、88.32%、91.00%、83.18%，第 8~20 周的平均每周释放分别为 0.65%、1.36%、0.67%、0.72%。

4 种绿肥翻压后，其在大田的磷释放率随时间的变化曲线基本一致。绿肥翻压后的磷释放率（$\hat{y}$）与翻压时间（t）关系可用对数方程拟合，光叶紫花苕子为 $\hat{y}=22.17\ln t-6.49$（$R^2=0.878$，$P<0.01$）；箭筈豌豆为 $\hat{y}=25.38\ln t-$

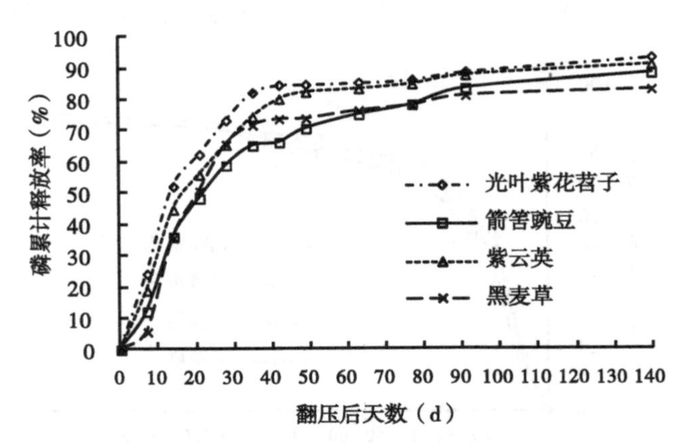

图 3-4　不同绿肥磷释放动态变化

30.49（R^2 = 0.969，P<0.01）；紫云英为 $\hat{y}$ = 24.42ln$t$ − 19.11（R^2 = 0.921，P<0.01）；黑麦草为 $\hat{y}$ = 25.44ln$t$ − 29.49（R^2 = 0.872，P<0.01）。

（五）钾释放动态变化

由图 3-5 可知，4 种绿肥翻压后，其在大田的钾释放率随时间的变化曲线基本一致。绿肥翻压后的前 2 周钾释放最快，至 14d 光叶紫花苕子、箭筈豌豆、紫云英、黑麦草的钾累计释放率分别为 44.26%、38.81%、41.21%、33.95%，平均每周释放分别为 22.13%、19.41%、20.60%、16.97%；此阶段的光叶紫花苕子、箭筈豌豆、紫云英的钾累计释放率显著高于黑麦草。经过 7 周的快速腐解，其后绿肥中钾素释放缓慢并逐渐趋于稳定。至绿肥翻压后 49d，光叶紫花苕子、箭筈豌豆、紫云英、黑麦草的钾累计释放率分别为 79.47%、73.88%、80.12%、76.40%，平均每周释放分别为 7.04%、7.01%、7.78%、8.49%。此阶段的第 3~7 周，箭筈豌豆的钾累计释放率显著低于其他绿肥。在绿肥翻压 140d 后的光叶紫花苕子、箭筈豌豆、紫云英、黑麦草的钾累计释放率分别为 86.13%、88.74%、86.10%、86.09%，第 8 ~ 20 周的平均每周释放分别为 0.51%、1.14%、0.46%、0.75%。

4 种绿肥翻压后，其在大田的钾释放率随时间的变化曲线基本一致。绿肥翻压后的钾释放率（$\hat{y}$）与翻压时间（t）关系可用对数方程拟合，光叶紫花苕子为 $\hat{y}$ = 23.4ln$t$ − 18.3（R^2 = 0.884，P<0.01）；箭筈豌豆为 $\hat{y}$ = 26.18ln$t$ − 32.85（R^2 = 0.964，P<0.01）；紫云英为 $\hat{y}$ = 24.41ln$t$ − 22.14（R^2 = 0.881，P<0.01）；黑麦草为 $\hat{y}$ = 25.1ln$t$ − 27.22（R^2 = 0.896，P<0.01）。

（六）碳氮比动态变化

由图 3-6 可知，4 种绿肥翻压后的 C/N 总体上均呈上升趋势。翻压后的光

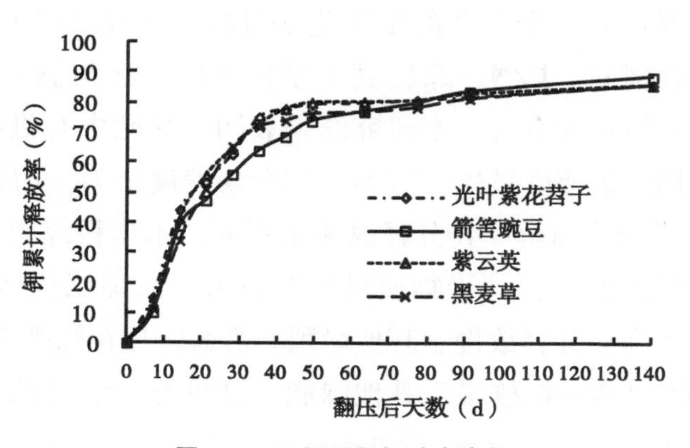

图 3-5　不同绿肥钾动态变化

叶紫花苕子 C/N 为 12. 85：1~25. 00：1，第 1~3 周 C/N 上升较快，以后呈缓慢上升；至翻压后第 11 周，C/N 超过 24：1。翻压后的箭筈豌豆 C/N 为 13. 28：1~21. 05：1，呈缓慢上升。翻压后的紫云英 C/N 为 17. 92：1~33. 33：1，有 2 个快速增加期，分别为第 1~2 周和第 11~13 周；至翻压后第 7 周，C/N 超过 24：1。翻压后的黑麦草 C/N 为 15. 68：1~33. 75：1，有 2 个快速增加期，分别为第 1~3 周和第 9~11 周；至翻压后第 9 周，C/N 超过 24：1。一般认为绿肥翻压 10d 前，C/N 均呈上升趋势，10d 后 C/N 均呈下降趋势；也有研究认为冬牧 70 黑麦在翻压前 15d C/N 呈上升趋势，由 22 上升至 36，以后呈下降趋势，这些结果与本研究结论不一致，可能与绿肥的鲜嫩程度和环境条件有关。

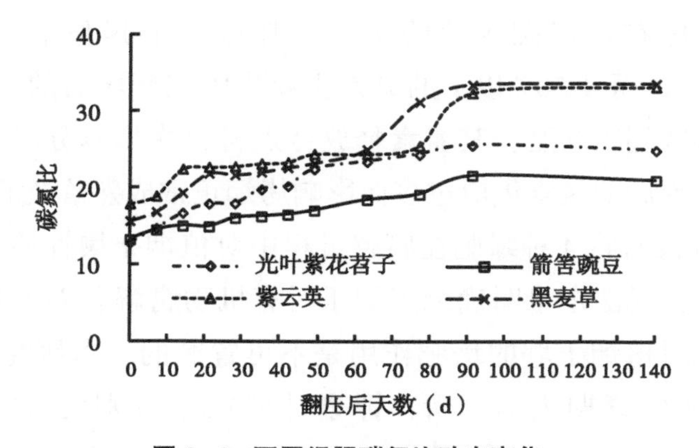

图 3-6　不同绿肥碳氮比动态变化

四、讨论与结论

（1）不同生态环境条件下绿肥腐解和养分释放的高峰期不同。在土壤中，绿肥分解和养分释放是一个复杂的生物化学过程，不仅受绿肥本身化学组成、鲜嫩程度、植株含氮量、C/N、绿肥翻压量的影响，还与翻埋后土壤的温度、水分、微生物等环境条件有关。本研究结果表明，绿肥中有机物腐解和养分释放量以翻压前 2 周分解速度最快，第 3~7 周分解速度中等，7 周以后较慢。

（2）不同种类绿肥腐解和养分释放速率不同。禾本科绿肥黑麦草的含水率较低，翻压等量鲜绿肥时，其干物质量相对最大，在绿肥快速腐解的前 2 周，黑麦草有机物腐解和养分释放慢于其他绿肥。箭筈豌豆在绿肥中速腐解的第 3~7 周内有机物腐解和养分释放慢于其他绿肥，这可能与箭筈豌豆植株的组织结构和养分组成有关。

（3）鲜绿肥翻压后在土壤中的分解过程会引起土壤性质的一系列变化，如消耗土壤水分和氧、产生某些还原性中间产物、微生物固定土壤速效养分等，因此在烤烟移栽前 15~20d 翻压绿肥，待土壤性质变化得以缓解后再移栽烟苗。

（4）微生物分解有机物最适宜的 C/N 为 24：1，大于此数值，微生物与主作物争夺土壤中无机氮素，造成作物缺氮，应适当补充氮肥。光叶紫花苕子、紫云英、黑麦草的 C/N 超过 24：1 的时间分别为第 11 周、第 7 周、第 9 周，箭筈豌豆 C/N 一直小于 24：1，这说明当地烟田绿肥翻压不需特别补充氮素。

（5）烤烟在移栽后 7 周内吸收一生中大约 80%氮素，约 40%氮素集中在移栽后 5~7 周的高峰期内吸收。因此，绿肥的翻压时期应保证使绿肥的氮素大量释放期处于烟株最大吸收期内，以防止后期氮素供应过多现象发生。本试验结果表明，4 种绿肥在烟田翻压后的 7 周内释放出了其整个植株所含氮素的 75.68%~83.03%，而且 50%以上的氮素主要集中在翻压后的前 3 周内。所以，在湖南省湘西烟区翻压绿肥，其氮素释放特点符合烤烟养分吸收规律，只要翻压量适当不会出现后期氮素供应过多而影响烤烟正常成熟落黄的问题。

（6）本研究没有将 4 种绿肥在腐解过程中对植烟土壤性质和养分特性的影响进行同步研究，无法定量明确绿肥翻压后有机物腐解和养分释放对土壤的作用，但施用绿肥对植烟土壤的培肥作用是不可置疑的。本研究结果表明，4 种绿肥在整个烤烟生育期内氮、磷、钾累计释放率分别为 89.14%~91.34%、83.18%~93.29%、86.10%~88.74%。按照当地习惯的烟田绿肥翻压量 15 000kg/hm^{2}计算，绿肥翻压当年可提供烟田氮素约 52~81kg/hm^2，磷素约 5~11kg/hm^2，钾素约 32~42kg/hm^2。因此，烟田翻压绿肥后可减少化肥用量，特别是适当减少氮肥用量。

在湘西州烟区绿肥在烤烟生长季节大田中的有机物腐解和养分释放量在翻压

前2周分解速度最快，第3~7周分解速度中等，7周以后较慢。绿肥翻压前2周有机物、碳、氮、磷、钾平均每周分解量分别为12.50%~19.18%、13.05%~19.56%、20.08%~26.59%、17.86%~26.08%、16.97%~26.08%，第3~7周有机物、碳、氮、磷、钾平均每周分解量分别为6.16%~8.58%、6.23%~8.62%、5.71%~7.83%、4.47%~5.29%、7.01%~8.49%，7周以后有机物、碳、氮、磷、钾平均每周分解量分别为0.65%~0.96%、0.65%~1.48%、0.50%~1.09%、0.65%~1.36%、0.51%~1.14%。绿肥翻压至49d时，有机物、碳、氮、磷、钾累计分解率分别为60.64%~70.57%、62.17%~71.32%、75.68%~83.03%、70.61%~84.78%、73.88%~80.12%。绿肥养分在翻压后7周内以氮的释放量最大。黑麦草在翻压后的2周内的有机物腐解和养分释放慢于其他绿肥。箭筈豌豆在翻压后的第3~7周内有机物腐解和养分释放慢于其他绿肥。绿肥翻压后的C/N呈上升趋势，C/N达到24：1的最早时间为翻压后第7周。

第二节　绿肥翻压后植烟土壤养分动态变化

一、研究目的

充分利用冬季光热资源和空闲茬口种植绿肥翻压还土，既能覆盖地面保持水土，又能活化与富集土壤磷、钾等养分，还能提高土壤有机质含量，为后季作物提供速效养分，进而提高烤烟产质量。近年来已有不少学者在利用种植绿肥提升和改良土壤肥力方面做了许多卓有成效的研究，但不同种类绿肥翻压对湘西旱地植烟土壤养分的研究还是空白。本研究分析了在湘西州种植的6种绿肥翻压还土后植烟土壤主要养分的动态变化，旨在探究绿肥翻压对植烟土壤的改良功效，为植烟土壤质量的维持和进一步提高湘西烟叶质量提供支撑依据。

二、材料与方法

（一）试验设计

试验在湘西自治州凤凰县千工坪乡岩板井村（海拔452m，经度E109.30°，纬度N28.01°）进行。供试土壤为石灰岩母质发育的旱地土壤，土壤pH值为6.23，有机质为10.46g/kg，碱解氮为38.20mg/kg，速效磷为9.75mg/kg，速效钾为108.76mg/kg；其烤烟生产主要依靠天然降水和土壤自身蓄水。种植制度为一年一熟（烤烟）。试验共设7个处理，分别为光叶紫花苕（T1）、箭筈豌豆（T2）、紫云英（T3）、普通黑麦草（T4）、冬牧70（T5）、满园花（T6）等6个绿肥品种，一个冬季休闲对照（CK）。T1~T6鲜草的全氮含量分别为4.94%、3.72%、4.12%、2.65%、2.40%、2.70%；全磷含量分别为0.55%、0.54%、0.52%、2.34%、2.29%、2.41%，全钾含量分别为2.23%、3.19%、3.55%、2.32%、2.29%、2.41%。每个处理3次重复，随机区组排列。小区长6.5m，宽6m，烟垄行距1.2m，株距0.5m，小区面积39m^2，栽烟65株。在先年10月烤烟收获后拔除烟杆和杂草，地块翻耕后用条播方式播种绿肥。4月9日，将不同品种绿肥地上部分割断，称重地上部分后通过翻耕将绿肥翻压还土，翻压量为22 500kg/hm^2，然后再起垄种植烤烟。烤烟品种为云烟87，4月28日移栽烤烟，烤烟施氮量为105kg/hm^2（没有扣除绿肥中的养分含量），氮磷钾比例为1：1.22：2.95。其他管理按照《湘西州烤烟标准化生产技术方案》执行。

（二）土壤养分测定方法

分别于移栽后10，30，45，60，75，90d后，分小区随机采集烟垄上两株烟正中位置的0~20cm土样5个，混匀后用于测定土壤养分。有机质含量用重铬酸钾容量法、碱解氮含量用凯氏定氮仪碱解蒸馏法、速效磷含量用0.5mol/L的碳酸氢钠浸提钼锑抗比色法、速效钾含量用1mol/L醋酸铵浸提火焰光度计法测定。

三、结果与分析

（一）土壤有机质含量动态变化

由图3-7（a）可知，不同绿肥翻压后土壤有机质含量的变化趋势一致，均呈缓慢下降趋势，但翻压绿肥的土壤有机质含量始终大于没有绿肥还土的对照。不同绿肥翻压导致土壤有机质的增幅不同，光叶紫花苕增幅为4.92%~16.07%，平均增幅10.18%；箭筈豌豆增幅为0.88%~4.10%，平均增幅2.64%；紫云英增幅为3.28%~14.15%，平均增幅11.09%；普通黑麦草增幅为8.20%~16.98%，平均增幅13.33%；冬牧70增幅为6.84%~16.04%，平均增幅11.09%；满园花增幅为0.82%~12.06%，平均增幅6.77%；总体上看以普通黑麦草增幅最多。但不同时期略有差异，在翻压后10d，冬牧70和普通黑麦草翻压后的土壤有机质含量变化明显，增幅达到了9.8%和8.2%。普通黑麦草、紫云英和满园花还土的土壤有机质变化较平缓，紫花苕子还土在后期的30d内，土壤有机质含量下降明显。土壤有机质在翻压初期较高，可能是由于化肥的施入，初期造成了有机质的激发效应，促进了有机质的分解；随后则是纤维素在

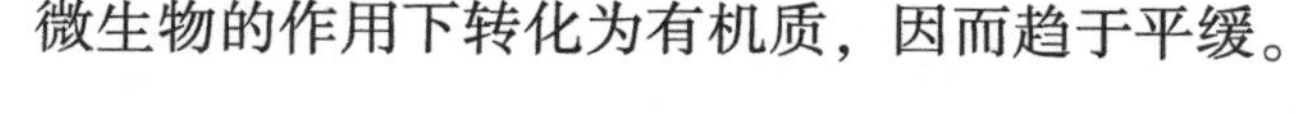

微生物的作用下转化为有机质，因而趋于平缓。

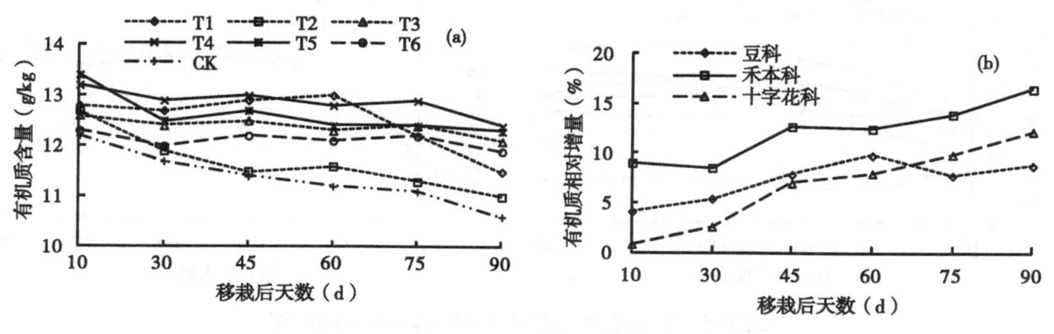

图 3-7　翻压不同绿肥对土壤有机质含量的影响

由图 3-7（b）可知，不同种类绿肥翻压后土壤有机质相对增量变化均呈上升趋势。豆科绿肥（光叶紫花苕、箭筈豌豆、紫云英）翻压还土后土壤有机质增幅为 4.10%~9.82%，平均增幅为 7.31%；禾本科绿肥（普通黑麦草、冬牧 70）翻压还土后土壤有机质增幅为 9.02%~16.51%，平均增幅为 12.21%；十字花科绿肥（满园花）平均增幅只有 6.77%；总体上看，以禾本科绿肥还土的土壤有机质增幅较高。

（二）土壤碱解氮含量动态变化

由图 3-8（a）可知，6 种绿肥翻埋后土壤碱解氮含量均明显高于没有绿肥还土的对照，这说明绿肥还土能提高土壤碱解氮含量。绿肥翻埋还土的土壤碱解氮含量呈递增的趋势，但在翻埋 60d 后增加缓慢，这主要与绿肥在大田分解释放氮的规律有关。不同绿肥翻压后土壤碱解氮的增幅不同，光叶紫花苕增幅为 4.35%~24.27%，平均增幅 19.21%；箭筈豌豆增幅为 17.16%~38.60%，平均增幅 30.65%；紫云英增幅为 18.76%~48.12%，平均增幅 40.99%；普通黑麦草增幅为 14.42%~31.14%，平均增幅 32.75%；冬牧 70 增幅为 10.30%~31.14%，平均增幅 25.47%；满园花增幅为 16.48%~38.35%，平均增幅 31.88%。总体上看以紫云英增幅最多。

由图 3-8（b）可知，不同种类绿肥翻压后土壤碱解氮相对增量变化在移栽后 45d 均呈上升趋势，但 45d 以后呈缓慢下降趋势。豆科绿肥翻压还土后土壤碱解氮增幅为 13.42%~36.26%，平均增幅为 31.28%；禾本科绿肥翻压还土后土壤碱解氮增幅为 12.36%~33.74%，平均增幅为 29.11%；十字花科绿肥平均增幅 31.88%。总体上看，以豆科绿肥还土的土壤碱解氮增幅较高。

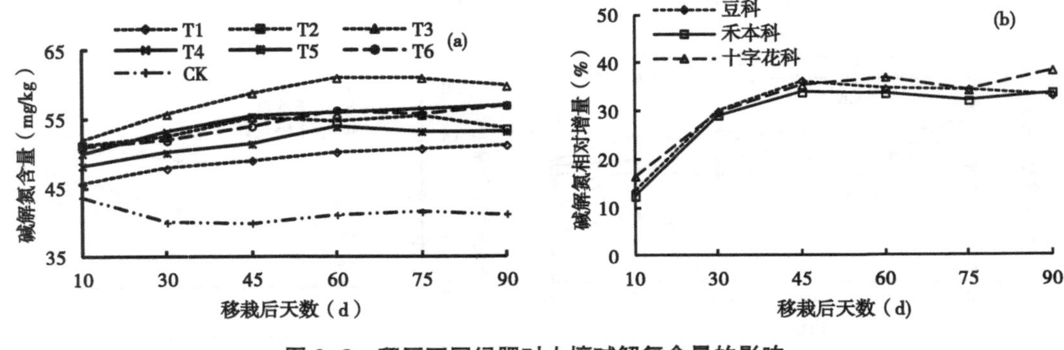

图 3-8　翻压不同绿肥对土壤碱解氮含量的影响

（三）土壤速效磷含量动态变化

由图 3-9（a）可知，不同绿肥翻压后土壤速效磷含量的变化趋势一致，均先上升后下降再上升。绿肥翻压 60d 前，土壤速效磷含量均高于没有绿肥还土的对照；但在绿肥翻压 60d 后，禾本科绿肥和紫花苕子的土壤速效磷含量与对照差异不大。不同绿肥翻压后土壤速效磷的增幅不同，光叶紫花苕增幅为 0.00%~5.94%，平均增幅 2.32%；箭筈豌豆增幅为 14.43%~22.77%，平均增幅 18.75%；紫云英增幅为 7.77%~19.80%，平均增幅 13.55%；普通黑麦草增幅为 1.94%~8.91%，平均增幅 4.80%；冬牧 70 增幅为 0.97%~5.15%，平均增幅 2.99%；满园花增幅为 6.80%~9.80%，平均增幅 8.57%。总体上看以箭筈豌豆增幅最多。

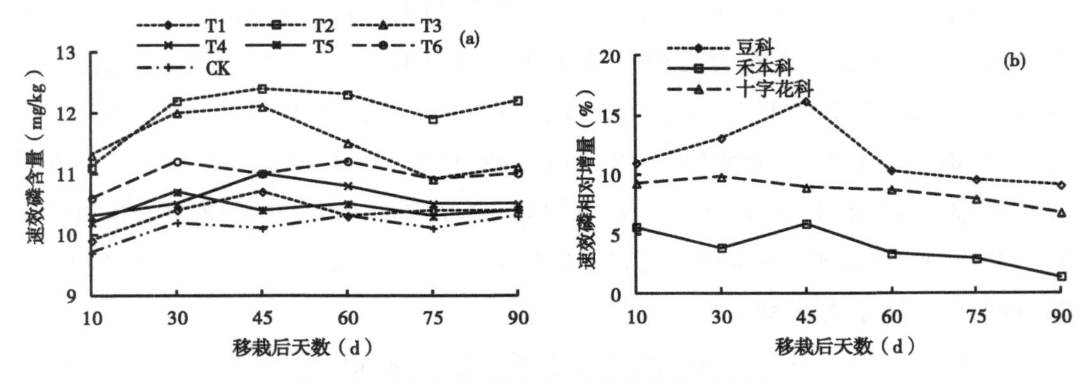

图 3-9　翻压不同绿肥对土壤速效磷含量的影响

由图 3-9（b）可知，不同种类绿肥翻压后土壤速效磷相对增量总体上呈下降趋势，但豆科绿肥在翻压 45d 前呈上升趋势，45d 以后呈下降趋势。豆科绿肥翻压还土后土壤速效磷增幅为 9.06%~16.17%，平均增幅为 11.54%；禾本科绿肥翻压还土后土壤速效磷增幅为 1.46%~5.94%，平均增幅为 3.89%；十字花科绿肥平均增幅只有 8.57%；总体上看，以豆科绿肥还土的土壤速效磷增幅较高。

（四）土壤速效钾含量动态变化

由图 3-10（a）可知，没有翻压绿肥的对照土壤的速效钾含量基本保持稳定，而翻压绿肥的土壤速效钾含量均明显大幅度高于对照组。从变化趋势来看，除光叶紫花苕翻压后 10~30d 土壤速效钾上升外，其余所有处理土壤速效钾含量都先下降后上升，各处理土壤速效钾含量大致都在翻压后 45d 出现最低值，呈现 V 形变化。

不同绿肥翻压后土壤速效钾的增幅不同，光叶紫花苕增幅为 31.63%~66.81%，平均增幅 53.74%；箭筈豌豆增幅为 64.24%~81.21%，平均增幅 76.50%；紫云英增幅为 53.35%~92.99%，平均增幅 71.52%；普通黑麦草增幅为 47.14%~70.17%，平均增幅 61.06%；冬牧 70 增幅为 27.67%~62.87%，平均增幅 52.88%；满园花增幅为 32.57%~68.90%，平均增幅 47.94%。总体上看以箭筈豌豆增幅最多。

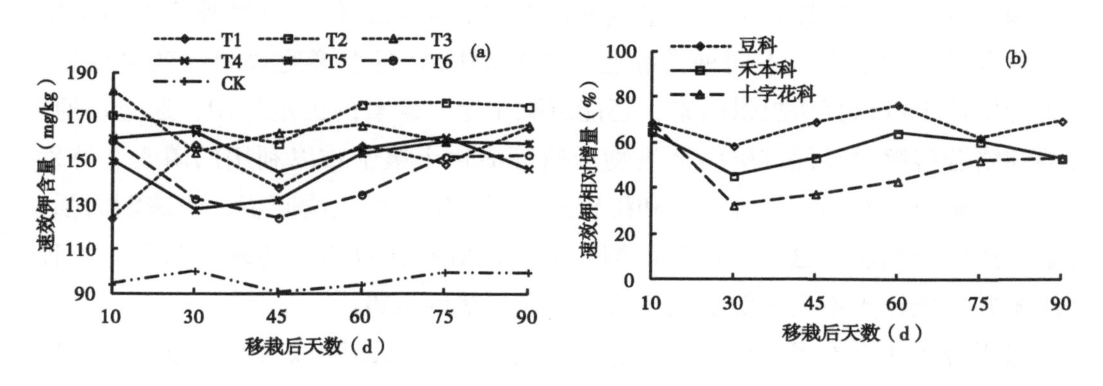

图 3-10　翻压不同绿肥对土壤速效钾含量的影响

由图 3-10（b）可知，不同种类绿肥翻压后土壤速效钾在翻压后 30d 前增幅下降，在 30~60d 增幅增加，以后又下降。豆科绿肥翻压还土后土壤速效钾增幅为 58.24%~76.60%，平均增幅为 67.26%；禾本科绿肥翻压还土后土壤速效钾增幅为 45.20%~64.60%，平均增幅为 56.67%；十字花科绿肥平均增幅只有 47.94%；总体上看，以豆科绿肥还土的土壤速效钾增幅较高。

四、讨论与结论

绿肥翻压还土在一定程度上可以在当季提高植烟土壤中的有机质含量；不同绿肥品种以普通黑麦草提高土壤有机质的幅度最大；不同绿肥种类以禾本科绿肥提高土壤有机质的效果较好。绿肥翻压后经分解和矿化，增加了土壤中的有机质含量，使植烟土壤有机质得以提高和更新，改善了土壤结构，为烟株生长发育创造了一个良好的环境，有利于烟叶的高产、稳产和高品质。

绿肥翻压还土可提高植烟土壤碱解氮含量；不同品种以紫云英提高土壤碱解氮含量幅度最大；不同种类绿肥以豆科绿肥提高土壤碱解氮的效果最好。这可能与豆科绿肥能够根瘤菌固氮，其本身体内含氮量较高，积累和丰富了土壤中的氮素有关。烤烟对氮极其敏感，施氮量少，产量低，品质差；但施氮量多，品质下降且可用性差。在烟草生育后期，翻压绿肥的土壤碱解氮含量始终维持在较高水平，有可能是绿肥翻压的时间过迟或翻压量过大。实际生产过程中应加以注意避免后期氮素过剩，影响烟叶品质；绿肥翻压还土后烤烟化肥氮施用量应进行调整，以防止后期氮素供应过多，导致上部烟叶烟碱含量过高。

绿肥翻压还土能提高植烟土壤速效磷含量；不同品种以箭筈豌豆提高土壤速效磷含量幅度最大；不同种类绿肥以豆科绿肥提高土壤速效磷的效果最好。绿肥翻压还土可以直接提供磷素，还能解除土壤对磷素的固定作用，通过还原、酸溶和络合溶解以及促进解磷微生物增殖等活化土壤中难以利用的磷素。特别是豆科绿肥根系发达，根分泌酸和酶较多，根际解磷微生物旺盛，吸磷能力强，分解难溶性磷的能力也强。在湘西烟区土壤速效磷含量不高的现实状况下，种植绿肥并翻压还土不失为缓解土壤磷肥供应不足的良策。

绿肥翻压还土能提高植烟土壤速效钾含量；不同品种以箭筈豌豆提高土壤速效钾含量幅度最大；不同种类绿肥以豆科绿肥提高土壤速效钾的效果最好。绿肥尤其是豆科绿肥都具有强大的根系，对土壤潜在的钾素具有较强的活化和吸收能力。一是发达的根系和主根入土深，能吸收深层土壤中的钾素，待绿肥翻压还土后在耕作层内富集；二是绿肥具有较大的活性根表面积，对 K^+ 的亲和力较强，土壤中各种形态钾之间的平衡可以不断被打破，不断地使土壤中的矿物钾转变为有效钾，从而提高土壤中的速效钾含量。

综上所述，绿肥翻压还土能够提高土壤有机质、碱解氮、有效磷和速效钾含量，分别为2.64%~13.33%、19.25%~40.99%、2.32%~18.75%、47.94%~76.50%；不同绿肥品种以普通黑麦草提高土壤有机质幅度最大，以箭筈豌豆提高土壤碱解氮和有效磷幅度最大，以紫云英提高土壤速效钾幅度最大；不同绿肥种类以禾本科绿肥提高土壤有机质的效果较好，以豆科绿肥提高土壤碱解氮、有效磷和速效钾的效果最好。

本试验只是统一了不同绿肥地上部分生物量，绿肥地下部分提供的养分量一般在10%以下，对绿肥还田后的土壤养分的影响较少。因此，本试验结果对探究不同绿肥翻压对植烟土壤的改良功效还是具有一定意义的。烤烟生长过程中的土壤养分变化受烤烟施肥、绿肥释放、烤烟对养分的吸收等的影响，这种影响的程度到底多大，还需进一步的研究探讨。

第三节　绿肥翻压对植烟土壤理化性状的影响

一、研究目的

充分利用冬季光热资源和空闲茬口种植绿肥翻压还田，不仅在绿肥生产的当季可以增加地面覆盖起到保持水土作用、增加生物固氮量、活化和富集土壤养分、增加土壤微生物活性，而且在翻压还田后还能提高土壤有机质含量、降低土壤容重，为后季作物提供速效养分，这对提高和恢复土壤肥力具有重要作用。近年来已有不少学者在利用种植绿肥提升和改良土壤肥力方面做了大量研究，主要集中在绿肥翻压量和绿肥对土壤肥力、土壤微生物、土壤酶和烟叶品质的影响等方面，而对不同种类绿肥的应用研究则相对较薄弱。因此，进行了不同种类绿肥翻压对植烟土壤理化性状影响的试验，旨在探究绿肥翻压对植烟土壤的改良功效，为植烟土壤质量的维持和进一步提高湘西烟叶品质提供依据。

二、材料与方法

（一）试验设计

试验在湖南省凤凰县千工坪乡岩板井村（海拔452m，经度E109. 30°，纬度N28. 01°）进行。供试土壤为石灰岩母质发育的旱地贫瘠土壤，烤烟生产主要依靠自然降水和土壤自身蓄水。种植制度为一年一熟（烤烟）。试验选用光叶紫花苕、箭筈豌豆、紫云英、黑麦草、冬牧70、满园花等6个绿肥品种，按1个品种1个处理，共设6个处理，每处理3次重复，随机区组排列。小区面积为39m^2。

采用定位试验。每年10月烤烟收获后拔除烟秆和杂草，地块翻耕后用条播方式播种绿肥。光叶紫花苕、箭筈豌豆、紫云英、黑麦草、冬牧70、满园花的播种量为7.50g/m^2。每年4月中旬（烤烟移栽前20d左右）将绿肥收割后并翻埋入土壤中，然后整地起垄。3年绿肥平均翻压量分别为：光叶紫花苕33 570.00kg/hm^2、箭筈豌豆30 368.40kg/hm^2、紫云英20 930.40kg/hm^2、冬牧7 023 211.60kg/hm^2、黑麦草20 480.25kg/hm^{2}和满园花22 500.00kg/hm^2。

烤烟种植品种为K326，于每年的5月上旬移栽。施肥量：三饼（菜籽饼、芝麻饼、豆粕饼）合一型烟草活性有机无机专用基肥750.00kg/hm^2、专用追肥300.00kg/hm^2、提苗肥75.00kg/hm^{2}和硫酸钾375.00kg/hm^2。其他田间管理措施按照湘西州烤烟标准化生产技术方案执行。

（二）测定项目与方法

每处理于试验前（2010年10月）和2013年的10月烤烟拔秆后，分小区用环刀进行原位取样，测定土壤的容重。同时，随机采集烟垄上两株烟正中位置的0~20cm土样5个，混匀后用于测定土壤养分。采用常规分析方法进行土壤pH值、有机质、全氮、全磷、全钾、碱解氮、速效磷、速效钾含量的测定。

采用Microsoft Excel 2003和SPSS 17.0进行数据处理和统计分析。对不同绿肥品种翻压后的植烟土壤理化性状进行方差分析，采用Duncan法进行多重比较，英文小写字母表示5%差异显著水平，英文大写字母表示1%差异显著水平。

绝对增量=翻压后-翻压前；

相对增量=（翻压后-翻压前）/翻压前×100。

以相对增量大小表示不同绿肥品种对土壤理化性状的影响大小。

三、结果与分析

（一）对植烟土壤容重的影响

不同绿肥品种翻压还土后土壤容重及翻压前后的比较见表3-2。绿肥翻压还土后，土壤容重下降，其下降幅度为0.02~0.27g/cm^3，平均为0.10g/cm^3，平均下降8.26%。不同绿肥品种下降幅度大小排序为：冬牧70、黑麦草、紫云英、满园花、箭筈豌豆、光叶紫花苕。不同绿肥品种间差异达显著水平，冬牧70和黑麦草翻压还土后土壤容重显著低于紫云英、满园花、箭筈豌豆、光叶紫花苕。豆科绿肥（光叶紫花苕、箭筈豌豆、紫云英）、禾本科绿肥（黑麦草、冬牧70）和十字花科绿肥（满园花）翻压还土后土壤容重平均下降3.42%、17.53%、4.27%，以禾本科绿肥翻压还土后降低土壤容重效果较好。

表 3-2　不同绿肥品种翻压对植烟土壤容重的影响

指标	翻压前	翻压后						平均
		光叶紫花苕	箭筈豌豆	紫云英	黑麦草	冬牧 70	满园花	
土壤容重/（g/cm^3）	1.17a	1.15a	1.13a	1.11a	1.03b	0.90b	1.12a	
绝对增量/（g/cm^3）		-0.02	-0.04	-0.06	-0.14	-0.27	-0.05	-0.10
相对增量/%		-1.71	-3.42	-5.13	-11.97	-23.08	-4.27	-8.26

（二）对植烟土壤 pH 值的影响

不同绿肥品种翻压还土后土壤 pH 值及翻压前后的比较见表 3-3。6 个绿肥品种翻压还土 3 年后，土壤 pH 值变化规律不是很明显。其中，光叶紫花苕、箭筈豌豆、黑麦草翻压还土后，土壤 pH 值下降；冬牧 70、紫云英翻压还土后，土壤 pH 值升高；满园花翻压还土后，土壤 pH 值没有变化；总体上看，pH 值平均下降 0.04，平均下降 8.26%。不同绿肥品种翻压还土后，土壤 pH 值无统计学差异。

表 3-3　不同绿肥品种翻压对植烟土壤 pH 值的影响

指标	翻压前	翻压后						平均
		光叶紫花苕	箭筈豌豆	紫云英	黑麦草	冬牧 70	满园花	
土壤 pH 值	6.23a	6.07a	5.97a	6.47a	5.93a	6.23a	6.47a	
绝对增量		-0.16	-0.26	0.24	-0.30	0.00	0.24	-0.04
相对增量/%		-2.62	-4.23	3.80	-4.76	0.00	3.80	-0.66

（三）对植烟土壤有机质含量的影响

不同绿肥品种翻压还土后土壤有机质及翻压前后的比较见表 3-4。绿肥翻压还土后，土壤有机质提高，其提高幅度为 0.90~2.03g/kg，平均为 1.51g/kg；土壤有机质平均提高 6.53%。不同绿肥品种提高有机质幅度大小排序为：冬牧 70、黑麦草、满园花、光叶紫花苕、箭筈豌豆、紫云英。品种间提高土壤有机质含量无统计学差异。豆科绿肥、禾本科绿肥和十字花科绿肥翻压还土后土壤有机质平均提高 4.92%、8.33%、7.75%，以禾本科绿肥翻压还土后提高土壤有机质效果较好。

表 3-4　不同绿肥品种翻压对植烟土壤有机质的影响

指标	翻压前	翻压后						平均
		光叶紫花苕	箭筈豌豆	紫云英	黑麦草	冬牧 70	满园花	
土壤有机质/(g/kg)	23.17a	24.83a	24.07a	24.03a	25.00a	25.20a	24.97a	
绝对增量/(g/kg)		1.66	0.90	0.86	1.83	2.03	1.80	1.51
相对增量/%		7.18	3.87	3.73	7.90	8.76	7.75	6.53

（四）对植烟土壤全氮含量的影响

不同绿肥品种翻压还土后土壤全氮及翻压前后的比较见表 3-5。绿肥翻压还土后，土壤全氮含量提高，其提高幅度为 0.02~0.05g/kg，平均为 0.03g/kg；土壤全氮含量平均提高 2.10%。不同绿肥品种提高土壤全氮含量幅度大小排序为：光叶紫花苕、箭筈豌豆、紫云英、冬牧 70、黑麦草、满园花。品种间提高土壤全氮含量无统计学差异。豆科绿肥、禾本科绿肥和十字花科绿肥翻压还土后土壤全氮含量平均提高 2.68%、1.58%、1.40%，以豆科绿肥翻压还土后提高土壤全氮含量效果较好。

表 3-5　不同绿肥品种翻压对植烟土壤全氮的影响

指标	翻压前	翻压后						平均
		光叶紫花苕	箭筈豌豆	紫云英	黑麦草	冬牧 70	满园花	
土壤全氮/(g/kg)	1.43a	1.48a	1.47a	1.46a	1.45a	1.46a	1.45a	
绝对增量/(g/kg)		0.05	0.04	0.03	0.02	0.03	0.02	0.03
相对增量/%		3.50	2.80	1.75	1.40	1.75	1.40	2.10

（五）对植烟土壤全磷含量的影响

不同绿肥品种翻压还土后土壤全磷及翻压前后的比较见表 3-6。绿肥翻压还土后，土壤全磷含量显著提高，其提高幅度为 0.15~0.20g/kg，平均为 0.17g/kg；土壤全磷含量平均提高 33.94%。不同绿肥品种提高土壤全磷含量幅度大小排序为：光叶紫花苕、紫云英、箭筈豌豆、黑麦草、冬牧 70、满园花。品种间提高土壤全磷含量无统计学差异。豆科绿肥、禾本科绿肥和十字花科绿肥翻压还土后土壤全磷含量平均提高 36.27%、32.84%、29.41%，以豆科绿肥翻压还土后提高土壤全磷含量效果较好。

表 3-6　不同绿肥品种翻压对植烟土壤全磷的影响

指标	翻压前	翻压后						平均
		光叶紫花苕	箭筈豌豆	紫云英	黑麦草	冬牧 70	满园花	
土壤全磷/（g/kg）	0.51b	0.71a	0.69a	0.70a	0.69a	0.67a	0.66a	
绝对增量/（g/kg）		0.20	0.18	0.19	0.18	0.16	0.15	0.17
相对增量/%		38.24	34.31	36.27	34.31	31.37	29.41	33.99

（六）对植烟土壤全钾含量的影响

不同绿肥品种翻压还土后土壤全钾及翻压前后的比较见表 3-7。绿肥翻压还土后，土壤全钾含量显著提高，其提高幅度为 0.37～1.54g/kg，平均为 0.93g/kg；土壤全钾含量平均提高 3.12%。不同绿肥品种提高土壤全钾含量幅度大小排序为：紫云英、箭筈豌豆、黑麦草、光叶紫花苕、冬牧 70、满园花。品种间提高土壤全钾含量无统计学差异。豆科绿肥、禾本科绿肥和十字花科绿肥翻压还土后土壤全钾含量平均提高 3.88%、2.92%、1.24%，以豆科绿肥翻压还土后提高土壤全钾含量效果较好。

表 3-7　不同绿肥品种翻压对植烟土壤全钾的影响

指标	翻压前	翻压后						平均
		光叶紫花苕	箭筈豌豆	紫云英	黑麦草	冬牧 70	满园花	
土壤全钾/（g/kg）	29.83b	30.47a	31.13a	31.37a	31.00a	30.40a	30.20a	
绝对增量/（g/kg）		0.64	1.30	1.54	1.17	0.57	0.37	0.93
相对增量/%		2.13	4.37	5.15	3.92	1.91	1.24	3.12

（七）对植烟土壤碱解氮含量的影响

不同绿肥品种翻压还土后土壤碱解氮及翻压前后的比较见表 3-8。绿肥翻压还土后，土壤碱解氮含量提高，其提高幅度为 1.83～28.83mg/kg，平均为 10.25mg/kg；土壤碱解氮含量平均提高 8.42%。不同绿肥品种提高土壤碱解氮含量幅度大小排序为：紫云英、黑麦草、箭筈豌豆、光叶紫花苕、冬牧 70、满园花。品种间提高土壤碱解氮含量无统计学差异。豆科绿肥、禾本科绿肥和十字花科绿肥翻压还土后土壤碱解氮含量平均提高 11.64%、7.05%、1.50%，以豆科绿肥翻压还土后提高土壤碱解氮含量效果较好。

表 3-8 不同绿肥品种翻压对植烟土壤碱解氮的影响

指标	翻压前	翻压后						平均
		光叶紫花苕	箭筈豌豆	紫云英	黑麦草	冬牧 70	满园花	
土壤碱解氮/(mg/kg)	121.67a	128.00a	129.00a	123.50a	132.50a	128.00a	123.50a	
绝对增量/(mg/kg)		6.33	7.33	2.83	10.83	6.33	1.83	5.91
相对增量/%		5.20	6.02	2.33	8.90	5.20	1.50	4.86

（八）对植烟土壤速效磷含量的影响

不同绿肥品种翻压还土后土壤速效磷及翻压前后的比较见表 3-9。绿肥翻压还土后，土壤速效磷含量极显著提高，其提高幅度为 51.98~64.78mg/kg，平均为 57.33mg/kg；土壤速效磷含量平均提高 737.84%。不同绿肥品种提高土壤速效磷含量幅度大小排序为：紫云英、箭筈豌豆、黑麦草、冬牧 70、光叶紫花苕、满园花。品种间提高土壤速效磷含量无统计学差异。豆科绿肥、禾本科绿肥和十字花科绿肥翻压还土后土壤速效磷含量平均提高 767.44%、727.86%、668.98%，以豆科绿肥翻压还土后提高土壤速效磷含量效果较好。

表 3-9 不同绿肥品种翻压对植烟土壤速效磷的影响

指标	翻压前	翻压后						平均
		光叶紫花苕	箭筈豌豆	紫云英	黑麦草	冬牧 70	满园花	
土壤速效磷/(mg/kg)	7.77B	62.90A	66.75A	72.55A	65.35A	63.30A	59.75A	
绝对增量/(mg/kg)		55.13	58.98	64.78	57.58	55.53	51.98	57.33
相对增量/%		709.52	759.07	833.72	741.06	714.67	668.98	737.84

（九）对植烟土壤速效钾含量的影响

不同绿肥品种翻压还土后土壤速效钾及翻压前后的比较见表 3-10。绿肥翻压还土后，土壤速效钾含量极显著提高，其提高幅度为 134.33~313.50mg/kg，平均为 205.31mg/kg；土壤速效钾含量平均提高 513.26%。不同绿肥品种提高土壤速效钾含量幅度大小排序为：紫云英、箭筈豌豆、冬牧 70、黑麦草、光叶紫花苕、满园花，以紫云英提高土壤速效钾含量极显著高于其他绿肥品种。豆科绿肥、禾本科绿肥和十字花科绿肥翻压还土后土壤速效钾含量平均提高578.75%、503.75%、335.83%，以豆科绿肥翻压还土后提高土壤速效钾含量效果较好。

表 3-10　不同绿肥品种翻压对植烟土壤速效钾的影响

指标	翻压前	翻压后						平均
		光叶紫花苕	箭筈豌豆	紫云英	黑麦草	冬牧 70	满园花	
土壤速效钾/(mg/kg)	40.00C	183.50BC	277.50AB	353.50A	219.50AB	263.50 AB	174.33BC	
绝对增量/(mg/kg)		143.50	237.50	313.50	179.50	223.50	134.33	205.31
相对增量/%		358.75	593.75	783.75	448.75	558.75	335.83	513.26

四、讨论与结论

（1）绿肥翻压能降低植烟土壤容重 1.71%~23.87%，以禾本科绿肥降低土壤容重的效果最为明显。土壤有机质含量多少影响土壤容重改变，因而绿肥翻压降低土壤容重的效果取决于绿肥翻压还土后增加的土壤有机质的量。不同种类绿肥的生物量、幼嫩程度存在差异，其降低土壤容重的效果也不同。本研究中，禾本科绿肥的翻压量少，只是其地上部分生物量少，但其地下生物量大和根系发达，在土壤耕层的积淀更有利于土壤有机质含量的增加。

（2）多年绿肥翻压后土壤 pH 值整体变化不大，不同绿肥对植烟土壤 pH 值的影响无明显规律，光叶紫花苕、箭筈豌豆、黑麦草翻压还土后的土壤 pH 值下降，冬牧 70、紫云英翻压还土后的土壤 pH 值升高，满园花翻压还土后的土壤 pH 值没有变化。绿肥翻压还土后在分解过程中产生较多的小分子有机酸，土壤 pH 值的变化与土壤对酸的缓冲能力和土壤有机质有关。本研究中，绿肥翻压后土壤 pH 值整体变化不大，这可能与不同绿肥的干物质组成有关；况且烟叶收获后，土壤中绿肥降解转化高峰期已过，因而土壤 pH 值由于形成平衡而趋于稳定。总体上看，土壤 pH 值略有下降，因此，生产中翻压绿肥最好根据土壤状况配施适量的石灰，以防土壤酸化。

（3）绿肥翻压可提高土壤有机质含量 3.73%~8.76%，以禾本科绿肥提高土壤有机质的效果较好。烤烟种植适宜于中等肥力的土壤，但当植烟土壤有机质过低时，则烟株生长不良、烟叶发育不全，降低烟叶可用性。翻压适量的绿肥可以维持和更新土壤有机质，有机质的增加使土壤结构得到了改善，为烟株生长发育创造了一个良好的环境，有利于烟叶的高产、稳产和高品质。

（4）绿肥翻压可提高土壤全氮含量1.40%～3.50%和碱解氮含量1.50%～23.70%，以豆科绿肥提高土壤氮含量的效果较好。豆科绿肥由于能够根瘤菌固氮，其本身体内含氮量较高，积累和丰富了土壤中的氮素。烤烟对氮极其敏感，施氮量少，产量低，品质差；但施氮量多，品质下降且可用性差。绿肥翻压还土具有较好培肥地力效果，必然会影响土壤氮的供给状况。在生产实际中，绿肥翻压还土后烤烟化肥氮施用量应进行调整，以防止后期氮素供应过多，导致上部烟叶烟碱含量过高。

（5）绿肥翻压能显著提高土壤全磷含量31.37%～38.24%和极显著提高土壤速效磷含量660.98%～833.72%，以豆科绿肥提高土壤磷含量的效果较好。绿肥翻压还土可以直接提供磷素，还能解除土壤对磷素的固定作用，通过还原、酸溶和络合溶解以及促进解磷微生物增殖等活化土壤中难以利用的磷素。特别是豆科绿肥根系发达，根分泌酸和酶较多，根际解磷微生物旺盛，吸磷能力强，分解难溶性磷的能力也强。在湘西烟区土壤速效磷含量不高的现实状况下，种植绿肥并翻压还土不失为缓解土壤磷肥供应不足的良策。

（6）绿肥翻压能显著提高土壤全钾含量1.24%～5.15%和速效钾含量335.83%～783.75%，以豆科绿肥提高土壤钾含量的效果较好。绿肥尤其是豆科绿肥都具有强大的根系，对土壤潜在的钾素具有较强的活化和吸收能力。一是发达的根系和主根入土深，能吸收深层土壤中的钾素，待绿肥翻压还土后在耕作层内富集；二是绿肥具有较大的活性根表面积，对K^+的亲和力较强，土壤中各种形态钾之间的平衡可以不断被打破，不断地使土壤中的矿物钾转变为有效钾，从而提高土壤中的速效钾含量。

（7）绿肥翻压还土对土壤肥力的影响过程复杂，是土壤—微生物—绿肥—气候共同作用的结果。在湘西烟区冬季较易干旱的情况下，应提早播种，加强田间管理，提高绿肥生物量。连年翻压绿肥对改善土壤理化性状、维护和提高土地生产力具有重要意义，应进一步优化绿肥翻压还土后的烤烟氮肥管理，提高绿肥翻压的生态和经济效益。

综上所述，3年翻压绿肥的土壤容重降低1.71%～23.87%，土壤有机质、全氮、全磷、全钾、碱解氮、速效磷和速效钾含量（质量分数）分别提高3.73%～8.76%，1.40%～3.50%，31.37%～38.24%，1.24%～5.15%，1.50%～23.70%，660.98%～833.72%和335.83%～783.75%，土壤pH值整体变化不大。

禾本科绿肥尤其是冬牧70对土壤容重和有机质含量的影响较大，豆科绿肥对土壤全氮、全磷、全钾、碱解氮、速效磷、速效钾含量的影响较大，其中光叶紫花苕对土壤全氮和全磷含量影响最大，紫云英对土壤全钾、碱解氮、速效磷、速效钾含量影响最大。

第四节　绿肥翻压对植烟土壤微生物量和酶活性的影响

一、研究目的

土壤微生物和土壤酶是土壤微生态环境中生理活性最强的部分，共同推动土壤的代谢过程，影响土壤生产性能和土地经营，常作为评价土壤生态环境质量的重要指标，已成为土壤学界研究热点。许多学者在保护性耕作、土地利用方式、施肥和秸秆还田等条件对土壤微生物数量和酶活性变化方面进行了深入研究，但翻压绿肥对植烟土壤微生物量和酶活性影响的研究报道较少。充分利用冬季烟田休闲空间种植绿肥，可以提高土壤有机质含量、降低土壤容重、活化和富集土壤养分、增加土壤微生物活性，对提高和恢复土壤肥力具有重要作用。但是，不同绿肥品种的养分含量和C/N比值等因素差异，其翻压后对土壤微生物量和土壤酶活性的影响也存在差异，进而影响烤烟生长发育和烤后烟叶品质。因此，开展了连年翻压绿肥对植烟土壤微生物量和酶活性的影响研究，旨在探究绿肥翻压对植烟土壤的改良功效，为植烟土壤质量的维持和进一步提高湘西烟叶质量提供支撑依据。

二、材料与方法

（一）试验设计

试验于在湖南省湘西州凤凰县千工坪乡岩板井村（经度E109.30°，纬度N28.01°）进行。该试验地海拔452m，种植制度为一年一熟（烤烟），土壤为石灰岩母质发育的黄壤，pH值6.23、有机质10.46g/kg、碱解氮38.20mg/kg、速效磷9.75mg/kg、速效钾108.76mg/kg。试验设7个处理，分别为光叶紫花苕（T1）（*Vicia villosa Roth var.*）、箭筈豌豆（T2）（*Vicia sativa L.*）、紫云英（T3）（*Astragalus sinicus L.*）、黑麦草（T4）（*Lolium perenne*）、冬牧70（T5）（*Dongmu-70*）、满园花（T6）（*Raphanus sativus L.*）等6个绿肥品种，以不种植绿肥的冬闲处理为对照（CK）。随机区组设计，3次重复，21个小区，小区面积为 39m^2。

每年 10 月烤烟收获后拔除烟秆和杂草，地块翻耕后用撒播方式播种绿肥。光叶紫花苕、箭筈豌豆、黑麦草、冬牧 70 的播种量为 7.50g/m^2，紫云英、满园花的播种量为 4.50g/m^2。每年 4 月中旬（烤烟移栽前 20d 左右）将绿肥刈割后就地翻埋入土壤，然后整地起垄。3 年绿肥鲜草平均翻压量：光叶紫花苕为 33 570.00kg/hm^2、箭筈豌豆为 30 368.40kg/hm^2、紫云英为 20 930.40kg/hm^2、黑麦草为 20 480.25kg/hm^2、冬牧 70 为 23 211.60kg/hm^2、满园花为 22 500.00 kg/hm^2。

烤烟种植品种为 K326，于每年的 5 月上旬移栽。三饼合一型基肥 750.00kg/hm^2在起垄前开沟条施，提苗肥 75.00kg/hm^2于移栽后 7d 对水浇施，专用追肥 300.00kg/hm^2 分别于移栽后 15d、25d 打洞穴施，硫酸钾 375.00kg/hm^2于团棵后 5d 打洞穴施。其他管理按照烤烟常规生产进行。

（二）测定项目与方法

于头年的 10 月烤烟拔秆后，从各小区两株烟正中位置，用土钻采集 0~20cm 土层土壤，每个小区采 5 钻，混匀后用于测定土壤可培养微生物数量、土壤基础呼吸和土壤酶活性。

土壤可培养细菌、真菌、放线菌采用平板菌落计数法测定；土壤基础呼吸用土壤呼吸 CO_2测定法；蔗糖酶采用 3，5-二硝基水杨酸比色法；过氧化氢酶采用高锰酸钾容量法；磷酸酶采用磷酸苯二钠比色法；脲酶采用钠氏比色法。

采用 Microsoft Excel 2003 和 SPSS 17.0 进行数据处理和统计分析。对不同绿肥品种翻压后的植烟土壤微生物量和土壤酶活性进行方差分析，采用新复极差法进行多重比较，英文小写字母表示 5%差异显著水平。绝对增量 = 翻压绿肥 - 对照；相对增量 =（翻压绿肥 - 对照）/对照×100。

三、结果与分析

（一）对土壤可培养微生物数量的影响

1. 与对照的微生物数量比较

由表 3-11 可知，绿肥翻压能明显提高植烟土壤细菌数量。翻压绿肥的土壤，其细菌数量达到 10^4 ~ 10^6 cfu/g 土；与对照相比，其绝对增量为 8.97 ~ 113.68×10^4 cfu/g 土，平均为 60.14×10^4 cfu/g 土，其中 T4 处理的土壤细菌绝对增量最高达到 1.13×10^6 cfu/g 土，T1 处理的土壤细菌绝对增量最少，为 8.97×

10^4 cfu/g 土。T4 和 T5 处理的土壤细菌数量显著高于对照。

绿肥翻压能显著提高植烟土壤真菌数量。翻压绿肥的土壤真菌数量达到 10^3~10^4cfu/g 土；与对照相比，其绝对增量为 24.66~60.77×10^2 cfu/g 土，平均为 43.14×10^2 cfu/g 土。T2 处理的土壤真菌最多，达到 1.13×10^4 cfu/g 土；T1 处理的土壤真菌最少，为 7.67×10^3 cfu/g 土。翻压绿肥处理（T1、T2、T3、T4、T5、T6）的土壤真菌数量显著高于对照。

绿肥翻压影响植烟土壤放线菌数量。翻压绿肥的土壤放线菌数量达到 10^3~10^5 cfu/g 土，与对照相比，其绝对增量为-25.16~75.33×10^3 cfu/g 土，平均为 26.22×10^3 cfu/g 土。其中，T1、T4、T5、T6 处理土壤放线菌数量高于对照，T2 和 T3 处理的土壤放线菌数量小于对照，但差异不显著。

表 3-11　绿肥翻压后植烟土壤可培养微生物数量和土壤基础呼吸

处理	细菌数量/（×10^4 cfu/g）	真菌数量/（×10^2 cfu/g）	放线菌数量/（×10^3 cfu/g）	基础呼吸/[CO_2,mg/(d·g)]
光叶紫花苕（T1）	174.67ab	76.71b	313.50ab	0.37b
箭筈豌豆（T2）	224.12ab	112.82a	260.98b	0.32b
紫云英（T3）	211.39ab	104.17a	273.55ab	0.45a
黑麦草（T4）	279.38a	103.76a	353.23a	0.48a
冬牧 70（T5）	267.82a	96.69a	361.46a	0.22b
满园花（T6）	197.64ab	77.01b	311.42ab	0.30b
对照（CK）	165.70b	52.05c	286.13ab	0.12c

2. 不同种类绿肥可培养微生物相对增量差异

由图 3-11 可知，翻压绿肥的土壤细菌数量较对照增加了 5%~70%，平均增加了 36%；不同处理之间土壤细菌相对增量大小排序为：T4>T5>T2>T3>T6>T1；其中，T4 和 T5 处理的土壤细菌相对增量高于平均值；但不同处理的土壤细菌数量无显著差异。

从土壤真菌看，翻压绿肥的土壤真菌数量较对照增加了 40%~110%，平均增加了 82%；不同处理之间土壤真菌相对增量大小排序为：T2>T3>T4>T5>T6>T1；其中，T2、T3、T4 和 T5 处理的土壤真菌相对增量高于平均值；T2、T3、T4、T5 处理的土壤真菌数量显著高于 T1、T6 处理。

从土壤放线菌看，翻压绿肥的土壤放线菌数量相对增量为-8%~26%，平均增加了 9%；不同处理之间土壤放线菌相对增量大小排序为：T5>T4>T1>T6>

T3>T2；其中，T4 和 T5 处理的土壤放线菌相对增量高于平均值；T3 和 T2 处理的放线菌相对增量为负值；T4 和 T5 处理的土壤放线菌数量显著高于 T2 处理。

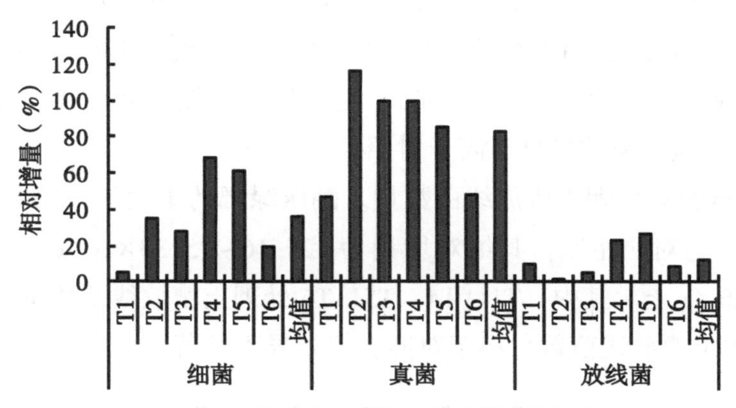

图 3-11 不同种类绿肥翻压后植烟土壤可培养微生物相对增量

（二）对土壤基础呼吸的影响

1. 与对照的土壤基础呼吸比较

由表 3-11 可知，绿肥翻压能显著提高植烟土壤基础呼吸。绿肥翻压的土壤基础呼吸达到了 0. 22～0. 48mg/(d·g)；与对照相比，其绝对增量为 0. 10～0. 36mg/(d·g)，平均为 0. 24mg/(d·g)。尤其是 T4 处理的土壤基础呼吸最高达到 0. 48mg/(d·g)，T5 处理的土壤基础呼吸最低，为 0. 22mg/(d·g)。翻压绿肥处理（T1、T2、T3、T4、T5、T6）的土壤基础呼吸显著高于对照。

2. 不同种类绿肥土壤基础呼吸相对增量差异

由图 3-12 可知，翻压绿肥的土壤基础呼吸较对照增加了 85%～299%，平均为 196. 44%。不同处理之间土壤基础呼吸相对增量大小排序为：T4>T3>T1>T2>T6>T5；其中，T1、T3 和 T4 处理的土壤基础呼吸相对增量高于平均值；T3、T4 处理的土壤基础呼吸显著高于 T1、T2、T5、T6 处理。

（三）对土壤酶活性的影响

1. 与对照的土壤酶活性比较

绿肥翻压还土能提高植烟土壤酶活性（表 3-12）。从土壤蔗糖酶看，绿肥翻压的土壤蔗糖酶达到了 302. 53～451. 49mg/(d·g)；与对照相比，其绝对增量为 39. 91～188. 87mg/(d·g)，平均为 94. 07mg/(d·g)。其中，T4、T1、T5 等绿肥提高蔗糖酶活性的幅度较大，其他绿肥提高幅度相对较小。翻压绿肥处理（T1、T2、T3、T4、T5、T6）的土壤蔗糖酶显著高于对照。

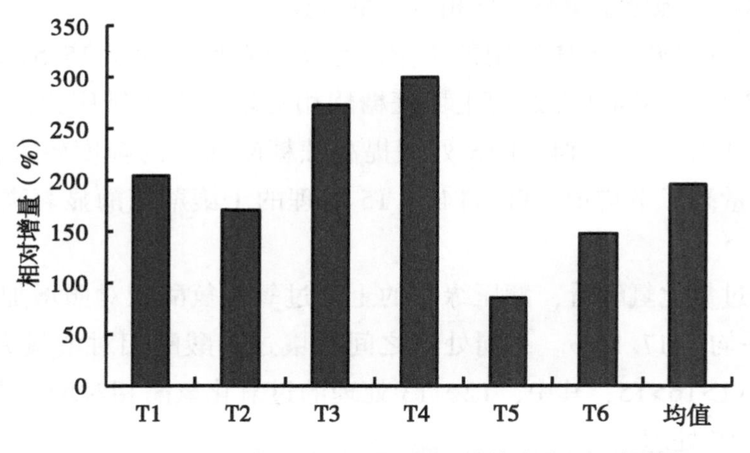

图 3-12　不同种类绿肥翻压后植烟土壤基础呼吸相对增量

从土壤过氧化氢酶看，绿肥翻压的土壤过氧化氢酶达到了 8.02～9.92mL/(g·h)；与对照相比，其绝对增量为 0.02～1.92mL/(g·h)，平均为 0.85mL/(g·h)。其中，T2、T3 处理显著高于对照。

从土壤磷酸酶看，绿肥翻压的土壤磷酸酶达到了 20.94～24.10mg/(g·h)；与对照相比，其绝对增量为 1.31～4.47mg/(g·h)，平均为 3.36mg/(g·h)。其中，T2、T4、T6 处理显著高于对照。

从土壤脲酶看，绿肥翻压的土壤脲酶达到了 3.25～3.94mg/(g·h)；与对照相比，其绝对增量为 0.12～0.81mg/(g·h)，平均为 0.50mg/(g·h)。翻压绿肥处理（T1、T2、T3、T4、T5、T6）的土壤脲酶与对照差异不显著。

表 3-12　绿肥翻压对植烟土壤酶活性的影响

处理	蔗糖酶活性/[mg/(g·d)]	过氧化氢酶活性/[$KMnO_4$，mL/(g·h)]	磷酸酶活性/[P_2O_5，mg/(g·h)]	脲酶活性[NH_3-N，mg/(g·h)]
光叶紫花苕（T1）	394.03±23.02a	8.65±1.31ab	22.86±1.37ab	3.25±0.25a
箭筈豌豆（T2）	302.53±73.70b	9.92±0.42a	23.98±0.18a	3.54±0.11a
紫云英（T3）	304.63±31.66b	9.58±1.00a	22.92±1.33ab	3.77±0.23a
黑麦草（T4）	451.49±65.91a	8.68±0.48ab	24.10±0.59a	3.52±0.11a
冬牧 70（T5）	359.76±51.08a	8.02±0.44b	20.94±4.74ab	3.94±1.34a
满园花（T6）	327.70±12.05b	8.24±0.82ab	23.16±1.04a	3.76±0.46a
对照（CK）	262.62±42.80c	8.00±0.41b	19.63±0.96b	3.13±0.35a

2. 不同种类绿肥土壤酶活性相对增量差异

由图 3-13 可知，翻压绿肥的土壤蔗糖酶较对照增加了 15.59%~71.92%，平均为 35.82%。不同处理之间土壤蔗糖酶相对增量大小排序为：T4>T1>T5>T6>T3>T2；其中，T1、T4 和 T5 处理提高蔗糖酶活性的幅度较大，在 35%以上，相对增量高于平均值；T1、T4 和 T5 处理的土壤蔗糖酶显著高于 T2、T3、T6 处理。

从土壤过氧化氢酶看，翻压绿肥的土壤过氧化氢酶较对照增加了 6.67%~22.75%，平均为 17.13%。不同处理之间土壤过磷酸酶相对增量大小排序为：T2>T3>T4>T1>T6>T5；其中，T2、T3 处理的过氧化氢酶相对增量高于平均值，也显著高于 T5 处理。

从土壤磷酸酶看，翻压绿肥的土壤磷酸酶较对照增加了 0.22%~23.94%，平均为 10.57%。不同处理之间土壤磷酸酶相对增量大小排序为：T4>T2>T6>T1>T3>T5；其中，T2、T4、T6 处理的磷酸酶相对增量高于平均值；不同种类绿肥处理的土壤磷酸酶差异不显著。

从土壤脲酶看，翻压绿肥的土壤脲酶较对照增加了 3.83%~25.88%，平均为 15.89%。不同处理之间土壤脲酶相对增量大小排序为：T5>T3>T6>T2>T4>T1；其中，T3、T5、T6 处理的脲酶相对增量高于平均值；不同种类绿肥处理的土壤脲酶差异不显著。

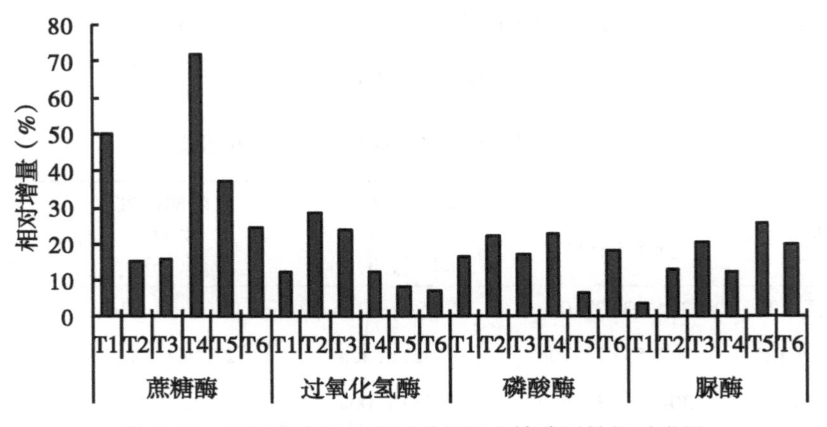

图 3-13　不同种类绿肥翻压后植烟土壤酶活性相对增量

四、讨论与结论

（1）不同种类绿肥翻压对土壤可培养微生物的影响。植烟土壤微生物数量和活性是其肥力的重要指标。微生物区系复杂和数量多的土壤，其微生态系统平衡，有利于烤烟健康生长。大量研究结果表明翻压绿肥能够提高植烟土壤微生物数量，绿肥腐解过程需要大量微生物的参与，从而促进了土壤微生物大量繁殖，使土壤微生物数量的增加。本研究发现不同绿肥翻压后对土壤微生物数量的影响程度不一样，以禾本科绿肥的黑麦草对提高土壤微生物数量效果最好，其次是豆科绿肥紫云英，十字花科绿肥满园花效果相对较差。这种差异可能是不同绿肥品种的 C/N 不同，满园花的碳氮比小较易分解，而黑麦草的碳氮比大分解过程相对较长，从而为微生物提供的养分存在差异，使土壤产生的微生物数量不同。

（2）不同种类绿肥翻压对土壤基础呼吸的影响。土壤基础呼吸反映了土壤中微生物活性及对有机质残体分解的速度和强度，是土壤微生物活性的重要标志。相关研究结果表明翻压绿肥能够提高植烟土壤基础呼吸，也充分表明翻压绿肥改善了土壤微生态环境，明显促进了土壤生物活性的提高和土壤微生物菌群结构的协调。这是因为连年翻压绿肥后，为微生物的生长提供了足够碳和氮源，从而促进了土壤大量繁殖微生物，增强了土壤微基础呼吸。本研究发现不同绿肥翻压后对土壤基础呼吸的影响程度不一样，以黑麦草对提高土壤基础呼吸效果最好，其次是紫云英，冬牧 70 效果相对较差。这种差异有可能是翻压冬牧 70 的土壤放线菌数量多，而在绿肥残体分解期，真菌和细菌比放线菌更为活跃所导致。

（3）不同种类绿肥翻压对土壤酶活性的影响。土壤蔗糖酶活性强弱反映了土壤熟化程度和肥力水平，过氧化氢酶可以用来表征土壤腐殖化强度大小和有机质的积累程度，而磷酸酶、尿酶活性高低可在一定程度上分别反映土壤中有机磷的生物有效性、供氮能力。土壤酶主要是由土壤微生物的活动、植物根系分泌物和动植物残体腐解过程所释放。当绿肥翻压还土后，不但本身能够在土壤中释放各种酶类，同时还为微生物提供了营养，促进微生物繁殖，使微生物活动能够产生大量土壤酶。本研究发现绿肥翻压对不同种类土壤酶活性的影响程度不同，以对蔗糖酶活性影响最大（6 个绿肥品种平均增幅为 35. 82%），其次为磷酸酶活性（平均增幅为 17. 13%），对脲酶活性（平均增幅为 15. 89%）影响相对最小。与此同时，本研究还发现不同种类绿肥翻压后对土壤酶活性的影响也不同，以禾本科绿肥的黑麦草对提高土壤酶活性效果最好，其次是豆科绿肥紫云英，十字花科绿肥满园花效果相对较差。这种差异的存在，说明不同绿肥翻压还土对土壤微生物的影响不同，可为生产中因地制宜选择绿肥品种提供参考。

本研究结果表明：①绿肥翻压能提高植烟土壤微生物数量，与冬闲相比，细菌、真菌、放线菌数量分别平均提高36.29%、82.88%、9.16%；②绿肥翻压能提高植烟土壤基础呼吸强度，与冬闲相比，土壤基础呼吸平均提高196.44%；③绿肥翻压能提高植烟土壤酶活性，与冬闲相比，蔗糖酶、过氧化氢酶、磷酸酶、脲酶活性分别平均提高35.82%、10.57%、17.13%、15.89%；④绿肥翻压对土壤微生物数量和酶活性的影响程度不同，对土壤微生物数量以对真菌影响最大，对土壤酶活性以对蔗糖酶影响最大；⑤不同种类绿肥翻压提高土壤微生物量和酶活性的效果不同，禾本科绿肥的效果大于豆科和十字花科，禾本科绿肥以黑麦草相对较好，豆科绿肥以紫云英相对较好。

第五节　不同绿肥品种翻压还田的生态和烤烟效应

一、研究目的

湘西烟区以一年一熟烤烟为主。如果在冬季的空闲茬口种植绿肥翻压还土，既可充分利用冬季光热资源，又能提高土壤有机质含量，还能活化与富集土壤磷、钾等养分，为后季作物提供速效养分，进而提高烤烟产质量。近年来，不少学者开展了种植绿肥提升和改良土壤肥力、提高烟叶产质量等方面的研究，但不同绿肥翻压的效应研究还是空白。本研究分析了5种绿肥翻压后的生态效应和对烤烟生长、品质的影响，旨在探讨不同绿肥品种翻压效果，为湘西烟区的植烟土壤质量维护和改良以及烟区可持续发展提供支撑。

二、材料与方法

（一）试验设计

试验在湖南省凤凰县千工坪乡进行。供试土壤为石灰岩母质发育的旱地黄壤，土壤pH值为6.23，有机质为10.46g/kg，碱解氮为38.20mg/kg，速效磷为9.75mg/kg，速效钾为108.76mg/kg；其烤烟生产主要依靠天然降水和土壤自身蓄水。试验共设6个处理，分别为种植光叶紫花苕（T1）、箭筈豌豆（T2）、紫云英（T3）、普通黑麦草（T4）、冬牧70（T5）等5个绿肥品种和不种植绿肥的冬闲处理（CK）。每个处理3次重复，随机区组排列。小区面积为39m^2。

在每年10月，种植烤烟收获后拔除烟秆和杂草，地块翻耕后用条播方式播种绿肥。翌年4月中旬（烤烟移栽前20d左右）将绿肥割后翻埋入土壤，然后整地起垄移栽烤烟。绿肥播种量和绿肥翻压量见表3-13。烤烟种植品种为K326，于5月上旬移栽。施肥量为：三饼合一型基肥750.00kg/hm^2、专用追肥300.00kg/hm^2、提苗肥75.00kg/hm^2、硫酸钾375.00kg/hm^2。其他管理按照《湘西州烤烟标准化生产技术方案》执行。

（二）测定项目与方法

（1）绿肥翻压前，各处理取绿肥鲜样2kg左右，烘干后计算其干物质量，参照LY/T 1269—1999、LY/T 1271—1999分析测定其氮、磷、钾和有机碳含量。

（2）打顶后各处理取有代表性烟株5株，测定株高、茎围、节距、有效叶数、最大叶的长和宽等农艺性状；

（3）在烤烟采收完毕时，每处理用土铲挖取3株烤烟的整个根系。根据烤烟移栽密度为120cm×60cm，所挖土坑长、宽、高分别为120cm、60cm、40cm，然后依据烤烟根系实际再延伸挖炕的大小，尽量不伤根，并在土壤中捡尽肉眼可见的根系，洗净观察主侧根生长状况，并测定根幅、主侧根重量。

（4）每个处理单采、单烤和分级后，分别计算上等烟比例、上中等烟比例、均价、产量、产值等经济性状。

（5）每个处理选取B2F、C3F等级烟叶样品各1kg，送农业部烟草产业产品质量监督检验测试中心进行化学成分检测和评吸质量评价。化学成分主要检测总糖和还原糖（YC/T 159—2002）、总植物碱（YC/T 160—2002）、总氮（YC/T 159—2002）、钾（YC/T173—2003）、氯（YC/T162—2011），计算糖碱比、氮碱比和钾氯比。参考感官质量评价标准（YC/T 138—1998）对劲头、浓度、香气质、香气量、余味、杂气、刺激性、燃烧性和灰色进行评吸打分，按香气质、香气量、余味、杂气、刺激性、燃烧性、灰色的权重0.15、0.20、0.25、0.18、0.12、0.05、0.05计算评吸总分。

（6）每个处理于试验前（2009年10月）和烤烟拔秆后（2012年的10月），分小区随机采集烟垄上两株烟正中位置的0~20cm土样5个，混匀后用于测定土壤养分。土壤pH值、有机质、全氮、全磷、全钾、碱解氮、速效磷、速效钾的测定采用常规分析方法进行测定。

三、结果与分析

（一）不同绿肥品种翻压的生态效应

1. 绿肥翻压提供的养分量

由表 3－13 可知，在湘西烟区，烤烟收获后填闲种植绿肥，能获得 20 480.25～34 245.00kg/hm^{2}的鲜草产量，折合干物质量为 2 281.41～4 075.16 kg/hm^2。不同绿肥品种比较，豆科绿肥光叶紫花苕和箭筈豌豆的鲜草产量极显著高于其他品种，光叶紫花苕、箭筈豌豆、冬牧 70 和普通黑麦草的干物质量显著高于紫云英。随着绿肥的翻压，将为植烟土壤提供有机碳、氮、磷、钾养分，不同绿肥品种以光叶紫花苕、箭筈豌豆、冬牧 70 和普通黑麦草提供的有机碳相对较多，以光叶紫花苕、箭筈豌豆提供的氮、磷相对较多，以光叶紫花苕、箭筈豌豆和普通黑麦草提供的钾相对较多。

表 3-13　绿肥产量和提供的养分含量　（单位：kg/hm^2）

处理	播种量	鲜草产量	干草产量	有机碳	氮	磷	钾
T1	75.00	34 245.00A	4 075.16a	1 613.76a	201.31a	22.41a	90.88b
T2	75.00	30 368.40A	3 704.94a	1 393.06b	137.82b	20.01a	118.19a
T3	75.00	20 930.40B	2 281.41b	944.51c	93.99c	11.86c	80.99c
T4	75.00	20 480.25B	3 932.21a	1 557.15ab	93.59c	16.52b	90.44b
T5	75.00	23 211.60B	3 713.86a	1 470.69b	89.13c	13.00c	85.05bc
CK	0	0	0	0	0	0	0

注：①表中鲜草和干草产量为 3 年的平均值，有机碳、氮、磷、钾是根据干草养分测定数据计算结果。②同列不标有相同大写字母者表示组间差异有高度统计学意义（P<0.01），同列不标有相同小写字母者表示组间差异有统计学意义（P<0.05）。以下同。

2. 绿肥翻压对土壤养分的影响

由表 3-14 可知，绿肥翻压 3 年后，豆科绿肥（光叶紫花苕、箭筈豌豆、紫云英）土壤 pH 值下降，禾本科绿肥（冬牧 70、普通黑麦草）土壤 pH 值略有升高，但翻压绿肥处理的 pH 值均高于对照。5 个翻压绿肥处理的植烟土壤有机质、全氮、全磷、全钾、碱解氮、有效磷、速效钾含量均显著或极显著高于绿肥翻压前的植烟土壤。其中，土壤有机质提高了 1.82～3.62g/kg，土壤全氮提高了 0.04～0.10g/kg，土壤全磷提高了 0.04～0.12g/kg，土壤全钾提高了 0.34~1.14g/kg，土壤碱解氮提高了 28.00~47.00mg/kg，土壤有效磷提高了 4.40~43.10mg/kg，土壤速效钾提高了 31.00~353.00mg/kg。不同绿肥品种以箭筈豌豆翻压后的土壤有机质、全磷、全钾、碱解氮、有效磷、速效钾最高。

表 3-14　绿肥翻压 3 年后对植烟土壤养分的影响

处理	pH	有机质/(g/kg)		全氮/(g/kg)		全磷/(g/kg)		全钾/(g/kg)		碱解氮/(mg/kg)		有效磷/(mg/kg)		速效钾/(mg/kg)	
		实测值	提高量	实测值	提高量	实测值	提高量	实测值	提高量	实测值	提高量	实测值	提高量	实测值	提高量
基础	6.23a	23.17b		1.44b		0.51b		29.83b		121.67C		7.77E		40.00E	
T1	6.20a	25.70a	2.52	1.55a	0.08	0.64a	0.07	31.30a	0.34	166.00AB	39.00	44.80	9.30	326.00AB	218.00
T2	6.20a	26.80a	3.62	1.55a	0.08	0.69a	0.12	32.10a	1.14	174.00A	47.00	78.60A	43.10	461.00A	353.00
T3	6.20a	25.00a	1.82	1.51a	0.04	0.59a	0.02	31.40a	0.44	155.00B	28.00	63.60B	28.10	303.00B	195.00
T4	6.50a	25.90a	2.72	1.52a	0.05	0.62a	0.05	31.50a	0.54	169.00AB	42.00	44.30C	8.80	139.00C	31.00
T5	6.30a	25.80a	2.62	1.57a	0.10	0.61a	0.04	31.30a	0.34	163.00AB	36.00	39.90C	4.40	231.00BC	123.00
CK	6.00a	23.18b		1.47b		0.57b		30.96b		127.00C		35.50CD		108.00CD	

注：土壤养分提高量=（T-CK）。

（二）不同绿肥品种翻压的烤烟生长效应

1. 绿肥翻压对烤烟地上部分生长的影响

由表 3-15 可知，不同绿肥品种翻压处理的烤烟打顶后株高显著高于 CK（以豆科绿肥处理的株高相对较高）；茎围大于 CK（只有豆科绿肥处理的烤烟茎围显著大于 CK）；有效叶数与 CK 差异不显著（只有 T2 有效叶数多于 CK）；节距大于 CK（只有 T2、T3 烤烟节距显著大于 CK）。翻压豆科绿肥处理的烤烟最大叶的长和宽都大于 CK，而禾本科绿肥处理的烤烟最大叶长和宽都小于 CK，翻压豆科绿肥的烤烟最大叶长和宽显著大于禾本科绿肥。

表 3-15　不同绿肥翻压后烤烟农艺性状比较

处理	株高/cm	茎围/cm	有效叶/片	节距/cm	最大叶长/cm	最大叶宽/cm
T1	98.90ab	9.20a	17.70a	4.50b	63.90ab	29.10ab
T2	102.00a	9.10a	18.40a	5.00a	66.30a	29.60a
T3	99.40ab	9.10a	17.90a	4.80a	61.60ab	29.60a

（续表）

处理	株高/cm	茎围/cm	有效叶/片	节距/cm	最大叶长/cm	最大叶宽/cm
T4	96. 20bc	9. 00ab	17. 70a	4. 50b	60. 50b	27. 30b
T5	94. 20c	8. 90ab	17. 20a	4. 50b	60. 80b	27. 00b
CK	93. 40d	8. 80b	18. 00a	4. 40b	62. 20ab	29. 20ab

注：表中烤烟农艺性状为 2012 年测定数据。

2. 绿肥翻压对烤烟根系的影响

由表 3-16 可知，从根幅看，豆科绿肥翻压后烤烟根系长于 CK，但只有 T1 和 T2 烤烟根系显著长于 CK；禾本科绿肥翻压的烤烟根系显著短于 CK。根系分布宽度以 CK 最大，但不同处理间差异不显著。根系分布深度以 T4 最大，较 CK 根系深度分布大的有 T4、T3，但不同处理间差异不显著。从侧根数量看，以 T2 烤烟侧根数量最多，较 CK 侧根数量多的有 T2、T5，但不同处理间差异不显著。T1、T2 烤烟侧根鲜重和干重以及主根鲜重和干重显著高于 CK，T3 与 CK 没有差异，T4 和 T5 的处理显著低于 CK。

表 3-16　不同绿肥翻压后烤烟根系比较

处理	根幅			侧根			主根	
	长度/cm	宽度/cm	深度/cm	数量/条	鲜重/g	干重/g	鲜重/g	干重/g
T1	103. 67a	66. 00a	17. 67a	33. 67a	121. 43a	40. 68a	74. 96a	27. 20a
T2	101. 00a	71. 67a	19. 33a	39. 33a	119. 16 a	42. 69a	88. 20a	34. 59a
T3	98. 00b	79. 33a	21. 67a	32. 33a	94. 20 b	34. 40b	70. 09b	25. 26b
T4	95. 00c	81. 00a	23. 00a	27. 67a	74. 14d	27. 13c	58. 79c	23. 63c
T5	93. 00c	77. 67 a	18. 67a	34. 67a	90. 90c	29. 57c	67. 01c	23. 00c
CK	97. 33b	86. 67a	20. 33a	33. 67a	100. 39b	33. 73b	69. 02b	25. 12b

注：表中数据为 2012 年测定值。

3. 不同绿肥品种翻压的烤烟经济性状效应

由表 3-17 可知，不同绿肥品种翻压的烤烟上等烟叶比例、均价差异不显著。从烤烟产量看，T1～T5 处理较 CK 分别增加 400. 80kg/hm^2、727. 80kg/hm^2、314. 85kg/hm^2、582. 00kg/hm^2、227. 10kg/hm^2，增产率分别为 19. 06%、34. 61%、14. 97%、27. 67%、10. 80%；T2 处理产量最高；T1～T4 处理产量极显著高于 CK。

从烤烟产值看，T1～T5 处理较 CK 分别增加7 411.50元/hm^2、14 470.65元/hm^2、5 714.85元/hm^2、11 573.85元/hm^2、3 912.00元/hm^2，产值增率分别为 17.11%、33.41%、13.20%、26.72%、9.03%；T2 处理产值最高，T1～T4 处理产值极显著高于对照。

表 3-17　不同绿肥翻压后烤烟经济性状比较

处理	上等烟比例/%	均价/（元/kg）	产量/（kg/hm^2）	产值/（元/hm^2）
T1	55.92a	20.28a	2 503.95B	50 720.55B
T2	55.79a	20.41a	2 830.95A	57 779.70A
T3	53.58a	20.11a	2 418.00B	49 023.90B
T4	52.15a	20.45a	2 685.15B	54 882.90A
T5	56.61a	20.26a	2 330.25C	47 221.05C
CK	55.62a	20.50a	2 103.15C	43 309.05C

注：表中数据为 2012 年测定值。

（三）不同绿肥品种翻压的烤烟品质效应

1. 绿肥翻压对烟叶化学成分的影响

由表 3-18 可知，从 B2F 等级看，试验烟叶的总糖和还原糖含量略偏低，但所有翻压绿肥处理的烟叶总糖和还原糖含量均显著高于 CK；烟叶总植物碱含量略偏高，光叶紫花苕、紫云英 3 个处理的烟叶总植物碱含量较高，但所有翻压绿肥处理的烟叶总植物碱含量均低于 CK；烟叶总氮含量适宜，翻压绿肥处理与 CK 均没有差异；烟叶钾含量偏低，翻压绿肥处理的烟叶钾含量虽高于 CK，但均无显著差异；烟叶氯含量偏低，翻压绿肥处理的烟叶氯含量与 CK，但均无显著差异；烟叶糖碱比偏低，翻压绿肥处理的烟叶糖碱比高于 CK，但均无显著差异；烟叶氮碱比略偏低，所有处理氮碱比无显著差异；烟叶钾氯比均大于 4，翻压光叶紫花苕、紫云英、冬牧 70 和 CK 的钾氯比显著高于其他处理。从 C3F 等级看，所有试验烟叶的化学成分差异较少，均在适宜范围内。

表 3-18 不同绿肥翻压后烤烟化学成分比较

等级	处理	还原糖/%	总糖/%	总植物碱/%	总氮/%	钾/%	氯/%	糖碱比	氮碱比	钾氯比
B2F	T1	15.00a	17.40a	3.55b	2.48a	1.88a	0.12a	4.90a	0.70a	15.67a
	T2	12.40b	14.50b	4.11a	2.58a	1.73a	0.15a	3.53a	0.63a	11.53b
	T3	13.90ab	15.60ab	4.05a	2.50a	1.73a	0.12a	3.85a	0.62a	14.42a
	T4	13.70ab	15.70ab	3.70b	2.33a	1.84a	0.15a	4.24a	0.63a	12.27b
	T5	14.30a	16.30a	3.76b	2.26a	1.84a	0.17a	4.34a	0.60a	10.82b
	CK	11.50c	13.50c	4.23a	2.57a	1.72a	0.12a	3.19a	0.61a	14.33a
C3F	T1	21.40a	25.50a	2.65a	2.06a	1.93a	0.08	9.62a	0.78a	24.13a
	T2	21.40a	25.90a	2.54a	2.05a	2.07a	0.08a	10.20a	0.81a	25.88a
	T3	21.40a	25.00a	2.70a	2.08a	1.88a	0.07a	9.26a	0.77a	26.86a
	T4	22.60a	27.00a	2.20a	1.78a	2.13a	0.08a	12.27a	0.81a	26.63a
	T5	22.90a	28.10a	2.22a	1.84a	2.31a	0.10a	12.66a	0.83a	23.10a
	CK	21.40a	25.90a	2.32a	1.94a	1.94a	0.09a	11.16a	0.84a	21.56a

注：表中数据为 2012 年测定值。

2. 绿肥翻压对烟叶评吸质量的影响

由表 3-19 可知，从 C3F 等级看，所有处理烟叶的劲头为“适中”，浓度为“中等”，燃烧性分值为 3.00 分，灰色分值为 3.00 分；除 T4 处理的余味、T1 处理的刺激性分值低于 CK 外，其他绿肥翻压处理烟叶的香气质、香气量、余味、杂气、刺激性分值均高于 CK；评吸总分排序为：T3>T5>T2>T1>T4>CK。从 B2F 等级看，所有处理烟叶的劲头为“适中⁺”，浓度为“中等⁺”，燃烧性分值为 3.00 分，灰色分值为 3.00 分；除 T2 处理低于 CK 外，其他绿肥翻压处理烟叶的香气质、香气量、余味分值均不低于 CK；除 T2 和 T5 处理低于 CK 外，其他处理烟叶的杂气、刺激性分值均不低于 CK；评吸总分排序为：T4>T3>T1=T5>CK>T2。T2 处理的 B2F 等级烟叶评吸质量低于 CK。

表 3-19 绿肥翻压对烤烟评吸质量的影响

等级	处理	劲头	浓度	香气质	香气量	余味	杂气	刺激性	燃烧性	灰色	评吸总分
B2F	T1	适中⁺	中等⁺	10.79	15.79	18.14	12.57	8.21	3.00	3.00	71.50
	T2	适中⁺	中等⁺	10.29	15.43	17.86	11.57	8.07	3.00	3.00	69.20
	T3	适中⁺	中等⁺	10.86	15.93	18.43	12.71	8.21	3.00	3.00	72.10
	T4	适中⁺	中等⁺	10.86	16.00	18.57	12.86	8.36	3.00	3.00	72.60
	T5	适中⁺	中等⁺	10.50	15.71	18.07	12.21	8.14	3.00	3.00	70.60
	CK	适中⁺	中等⁺	10.43	15.71	17.93	12.29	8.21	3.00	3.00	70.60

（续表）

等级	处理	劲头	浓度	香气质	香气量	余味	杂气	刺激性	燃烧性	灰色	评吸总分
C3F	T1	适中	中等	10.86	15.79	18.64	12.50	8.36	3.00	3.00	72.10
	T2	适中	中等	11.00	15.93	18.71	12.86	8.64	3.00	3.00	73.10
	T3	适中	中等	11.21	16.07	19.14	13.21	8.64	3.00	3.00	74.30
	T4	适中	中等	10.79	15.79	18.29	12.50	8.50	3.00	3.00	71.90
	T5	适中	中等	11.14	16.00	18.86	13.21	8.64	3.00	3.00	73.90
	CK	适中	中等	10.64	15.71	18.36	12.43	8.43	3.00	3.00	71.60

注：表中数据为2012年测定值。

四、讨论与结论

（1）在湘西烟区，翻压绿肥还土具有良好的生态效应和明显的土壤改良培肥效果。不同绿肥种类改良培肥土壤的效果存在差异，以箭筈豌豆和光叶紫花苕等豆科绿肥提供的氮、磷、钾养分较多，这与豆科绿肥本身能够固氮、活化和富集土壤中矿质营养元素有关，豆科绿肥紫云英由于生物量较低，其翻压后提供的养分相对较少。

（2）翻压绿肥能改善烤烟农艺性状，也影响烤烟根系生长。特别是翻压箭筈豌豆和光叶紫花苕等豆科绿肥，能增加株高、茎围、节距、最大叶长和宽，也能提高烤烟根系覆盖范围和增加主、侧根重量。普通黑麦草和冬牧70等禾本科绿肥根系发达，但在旱地种植翻压后，由于生长点没有完全停止活动，仍有部分绿肥残茬在生长，在烤烟大田前期与烤烟生长存在争夺养分矛盾，导致烤烟的农艺性状和根系较不翻压绿肥的对照差。生产中要加强这类绿肥翻压后的烤烟前期田间管理。但黑麦草的根系发达，其地下部分的根茬量大，提供给土壤有机质和土壤养分多，有利烤烟后期稳健生长，有利于提高烟叶产量和产值。

（3）翻压绿肥对中部烟叶化学成分影响不显著，主要影响上部烟叶的化学成分，可提高上部烟叶总糖和还原糖含量，提高烟叶钾含量，使上部烟叶化学成分更加协调。适宜的绿肥翻压量能提高烟叶评吸质量；光叶紫花苕、紫云英、普通黑麦草、冬牧70等绿肥品种翻压还田能提高上部烟叶评吸质量，但箭筈豌豆翻压后烤烟的上部烟叶评吸质量反而低于对照，这可能与箭筈豌豆翻压生物量过大（一般适宜翻压量为20 000~30 000kg/hm^2），提供较多氮素，影响上部烟叶充分成熟有关。绿肥翻压对上部烟叶的化学成分和评吸质量影响较大，原因是绿肥翻压改善土壤保水保肥性能，增强了烤烟抗逆能力，绿肥缓慢腐解在烤烟生长后期还能提供部分养分。因此，绿肥翻压应有一个适宜生物量，对于生物量较高的绿肥品种，如本研究中的箭筈豌豆，应在耕翻时割掉并移走部分绿肥，防止绿肥生物量过大而影响上部烟叶充分成熟；同时，应根据绿肥翻压所提供的养分含量相应减少化肥用量，在后续研究中应开展绿肥翻压量和减氮试验研究。

（4）不同绿肥品种翻压的效应有差异。从湘西州目前的管理和生产水平看，推广箭筈豌豆作为绿肥是比较好的。种植黑麦草一般要求在冬前施氮肥，否则，生物量较少；且翻压绿肥后部分黑麦草残茬仍在生长，烤烟前期的田间管理会增加 1~2 个工日，增加了烤烟生产的劳动用工。而种植箭筈豌豆在绿肥生长期一般不需要特别精心管护，也不需要施氮肥，其生物量能够满足需要。

在湘西烟区，烤烟收获后填闲种植绿肥翻压还土，绿肥当季干草产量为 2. 28 ~ 4. 07t/hm^2，全部翻压入土能提供 944. 51 ~ 1 613. 76 kg/hm^2 有机碳、93. 59~201. 31kg/hm^{2}氮、11. 86~22. 41kg/hm^{2}磷、80. 99~118. 19kg/hm^{2}钾；连续 3 年绿肥翻压后植烟土壤有机质、全氮、全磷、全钾、碱解氮、有效磷、速效钾含量可分别提高 1. 82~3. 62g/kg、0. 04~0. 10g/kg、0. 04~0. 12g/kg、0. 34~1. 14g/kg、28. 00 ~ 47. 00mg/kg、4. 40 ~ 43. 10mg/kg、31. 00 ~ 353. 00mg/kg，具有良好的生态效应和明显的土壤改良培肥效果。翻压豆科绿肥能改善烤烟农艺性状，提高烤烟根系覆盖范围和增加主、侧根重量。绿肥翻压可提高烤烟产量 227. 10~727. 80kg/hm^2，增加烤烟产值 3 912. 00~ 14 470. 65元/hm^2。绿肥翻压主要影响上部烟叶化学成分和评吸质量，适宜的翻压量可提高烟叶化学成分协调性和烟叶评吸质量。湘西烟区应推广箭筈豌豆作为冬种绿肥较好。

第六节　湘西烟地种植绿肥品种筛选

一、研究目的

不少学者在利用种植绿肥提升和改良土壤肥力、提高烟叶产质量等方面做了许多卓有成效的研究，但不同种类绿肥翻压对烤烟产质量影响的研究报道较少。本研究分析了 6 种绿肥在湘西州 3 年定位种植翻压还土后对烤烟生长和产质量的影响，旨在探究不同绿肥种类的翻压效果，为湘西烟区翻压绿肥维持和改良植烟土壤质量选择适宜品种提供依据。

二、材料与方法

（一）试验设计

试验在湖南省凤凰县千工坪乡进行。试验共设 7 个处理，分别为种植光叶紫花苕（T1）、箭筈豌豆（T2）、紫云英（T3）、普通黑麦草（T4）、冬牧 70（T5）、满园花（T6）等 6 个绿肥品种和不种植绿肥的冬闲处理为（CK）。每个处理 3 次重复，随机区组排列。小区面积为 $39m^2$。

采用定位试验，在前一年种植烤烟的土壤进行。每年 10 月烤烟收获后拔除烟秆和杂草，地块翻耕后用条播方式播种绿肥。光叶紫花苕、箭筈豌豆、普通黑麦草、冬牧 70 的播种量为 $75.00kg/hm^2$，紫云英、满园花的播种量为 $45.00kg/hm^2$。每年 4 月中旬（烤烟移栽前 20d 左右）将绿肥割后翻埋入土壤，然后整地起垄。3 年绿肥平均翻压量：光叶紫花苕为 33 570.00 kg/hm^2、箭筈豌豆为 30 368.40kg/hm^2、紫云英为 20 930.40kg/hm^2、冬牧 70 为 23 211.60kg/hm^2、普通黑麦草为 20 480.25kg/hm^2、满园花为 22 500.00kg/hm^2。

烤烟种植品种为 K326，于每年的 5 月上旬移栽。施肥量为：三饼合一型基肥 750.00kg/hm^2、专用追肥 300.00kg/hm^2、提苗肥 75.00kg/hm^2、硫酸钾 375.00kg/hm^2。其他管理按照《湘西州烤烟标准化生产技术方案》执行。

（二）测定项目与方法

打顶后各处理取有代表性烟株 5 株，测定株高、茎围、有效叶数、最大叶的长和宽等农艺性状；调查记录各处理病害发生情况；每个处理单采、单烤和分级后，分别计算上等烟比例、均价、产量、产值等经济性状。采用 Microsoft Excel 2003 和 SPSS 17.0 进行数据处理和统计分析。采用 Duncan 法进行多重比较，英文小写字母表示 5%差异显著水平，英文大写字母表示 1%差异显著水平。

三、结果与分析

（一）不同绿肥品种翻压对烤烟农艺性状的影响

1. 对株高的影响

由图 3-14 可知，2010 年烤烟株高为 72.93～83.73cm，以翻压箭筈豌豆、紫云英、满园花等绿肥品种的烤烟打顶后株高与对照接近，翻压其他品种的较矮。2011 年烤烟株高为 84.30～87.10cm，以翻压冬牧 70、光叶紫花苕、满园花、箭筈豌豆处理的烤烟打顶后株高较高，而紫云英处理比对照的株高要低。

2012 年烤烟株高为 93. 40~102. 00cm，翻压绿肥的处理烤烟打顶后株高都高于对照。3 年试验烤烟株高平均值大小排序为：箭筈豌豆>紫云英>满园花>光叶紫花苕>对照>普通黑麦草>冬牧 70。由此可见，不同绿肥品种翻压对烤烟株高有一定的影响，翻压禾本科绿肥的烤烟株高要低于对照。

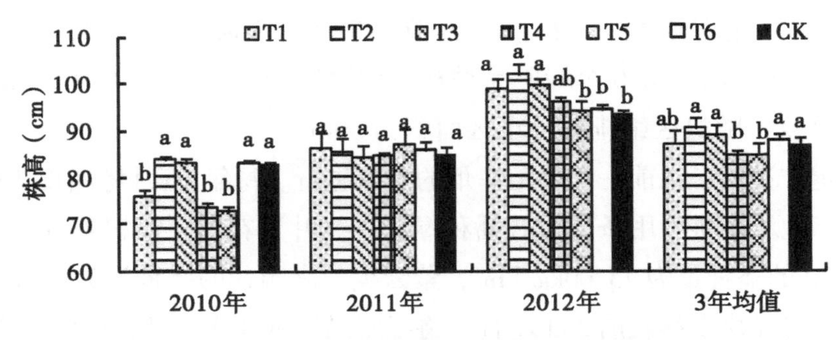

图 3-14　不同绿肥品种翻压对烤烟株高的影响

2. 对茎围的影响

由图 3-15 可知，2010 年烤烟茎围为 7. 80~8. 73cm，以翻压冬牧 70 的烤烟茎围较小，翻压其他绿肥品种的与对照差异不大。2011 年烤烟茎围为 7. 90~8. 50cm，以翻压紫云英的烤烟茎围较小，翻压其他绿肥品种的与对照差异不大。2012 年烤烟茎围为 8. 80~9. 20cm，翻压绿肥的处理烤烟茎围都高于对照。3 年试验烤烟株高平均值大小排序为：箭筈豌豆>光叶紫花苕>普通黑麦草>满园花>对照>紫云英>冬牧 70。不同绿肥品种翻压对烤烟株高有一定的影响，翻压箭筈豌豆和光叶紫花苕绿肥的烤烟茎围要明显高于对照。

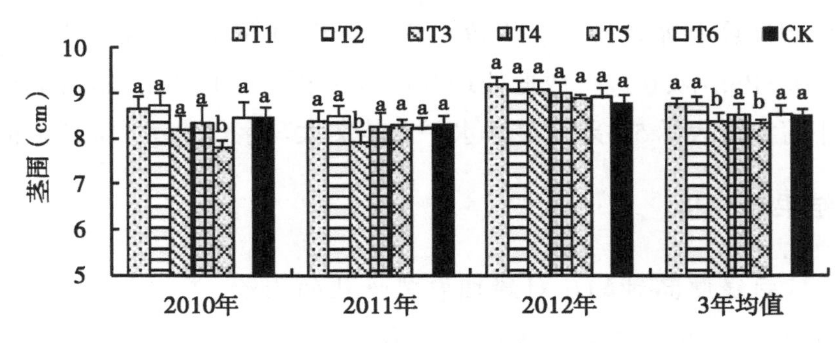

图 3-15　不同绿肥品种翻压对烤烟茎围的影响

3. 对有效叶数的影响

由图 3-16 可知，2010 年烤烟有效叶数为 18. 73~20. 56 片，以翻压普通黑麦草的烤烟有效叶数较少，翻压其他绿肥品种的烤烟有效叶数与对照接近。

2011 年烤烟有效叶数为 18. 20～19. 60 片，有效叶数以翻压光叶紫花苕的最多，其他品种处理与对照没有多大差别。2012 年烤烟有效叶数为 17. 10～18. 40 片，只有翻压箭筈豌豆的处理烤烟有效叶数多于对照。3 年试验烤烟有效叶数平均值大小排序为：箭筈豌豆>光叶紫花苕>对照>满园花>紫云英>冬牧 70>普通黑麦草。不同绿肥品种翻压对烤烟有效叶数有一定的影响，翻压箭筈豌豆和光叶紫花苕绿肥的烤烟有效叶数高于对照。

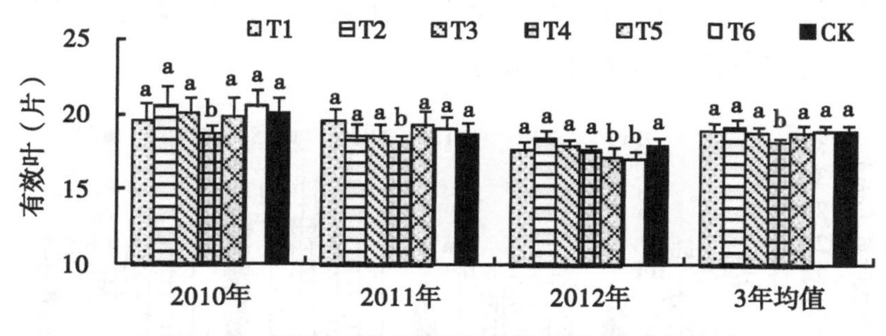

图 3-16　不同绿肥品种翻压对烤烟有效叶数的影响

4. 对最大叶长的影响

由图 3-17 可知，2010 年烤烟最大叶长为 62. 22～65. 13cm，以翻压光叶紫花苕的烤烟最大叶长于对照，翻压其他品种的都短于对照。2011 年烤烟最大叶长为 63. 90～67. 30cm，翻压绿肥处理的烤烟最大叶长于对照。2012 年烤烟最大叶长为 60. 50～66. 30cm，以翻压箭筈豌豆和光叶紫花苕的处理烤烟最大叶长于对照。3 年试验烤烟最大叶长平均值大小排序为：光叶紫花苕>箭筈豌豆>对照>满园花>冬牧 70>普通黑麦草>紫云英。不同绿肥品种翻压对烤烟最大叶长有一定的影响，翻压箭筈豌豆和光叶紫花苕绿肥的烤烟最大叶要长于对照。

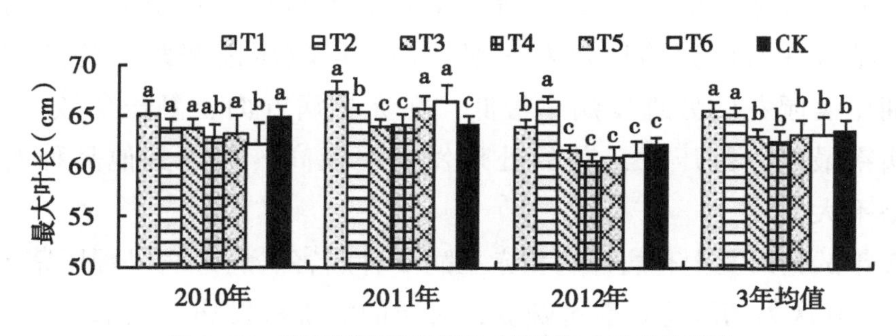

图 3-17　不同绿肥品种翻压对烤烟最大叶长的影响

5. 对最大叶宽的影响

由图 3-18 可知，2010 年烤烟最大叶宽为 22.00~24.00cm，翻压绿肥的烤烟最大叶都宽于对照。2011 年烤烟最大叶宽为 22.60~24.20cm，以翻压光叶紫花苕、箭筈豌豆、紫云英、满园花处理的烤烟最大叶宽于对照。2012 年烤烟最大叶宽为 27.00~29.60cm，以翻压箭筈豌豆、紫云英的烤烟最大叶宽于对照。3 年试验烤烟最大叶宽平均值大小排序为：箭筈豌豆>紫云英>光叶紫花苕>对照>满园花>普通黑麦草>冬牧 70。不同绿肥品种翻压对烤烟最大叶宽有一定的影响，翻压豆科绿肥的烤烟最大叶要宽于对照。

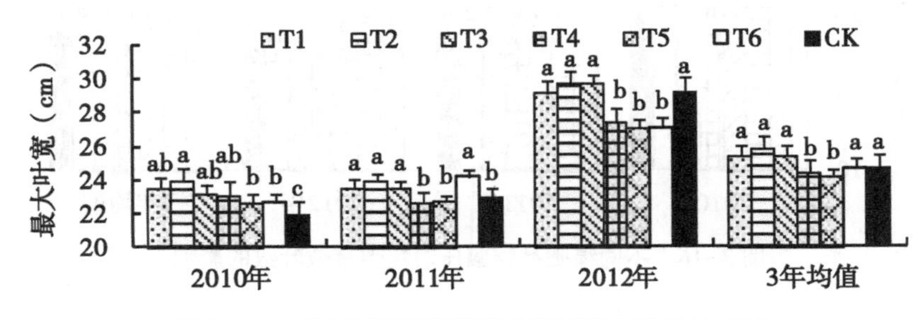

图 3-18 不同绿肥品种翻压对烤烟最大叶宽的影响

（二）不同绿肥品种翻压对烤烟病害发生的影响

由表 3-20 可知，2010 年试验田发生有黑胫病和病毒病 2 种病害。其中黑胫病以翻压普通黑麦草的发病率最高，其次为紫云英、箭筈豌豆，分别比对照高出 6.44%、2.56%、2.56%，病指高 1.61、0.66、0.66，翻压其他品种的发病率比对照低。病毒病仅有翻压普通黑麦草、紫云英发生，发病率均为 1.14%，病指 0.85，翻压其他品种的和对照未见发生。

2011 年试验田发生有病毒病、赤星病、青枯病 3 种病害。病毒病以翻压紫云英的发病率最高，其次为满园花和箭筈豌豆，对照的病毒病发病率最低。青枯病在对照试验田块发病率较高，以翻压箭筈豌豆的处理发病率最高，翻压满园花的处理发病率最低。在赤星病方面，翻压冬牧 70 品种的处理发病率最低，翻压紫云英的处理发病率最高，翻压其他品种的处理与对照相差不大。

2012 年试验田发生有病毒病和赤星病 2 种病害。病毒病以翻压紫云英的发病率最高，其次为满园花和箭筈豌豆，对照的病毒病发病率最低。在赤星病方面，翻压冬牧 70 品种的处理发病率最低，翻压紫云英的处理发病率最高，翻压其他品种的处理与对照相差不大。

表 3-20　不同绿肥品种翻压对烤烟病害发生的影响

处理	病毒病						赤星病				黑胫病		青枯病	
	发病率			病指			发病率		病指		发病率	病指	发病率	病指
	2010 年	2011 年	2012 年	2010 年	2011 年	2012 年	2011 年	2012 年	2011 年	2012 年	2010 年	2010 年	2011 年	2011 年
T1	0.00	4.20	2.21	0.00	0.75	0.38	3.50	3.50	0.54	0.54	1.14	0.28	56.10	12.70
T2	0.00	5.00	2.44	0.00	0.71	0.36	5.70	5.70	0.48	0.48	4.92	1.23	62.20	13.90
T3	1.14	6.70	3.92	0.85	0.89	0.87	3.80	3.80	0.37	0.37	4.92	1.23	59.40	13.70
T4	1.14	3.80	2.47	0.54	0.82	0.68	3.20	2.90	0.20	0.35	8.71	2.18	48.20	12.45
T5	0.00	3.50	1.65	0.00	0.58	0.28	1.60	1.60	0.23	0.23	1.51	0.37	47.20	11.80
T6	0.00	5.90	2.85	0.00	0.85	0.42	2.90	2.30	0.35	0.24	1.89	0.47	42.50	10.50
CK	0.00	3.40	1.62	0.00	0.63	0.30	4.30	4.30	0.44	0.44	2.27	0.57	58.30	13.30

（三）不同绿肥品种翻压对烤烟经济性状的影响

1. 对上等烟叶比例的影响

由图 3-19 可知，2010 年烤烟上等烟叶比例大小为 30.00%~37.12%，以对照的烤烟上等烟叶比例最高，不同处理差异不显著。2011 年烤烟上等烟叶比例为 41.72%~45.29%，以翻压冬牧 70 的烤烟上等烟叶比例最高，不同处理差异不显著。2012 年烤烟上等烟叶比例大小为 52.15%~56.61%，以翻压冬牧 70 的烤烟上等烟叶比例最高，不同处理差异不显著。3 年试验烤烟上等烟叶比例平均值大小排序为：冬牧 70>对照>箭筈豌豆>光叶紫花苕>紫云英>满园花>普通黑麦草，不同处理差异不显著。但随着绿肥翻压年限增加，烤烟的上等烟叶比例增加。

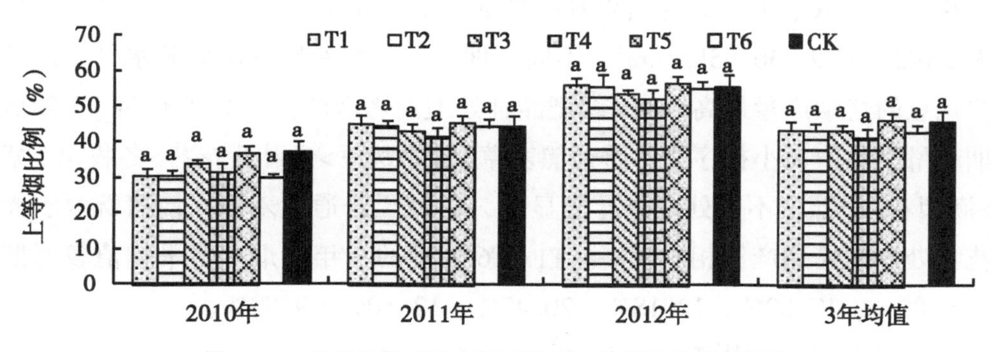

图 3-19　不同绿肥品种翻压对烤烟上等烟叶比例的影响

2. 对均价的影响

由图 3-20 可知，2010 年烤烟均价大小为 9.53～10.28 元/kg，以翻压冬牧 70 的烤烟均价最高，不同处理差异不显著。2011 年烤烟均价大小为 14.60～15.80 元/kg，以翻压冬牧 70 的烤烟均价最高，不同处理差异不显著。2012 年烤烟均价大小为 20.02～20.50 元/kg，以对照的烤烟均价最高，不同处理差异不显著。3 年试验烤烟均价平均值大小排序为：冬牧 70>对照>光叶紫花苕>箭筈豌豆>普通黑麦草>满园花>紫云英，不同处理差异不显著。但随着绿肥翻压年限增加，烤烟的均价增加。

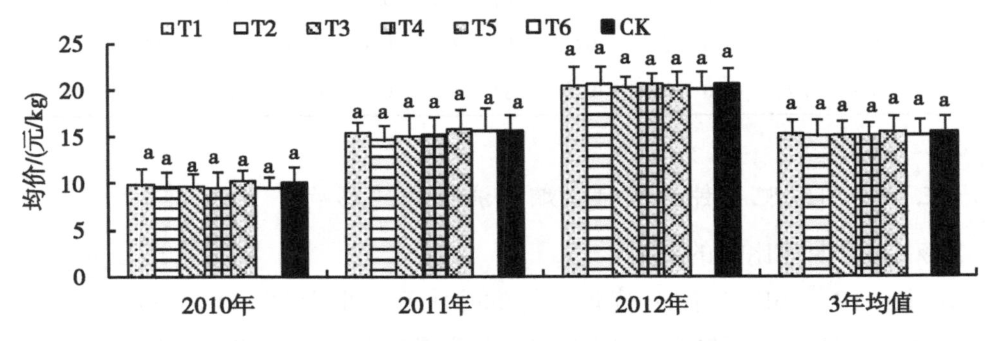

图 3-20　不同绿肥品种翻压对烤烟均价的影响

3. 对烤烟产量的影响

由图 3-21 可知，2010 年烤烟产量大小为 1 023.90～1 432.35kg/hm^2，不同处理烤烟产量差异达极显著水平，以翻压普通黑麦草的烤烟产量最高，6 个绿肥品种处理的烤烟产量均高于对照。2011 年烤烟产量大小为 1 527.00～1 762.50 kg/hm^2，不同处理烤烟产量差异达极显著水平，以翻压满园花的烤烟产量最高，满园花、冬牧 70、光叶紫花苕处理的烤烟产量均高于对照。2012 年烤烟产量大小为 2 103.15～2 830.95kg/hm^2，不同处理烤烟产量差异达极显著水平，以翻压箭筈豌豆的烤烟产量最高，6 个绿肥品种处理的烤烟产量均高于对照。3 年试验烤烟产量平均值大小排序为：普通黑麦草>箭筈豌豆>光叶紫花苕>冬牧 70>紫云英>满园花>对照，不同处理差异极显著，以翻压普通黑麦草、箭筈豌豆、光叶紫花苕处理的烤烟产量相对较高。T1～T6 处理的 3 年烤烟产量平均值较对照分别高 6.82%、17.82%、12.18%、20.47%、12.80%、9.80%。

4. 对烤烟产值的影响

由图 3-22 可知，2010 年烤烟产值大小为 10 276.95～14 559.75元/hm^2，不同处理烤烟产值差异达极显著水平，以翻压普通黑麦草的烤烟产值最高，6 个

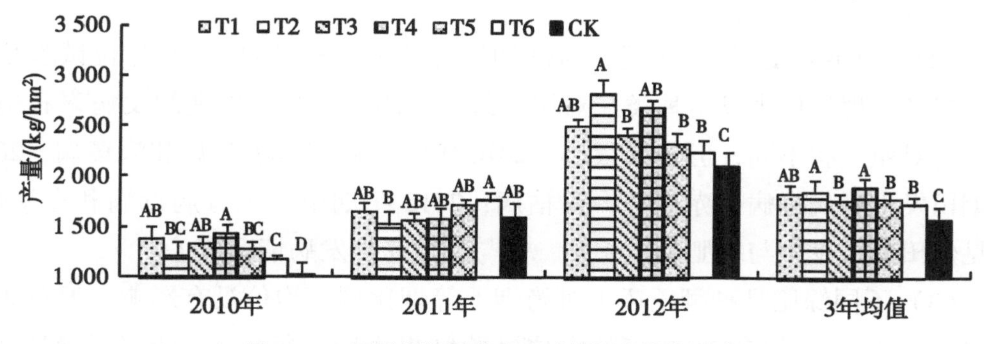

图 3-21　不同绿肥品种翻压对烤烟产量的影响

绿肥品种处理的烤烟产值均高于对照。2011 年烤烟产值大小为 22 294.20~27 495.00元/hm²，不同处理烤烟产值差异达极显著水平，以翻压满园花的烤烟产值最高，满园花、冬牧 70、光叶紫花苕处理的烤烟产值均高于对照。2012 年烤烟产值大小为43 114.58~57 779.69元/hm²，不同处理烤烟产值差异达极显著水平，以翻压箭筈豌豆的烤烟产值最高，6 个绿肥品种处理的烤烟产值均高于对照。3 年试验烤烟产值平均值大小排序为：普通黑麦草>箭筈豌豆>光叶紫花苕>冬牧 70>紫云英>满园花>对照，不同处理差异极显著，以翻压普通黑麦草、箭筈豌豆、光叶紫花苕处理的烤烟产值相对较高。T1 ~ T6 处理的 3 年烤烟产值平均值较对照分别高 14.43%、17.21%、8.33%、19.27%、11.77%、6.94% 。

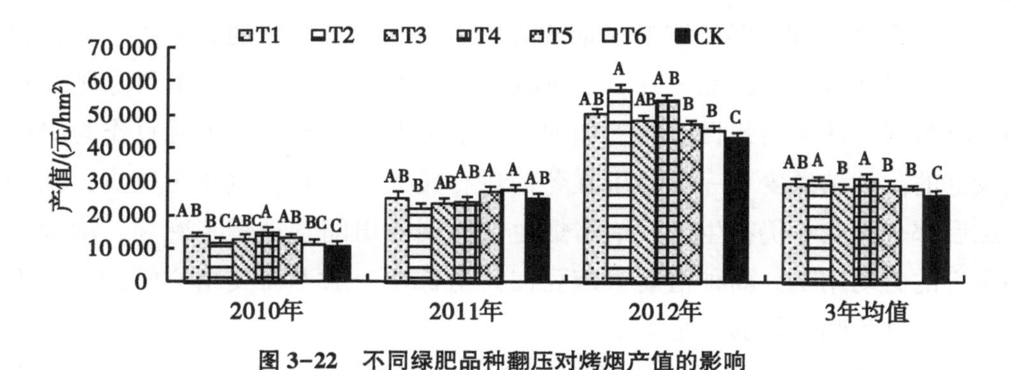

图 3-22　不同绿肥品种翻压对烤烟产值的影响

四、讨论与结论

（1）不同绿肥品种翻压还土对烤烟农艺性状的影响不一样。翻压豆科和十字花科绿肥还土的烤烟株高要高于对照；翻压箭筈豌豆和光叶紫花苕绿肥还土的烤烟茎围、有效叶数、最大叶叶长要高于对照，翻压豆科绿肥还土的烤烟最大叶宽要宽于对照。总体上看，以翻压箭筈豌豆和光叶紫花苕绿肥还土的烤烟农艺性状要优于对照。

（2）不同绿肥品种翻压还土对烤烟病害发生没有影响。3 年定位试验结果翻压绿肥处理的病害发生种类与对照一致；不同绿肥翻压处理的发病率和病害指数与对照虽有不同，但差异很小；2010 年烟田病害有黑胫病和病毒病，2011 年烟田发生有病毒病、赤星病、青枯病；2012 年烟田发生有病毒病和赤星病；可见烟田病害发生与绿肥翻压无关，只与当地烤烟发病情况有关。

（3）不同绿肥品种翻压还土对烤烟上等烟比例、均价没有影响，但对烤烟产量和产值有显著影响。3 年的定位试验结果表明，每年的烤烟上等烟比例、均价在不同处理间差异不显著，但随着绿肥翻压年限增加，烤烟的上等烟比例、均价有增加的趋势。绿肥翻压还土后的烤烟产量和产值显著高于对照，以翻压箭筈豌豆和普通黑麦草的效果最好，分别较对照增加产量 17.82%、20.47%，分别较对照增加产值 17.21%、19.27%。

（4）试验结果表明，翻压普通黑麦草和冬牧 70 等绿肥的农艺性状要较对照差，主要原因是黑麦草根系发达，在绿肥翻耕后，仍有部分黑麦草在生长，在烤烟的前期与烟株争夺养分，导致烤烟在前期的长势要较不翻压绿肥的对照差，这是在生产中要注意的，特别是加强前期田间管理。但黑麦草的根系发达，其地下部分的根茬量大，对提供给土壤有机质和土壤养分多，对烤烟后期地的稳健生长有利，有利于提高烟叶产量和产值。

（5）翻压不同种类绿肥对烤烟的大田生长和经济性状的影响不一样，总体上看以豆科和禾本科绿肥较好。豆科绿肥以箭筈豌豆为好，禾本科绿肥以普通黑麦草为好。从湘西州目前的管理和生产水平看，以推广箭筈豌豆作为绿肥是比较好的。种植黑麦草一般要求在冬前进行施肥，否则，生物量较少；且翻压绿肥后部分黑麦草仍在生长，给烤烟生长前期的田间管理带来麻烦，增加了烤烟生产的劳动用工。而种植箭筈豌豆在其生长期一般不需要精心管护，也不需要施肥，其生物量能够满足需要。

（6）随着绿肥翻压年限的增加，其对烤烟的株高、茎围、最大叶宽、上等烟比例、均价、产量和产值的正影响增加，说明多年翻压绿肥对土壤的改良效果更好，但具体以连续翻压绿肥多少年为好，还有待进一步研究。

综上所述，绿肥翻压还土能够改善烤烟农艺性状，提高烟叶产量 6.82%~20.47%，提高烟叶产值 6.94%~19.27%。随着绿肥翻压年限的增加，其对烤烟的株高、茎围、最大叶宽、上等烟比例、均价、产量和产值的正影响增加。不同绿肥品种以翻压箭筈豌豆和普通黑麦草的效果最好，其较对照分别增产

17.82%、20.47%，增值 17.21%、19.27%。建议在湘西烟区推广箭筈豌豆绿肥为好。

第七节　湘西烟地绿肥还田翻压量

一、研究目的

烟田长期连作和施用化肥，忽视有机肥，致使土壤有机质含量下降、土壤微生物种群失衡、烟株病害加重，导致烟株生长的田间环境日渐恶化，制约了优质烟叶的生产。在烟田种植绿肥不但保持了水土，而且翻压绿肥的腐解可提高土壤酶活性和养分含量，改善土壤物理性状，促进烟株生长，提高烤烟的产质量。不同绿肥翻压量不仅影响烟叶产量，还影响烟叶质量。通过研究不同绿肥翻压量对烤烟农艺性状、物理性状、化学成分和经济性状的影响，以明确绿肥适宜翻压量，为植烟土壤维护和改良提供参考。

二、材料与方法

（一）试验设计

（1）2012 年试验。供试烤烟品种为云烟 87，绿肥品种为箭筈豌豆。试验按 3 750kg/hm^{2}的量差，设绿肥还田压青量（鲜重）少量（3 750、7 500、11 250、15 000kg/hm^2）（处理Ⅰ）、中等（18 750、22 500、26 250、30 000kg/hm^2）（处理Ⅱ）、大量（33 750、37 500、41 250、45 000kg/hm^2）（处理Ⅲ）3 个大处理 12 个小处理。采取随机区组排列，小区面积 50.40m^2，每小区栽烟 84 株。选择上年种植绿肥的土壤进行。4 月 9 日，先将绿肥割断，按照不同处理称重后通过翻耕将绿肥还田，埋入土中 10~20cm 深，然后再起垄，种植烤烟。烤烟施氮量为 105kg/hm^2，氮磷钾比例为 1：1.3：3，4 月 28 日移栽烤烟。各项农事操作一致，同一管理措施要求在同一天内完成。其他栽培管理同湘西州优质烤烟生产。

（2）2013 年试验。试验于 2013 年在湘西自治州凤凰县千工坪乡进行。试验地海拔 450m，土壤质地疏松，土层较厚，肥力中等均匀。供试绿肥为箭筈豌豆，供试烤烟品种为云烟 87。绿肥在烤烟拔秆后的 20d 内播种。试验设 6 个处理，即 T1（空白对照）、T2（7 500 kg/hm^2）、T3（15 000 kg/hm^2）、T4（22 500kg/hm^2）、T5（30 000kg/hm^2）、T6（37 500kg/hm^2）。3 个重复，共 18 个小区。采取随机区组排列，小区长 6.5m，宽 6m，小区面积 39m^2。烟垄行距

1.2m，株距0.5m，每小区栽烟65株。4月11日，将箭筈豌豆收割后按不同处理翻压量称重后翻埋还田，埋入土中10~20cm深，然后再起垄以备种植烤烟。5月3日移栽烤烟，烤烟施氮量为105kg/hm^2，氮磷钾比例为1：1.22：2.95。各项农事操作一致，同一管理措施要求在同一天内完成。其他栽培管理同湘西州优质烤烟生产。

（二）主要测定指标与方法

2012年试验主要测定经济性状。2013年试验主要测定：农艺性状、经济性状、烟叶物理特性和烟叶化学成分。

（1）农艺性状：分别于团棵期、现蕾期、成熟期取有代表性烟株5株，测量烟株的最大叶长、最大叶宽、株高、茎围、有效叶数。

（2）经济性状：每个处理单采、单烤和分级后，分别计算产值、产量、上等烟率、中等烟率、均价。

（3）烟叶物理特性：烘烤后选取同等级烟叶测量叶宽、叶长、含梗率、单叶重、叶片厚度、开片率。

（4）烟叶化学成分：烟叶于烤箱烘干后粉碎，经不同前处理后的样品液通过流动分析仪测定总糖、还原糖、烟碱、总氮、氯的含量；按照火焰光度计法测定钾含量。

三、结果与分析

（一）绿肥还田量对烤烟农艺性状的影响

由表3-21可知，在烤烟的团棵期，烤烟植株的农艺性状差异不显著。从株高、茎围、叶片数看，T4、T5、T6处理要优于T1、T2、T3；从最大叶的长、宽看，T4、T5处理要优。在烤烟的现蕾期，烤烟植株的农艺性状差异不显著。从株高、茎围、叶片数看，T4、T5处理要优于T1、T2、T3、T6；从最大叶的长、宽看，T4、T3处理要优。

表3-21 不同绿肥还田量的团棵期烤烟农艺性状

处理	团棵期					现蕾期				
	株高/cm	茎围/cm	叶片数/片	最大叶长/cm	最大叶宽/cm	株高/cm	茎围/cm	叶片数/片	最大叶长/cm	最大叶宽/cm
T1	49.07	6.12	11.67	48.31	25.28	90.96	9.32	19.23	53.36	27.16

（续表）

处理	团棵期					现蕾期				
	株高/cm	茎围/cm	叶片数/片	最大叶长/cm	最大叶宽/cm	株高/cm	茎围/cm	叶片数/片	最大叶长/cm	最大叶宽/cm
T2	46.88	6.41	12.02	50.81	27.42	92.08	9.01	18.08	52.84	25.36
T3	42.69	5.61	11.20	44.36	24.93	92.52	8.80	17.70	52.03	27.13
T4	51.56	6.32	11.66	50.27	25.98	93.79	9.20	17.21	53.76	28.33
T5	50.13	6.38	12.93	50.53	26.87	96.30	9.09	17.74	50.95	23.59
T6	52.47	6.16	12.47	49.47	28.47	87.41	8.67	17.29	51.56	26.85

由表3-22可知，在烤烟的成熟期，烤烟植株的农艺性状差异不显著。从株高、茎围、叶片数看，T4、T5、T6处理要优于T1、T2、T3。从下部最大叶的长、宽看，T4、T6处理要优；从中部最大叶长、宽看，也是T4、T6处理要优；从上部最大叶的长、宽看，也是T4、T6处理要优。总体上看，绿肥还田量增加，烟叶的长势要好，但烤烟强调的是中棵烟。因此，以T4、T5处理的农艺性状相对较好。

表3-22　不同绿肥还田量的成熟期烤烟农艺性状

处理	株高/cm	茎围/cm	叶片数/片	下部最大叶		中部最大叶		上部最大叶	
				长/cm	宽/cm	长/cm	宽/cm	长/cm	宽/cm
T1	95.13	7.15	17.73	64.13	30.07	65.07	31.13	51.47	18.07
T2	93.20	7.31	18.07	61.93	28.53	63.40	31.33	53.80	19.47
T3	94.40	7.30	17.07	61.53	29.73	65.00	32.93	54.00	18.53
T4	95.87	7.71	19.00	65.07	32.73	67.87	33.47	55.20	19.73
T5	90.87	7.40	18.27	57.53	27.60	61.53	28.07	52.07	18.20
T6	94.93	8.03	18.47	67.13	32.40	68.07	31.27	55.40	19.33

（二）绿肥还田量对烤烟经济性状的影响

由表3-23可知，从上等烟比例看，大小排序为：T4>T6>T2>T5>T3>T1；不同处理之间差异显著，以T4处理最好，其次是T6处理。从中等烟比例看，大小排序为：T2>T5>T3>T4>T1>T6；不同处理之间差异不显著。从均价看，大小排序为：T4>T2>T3>T5>T1>T6；不同处理之间差异显著，以T4处理最好。

从烤烟产量看，随着绿肥还田量增加，烤烟产量增加，当增加到一定程度后，产量又下降。烤烟产量大小排序为：T4>T5>T6>T3>T2>T1；不同处理之间差异显著，以T4处理产量最高，其次是T6、T5、T3处理。从烤烟产值看，随着绿肥还田量增加，烤烟产值增加，当增加到一定程度后，产值又下降。烤烟产值大小排序为：T4>T5>T3>T2>T6>T1；不同处理之间差异显著，以T4处理产值最高，其次是T5、T3、T2处理。综合经济性状的几个指标，以T4处理的经济性状最优，其次是T5和T3处理。

表3-23　不同绿肥还田量的烤烟经济性状

处理	上等烟比例/%	中等烟比例/%	均价/（元/kg）	产量/（kg/hm^2）	产值/（元/hm^2）
T1	9. 39d	54. 75a	16. 62b	2 045. 02c	33 981. 98c
T2	11. 53c	58. 60a	17. 32ab	2 204. 10bc	38 175. 08b
T3	11. 02c	56. 67a	17. 05ab	2 242. 12b	38 229. 11b
T4	17. 59a	56. 59a	18. 08a	2 383. 19a	43 089. 53a
T5	11. 37c	56. 79a	16. 86b	2 297. 15b	38 723. 35b
T6	15. 42b	53. 52a	16. 47b	2 271. 14b	37 403. 69bc

（三）绿肥还田量对烤烟物理性状的影响

由表3-24可知，从上部烟叶（B2F）看，绿肥还田量大，叶片长、叶片宽和开片率要大，但叶片厚，单叶重和含梗率也大；绿肥还田量少的相反。总体上看，以T4处理的上部烟叶物理性状较好。从中部烟叶（C3F）看，绿肥还田量大，叶片较长，但开片率并不大；绿肥还田量大的处理的叶片厚，单叶重和含梗率也大；绿肥还田量少的相反。总体上看，以T4处理的中部烟叶物理性状较好。绿肥还田量大，绿肥提供的养分多，烟叶长势要强，虽可增加叶片的长度和宽度，但由于叶片厚，含梗率高，其工业可用性并不高。T4处理的烟叶开片率高，叶片厚度适中，含梗率也不高，相对来说，其工业可行性较好。

（四）绿肥还田量对烤烟化学成分的影响

由表3-25可知，从上部烟叶（B2F）看，T4处理的总糖含量最高，烟碱含量适宜，糖碱比和钾氯比也在适宜范围内。从中部烟叶（C3F）看，T4处理的糖含量、烟碱含量适宜，糖碱比接近于10，钾氯比大于4，都在适宜范围内。无论是上部烟叶还是中部烟叶，随绿肥还田量增加，烟叶的钾含量增加，这可能与箭筈豌豆还田携带的大量生物钾有关。

表 3-24　不同绿肥还田量的烤烟物理性状

等级	处理	叶长/cm	叶宽/cm	开片率/%	叶厚/mm	单叶重/g	含梗率/%
B2F	T1	50. 50	17. 93	35. 50	0. 11	8. 15	30. 18
	T2	51. 57	18. 03	34. 96	0. 11	8. 30	28. 55
	T3	54. 14	18. 14	33. 51	0. 11	8. 99	33. 37
	T4	58. 60	22. 00	37. 54	0. 12	9. 08	30. 96
	T5	53. 61	19. 60	36. 56	0. 13	9. 36	33. 97
	T6	56. 35	22. 00	39. 04	0. 13	9. 40	32. 77
C3F	T1	54. 84	22. 88	41. 72	0. 10	8. 26	31. 68
	T2	54. 64	22. 38	40. 96	0. 10	8. 62	30. 83
	T3	54. 64	21. 41	39. 18	0. 10	8. 35	31. 72
	T4	56. 11	24. 48	43. 63	0. 10	9. 33	30. 65
	T5	55. 67	23. 45	42. 12	0. 11	9. 70	31. 51
	T6	59. 12	24. 30	41. 10	0. 11	9. 72	33. 66

表 3-25　不同绿肥还田量的烤烟化学成分

等级	处理	总糖/%	还原糖/%	烟碱/%	总氮/%	钾/%	氯/%	糖碱比	钾氯比
B2F	T1	23. 03	16. 89	2. 27	1. 99	1. 79	0. 41	10. 15	4. 37
	T2	26. 11	19. 69	2. 76	1. 77	1. 62	0. 39	9. 46	4. 15
	T3	24. 43	17. 04	3. 39	1. 94	1. 39	0. 41	7. 21	3. 39
	T4	29. 20	18. 65	2. 36	1. 79	1. 82	0. 37	12. 37	4. 92
	T5	25. 83	16. 17	2. 65	1. 72	1. 84	0. 25	9. 75	7. 36
	T6	26. 71	14. 06	2. 07	1. 95	2. 09	0. 29	12. 90	7. 21
C3F	T1	25. 62	18. 49	1. 91	1. 69	1. 93	0. 22	13. 41	8. 77
	T2	28. 38	20. 34	2. 20	1. 39	1. 72	0. 23	12. 90	7. 48
	T3	25. 03	19. 74	2. 94	1. 72	1. 69	0. 35	8. 51	4. 83
	T4	25. 60	16. 89	2. 34	1. 70	2. 07	0. 33	10. 94	6. 27
	T5	26. 19	16. 97	2. 57	1. 73	2. 15	0. 37	10. 19	5. 81
	T6	23. 58	14. 81	2. 81	1. 88	2. 21	0. 27	8. 39	8. 19

（五）绿肥还田量与烤烟经济性状的关系

烟叶的经济性状一般包括上等烟比例、中等烟比例、均价、产量、产值等。

其中上等烟比例、中等烟比例、均价是反映烟叶质量的指标，且存在共线性关系，这里只讨论上等烟比例指标。产值可是反映烟叶质量和产量的一个综合指标，与产量和上等烟比例、中等烟比例、均价等均存在共线性关系，这里只讨论产量指标。

由图 3－23 左的绿肥还田量与上等烟比例的散点图看，在还田量 26 250kg/hm^{2}是一拐点，随绿肥还田量增加，上等烟比例增加；过拐点后，随绿肥还田量增加，上等烟比例下降。在还田量18 750～37 500kg/hm^{2}范围内，上等烟比例相对较高。其趋势方程见图。

由图 3-23 右的绿肥还田量与产量的散点图看，在还田量30 000kg/hm^{2}是一拐点，随绿肥还田量增加，产量增加；过拐点后，随绿肥还田量增加，产量下降。在还田量30 000～41 250kg/hm^{2}范围内，产量相对较高。其趋势方程见图。

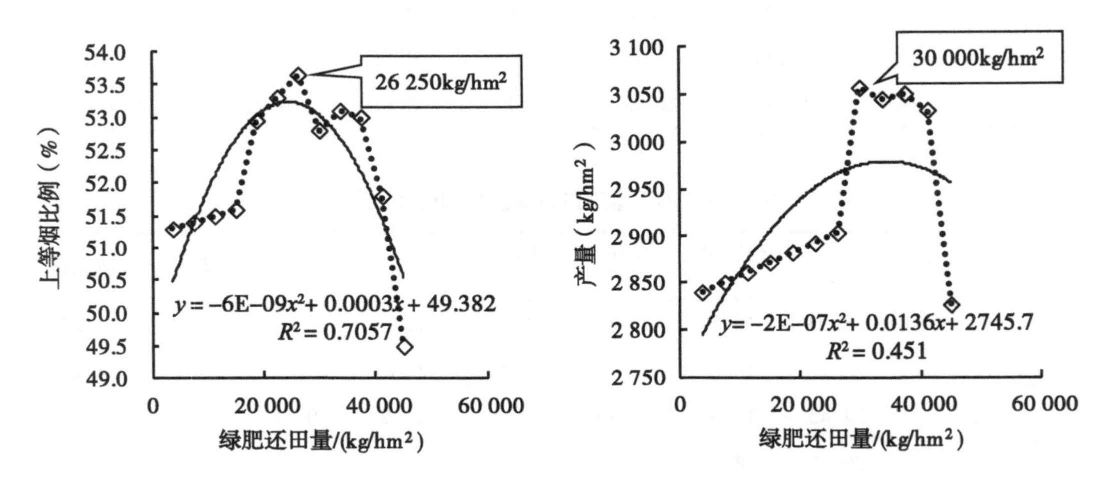

图 3-23　不同绿肥还田量与经济性状的关系

将绿肥还田小量组、大量组、不分组的中等烟比例、上等烟比例、产量分别与还田量进行灰色关联分析，其关联系数如表 3-26。从最大灰色关联系数看，小量组是产量，大量组是中等烟比例，不分组是产量。据此，可认为，绿肥还田量对产量的作用较大；但在绿肥还田量小的情况下，还田量主要影响产量；在绿肥还田量大的情况下，还田量主要影响质量。

表 3-26　不同绿肥还田量与烤烟经济性状的灰色关联

还田量	中等烟比例	上等烟比例	产量
小量组	0. 4667	0. 4685	0. 4696

（续表）

还田量	中等烟比例	上等烟比例	产量
大量组	0.6316	0.4935	0.5115
不分组	0.5364	0.5443	0.5545

四、讨论与结论

（1）绿肥翻压还田能明显促进烟株生长发育，改善大田农艺性状。本研究是绿肥还田一年，且2013年湘西州大旱，干旱胁迫抑制了烤烟生长发育，烤烟生物量偏小，致使不同还田量处理间的差异不大。但整体上看，箭筈豌豆绿肥还田量大，提供的养分多，特别是提供的氮素多，烤烟长势强，农艺性状相对要优于还田量小的处理。

（2）绿肥翻压还田能明显提高烤烟经济性状，但烤烟经济性状与还田量存在明显拐点。随绿肥还田量增加，烤烟的中等烟比例、上等烟比例、均价、产量、产值均增加，但还田量增加到一定程度后，这些指标会下降。本研究结果表明，绿肥还田提高了产量、产值，但上等烟比例、均价处理间差异不显著；不同量绿肥还田后烤烟产值和产量存在显著差异，以绿肥还田量22 500kg/hm^{2}的经济性状最优。

（3）不同绿肥翻压量的烤烟物理特性不同，绿肥还田量大，烤烟叶片的长和宽也大，单叶重大，叶片厚，含梗率也高。豆科绿肥箭筈豌豆存在固氮作用，还田量过大造成腐解矿化后产生的氮素过多，导致单叶重大，叶片厚，含梗率高，工业可用性差。以还田量适中的T4处理（22 500kg/hm^2）的烤烟物理性状较好。

（4）大量研究表明，适量的绿肥翻压能够在一定程度上使各处理烤后烟叶的内在化学成分更加协调。绿肥翻压还田，提高了土壤养分和增加了土壤微生物活性，有利于烤烟正常生长而不早衰，化学成分协调。同时，豆科绿肥能活化土壤难溶性钾，提高土壤钾的有效性，促进烟叶对钾的吸收，可提高烤后烟叶钾的含量。

（5）绿肥还田对产量的作用相对较大。但绿肥少量还田量主要对烟叶产量有一定作用，而对烟叶质量影响较小；绿肥大量还田量主要影响烟叶质量，而对烟叶产量作用较小。绿肥还田量与烤烟上等烟比例、产量的关系研究表明，上等烟比例的拐点在26 250kg/hm^2，产量的拐点在30 000kg/hm^2。

综合以上研究结果，绿肥还田能提高烟叶工业可用性，提高烟叶产量和产值。但绿肥还田量有一个适宜度。在湘西烟区种植箭筈豌豆绿肥的还田量在20 000～30 000kg/hm^{2}为适宜。

第八节　湘西烟地绿肥混作模式

一、研究目的

位于武陵山区的湘西自治州，生态条件优越，光、热、水资源丰富，是中国优质烟叶的重要产区之一。近年来，烤烟种植以施用化肥为主而缺少土壤培肥机制，导致土壤板结、有机质含量和肥力下降，影响烤烟产质量。在冬季空闲茬口种植绿肥改良土壤，既可以充分利用光热资源，又有利于维持烟田生态平衡，促进烤烟生产可持续发展。前人对多年生饲草和草原、草田轮作区的饲草混播技术进行了深入的研究，对一年生绿肥混播的研究报道较少，特别是植烟土壤绿肥混播的研究鲜见报道。本研究分析了箭筈豌豆、黑麦草、油菜等3种绿肥单作和混作对绿肥生物量和养分含量、植烟土壤理化性状和烤烟经济性状的影响，以期为湘西烟区绿肥生产与利用技术提供科学依据。

二、材料与方法

（一）试验设计

为探明不同绿肥混作模式的产量表现及其对土壤的改良效果，并筛选适宜湘西烟地的绿肥种植模式，采用混作和净作等绿肥种植模式开展研究。试验选择箭筈豌豆（豆科）、黑麦草（禾本科）、油菜（十字花科）等3种绿肥，采用净作、两两混作和三个绿肥混作方式（共7种种植模式）。试验设8个处理，3次重复，24个小区，随机区组排列。T1～T7分别为：箭筈豌豆单作、黑麦草单作、甘蓝油菜单作、箭筈豌豆与黑麦草混作、箭筈豌豆与甘蓝油菜混作、甘蓝油菜与黑麦草混作、箭筈豌豆与黑麦草与甘蓝油菜混作；设冬闲为CK。每小区长7.5m，宽4.4m，面积33m^2。保护行宽2.2m，走道宽30cm。2013年10月20日播种。箭筈豌豆播种量82.5kg/hm^2，黑麦草播种量37.5kg/hm^2，甘蓝型油菜播种量30kg/hm^2。两两混作的播种量为单作的50%，3个绿肥混作的播种量为单作的40%。

烤烟供试品种为K326，于2014年4月28日移栽，施用烟草专用基肥750kg/hm^2、专用追肥300kg/hm^2、活性肥300kg/hm^2、提苗肥75kg/hm^2、硫酸钾 225kg/hm^2。总施 N 量 103.95kg/hm^2，N、P、K 比例为 1∶1.3∶3.19。7 月 20 日开始采收烟叶，8 月 25 日采收结束。其他管理按照《湘西州烤烟标准化生产技术方案》执行。

（二）主要测定指标及方法

（1）绿肥地上部及地下部生物量测定。每处理对角线选取 3 个取样点，每个取样点 1m^2。平地割掉绿肥地上部分，称鲜重为地上部分鲜重；挖出绿肥地下部分根系，洗净并晾干水分后称鲜重，为地下部分鲜重。

（2）绿肥养分含量测定。各处理取绿肥鲜样 2kg 左右，杀青烘干后计算其干物质量，参照 LY/T 1269—1999、LY/T 1271—1999 分析测定其氮、磷、钾和有机碳含量。

（3）绿肥还田后土壤理化性状检测。每个处理于 8 月底烤烟拔秆后，分小区用环刀进行原位取样，测定土壤的容重。同时，随机采集烟垄上两株烟正中位置的 0~20cm 土样 5 个，混匀后用于测定土壤养分。土壤 pH 值、有机质、全氮、全磷、全钾、碱解氮、速效磷、速效钾的测定按照常规分析方法进行测定。

（4）烤烟经济性状考查。主要测定烤烟中等烟比例、上等烟比例、均价、产量和产值。

三、结果与分析

（一）不同处理绿肥地上部分生物量比较

由表 3-27 可知，不同处理的绿肥地上部分鲜生物量可达 9 090.99~19 690.50kg/hm^2，按重量排序为 T1>T5>T4>T7>T2>T6>T3。方差分析表明，不同处理间差异达显著水平，以箭筈豌豆单作的绿肥鲜重最高，其次为箭筈豌豆与黑麦草或油菜混作的绿肥产量，而黑麦草和油菜单作或混作的绿肥产量较低。不同处理的绿肥地上部分干重可达 1 400.01~2 815.74kg/hm^2，处理间差异与鲜重基本一致。表明箭筈豌豆单作或与其他绿肥混作的地上部分生物量要高于其他绿肥单作或混作。

表 3-27 不同绿肥混作模式的绿肥地上部分生物量

处理	地上部分鲜重			鲜生物量/（kg/hm^2）	干生物量/（kg/hm^2）
	箭筈豌豆/（kg/hm^2）	黑麦草/（kg/hm^2）	油菜/（kg/hm^2）		
T1	19 690.50	—	—	19 690.50a	2 815.74 a

（续表）

处理	地上部分鲜重			鲜生物量/（kg/hm²）	干生物量/（kg/hm²）
	箭筈豌豆/（kg/hm²）	黑麦草/（kg/hm²）	油菜/（kg/hm²）		
T2	—	13 939. 44	—	13 939. 44c	2 188. 49c
T3	—	—	9 090. 99	9 090. 99d	1 400. 01d
T4	10 914. 30	7 363. 66	—	18 277. 96b	2 716. 84b
T5	12 912. 43	—	5 454. 59	18 367. 02b	2 686. 48b
T6	—	8 953. 46	4 534. 94	13 488. 40c	2 104. 07c
T7	8 276. 20	5 575. 78	3 636. 40	17 488. 37b	2 618. 90b

（二）不同处理绿肥地下部分生物量比较

由表 3－28 可知，不同处理的绿肥地下部分鲜生物量可达 432. 90～553. 21kg/hm^2，按重量排序为 T5>T7>T6>T4>T2>T1>T3，处理间差异显著，以箭筈豌豆与油菜混作和箭筈豌豆、黑麦草、油菜混作的绿肥地下部分鲜重最高，其次为箭筈豌豆与黑麦草混作和黑麦草与油菜混作，而 3 种绿肥单作的地下部分绿肥产量相对较低。不同处理的绿肥地下部分干生物量可达 166. 50～343. 21kg/hm^2，按重量排序为 T2>T4>T7>T6>T5>T1>T3，处理间差异显著，以黑麦草单作和黑麦草与箭筈豌豆、油菜混作的绿肥地下部分干重较高，箭筈豌豆和油菜单作或混作的地下部分绿肥干重相对较低。表明黑麦草地下部分生物量要高于其他绿肥，混作模式的绿肥地下部分鲜重要高于单作。

表 3-28　不同绿肥混作模式的绿肥地下部分生物量

处理	地下部分鲜重			鲜生物量/（kg/hm²）	干生物量/（kg/hm²）
	箭筈豌豆/（kg/hm²）	黑麦草/（kg/hm²）	油菜/（kg/hm²）		
T1	447. 51	—	—	447. 51c	244. 54b
T2	—	459. 90	—	459. 90c	343. 21a
T3	—	—	432. 90	432. 90c	166. 50c
T4	248. 05	242. 95	—	491. 00b	316. 85ab
T5	293. 46	—	259. 74	553. 21a	260. 26b
T6	—	295. 40	215. 95	511. 35b	303. 50ab
T7	188. 10	183. 96	173. 16	545. 22a	306. 67ab

（三）不同处理绿肥总生物量比较

由图3-24可知，不同处理鲜生物量可达9 523. 89～20 138. 01kg/hm²，按重量排序为T1>T5>T4>T7>T2>T6>T3。不同处理间绿肥鲜重差异达显著水平，以箭筈豌豆以及箭筈豌豆与黑麦草、油菜混作绿肥鲜重较高。不同处理的绿肥干生物量可达2 531. 70～3 060. 28kg/hm²，按重量排序为T1>T4>T5>T7>T2>T6>T3。不同处理间绿肥干重差异达显著水平，以箭筈豌豆以及箭筈豌豆与黑麦草、油菜混作绿肥干重较高。表明箭筈豌豆生物量要高于其他绿肥。

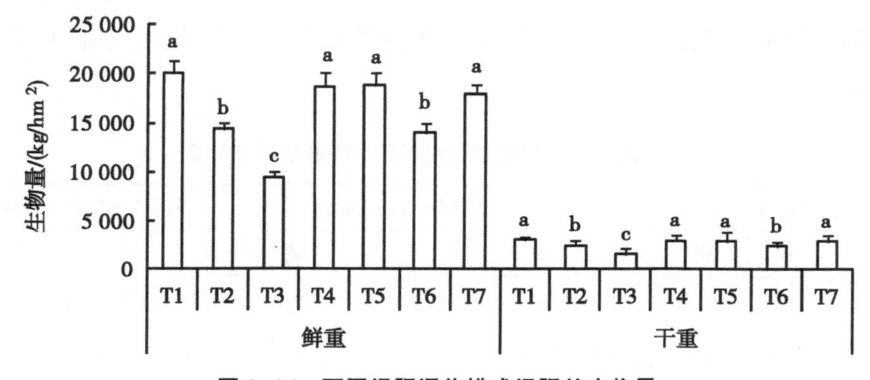

图3-24　不同绿肥混作模式绿肥总生物量

（四）不同处理翻压还田提供的养分量比较

由表3-29可知，不同处理地上部分氮积累量26. 74～87. 85kg/hm²，按大小排序为T1>T4>T5>T7>T2>T6>T3；地下部分氮积累量3. 01～6. 73kg/hm²，按大小排序为T2>T4>T7>T6>T5>T1>T3；总氮积累量29. 75～92. 86kg/hm²，按大小排序为T1>T4>T5>T7>T2>T6>T3，处理间差异达显著水平，以箭筈豌豆和箭筈豌豆与其他绿肥混作氮积累量相对较高。

不同处理地上部分磷积累量5. 32～13. 80kg/hm²，按大小排序为T1>T5>T4>T7>T6>T2>T3；地下部分磷积累量0. 27～0. 95kg/hm²，按大小排序为T1>T4>T5>T7>T2>T6>T3；总磷积累量5. 59～14. 75kg/hm²，按大小排序为T1>T5>T4>T7>T6>T2>T3，处理间差异达显著水平，以箭筈豌豆和箭筈豌豆与其他绿肥混作的磷积累量相对较高。

不同处理地上部分钾积累量18. 90～50. 96kg/hm²，按大小排序为T1>T5>T4>T7>T2>T6>T3；地下部分钾积累量1. 52～3. 75kg/hm²，按大小排序为T4>T1>T7>T2>T5>T6>T3；总钾积累量20. 42～54. 49kg/hm²，按大小排序为T1>

T4>T5>T7>T6>T2>T3，处理间差异达显著水平，以箭筈豌豆和箭筈豌豆与其他绿肥混作的钾积累量相对较高。

不同处理地上部分碳积累量 562.52~1 222.03kg/hm^2，按大小排序为 T1>T4>T5>T7>T2>T6>T3；地下部分碳积累量 65.07~138.11kg/hm^2，按大小排序为 T2>T4>T7>T6>T5>T1>T3；总碳积累量 627.59~1 322.69kg/hm^2，按大小排序为 T1>T4>T5>T7>T2>T6>T3，处理间差异达显著水平，以箭筈豌豆和箭筈豌豆与其他绿肥混作的碳积累量相对较高。

绿肥地上部分氮、磷、钾、碳占绿肥养分总量的比例分别为 91.96%、93.17%、92.11%、89.92%，平均为 91.77%。可见绿肥地上部分养分所占比例一般在 90%以上。因此，在要求不太严格的条件下，可以只统计地上部分绿肥的生物量。

表 3-29　不同绿肥混作模式的绿肥提供的养分量

处理	地上部分/（kg/hm^2）				地下部分/（kg/hm^2）				提供养分总量/（kg/hm^2）			
	氮	磷	钾	碳	氮	磷	钾	碳	氮	磷	钾	碳
T1	87.85	13.80	50.96	1 222.03	5.01	0.95	3.52	100.65	92.86a	14.75a	54.49a	1 322.69a
T2	62.81	6.57	30.64	935.58	6.73	0.65	3.40	138.11	69.54c	7.22b	34.04c	1 073.69c
T3	26.74	5.32	18.90	562.52	3.01	0.27	1.52	65.07	29.75d	5.59c	20.42d	627.59d
T4	81.88	11.12	44.43	1 171.59	6.33	0.87	3.75	128.75	88.21ab	11.99ab	48.18b	1 300.34ab
T5	73.65	12.24	44.76	1 138.89	5.10	0.79	3.22	105.05	78.75b	13.03a	47.98b	12 43.93b
T6	53.68	6.87	29.11	881.54	5.82	0.55	2.94	121.17	59.51c	7.42b	32.05c	1 002.71c
T7	72.75	10.55	41.24	1 112.88	6.00	0.77	3.45	123.58	78.75b	11.32ab	44.68b	1 236.46b

（五）不同处理对土壤容重的影响

由表 3-30 可知，绿肥翻压可降低土壤容重。不同种植模式的绿肥翻压后，经过一个烤烟生长季节，土壤容重降幅 0.01~0.12g/cm^3，较对照土壤容重相对下降 1.08%~8.62%，平均降低 4.39%。从不同混作处理看，土壤容重降幅排序为 T7>T4>T5>T2>T6>T1>T3。总体上看，以 3 种绿肥混作模式的效果最好，其次是两两混作模式。

表 3-30　不同绿肥混作模式对土壤容重和 pH 值及有机质的影响

处理	土壤容重			土壤 pH 值			土壤有机质		
	容重/（g/cm³）	绝对增量/（g/cm³）	相对增量/%	pH	绝对增量	相对增量/%	有机质/（g/kg）	绝对增量/（g/kg）	相对增量/%
T1	1.30a	-0.04	-2.88	5.37a	0.30	5.92	27.30a	1.57	6.10
T2	1.28ab	-0.06	-4.32	5.03a	-0.04	-0.79	27.10a	1.37	5.32
T3	1.32a	-0.01	-1.08	4.93a	-0.14	-2.76	26.10a	0.37	1.44
T4	1.26ab	-0.07	-5.24	5.00a	-0.07	-1.38	27.17a	1.44	5.60
T5	1.27ab	-0.07	-5.15	5.23a	0.16	3.16	26.48a	0.75	2.91
T6	1.29ab	-0.05	-3.42	5.27a	0.20	3.94	26.47a	0.74	2.88
T7	1.22b	-0.12	-8.62	5.23a	0.16	3.16	26.78a	1.05	4.08
CK	1.33a			5.07a			25.73a		

（六）不同处理对土壤 pH 值的影响

由表3-30可知，翻压绿肥对土壤pH值的影响规律不明显，T2、T3、T4处理的土壤pH值低于CK，其他处理的土壤pH值高于CK。

（七）对土壤有机质的影响

由表3-30可知，绿肥翻压还土后，土壤有机质提高幅度为0.37～1.57g/kg，较对照土壤有机质相对提高了1.44%～6.10%，平均提高了4.05%。不同绿肥种植模式的土壤有机质含量高低排序为：T1>T4>T2>T7>T5>T6>T3>CK；但方差分析结果为不同处理的土壤有机质含量差异不显著。

（八）对土壤氮含量的影响

由表3-31可知，绿肥翻压还土后，土壤碱解氮含量提高幅度为1.54～17.02mg/kg，较对照土壤碱解氮相对提高了1.06%～11.76%，平均提高了7.07%。不同绿肥种植模式的土壤碱解氮含量高低排序为：T1>T7>T4>T2>T5>T6>T3>CK；方差分析结果为不同处理的土壤碱解氮含量显著高于CK（除T3处理外），以箭筈豌豆单作以及箭筈豌豆与黑麦草混作、箭筈豌豆与黑麦草和油菜混作的土壤碱解氮含量较高。

绿肥翻压还土后，土壤全氮含量提高幅度为0.01～0.12g/kg，较对照土壤全氮相对提高了0.59%～7.06%，平均提高了3.03%。不同绿肥种植模式的土壤全氮含量高低排序为：T1>T7>T2>T5>T6>T4>T3>CK；方差分析结果为不同处理的土壤全氮含量差异不显著。

表 3-31　不同绿肥混作模式对土壤氮含量的影响

处理	碱解氮			全氮		
	碱解氮/(mg/kg)	绝对增量/(mg/kg)	相对增量/%	全氮/(g/kg)	绝对增量/(g/kg)	相对增量/%
T1	161.69a	17.02	11.76	1.82a	0.12	7.06
T2	154.37b	9.70	6.70	1.76a	0.06	3.53
T3	146.21c	1.54	1.06	1.71a	0.01	0.59
T4	159.67a	15.00	10.37	1.71a	0.01	0.59
T5	150.67b	6.00	4.15	1.75a	0.05	2.94
T6	151.00b	6.33	4.38	1.73a	0.03	1.76
T7	160.67a	16.00	11.06	1.78a	0.08	4.71
CK	144.67c			1.70a		

(九) 对土壤磷含量的影响

由表 3-32 可知，绿肥翻压还土后，土壤有效磷含量提高幅度为 0.02~10.20mg/kg，较对照土壤有效磷相对提高了 0.04%~18.93%，平均提高了 6.24%。不同绿肥种植模式的土壤有效磷含量高低排序为：T1>T7>T4>T5>T6>T2>T3>CK；方差分析结果为不同处理的土壤有效磷含量差异不显著。

绿肥翻压还土后，土壤全磷含量提高幅度为 0.01~0.06g/kg，较对照土壤全磷相对提高了 1.89%~11.32%，平均提高了 7.82%。不同绿肥种植模式的土壤全磷含量高低排序为：T1>T2>T4>T7>T6>T5>T3>CK；方差分析结果为不同处理的土壤全磷含量差异不显著。

表 3-32　不同绿肥混作模式对土壤磷含量的影响

处理	有效磷			全磷		
	有效磷/(mg/kg)	绝对增量/(mg/kg)	相对增量/%	全磷/(g/kg)	绝对增量/(g/kg)	相对增量/%
T1	64.07a	10.20	18.93	0.59a	0.06	11.32
T2	54.50a	0.63	1.17	0.59a	0.06	11.32
T3	53.89a	0.02	0.04	0.54a	0.01	1.89
T4	56.70a	2.83	5.25	0.59a	0.06	11.32
T5	56.27a	2.40	4.46	0.55a	0.02	3.77
T6	55.73a	1.86	3.45	0.56a	0.03	5.66
T7	59.45a	5.58	10.36	0.58a	0.05	9.43
CK	53.87a			0.53a		

（十）对土壤钾含量的影响

由表 3-33 可知，绿肥翻压还土后，土壤速效钾含量提高幅度为 2.00～47.00mg/kg，较对照土壤速效钾相对提高了 0.98%～23.12%，平均提高了 8.60%。不同绿肥种植模式的土壤速效钾含量高低排序为：T4>T1>T2>T7>T6>T3>T5>CK；方差分析结果为不同处理的土壤速效钾含量差异不显著。

绿肥翻压还土后，土壤全钾提高幅度为 0.03～0.90g/kg，较对照土壤全钾相对提高了 0.12%～3.56%，平均提高了 2.61%。不同绿肥种植模式的土壤全钾含量高低排序为：T1>T4>T5>T7>T2>T6>T3>CK；方差分析结果为不同处理的土壤全钾含量差异不显著。

表 3-33　不同绿肥混作模式对土壤钾含量的影响

处理	速效钾			全钾		
	速效钾/（mg/kg）	绝对增量/（mg/kg）	相对增量/%	全钾/（g/kg）	绝对增量/（g/kg）	相对增量/%
T1	235.33a	32.00	15.74	26.17a	0.90	3.56
T2	218.00a	14.67	7.21	26.00a	0.73	2.89
T3	209.02a	5.69	2.80	25.30a	0.03	0.12
T4	250.33a	47.00	23.12	26.10a	0.83	3.28
T5	205.33a	2.00	0.98	26.10a	0.83	3.28
T6	210.67a	7.34	3.61	25.80a	0.53	2.10
T7	217.00a	13.67	6.72	26.03a	0.76	3.01
CK	203.33a			25.27a		

（十一）对烤烟经济性状的影响

由表 3-34 可知，不同绿肥种植模式对上等烟比例、均价没有显著影响，但翻压绿肥后的烤烟产量和产值显著高于对照。从烤烟产量和产值看，箭筈豌豆单作、黑麦草单作、箭筈豌豆与黑麦草混作、箭筈豌豆与黑麦草和油菜混作的烤烟产量和产值相对较高，但以箭筈豌豆单作的产量和产值最高。

表 3-34　不同绿肥混作模式对烤烟经济性状的影响

处理	上等烟比例/%	均价/（元/kg）	产量/（kg/hm^2）	产值/（元/hm^2）
T1	36.79a	19.12a	1 432.35a	27 386.53a
T2	33.71a	19.02a	1 314.90abc	25 009.40abc
T3	30.00a	19.06a	1 175.25cd	22 400.27cd

（续表）

处理	上等烟比例/%	均价/（元/kg）	产量/（kg/hm^2）	产值/（元/hm^2）
T4	31.73a	20.56a	1 278.90bcd	26 294.18bcd
T5	30.51a	19.36a	1 322.55abc	25 604.57abc
T6	30.16a	19.42a	1 211.85bcd	23 534.13bcd
T7	30.54a	19.72a	1 374.90ab	27 113.03ab
CK	37.12a	20.06a	1 023.90d	20 539.43e

四、讨论与结论

（1）绿肥的生物量包括地上部分和地下部分。绿肥虽有一定的地下部分生物量，但其提供的养分所占比例小，其地上部分生物量提供的养分量在90%以上。所以，在一般要求不严格的情况下，只统计绿肥地上部分生物量也是可行的。绿肥单作和混作，其地上及地下部分的生物量存在差异。如箭筈豌豆与其他绿肥混作模式的地下部分生物量要高于单作，但混作绿肥地上部分生物量不如单作。

（2）不同绿肥品种对环境条件的要求存在差异。2014年试验的箭筈豌豆的生物量明显高于黑麦草、油菜，主要是因为当年绿肥播种后，湘西烟区干旱严重，加之绿肥播种后未追施化肥，导致黑麦草、油菜出苗率不高，生物量低。这也说明箭筈豌豆较耐粗放栽培。黑麦草和油菜对播种出苗期的环境要求较高，要想获得理想的绿肥产量，在出苗后可追施少量化肥，以少量的化肥投入收获大量的有机肥。本试验的箭筈豌豆、黑麦草、油菜在播种后均未追施化肥，同时绿肥的翻压较早，其鲜草产量较其他试验要低。湘西烟区绿肥翻压量一般在20 000~30 000kg/hm^2，如果绿肥追施化肥，生物量过大，要求移除部分绿肥，既增加劳动力成本，还增加物质投入成本。

（3）绿肥翻压还田能降低土壤容重1.08%~8.62%，以绿肥混作降低土壤容重效果最好。绿肥翻压还田能提高土壤养分，T1~T7各处理提高土壤有机质、碱解氮、有效磷、速效钾、全氮、全磷、全钾的相对增量的平均值分别为10.64%、5.45%、1.13%、8.50%、3.21%、3.41%、7.05%，以箭筈豌豆单作提高土壤养分的效果最好，其次为箭筈豌豆与黑麦草混作，再次为3种绿肥混作，以油菜单作的效果最差。由于箭筈豌豆单作的绿肥生物量最高，因而箭筈豌豆单作提高土壤养分效果也是最好的。

（4）不同绿肥翻压处理的上等烟比例、均价差异不大，但绿肥翻压还田能提高烤烟产量和产值，以箭筈豌豆单作的处理烤烟产量和产值最高。

综上所述，箭筈豌豆的生物量明显高于黑麦草、油菜；箭筈豌豆与其他绿肥混作模式的地下部分生物量要高于单作，但混作绿肥地上部分生物量不如单作；箭筈豌豆以及箭筈豌豆与其他绿肥混作模式绿肥提供的全氮、全磷、全钾、全碳相对较高。绿肥翻压还田可降低土壤容重1.08%～8.62%，以绿肥混作降低土壤容重效果最好。绿肥翻压还田能提高土壤养分，土壤有机质、全氮、全磷、全钾、碱解氮、速效磷和速效钾含量分别提高1.44%～6.10%，0.01～0.12g/kg，1.89%～11.32%，0.12%～3.56%，1.06%～11.76%，0.04%～18.93%和0.98%～23.12%，以箭筈豌豆单作提高土壤养分的效果最好。土壤pH值整体变化不大。绿肥翻压还田能提高烤烟产量和产值，以箭筈豌豆单作的烤烟产量和产值最高。从总体上讲，4种混作模式的绿肥改良土壤效果、提高烤烟产量和产值效果低于箭筈豌豆。因此，在湘西州烟区旱地绿肥粗放栽培中（不追施化肥），不提倡豆科绿肥与禾本科、十字花科绿肥混作，以推广种植箭筈豌豆单作模式为好。

第九节　湘西烟地绿肥省工节本播种方式

一、研究目的

烤烟是中国重要的经济作物之一。由于长期连作和连续施用化肥的重用轻养发展模式，使烟田土壤环境严重破坏，土壤质量下降，影响了土地资源的有效、持续利用，导致烟叶质量和工业可用性降低及种烟效益下降，已经成为限制烤烟生产的重要因素。充分利用冬季光热资源和空闲茬口种植绿肥翻压还土，不仅在绿肥生产的当季可以增加地面覆盖起到保持水土作用、增加生物固氮量、活化和富集土壤养分、增加土壤微生物活性，而且在翻压还土后还能提高土壤有机质含量、降低土壤容重，为后季作物提供速效养分，对提高和恢复土壤肥力具有重要作用。传统的绿肥种植方法，主要是翻耕土壤后全田撒播绿肥，待翌年种植烤烟前，将绿肥翻压入土，再起垄种植烤烟。这种做法存在以下缺点：一是翻耕土壤需要劳力和农机具，增加生产成本；二是在冬季干旱地区，翻耕的土壤更易干旱，不利绿肥种子萌发和出苗，造成绿肥出苗率低；三是机械翻压绿肥后，一部分绿肥（如种植黑麦草）没有掩埋，继续生长，影响烤烟苗期生长；四是掩埋的绿肥腐解还与烤烟争养分，与烤烟苗根系接触不利烤烟根系生长，影响烤烟早发；五是在绿肥产量较高时，必须移走部分绿肥（因为一般烤烟田绿肥翻压量为鲜草1 500～2 000kg/hm^2），增加生产成本。这些缺点影响烟茬绿肥的种植，也影响烤烟的可持续发展。为此，以现有烤烟起垄栽培为基础，探索一条省工降本播种方式，有利于冬种绿肥生产模式的推广。

二、材料与方法

（一）试验设计

采用裂区设计，主区为绿肥（2个处理，箭筈豌豆、黑麦草）；副区为播种方式（5个处理，开厢撒播、原垄撒播、原垄条播3行、原垄条播2行、原垄沟撒播种植）。设3个重复。具体处理为：A1：箭筈豌豆开厢撒播，A2：箭筈豌豆原垄撒播，A3：箭筈豌豆原垄条播3行，A4：箭筈豌豆原垄条播2行，A5：箭筈豌豆原垄沟撒播；B1：黑麦草开厢撒播，B2：黑麦草原垄撒播，B3：黑麦草原垄条播3行，B4：黑麦草原垄条播2行，B5：黑麦草原垄沟撒播。

各处理要求：①开厢撒播是将2垄翻耕，整理4垄成厢，种子撒播后覆土；②原垄撒播种植是在挖出烟蔸后，将垄面上整理好撒播绿肥种子，播种后覆土；③原垄条播3行是挖出烟蔸的同时在垄中间开一条播种沟，并在垄的两边各开一条播种沟，播种后覆土；④原垄条播2行是挖出烟蔸后，在垄的两边各开一条宽的播种沟，播种后覆土；⑤原垄沟撒播是将种子撒在垄沟中，适当覆土，采用聚垄栽培烤烟。小区长13m，宽4.4m，保护行1.1m，走道30cm。小区面积57.2m^2。箭筈豌豆播种量为82.52kg/hm^2；黑麦草播种量为37.41kg/hm^2。烤烟生产和管理按照《湘西州烤烟标准化生产技术方案》执行。

（二）主要测定指标及方法

（1）不同绿肥品种的生物性状考查：收割时按5点取样法在每个小区抽取10株鲜草样品进行生物性状考查，指标包括株高、单株鲜重、单株干重、分枝数、分枝级数、一级分枝数和二级分枝数等。测定地上部鲜重、地上部干重、地下部鲜重、地下部干重，以及各部分总氮、总磷、总钾、碳等养分含量。

（2）烤烟农艺性状测定：移栽后的团棵期、现蕾期、成熟期测量株高、茎围、叶片数，叶的长、宽，计算叶面积。

（3）烤烟光合生理指标测定：在移栽后的团棵期、现蕾期、成熟期利用植物冠层分析仪（LP-80，USA）测定群体叶面积指数（LAI）、冠层上部的光合有效辐射（PAR）；用便携式光合仪（LI-6400光合仪）测定叶片光合速率、田间CO_2浓度、胞间CO_2浓度、蒸腾速率等；测定时间为上午9：00—11：00。采用SPAD-502叶绿素仪在移栽后的团棵期、旺长期、成熟期测定叶绿素含量。

（4）经济性状考察：统计各小区烟叶产量、产值、均价、上等烟比例、中等烟比例。

（5）烟叶质量评价：分别于烘烤结束后取烤后样 B2F、C3F 等级，检测物理特性和常规化学成分。

三、结果与分析

（一）不同播种方式对绿肥生物量的影响

由图 3-25 可知，对箭筈豌豆鲜草来说，鲜草产量排序为：开厢撒播>原垄沟撒播>原垄条播 3 行>原垄条播 2 行>原垄撒播；只有开厢撒播方式的箭筈豌豆绿肥显著高于其他方式，而其他播种方式之间差异不显著。对箭筈豌豆干草来说，其规律与鲜草一致。

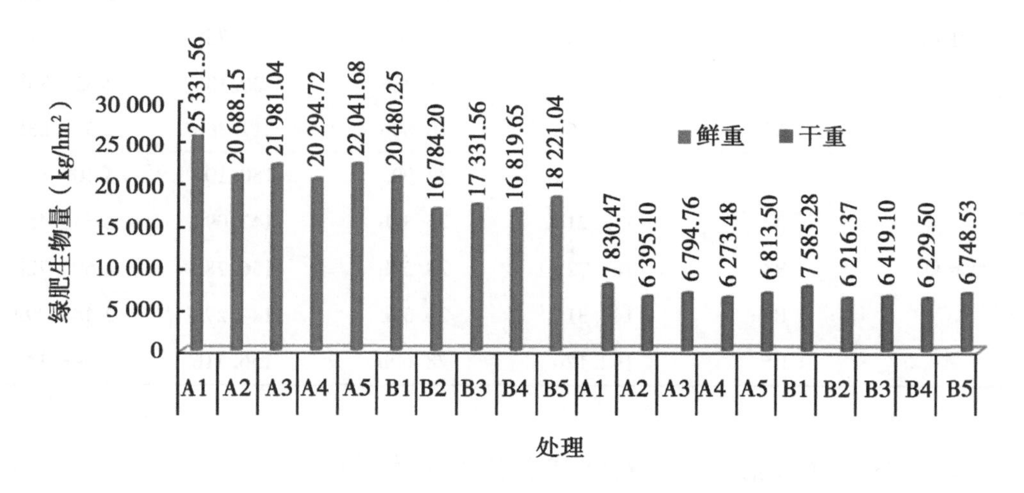

图 3-25　不同播种方式的绿肥生物量

对黑麦草鲜草来说，鲜草产量排序为：开厢撒播>原垄沟撒播>原垄条播 3 行>原垄条播 2 行>原垄撒播；只有开厢撒播方式的黑麦草绿肥显著高于其他方式，而其他播种方式之间差异不显著。对黑麦草干草来说，其规律与鲜草一致。

从 2 个绿肥的鲜草产量看，同一播种方式的箭筈豌豆产量要高于黑麦草。从干草产量看，同一播种方式的箭筈豌豆产量高于黑麦草，但差异不显著。无论是箭筈豌豆还是黑麦草，除开厢撒播的干草产量略高外，其他处理干草产量差异不明显。也就是说，箭筈豌豆与黑麦草在鲜草产量有差异，但干草差异不明显。

对箭筈豌豆绿肥来说，开厢撒播方式的鲜草虽然较高，但其他播种方式的绿肥鲜草也在20 000kg/hm^{2}以上，在适宜还田量范围内。黑麦草的鲜草产量虽然低于箭筈豌豆，但其干草产量与箭筈豌豆差异不大，基本上能满足绿肥改良土壤的需要。

（二）不同绿肥播种方式植株可提供的养分量

由表3-35可知，不同绿肥品种以箭筈豌豆提供的氮、磷、钾要多于黑麦草。不同播种方式，以开厢撒播方式的绿肥提供的氮、磷、钾及碳要多于其他播种方式。而其他播种方式的差异不大。

表3-35 不同绿肥播种模式养分量提给

绿肥种类	处理	氮/（kg/hm^2）	磷/（kg/hm^2）	钾/（kg/hm^2）	碳/（kg/hm^2）
箭筈豌豆	A1	291.29a	42.29a	249.80a	2 944.26a
	A2	237.89b	34.54b	204.01b	2 404.56b
	A3	252.76b	36.70b	216.76b	2 554.84b
	A4	233.37b	33.88b	200.13b	2 358.83b
	A5	253.46b	36.80b	217.36b	2 561.88b
黑麦草	B1	186.37a	32.90a	180.10a	3 100.86a
	B2	152.21b	26.87b	147.09b	2 532.45b
	B3	161.72b	28.54b	156.28b	2 690.72b
	B4	149.31b	26.35b	144.29b	2 484.29b
	B5	162.17b	28.62b	156.71b	2 698.14b

（三）不同绿肥播种方式对烤烟农艺性状的影响

由表3-36可知，在烤烟的团棵期，烤烟植株的农艺性状差异不显著；从株高、茎围、叶片数、最大叶面积看，A2和B2处理要优于其他处理。在烤烟的现蕾期，烤烟植株的农艺性状差异不显著；对箭筈豌豆来说，A5处理，即垄沟撒播的农艺性状相对较好；从黑麦草来看，B4处理，即垄面2行条播的农艺性状相对较好。在烤烟的成熟期，烤烟的株高、茎围、叶片数等农艺性状差异不显著，但叶面积差异显著；从箭筈豌豆来看，垄沟撒播处理的叶面积显著大于其他处理；从黑麦草来看，B1、B2、B4处理的叶面积较大。

表 3-36 不同绿肥播种方式的烤烟农艺性状

绿肥种类	处理	团棵期				现蕾期				成熟期			
		株高/cm	茎围/cm	叶片数/片	最大叶面积/cm^2	株高/cm	茎围/cm	叶片数/片	最大叶面积/cm^2	株高/cm	茎围/cm	叶片数/片	最大叶面积/cm^2
箭筈豌豆	A1	19. 58a	5. 13a	13. 13a	509. 42a	108. 06a	7. 79a	16. 88a	1 249. 17a	109. 83a	9. 15a	20. 25a	1 325. 72c
	A2	20. 46a	5. 29a	13. 13a	550. 46a	110. 68a	7. 85a	16. 46a	1 138. 01a	118. 08a	9. 23a	20. 25a	1 307. 96d
	A3	18. 69a	5. 05a	13. 38a	527. 26a	109. 25a	7. 84a	16. 75a	1 197. 01a	114. 05a	9. 25a	20. 25a	1 345. 93c
	A4	19. 75a	5. 40a	13. 50a	552. 71a	115. 13a	7. 88a	16. 88a	1 280. 48a	116. 95a	9. 60a	20. 50a	1 387. 72b
	A5	18. 81a	5. 33a	12. 75a	518. 27a	113. 19a	7. 94a	16. 63a	1 301. 83a	119. 60a	10. 08a	21. 25a	1 405. 98a
黑麦草	B1	19. 64a	5. 29a	12. 88a	530. 73a	116. 44a	7. 84a	16. 25a	1 354. 76a	117. 65a	9. 33a	20. 25a	1 396. 57a
	B2	21. 81a	5. 49a	14. 00a	629. 92a	126. 66a	7. 98a	15. 88a	1 276. 01a	119. 55a	9. 10a	19. 75a	1 399. 06a
	B3	20. 63a	5. 23a	13. 13a	551. 09a	116. 86a	7. 94a	16. 25a	1 240. 33a	118. 15a	9. 73a	20. 50a	1 296. 00b
	B4	19. 38a	5. 46a	13. 13a	546. 23a	121. 96a	7. 79a	16. 63a	1 366. 54a	118. 50a	9. 23a	19. 50a	1 398. 20a
	B5	17. 81a	5. 26a	12. 88a	518. 64a	116. 68a	7. 89a	16. 63a	1 298. 43a	121. 38a	9. 90a	20. 00a	1 252. 97b

（四）不同绿肥播种方式对烤烟叶绿素的影响

SPAD 值与叶绿素含量成正比，可反映烟叶的叶绿素含量。由表 3-37 可知，从箭筈豌豆看，在团棵期和旺长期，不同播种方式的 SPAD 值差异不显著；在烟叶成熟期，不同播种方式的烟叶 SPAD 值差异显著，中部和上部烟叶均是 A5 处理的 SPAD 值最大。对黑麦草来说，在团棵期和旺长期，不同播种方式的 SPAD 值差异不显著；在烟叶成熟期，不同播种方式的烟叶 SPAD 值差异显著，中部烟叶以 B3、B4 处理的 SPAD 值最大，上部烟叶以 B4 处理的 SPAD 值最大。

表 3-37　不同绿肥播种方式绿肥的 SPAD 值（SPAD 单位）

绿肥种类	处理	团棵期	旺长期	成熟期	
				中部	上部
箭筈豌豆	A1	36.07a	38.91a	29.43b	34.07c
	A2	34.79a	39.15a	28.44b	33.01c
	A3	35.18a	40.18a	24.93c	30.42d
	A4	35.10a	38.60a	28.10b	37.17b
	A5	35.13a	38.51a	32.20a	39.84a
黑麦草	B1	33.41a	38.45a	24.61b	31.59a
	B2	34.36a	36.04a	27.11b	29.18b
	B3	34.48a	35.16a	30.08a	29.16b
	B4	35.21a	36.84a	30.84a	32.78a
	B5	33.53a	34.57a	25.11b	30.81b

（五）不同绿肥播种方式对烤烟冠层指标的影响

太阳辐射中能被绿色植物用来进行光合作用的那部分能量称为光合有效辐射，简称 PAR。光合有效辐射是植物生命活动、有机物质合成和产量形成的能量来源。由表 3-38 可知，对箭筈豌豆来说，在烤烟的团棵期和旺长期，光合有效辐射差异不显著。在烤烟的成熟期，光合有效辐射差异显著，以 A5 处理的光合有效辐射值最高。对黑麦草来说，烤烟团棵期、旺长期、成熟期的光合有效辐射差异不显著。

叶面积指数（LAI）可反映植物冠层密度和生物量。由表 3-38 可知，对箭筈豌豆来说，在烤烟的团棵期和旺长期，叶面积指数差异不显著。在烤烟的成熟期，叶面积指数差异显著，以 A5 处理的叶面积指数最大。对黑麦草来说，烤烟团棵期、成熟期的叶面积指数差异不显著，旺长期叶面积指数差异显著，以B1、B2、B4处理的叶面积指数较大。

表 3-38　不同绿肥播种方式的冠层指标

绿肥种类	处理	团棵期		旺长期		成熟期	
		PAR/[μmol/(m²·s)]	叶面积指数	PAR/[μmol/(m²·s)]	叶面积指数	PAR/[μmol/(m²·s)]	叶面积指数
箭筈豌豆	A1	540.94a	1.24a	638.04a	3.24a	838.97b	1.87c
	A2	637.93a	1.29a	619.71a	3.33a	935.51ab	2.41ab
	A3	583.96a	1.11a	577.73a	3.29a	861.61ab	1.93bc
	A4	536.67a	1.32a	654.22a	3.39a	856.12ab	2.46a
	A5	556.20a	1.35a	752.92a	3.48a	1 015.52a	2.65a
黑麦草	B1	542.38a	1.52a	692.30a	3.34a	856.24a	1.93a
	B2	560.48a	1.54a	693.80a	3.39a	842.13a	2.01a
	B3	417.57a	1.32a	701.34a	2.82b	704.66a	1.99a
	B4	445.30a	1.41a	725.42a	3.32a	802.38a	2.12a
	B5	401.11a	1.42a	703.52a	2.93ab	771.60a	2.18a

（六）不同绿肥播种方式对烤烟光合特性的影响

由表3-39可知，在烤烟团棵期，对箭筈豌豆处理来说，净光合速率按大小排序为：A1>A2>A4>A5>A3，气孔导度按大小排序为：A5>A2>A4>A1>A3，胞间二氧化碳浓度按大小排序为：A5>A3>A4>A2>A1，蒸腾速率按大小排序为：A5>A3>A4>A2 >A1，但处理间差异不显著。对黑麦草处理来说，净光合速率按大小排序为：B2>B3>B4>B5>B1，气孔导度按大小排序为：B5>B1>B2>B4>B3，胞间二氧化碳浓度按大小排序为：B5>B1>B4>B2>B3，蒸腾速率按大小排序为：B5>B1>B2>B4>B3，但处理间差异不显著。

由表3-39可知，在烤烟现蕾期，对箭筈豌豆处理来说，净光合速率按大小排序为：A5>A4>A2>A3>A1，处理间差异显著，以A5处理的最高；气孔导度按大小排序为：A4>A5>A3>A1>A2，胞间二氧化碳浓度按大小排序为：A3 >A4>A5>A1>A2，但处理间差异不显著；蒸腾速率按大小排序为：A5>A4>A3>

A2>A1，处理间差异显著，以 A5、A4 处理的相对较高。对黑麦草处理来说，净光合速率按大小排序为：B2>B4>B5>B1>B3，气孔导度按大小排序为：B2>B5>B4>B3>B1，胞间二氧化碳浓度按大小排序为：B3>B2>B5>B4>B1，蒸腾速率按大小排序为：B2>B4>B5>B3>B1，但处理间差异不显著。

表 3-39　不同绿肥播种方式的烤烟光合特性

生育期	绿肥种类	处理	净光合速率/[μmol/(m^2·s)]	气孔导度/[mol/(m^2·s)]	胞间二氧化碳浓度/(μmol/mol)	蒸腾速率/[mol/(m^2·s)]
团棵期	箭筈豌豆	A1	16. 97a	0. 54a	303. 17a	3. 97a
		A2	16. 77a	0. 58a	307. 19a	4. 17a
		A3	15. 82a	0. 53a	309. 31a	4. 00a
		A4	16. 65a	0. 57a	307. 47a	4. 30a
		A5	16. 61a	0. 65a	312. 88a	4. 46a
	黑麦草	B1	16. 48a	0. 64a	311. 91a	4. 39a
		B2	17. 19a	0. 61a	308. 19a	4. 39a
		B3	17. 08a	0. 55a	303. 04a	4. 05a
		B4	16. 75a	0. 59a	308. 28a	4. 19a
		B5	16. 64a	0. 71a	316. 72a	4. 47a
现蕾期	箭筈豌豆	A1	15. 92c	0. 52a	303. 73a	4. 50b
		A2	17. 37b	0. 50a	296. 63a	4. 69b
		A3	16. 59b	0. 52a	311. 96a	5. 02b
		A4	19. 37ab	0. 67a	311. 91a	6. 12a
		A5	20. 81a	0. 65a	304. 22a	6. 30a
	黑麦草	B1	17. 84a	0. 52a	303. 08a	5. 38a
		B2	19. 67a	0. 74a	312. 03a	6. 31a
		B3	16. 19a	0. 54a	315. 25a	5. 41a
		B4	18. 38a	0. 56a	307. 32a	5. 46a
		B5	18. 14a	0. 58a	309. 49a	5. 44a

（续表）

生育期	绿肥种类	处理	净光合速率/[μmol/(m^2·s)]	气孔导度/[mol/(m^2·s)]	胞间二氧化碳浓度/(μmol/mol)	蒸腾速率/[mol/(m^2·s)]
成熟期	箭筈豌豆	A1	15. 92c	0. 52a	303. 73a	4. 50b
		A2	17. 37b	0. 50a	296. 63a	4. 69b
		A3	16. 59b	0. 52a	311. 96a	5. 02b
		A4	19. 37ab	0. 67a	311. 91a	6. 12a
		A5	20. 81a	0. 65a	304. 22a	6. 30a
	黑麦草	B1	17. 84a	0. 52a	303. 08a	5. 38a
		B2	19. 67a	0. 74a	312. 03a	6. 31a
		B3	16. 19a	0. 54a	315. 25a	5. 41a
		B4	18. 38a	0. 56a	307. 32a	5. 46a
		B5	18. 14a	0. 58a	309. 49a	5. 44a

由表 3-39 可知，在烤烟成熟期，对箭筈豌豆处理来说，净光合速率按大小排序为：A5>A3>A2>A1>A4，处理间差异显著，以 A5 处理的最高；气孔导度按大小排序为：A5>A3>A2>A1>A4，处理间差异显著，以 A5 处理的最高；胞间二氧化碳浓度按大小排序为：A5>A4>A2>A3>A1，处理间差异显著，以 A5 处理的最高；蒸腾速率按大小排序为：A5>A2>A3>A1>A4，处理间差异显著，以 A5 处理的最高。对黑麦草处理来说，净光合速率按大小排序为：B4>B3>B2>B5>B1，但处理间差异显著，以 B3、B4 处理相对较高；气孔导度按大小排序为：B4>B3>B2>B5>B1，胞间二氧化碳浓度按大小排序为：B1>B3>B4>B5>B2，但处理间差异不显著；蒸腾速率按大小排序为：B4>B3>B2>B5>B1，但处理间差异显著，以 B3、B4 处理相对较高。

（七）不同绿肥播种方式对烤烟经济性状的影响

由表 3-40 可知，对箭筈豌豆来说，上等烟比例按大小排序为：A5>A1>A2>A4>A3，处理间差异显著，以 A5、A1、A2 处理的相对较高。均价按大小排序为：A5>A1>A2>A3>A4，处理间差异不显著。产量按大小排序为：A5>A1>A2>A4>A3，处理间差异显著，以 A5 处理的最高。产值按大小排序为：A5>A1>A2>A4>A3，处理间差异显著，以 A5 处理的最高。

由表 3-40 的黑麦草来看，上等烟比例按大小排序为：B5>B3>B4>B1>B2，处理间差异显著，以 B5、B3、B4 处理相对较高。均价按大小排序为：B4>B5>

B3>B2>B1，但处理间差异不显著。产值按大小排序为：B5>B1>B3>B4>B2，处理间差异显著，以 B5、B1 处理相对较高。产值按大小排序为：B5>B1>B3>B4>B2，但处理间差异显著，以 B5、B1 处理相对较高。

表 3-40　不同绿肥播种方式的烤烟经济性状

绿肥	处理	上等烟比例/%	均价/（元/kg）	产量/（kg/hm²）	产值/（元/hm²）
箭筈豌豆	A1	36. 36a	20. 99a	1 627. 13ab	34 153. 44ab
	A2	32. 79a	20. 85a	1 599. 48ab	33 706. 45ab
	A3	11. 66b	20. 23a	1 191. 38b	23 778. 53b
	A4	21. 96ab	19. 35a	1 274. 32ab	24 499. 53b
	A5	41. 53a	21. 54a	1 858. 82a	40 039. 06a
黑麦草	B1	8. 77b	18. 12a	1 793. 00a	32 592. 45ab
	B2	4. 25b	18. 31a	1 276. 95b	23 155. 76b
	B3	15. 69ab	19. 20a	1 484. 95ab	28 502. 94ab
	B4	12. 85ab	21. 08a	1 346. 73ab	28 409. 78ab
	B5	19. 60a	19. 64a	1 803. 53a	35 421. 39a

（八）不同绿肥播种方式对烤烟物理特性的影响

由表 3-41 可知，从箭筈豌豆翻压还田的上部烟叶看，开片率是原垄条播 2 行（A4）>开厢撒播（A1）>原垄撒播（A2）>原垄条播 3 行（A3）>原垄沟撒播（A5）；叶片厚度是原垄条播 3 行>原垄沟撒播>原垄撒播>原垄条播 2 行>开厢撒播；单叶重是原垄条播 2 行>原垄撒播>开厢撒播>原垄条播 3 行>原垄沟撒播；含梗率是原垄沟撒播>原垄条播 3 行>原垄撒播>开厢撒播>原垄条播 2 行；平衡含水率是原垄撒播>开厢撒播>原垄条播 2 行>原垄条播 3 行>原垄沟撒播；叶质重是原垄沟撒播>原垄条播 2 行>开厢撒播>原垄撒播>原垄条播 3 行。从黑麦草翻压还田的上部烟叶看，开片率是原垄撒播（B2）>开厢撒播(B1）>原垄条播 3 行（B3）>原垄条播 2 行（B4）>原垄沟撒播（B5)；叶片厚度是原垄沟撒播>原垄条播 3 行>原垄撒播>原垄条播 2 行>开厢撒播；单叶重是原垄沟撒播>原垄撒播>开厢撒播>原垄条播 3 行>原垄条播 2 行；含梗率是原垄条播 2 行>原垄撒播>原垄沟撒播>开厢撒播>原垄条播 3 行；平衡含水率是原垄条播 3 行>原垄撒播>原垄条播 2 行>开厢撒播>原垄沟撒播；叶质重是原垄沟撒播>原垄条播 3 行>原垄撒播>原垄条播 2 行>开厢撒播。以上分析表明，原垄沟撒播的上部烟叶叶片相对较厚，这可能与绿肥翻压在后期提供较多养分有关。

由表 3-41 可知，从箭筈豌豆翻压还田的中部烟叶看，开片率是原垄条播 3 行（A3）>原垄撒播（A2）>原垄条播 2 行（A4）>开厢撒播（A1）>原垄沟撒播（A5）；叶片厚度是原垄撒播>开厢撒播>原垄沟撒播>原垄条播 2 行>原垄条播 3 行；单叶重是原垄撒播>原垄条播 3 行>开厢撒播>原垄条播 2 行>原垄沟撒播；含梗率是原垄条播 2 行>开厢撒播>原垄条播 3 行>原垄撒播>原垄沟撒播；平衡含水率是开厢撒播>原垄条播 2 行播>原垄条播 3 行>原垄撒>原垄沟撒播；叶质重是原垄撒播>原垄沟撒播>开厢撒播>原垄条播 3 行>原垄条播 2 行。从黑麦草翻压还田的中部烟叶看，开片率是原垄条播 2 行（B4）>原垄沟撒播（B5）>原垄撒播（B2）>开厢撒播（B1）>原垄条播 3 行（B3）；叶片厚度是原垄条播 2 行>原垄条播 3 行>开厢撒播>原垄撒播>原垄沟撒播；单叶重是开厢撒播>原垄沟撒播>原垄条播 3 行>原垄撒播>原垄条播 2 行；含梗率是原垄条播 2 行>原垄沟撒播>原垄条播 3 行>开厢撒播>原垄撒播；平衡含水率是原垄撒播>原垄条播 2 行>原垄条播 3 行>开厢撒播>原垄沟撒播；叶质重是原垄撒播>开厢撒播>原垄沟撒播>原垄条播 3 行>原垄条播 2 行。以上分析表明，不同处理的中部烟叶物理性状有差异，但规律性不明显。

表 3-41　不同绿肥播种方式的烤烟物理性状

部位	绿肥种类	处理	开片率/%	叶片厚/μm	单叶重/g	含梗率/%	平衡含水率/%	叶质重/(g/m^2)
上	箭筈豌豆	A1	33.53a	126.00b	12.40b	33.87ab	15.38a	80.97b
		A2	32.72a	141.00b	13.70b	34.31a	15.44a	80.69b
		A3	30.56ab	197.00a	12.30b	34.96a	14.64a	79.28b
		A4	33.69a	135.00b	15.40a	30.52b	14.90a	98.81a
		A5	28.29b	187.00a	12.30b	35.40a	13.80a	100.51a
	黑麦草	B1	31.39ab	136.00b	13.60b	32.35ab	14.01a	72.76b
		B2	32.03a	150.50b	13.50b	34.81a	15.65a	83.24b
		B3	30.56b	160.00b	12.60b	30.16b	15.76a	93.43ab
		B4	30.48b	140.00b	12.30b	35.40a	15.57a	81.82b
		B5	29.72b	181.00a	15.70a	32.48ab	13.67a	105.61a

（续表）

部位	绿肥种类	处理	开片率/%	叶片厚/μm	单叶重/g	含梗率/%	平衡含水率/%	叶质重/(g/m²)
中	箭筈豌豆	A1	32.97b	132.00a	7.90a	35.44a	17.39a	58.61a
		A2	34.14a	136.00a	8.70a	34.48a	15.32a	62.85a
		A3	35.22a	101.00b	8.20a	35.12a	15.42a	56.91ab
		A4	32.98ab	113.00b	7.10a	36.62a	15.73a	50.40b
		A5	31.99b	121.00ab	6.20a	33.87a	14.22a	59.74a
	黑麦草	B1	32.80a	136.00ab	11.00a	33.64a	14.50a	76.16a
		B2	33.85a	125.00ab	9.90a	33.33a	16.37a	79.56a
		B3	31.72a	141.00a	10.30a	33.98a	15.59a	74.46a
		B4	34.24a	159.00a	9.00a	36.67a	15.75a	71.91a
		B5	34.11a	121.00b	10.50a	35.24a	13.81a	75.88a

（九）不同绿肥播种方式对烤烟化学成分的影响

由表3-42的翻压箭筈豌豆还田可知，从上部烟叶看，A4处理的上部烟叶糖含量偏低；上部烟叶的烟碱含量是：开厢撒播（A1）>原垄撒播（A2）>原垄条播3行（A3）>原垄条播2行（A4）>原垄沟撒播（A5），其中A1、A2、A3处理的上部烟叶烟碱含量偏高。从中部烟叶看，不同处理的烟叶糖含量差异不显著；中部烟叶的烟碱含量是：原垄撒播（A2）>开厢撒播（A1）>原垄条播2行（A4）>原垄条播3行（A3）>原垄沟撒播（A5），其中A1、A2、A3、A4处理的烟叶烟碱含量显著高于A5，5个处理的烟碱含量均偏高。总体上看，以A5处理化学成分相对较协调。也就是说，原垄沟撒播箭筈豌豆处理的烤烟化学成分相对较好。

由表3-42的翻压黑麦草还田可知，从上部烟叶看，B4、B5处理的上部烟叶糖含量偏低；上部烟叶的烟碱含量是：开厢撒播（B1）>原垄撒播（B2）>原垄条播3行（B3）=原垄条播2行（B4）>原垄沟撒播（B5），其中B1、B2、B3、B4处理的上部烟叶烟碱含量偏高。从中部烟叶看，B3、B4处理的烟叶糖含量相对较高；中部烟叶的烟碱含量是：开厢撒播（B1）>原垄撒播（B2）>原垄条播2行（B4）>原垄条播3行（B3）>原垄沟撒播（B5），5个处理的烟碱含量均偏高。总体上看，以原垄沟撒播、原垄条播3行的处理化学成分相对较协调。

表 3-42　不同绿肥播种方式的烤烟化学成分

部位	绿肥种类	处理	总糖/%	还原糖/%	烟碱/%	氯/%	糖碱比
上	箭筈豌豆	A1	22.22a	18.86a	4.05a	0.64a	5.49b
		A2	24.97a	21.89a	4.00a	0.59a	6.24ab
		A3	22.71a	19.22a	3.94a	0.62a	5.76b
		A4	19.85b	15.27b	3.44b	0.69a	5.77b
		A5	22.90a	17.62ab	3.21c	0.66a	7.13a
	黑麦草	B1	23.54a	19.67a	4.05a	0.65a	5.81a
		B2	21.76a	18.75a	4.04a	0.70a	5.39ab
		B3	23.58a	19.74a	3.92a	0.72a	6.02a
		B4	18.10b	15.10b	3.92a	0.65a	4.62b
		B5	18.63b	16.18b	3.24b	0.69a	5.75a
中	箭筈豌豆	A1	22.51a	18.71a	3.56ab	0.57a	6.32a
		A2	23.82a	20.61a	3.83a	0.60a	6.22a
		A3	22.98a	19.22a	3.35ab	0.59a	6.86a
		A4	22.61a	18.89a	3.43ab	0.51a	6.59a
		A5	23.88a	19.03a	3.13b	0.45a	7.63a
	黑麦草	B1	19.74b	16.69b	3.86a	0.57a	5.11b
		B2	20.94b	18.31a	3.51a	0.61a	5.97b
		B3	24.51a	21.24a	3.41b	0.49a	7.19a
		B4	24.40a	21.07a	3.44b	0.60a	7.09a
		B5	22.87b	19.33a	3.59b	0.59	6.37ab

四、讨论与结论

（1）不同绿肥播种方式对绿肥生物量的影响不同。箭筈豌豆和黑麦草以开厢撒播的绿肥生物量最高，原垄沟撒播箭筈豌豆和黑麦草的绿肥生物量虽然没有开厢撒播的生物量高，但其生物量可以满足绿肥翻压量的需要。一般情况下，开厢撒播的生物量大，在翻压时要移走一部分绿肥生物量，否则有生物量过大现象。而原垄沟撒播箭筈豌豆和黑麦草的绿肥生物量可满足要求，且可减少移走绿肥的用工量。

（2）不同绿肥播种方式对烤烟农艺性状影响不同。在团棵期和现蕾期，不同处理的农艺性状差异不大。但在成熟期，原垄沟撒播绿肥的烤烟农艺性状，特别是叶面积要好。这可能与该方式的绿肥养分损失少，在后期提供的养分多有关。

（3）不同绿肥播种方式对烤烟叶绿素影响不同。在烤烟的团棵期和现蕾期，不同处理烟叶的叶绿素含量差异不大。但在成熟期，翻压箭筈豌豆的烤烟以原垄沟撒播绿肥的处理烟叶叶绿素为最高，黑麦草以原垄条播 2 行的较高。对翻压箭筈豌豆来说，以原垄沟撒播绿肥的叶面积指数最大。而翻压黑麦草的处理差异不显著。

（4）原垄沟撒播绿肥的经济性状较好。原垄沟撒播箭筈豌豆的上部烟叶叶片虽然相对较厚，但均在适宜范围内。不同处理的烟叶烟碱含量偏高，但以原垄沟撒播绿肥的烤烟化学成分相对较好。

综上所述，原垄沟撒播绿肥的生物量可达到适宜绿肥翻压量的要求。与此同时，原垄沟撒播绿肥还具有以下优点：①简化绿肥播种工序（减掉了翻耕土壤工序和绿肥追施化肥工序），降低绿肥用种量（播种量减少 1/3），降低绿肥种植成本（可省工 22.5 个/hm^2）；②可提高绿肥出苗率（山区秋冬季干旱，翻耕土壤保贮土壤水分差，不利绿肥萌发和出苗）；③绿肥免耕聚垄可缓解人力、畜力紧张的矛盾，降低生产投入，获得较高的产出效益。因绿肥不割不扎、不搬不运、就地施用，而且不翻犁、不碎土，可节省许多人力、畜力。据统计，绿肥免耕聚垄，可减少人工 22.5 个/hm^2。建议推广原垄沟撒播绿肥聚垄种植烤烟技术时，应适量减少氮肥施用量。

第十节　湘西烟地黑麦草（禾本科）绿肥翻压的减氮量

一、研究目的

为烤烟生长发育创造一个良好的土壤生态环境是实现烤烟优质适产所必需的。烤烟生产轻视施用有机肥的习惯，致使植烟土壤退化和化肥利用率低，造成烟叶质量下降和工业可用性降低，影响了烟区可持续发展。在冬季空闲茬口种植绿肥翻压还田，既能充分利用冬季光热资源和覆盖地面保持水土，又能提高土壤有机质含量，还能活化与富集土壤磷、钾等养分，为后季作物提供速效养分，进而提高烤烟产质量。绿肥含氮量较高，翻压绿肥还田后种植烤烟，施肥必然与烤烟常规施肥有较大的差异，否则会导致后期氮素供应过多而影响烤烟正常落黄成熟。绿肥翻压还田后烤烟减施化肥氮用量对烤烟养分累积、产量及质量的影响已有较多研究，但对于地处武陵山地的湘西烟区绿肥翻压还田后的减施氮量研究相对缺乏。据此，研究了黑麦草翻压还田后烤烟不同施氮量对烟株农艺性状、光合生理指标、烤烟经济性状及烟叶质量的影响，目的是为制定湘西烟区翻压禾本科绿肥后的烤烟合理施用氮肥提供参考。

二、材料与方法

（一）试验设计

在湖南省凤凰县千工坪乡烟草基地开展试验。该区域属于中亚热带季风湿润性气候，年平均气温为15.9℃，历年平均降水量1 308.1mm，以旱地植烟为主。供试土壤为黄灰土，质地为黏壤土，pH值6.4，有机质13.3g/kg，碱解氮72mg/kg，有机磷18mg/kg，速效钾186mg/kg。试验设5个处理。T1，翻压黑麦草，减氮0%（施N90kg/hm^2）；T2，翻压黑麦草，减氮10%（施N 81kg/hm^2）；T3，翻压黑麦草，减氮20%（施N 72kg/hm^2）；T4，翻压黑麦草，减氮30%（施N 63kg/hm^2）；CK，不翻压黑麦草，施N 90kg/hm^2。每个处理3次重复，共15个小区。小区面积35.2m^2。N：P_2O_5：K_2O为1：1.3：2.5（通过调节专用基肥、专用追肥和追施硫酸钾的用量保证氮磷钾比例）。黑麦草于2013年10月19日播种，2014年4月18日翻压还田，还田鲜草量为15 000kg/hm^2（可提供给土壤N 68.55kg/hm^2、P 12.10kg/hm^2、K 66.24kg/hm^2）。烤烟品种为云烟87，2014年4月28日移栽烟苗。行距为110cm，株距为50cm。烤烟其他栽培措施参照湘西州烤烟栽培技术规程。

（二）测定项目及方法

（1）植株农艺性状：分别在烤烟团棵期、打顶期每个小区取有代表性烟株10株，按《烟草农艺性状调查测量方法》（YC/T 142—2010）测定株高、茎围、有效叶片数、最大叶长与宽等农艺性状，叶面积计算方法为叶长×叶宽×0.6345。

（2）植株干物质：分别于团棵期、打顶期采集整株烟样，每次取2株/小区，所采植株样分根、茎、叶3个部位分别杀青、烘干，称重后计算整株干重。

（3）叶面积指数：分别于烤烟团棵期、打顶期，在晴天的9：00—11：00进行测定，每次均采用往返观测法，采用Sunscan冠层分析仪测定叶面积指数（LAI）。

（4）叶绿素含量：分别在烤烟团棵期、打顶期，每个小区选择10株，用

SPAD-502 便携式叶绿素仪测量从上至下数第 5 片烟叶的相对叶绿素含量，每片烟叶在主脉两侧对称选择 6 个点测量，以 SPAD 值的平均值表示。

（5）光合特性指标：分别在烤烟团棵期、打顶期，每个小区选择 5 株，采用 LI—6400 便携式光合作用测定系统，测量从上至下数第 5 片烟叶的净光合速率（Pn）、气孔导度（Gs）、胞间二氧化碳浓度（Ci）、蒸腾速率（Tr）。在晴天的 9：00—11：00 进行测定，LED 红/蓝光源（6400-02B），测点环境二氧化碳自动缓冲，每个处理测定 5 次。

（6）经济性状：每个处理单采、单烤，分级后考察上等烟比例、均价、产量、产值等经济性状。

（7）烟叶质量评价：每个处理单采、单烤，由试验人员和专职分级人员按照 GB2635—92 标准，分别于烘烤结束后取烟样 B2F、C3F 等级。检测烟叶物理特性和烟叶化学成分，并进行烟叶评吸质量评价。

三、结果与分析

（一）对烟株农艺性状的影响

从表 3-43 看，在烤烟的团棵期，不同处理的株高、茎围、叶片数差异不显著；但最大叶面积差异达显著水平，对照的最大叶面积最大，T4 最小；CK、T1、T2 的最大叶面积显著大于 T3、T4。表明绿肥还田后在团棵期的长势稍弱，特别是过量减施氮肥（T3、T4）不利烤烟生长。

表 3-43　不同处理的烟株农艺性状

处理	团棵期				打顶期			
	株高/cm	茎围/cm	叶片数/片	最大叶面积/cm^2	株高/cm	茎围/cm	叶片数/片	最大叶面积/cm^2
T1	24. 67a	5. 59a	14. 11a	574. 94a	127. 49a	7. 62a	20. 67a	1 405. 97a
T2	23. 78a	5. 72a	14. 00a	582. 08a	131. 97a	7. 64a	21. 11a	1 391. 17a
T3	22. 89a	5. 56a	13. 22a	542. 83b	129. 67a	7. 52a	20. 11a	1 336. 39b
T4	22. 67a	5. 59a	13. 22a	537. 82b	119. 28b	7. 61a	20. 33a	1 195. 10c
CK	23. 78a	5. 87a	13. 67a	592. 14a	133. 16a	8. 03a	20. 56a	1 352. 07b

在烤烟打顶期，不同处理烤烟株高存在显著差异，主要是 CK、T1、T2、T3

的株高显著高于 T4；不同处理的烤烟茎围、叶片数有差异，但差异没有达到显著性水平；对于不同处理烤烟最大叶面积，CK、T1、T2 与 T3、T4 处理差异达到显著性水平，而 CK、T1、T2 之间差异、T3 与 T4 之间差异不显著，5 个处理烤烟最大叶面积以 T1 最大，T4 最小。表明绿肥还田有利于烤烟中后期生长，但过量减施氮肥（T3、T4）不利于烤烟生长。

（二）对烟株干物质累积和叶面积指数的影响

对于烤烟团棵期的干物质及叶面积指数而言（表 3-44），干物质量从大到小的顺序为：CK>T1>T2>T3>T4，各处理之间的差异显著性表现为 CK、T1、T2 与 T4 达到差异显著水平，CK、T1、T2 和 T3 之间，T3 和 T4 之间差异不显著；叶面积指数的表现与表 3-42 中的最大叶面积相同。对于烤烟打顶期的干物质及叶面积指数而言（表 3-43），干物质量从大到小的顺序为：T1>T2>CK> T3> T4，T1 和 T2 显著高于 CK、T3、T4，CK 和 T3 显著高于 T4，T1 与 T2 差异不显著，CK 与 T3 差异不显著；叶面积指数的表现与表 3-43 的最大叶面积相同。表明绿肥还田后过量减施氮肥（T3、T4）不利于烤烟干物质累积，将减少叶面积指数，但绿肥还田后适量减施氮肥不影响烤烟干物质累积和叶面积指数。

表 3-44　不同处理的烟株干物质和叶面积指数

处理	团棵期		打顶期	
	干物质/（g/株）	叶面积指数	干物质/（g/株）	叶面积指数
T1	43. 56a	1. 81a	420. 86a	3. 39a
T2	42. 94a	1. 79a	412. 52a	3. 18a
T3	40. 14ab	1. 68b	350. 59b	2. 91b
T4	38. 01b	1. 67b	319. 45c	2. 68c
CK	44. 67a	1. 91a	395. 49a	2. 97b

（三）对烤烟光合特性的影响

对于烤烟光合特性而言（表 3-45），在烤烟的团棵期，不同处理光合特性指标差异不显著。在烤烟打顶期，不同处理叶绿素的相对含量（SPAD 值）、气孔导度和胞间二氧化碳浓度是 T1、T2 和 CK 显著高于 T3 和 T4；烟叶净光合速率和蒸腾速率是 T1 和 T2 显著高于 T3 和 T4，CK 与其他处理差异不显著。由此可见，翻压绿肥减施氮肥主要影响烤烟中后期的光合特性，过量减施氮肥（T3、T4）会降低烟叶的光合能力。

表 3-45　不同处理的烤烟光合生理特性

处理	团棵期					打顶期				
	SPAD 值	Pn/[μmol/(m^2·s)]	Gs/[mol/(m^2·s)]	Ci/(μmol/mol)]	Tr/[mmol/(m^2·s)]	SPAD 值	Pn/[μmol/(m^2·s)]	Gs/[mol/(m^2·s)]	Ci/(μmol/mol)	Tr/[mmol/(m^2·s)]
T1	39. 06a	15. 18a	0. 78a	315. 73a	8. 19a	44. 78a	17. 16a	0. 59a	331. 76a	4. 78a
T2	38. 80a	15. 89a	0. 74a	311. 89a	7. 64a	44. 62a	16. 94a 055a		327. 80a	4. 72a
T3	39. 04a	15. 75a	0. 70a	309. 83a	8. 59a	42. 18b	13. 57b	0. 40b	295. 09b	4. 47b
T4	37. 23a	14. 90a	0. 76a	315. 74a	8. 39a	42. 21b	13. 49b	0. 41b	294. 88b	4. 49b
CK	40. 24a	15. 02a	0. 78a	318. 46a	8. 41a	44. 24a	15. 67ab	0. 54a	320. 89a	4. 58ab

（四）对烤烟经济性状的影响

对于烤烟经济性状而言（表 3-46），不同处理的烤烟上等烟比例存在显著差异，T2、CK 的烤烟上等烟比例较高，其次是 T1、T3，T4 的烤烟上等烟比例相对最低。不同处理的烤烟均价差异不显著。不同处理的烤烟产量和产值存在显著差异，除翻压绿肥减氮 30%的 T4 外，其他处理均高于对照。从减施氮肥后烤烟产量和产值看，T2（减氮 10%）与 T1（不减氮）差异不显著；T3（减氮 20%）虽显著高于 T4 和对照，但显著低于 T1、T2。表明翻压绿肥后减施氮肥影响烤烟经济性状，以减施氮量 10%的 T2 为宜；与对照相比，上等烟比例提高了 1. 78%，产量提高了 19. 16%，产值提高了 23. 89%；较不减氮的 T1，上等烟比例提高了 8. 81%，产值提高了 2. 77%。

表 3-46　不同处理的烤烟经济性状

处理	上等烟比例/%	均价/（元/kg）	产量/（kg/hm^2）	产值/（元/hm^2）
T1	40. 86b	23. 35	1 930. 59a	45 079. 28a
T2	44. 46a	24. 13	1 920. 00a	46 329. 60a
T3	39. 93b	23. 03	1 811. 25b	41 713. 09b
T4	33. 00c	22. 54	1 606. 59c	36 212. 54c
CK	43. 68a	23. 21	1 611. 19c	37 395. 72c

（五）对烤烟物理特性的影响

从表 3-47 看，不同处理 C3F 等级烤烟物理性状差异不显著。除平衡含水率外，不同处理 B2F 等级烤烟其他物理性状指标差异显著。从 B2F 等级开片率看，T1>CK>T2>T3>T4，T1、CK 显著高于 T3、T4，T2 与其他处理差异不显著。从 B2F 等级叶片厚度看，T4>T3>T2 >CK >T1，T1、CK 显著低于 T2、T3、T4。从 B2F 等级单叶重看，CK>T1> T2>T4>T3，T1、T2、CK 显著高于 T3、T4。从 B2F 等级含梗率看，CK>T4>T3>T1>T2，T2 显著低于其他处理。从 B2F 等级叶质重看，T4>T1> T3>T2>CK，T4 显著高于其他处理。以上分析表明，绿肥翻压后减施氮量主要影响上部烟叶（B2F 等级）的物理性状；翻压绿肥后减氮量较大（T3、T4）造成上部烟叶开片度差、叶片厚、单叶重较轻；以减氮 10%的 T2 烟叶含梗率低，开片率、叶质重适宜，叶片结构疏松。

表 3-47　不同处理的烤烟物理性状

等级	处理	开片率/%	叶片厚度/um	单叶重/g	含梗率/%	平衡含水率/%	叶质重/(g/m^2)
B2F	T1	31.73a	143.00b	10.23a	33.36a	13.07a	80.03b
	T2	30.57ab	152.00a	10.10a	31.02b	14.31a	79.09b
	T3	29.94b	152.50a	9.00b	33.84a	13.11a	79.98b
	T4	28.59b	152.67a	9.30b	34.17a	14.51a	89.18a
	CK	31.55a	147.33b	10.43a	34.79a	14.74a	78.14b
C3F	T1	33.00a	129.67a	9.90a	33.65a	13.75a	70.21a
	T2	34.93a	115.67a	8.90a	34.84a	14.22a	69.65a
	T3	33.49a	115.00a	9.27a	33.08a	14.80a	71.91a
	T4	33.50a	127.67a	9.70a	33.48a	16.58a	66.82a
	CK	33.30a	119.33a	9.97a	35.31a	14.65a	63.70a

（六）对烤烟化学成分的影响

从表 3-48 看，在 C3F 等级中，不同处理烟叶总糖、还原糖、烟碱、钾含量差异达显著水平；T1、T2、T3 的烟叶糖含量较高、烟碱含量适宜、钾含量较高。在 B2F 等级中，不同处理烟叶的总糖、还原糖、烟碱、总氮、钾、糖碱比、钾氯比差异显著；T1、T2 的烟叶糖含量相对较高；T1 的烟叶烟碱、总氮含量相对较高；翻压绿肥处理（T1、T2、T3、T4）的烟叶钾含量及钾氯比相对较高；T2 处理的烟叶糖碱比相对较高。以上分析表明翻压绿肥后适当减氮可提高烟叶糖含量，降低烟叶的烟碱含量，使化学成分更加协调。

表 3-48　不同处理的烤烟化学成分

等级	处理	总糖/%	还原糖/%	烟碱/%	总氮/%	氯/%	钾/%	糖碱比	氮碱比	钾氯比
B2F	T1	26.26a	20.58a	4.12a	2.51a	0.52a	2.78ab	6.38b	0.61a	5.31a
	T2	26.85a	21.34a	3.67b	2.15b	0.57a	2.94a	7.31a	0.59a	5.18a
	T3	23.57b	19.05b	3.66b	2.01b	0.58a	2.85a	6.44b	0.55a	4.91a
	T4	24.09b	19.74b	3.39c	1.90c	0.58a	2.66ab	7.11a	0.56a	4.56a
	CK	24.29 b	18.27b	3.72b	2.22b	0.54a	2.20b	6.53b	0.60a	4.08b
C3F	T1	29.32a	25.82a	3.23ab	2.02a	0.60a	2.82a	9.07a	0.62a	4.73a
	T2	30.91a	24.26a	3.06b	1.80a	0.56a	3.04a	10.09a	0.59a	5.40a
	T3	30.64a	27.17a	3.04b	1.79a	0.56a	2.92a	10.09a	0.59a	5.18a
	T4	32.07a	25.91a	2.66c	1.69a	0.46a	2.70b	12.05a	0.63a	5.81a
	CK	27.89b	22.83b	3.41a	1.70a	0.53a	2.68b	8.17a	0.50a	5.10a

（七）对烤烟感官评吸质量的影响

对于烤烟感官评吸质量（表 3-49）而言，B2F 等级烟叶的不同处理之间的感官质量指数差异大于 C3F 等级。从 C3F 等级看，各处理的感官质量指数从高到低的顺序为 T2>T1＝T3>CK>T4，T2 的余味分值相对较优。从 B2F 等级看，各处理的感官质量指数从高到低的顺序为 T2>T1>T3＝CK>T4，T2 的香气质、杂气、余味等感官评吸质量指标分值相对较优。以上结果表明，绿肥翻压还田适当减施氮肥有利于提高烟叶评吸质量。

表 3-49　不同处理的烤烟感官质量

等级	处理	香气质	香气量	杂气	刺激性	浓度	劲头	余味	感官质量指数
B2F	T1	18.5	19.0	10.0	6.0	7.5	6.5	7.5	75.0
	T2	19.0	18.0	10.5	7.0	7.0	7.0	8.0	76.5
	T3	17.5	17.0	9.0	6.5	6.5	6.5	7.5	70.5
	T4	17.0	15.0	9.0	6.0	6.5	6.5	7.5	67.5
	CK	18.0	16.5	9.0	6.0	7.0	7.0	7.0	70.5
C3F	T1	19.0	17.0	11.0	8.0	7.5	7.0	7.0	76.5
	T2	19.5	16.0	11.5	8.0	7.0	7.0	8.0	77.0
	T3	19.5	16.0	10.5	8.5	7.5	7.0	7.5	76.5
	T4	18.0	16.0	10.5	8.5	7.0	7.0	7.5	74.5
	CK	17.5	16.5	10.5	8.0	7.5	7.5	7.5	75.0

四、讨论与结论

翻压黑麦草作绿肥可促进烤烟的叶片生长，增加烟株的生物量，改善烤烟农艺性状和光合特性，提高烤烟产量和产值。本研究结果表明，黑麦草翻压还田，烟苗在团棵期长势稍弱，可能是绿肥翻压入土后的腐解与烟苗生长存在“氮”竞争现象。由于提早翻压，加之烟苗前期只需少量氮供应即可满足其生长，对烟苗生长的影响不大，但对打顶期的烟株农艺性状、生物量和光合特性具有明显的促进作用。翻压绿肥后，绿肥本身具有提供养分和改良土壤的效果，有利烤烟旺长期生长，提高了叶面积指数，改善了光合特性，为烤烟优质适产打下了良好基础，因而能提高烤烟上等烟比例，增加烤烟产量和产值。

翻压黑麦草作绿肥后的烤烟生产应适量减施氮肥。绿肥本身含有较高氮素，翻压黑麦草后种植烤烟不减施氮素，不利于烤烟正常成熟落黄，造成上部烟叶的烟碱含量提高、糖碱比降低，影响上部烟叶的化学成分可用性，导致上部烟叶评吸质量低于减氮10%的处理。但翻压黑麦草作绿肥后减施氮量过大（20%～30%），致使烤烟营养失调，影响烤烟叶片生长，降低烤烟产量和产值，造成上部烟叶开片度差、叶片厚、单叶较轻、叶片结构紧密，其化学成分协调性差，评吸质量也差。翻压黑麦草后减氮10%处理的农艺性状、生物量、叶面积指数、光合特性和产量与不减氮处理差异不显著，但其上等烟比例、产值、烟叶物理特性、化学成分协调性和评吸质量显著优于不减氮处理。因此，烤烟生产中，在翻压黑麦草作绿肥还田的同时，应适量减少化肥氮的施用，才能提高经济效益。但减施化肥氮量有一定的限度，如果减量过多，可能导致减产、减收和烟叶质量下降。

不同产区翻压不同绿肥的减氮量不同。郭云周等（2010）在云南省曲靖市富源县，研究翻压光叶紫花苕子作绿肥后，烤烟生产适宜减氮量以15%为最佳。刘胜良等（2010）在云南省昆明市石林县，研究翻压光叶紫花苕子作绿肥后，烤烟生产化肥氮施用量以当地习惯推荐量的60%（减氮40%）为宜。袁家富等（2009）在湖北省清江流域，研究翻压紫花苕子和小麦作绿肥后，烤烟生产施氮量减少22. 5kg/hm^2，有利于改善烟叶内在质量。本研究认为翻压黑麦草作绿肥后，烤烟生产以减氮10%为宜。这可能与黑麦草是禾本科绿肥，本身含氮量要低于豆科绿肥有关。因此，不同烟区，不同的绿肥种类、翻压量、翻压时间，减氮量会有所不同，需要针对本地的生态条件开展研究。

综上所述，翻压黑麦草作绿肥后，不同施氮量对烤烟农艺性状、干物质累积、叶面积指数、光合特性、经济性状以及烟叶物理特性、化学成分和评吸质量均有一定的影响。烤烟生产适量减施氮肥10%，烤烟农艺性状、干物质累积、叶面积指数和光合特性优于对照，与不减氮处理没有差异；其上等烟比例、产值高于对照和不减氮处理；其烟叶物理特性、化学成分协调性和评吸质量优于对照和不减氮处理。烤烟生产减施氮肥20%～30%，烟株农艺性状、经济性状和烟叶质量相对较差。翻压绿肥还田应根据绿肥种类和土壤肥力状况适当减少烤烟施氮量；湘西烟地翻压黑麦草作绿肥以减少施氮量10%为宜。翻压绿肥不仅可以培肥植烟土壤，还可以更好满足当季作物营养需求。但如何协调其培肥土壤和当季利用率的关系，有待今后进一步探索。

第十一节　湘西烟地箭筈豌豆（豆科）绿肥翻压的减氮量

一、研究目的

植烟土壤环境是烟草生长的重要生态因子。烟叶生产中大量施用化肥，造成土壤板结、酸化、养分失衡越来越严重，影响烤烟产质量。充分利用冬季光热资源和空闲茬口种植绿肥翻压还土，既能覆盖地面保持水土，又能活化与富集土壤磷、钾等养分，还能提高土壤有机质含量，为后季作物提供速效养分，进而提高烤烟产质量。近年来已有不少学者在利用种植绿肥提升和改良土壤肥力、提高烟叶产质量等方面做了许多卓有成效的研究，但对于地处武陵山区的湘西烟区绿肥翻压还田后的减氮量研究还是空白。鉴此，以翻压箭筈豌豆为绿肥材料，研究了绿肥还田后不同施氮量对烤烟生长和经济性状及烟叶物理特性、化学成分的影响，为制定湘西烟区翻压豆科绿肥后的烤烟施肥提供参考。

二、材料与方法

（一）试验设计

试验在湖南省湘西自治州凤凰县千工坪烟草基地进行。该区域属于中亚热带季风湿润性气候，年平均气温为15.9℃，历年平均降水量1 308.1mm，以旱地植烟为主。供试土壤为黄灰土，pH值6.4，有机质13.3g/kg，碱解氮72mg/kg，有机磷18mg/kg，速效钾186mg/kg。绿肥品种为箭筈豌豆，于2013年10月19日播种绿肥，2014年4月18日翻压绿肥，箭筈豌豆翻压鲜草量为15 000kg/hm^2。烤烟品种为云烟87，2014年4月28日移栽烟苗。试验设5个处理。T1，对照，不翻压任何绿肥，常规施氮 $90kg/hm^2$；T2，翻压箭筈豌豆，常规施氮 $90kg/hm^2$（减氮 0%）；T3，翻压箭筈豌豆，在常规施氮的基础上减氮 $9kg/hm^2$（减氮 10%）；T4，翻压箭筈豌豆，在常规施氮的基础上减氮 $18kg/hm^2$（减氮 20%）；T5，翻压箭筈豌豆，在常规施氮的基础上减氮 $27kg/hm^2$（减氮 30%）。每个处理 3 次重复，共 15 个小区。小区面积 $35.2m^2$。氮磷钾比例为 1：1.3：2.5。烤烟其他栽培措施参照湘西州烤烟栽培技术规程。

（二）测定项目及方法

（1）植株农艺性状：分别在烤烟团棵期、现蕾期、圆顶期每个小区取有代表性烟株 10 株，按《烟草农艺性状调查测量方法》（YC/T142—2010）测定株高、茎围、有效叶片数、最大叶长与宽等农艺性状，叶面积计算方法为叶长×叶宽×0.6345。

（2）冠层结构指标测定：在移栽后的团棵期、现蕾期利用植物冠层分析仪（LP-80，USA）测定群体叶面积指数（LAI）；测定冠层上部的光合有效辐射（PAR）。测定时间为上午 9：00—11：00。

（3）SPAD 值测定：在打顶后一个星期的 6 月 26 日，按叶位测定不同处理的叶片 SPAD 值。每个小区选择 10 株，用 SPAD-502 便携式叶绿素仪测量从上至下数第 5 片烟叶的相对叶绿素含量，每片烟叶在主脉两侧对称选择 6 个点测量，以 SPAD 的平均值表示。

（4）光合特性指标：分别在烤烟团棵期、现蕾期、圆顶期，每个小区选择 5 株，采用 LI-6400 便携式光合作用测定系统，测量从上至下数第 5 片烟叶的净光合速率（Pn）、气孔导度（Gs）、胞间二氧化碳浓度（Ci）、蒸腾速率（Tr）。在晴天的 9：00—11：00 进行测定，LED 红/蓝光源（6400-02B），测点环境二氧化碳自动缓冲，每个处理测定 5 次。

（5）经济性状：每个处理单采、单烤，分级后考察上等烟比例、均价、产量、产值等经济性状。

（6）烟叶质量评价：每个处理单采、单烤，由试验人员和专职分级人员按照 GB 2635—92 标准，分别于烘烤结束后取烟样 B2F、C3F 等级。检测烟叶物理特性和烟叶化学成分。

三、结果与分析

（一）对烤烟农艺性状的影响

由表 3-50 可知，在烤烟的团棵期，不同处理的株高、茎围、叶片数差异不显著，但茎围以T1的最大。最大叶面积差异达显著水平，T1的最大叶面积显著大于其他处理。表明，在烤烟生长的前期，不施绿肥的处理的农艺性状要优。

在烤烟的现蕾期，不同处理的株高、茎围、叶片数、最大叶面积差异不显著，但不施绿肥处理的株高、茎围要大于施绿肥处理；不施绿肥处理的叶面积要小于施箭筈豌豆的处理。表明绿肥还田后适当减施氮肥对烤烟农艺性状没有影响。

在烤烟圆顶期，不同处理株高、茎围、叶片数没有显著差异。从最大叶面积看，翻压绿肥的处理（T1、T2、T3、T4）大于不翻压绿肥处理（T1）。其中，T2、T3、T4处理的最大叶面积显著大于T1处理。表明绿肥还田后适当减施氮肥可促进叶片生长，改善烤烟农艺性状。

表3-50　不同处理的烤烟农艺性状

处理	团棵期				现蕾期				圆顶期			
	株高/cm	茎围/cm	叶片数/片	最大叶面积/cm²	株高/cm	茎围/cm	叶片数/片	最大叶面积/cm²	株高/cm	茎围/cm	叶片数/片	最大叶面积/cm²
T1（CK）	23.78a	5.87a	13.67a	629.14a	133.16a	8.03a	20.56a	1 382.07a	122.61a	9.34a	16.11a	1 471.15b
T2	23.33a	5.61a	13.22a	546.09b	128.57a	7.73a	21.33a	1 463.17a	118.64a	9.27a	17.22a	1 560.57a
T3	23.78a	5.61a	13.67a	546.18b	126.59a	7.68a	21.22a	1 584.07a	116.47a	9.20a	16.11a	1 625.46a
T4	24.11a	5.67a	13.67a	561.90b	127.21a	7.88a	20.78a	1 443.83a	119.59a	9.12a	16.44a	1 511.47a
T5	22.89a	5.73a	13.89a	556.48b	126.91a	7.92a	21.67a	1 472.03a	117.71a	8.99a	15.89a	1 498.40ab

（二）对冠层指标的影响

太阳辐射中能被绿色植物用来进行光合作用的那部分能量称为光合有效辐射，简称PAR。光合有效辐射是植物生命活动、有机物质合成和产量形成的能量来源。叶面积指数（LAI）可反映植物冠层密度和生物量。

由表3-51可知，在烤烟的团棵期，除T4处理的光合有效辐射低于对照（T1）外，其他处理的光合有效辐射均高于对照（T1）；T3处理的叶面积指数与对照（T1）差异不大，但都高于T2和T4处理。

在烤烟的现蕾期，翻压箭筈豌豆处理的光合有效辐射均高于对照（T1），以T2和T3处理的光合有效辐射相对较高；翻压箭筈豌豆处理的叶面积指数均高于对照（T1），以T2和T5处理相对较高。

表 3-51　不同处理的冠层指标

处理	团棵期		现蕾期	
	PAR/［μmol/（m^2·s）］	叶面积指数	PAR/［μmol/（m^2·s）］	叶面积指数
T1（CK）	972. 37a	1. 91a	389. 37b	2. 77b
T2	980. 09a	1. 75a	440. 45a	3. 23a
T3	1 005. 97a	1. 90a	436. 00a	3. 03a
T4	947. 19a	1. 78a	419. 96a	2. 99a
T5	1 008. 25a	1. 86a	431. 36a	3. 18a

（三）对 SPAD 值的影响

SPAD 值可反映烟叶的叶绿素含量，与叶绿素含量成正比。在打顶后一个星期的 6 月 26 日，按叶位测定不同处理的叶片 SPAD 值，并制作成折线图（图 3-26）。

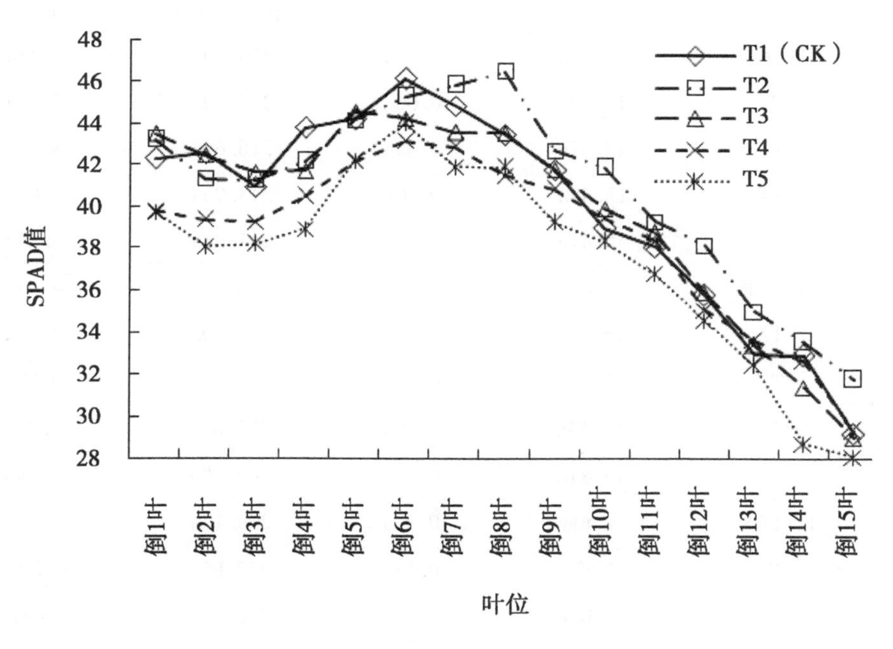

图 3-26　不同处理的 SPAD 值

由图 3-26 可知，对箭筈豌豆来说，倒 7 叶至倒 15 叶，施用箭筈豌豆作绿肥不减氮的处理（T2）SPAD 值较高，不施绿肥（CK）、减氮 9kg/hm^2（T3）、减氮 18kg/hm^2处理（T4）的 SPAD 值相近，减氮 27kg/hm^2处理（T5）的 SPAD

值最低。倒 1 叶至倒 6 叶，不施绿肥、施绿肥不减氮、减氮 9kg/hm^{2}处理的 SPAD 值相近，但减氮 18kg/hm^2、减氮 27kg/hm^{2}处理的 SPAD 值低于其他处理。表明，施用箭筈豌豆绿肥，如果不减氮，烟叶落黄的时间要推迟，而减氮 9~18kg/hm^{2}的处理与不施绿肥处理的烟叶落黄状况差异不大，但减氮 27kg/hm^{2}的处理有可能氮肥不足。

（四）对烤烟光合特性的影响

由表 3-52 可知，在烤烟团棵期，对翻压箭筈豌豆处理来说，不同减氮处理的烤烟净光合速率均大于对照（T1），有随减氮量增加净光合速率下降的趋势。不同减氮处理的烤烟气孔导度、胞间二氧化碳浓度均小于对照（T1）。除 T4 外，不同减氮处理的烤烟蒸腾速率均小于对照（T1）。

表 3-52 不同处理的烤烟光合特性

生育期	处理	净光合速率/[μmol/(m^2·s)]	气孔导度/[mol/(m^2·s)]	胞间二氧化碳浓度/(μmol/mol)	蒸腾速率/[mmol/(m^2·s)]
团棵期	T1（CK）	15.02a	0.78a	318.46a	8.41a
	T2	15.92a	0.66a	310.40a	7.78a
	T3	15.57a	0.62a	316.69a	8.01a
	T4	15.42a	0.70a	313.95a	8.65a
	T5	15.41a	0.67a	311.43a	8.25a
现蕾期	T1（CK）	15.67a	0.44a	320.89a	4.68a
	T2	16.67a	0.49a	317.90a	4.96a
	T3	15.78a	0.44a	321.67a	4.63a
	T4	15.13a	0.60a	329.66a	5.35a
	T5	14.81a	0.40a	303.10a	4.54a
圆顶期	T1（CK）	8.40a	0.12a	249.13a	3.23ab
	T2	8.53a	0.18a	272.86a	4.29a
	T3	8.16a	0.08a	232.34a	2.41b
	T4	7.07a	0.09a	170.38b	2.50b
	T5	7.12a	0.15a	271.63a	3.97a

在烤烟现蕾期，对翻压箭筈豌豆处理来说，不同减氮处理的烤烟净光合速率有随减氮量增加净光合速率下降的趋势。不同减氮处理的烤烟气孔导度、胞

间二氧化碳、蒸腾速率变化规律性不是很明显。

在烤烟圆顶期，对翻压箭筈豌豆处理来说，不同减氮处理的烤烟净光合速率有随减氮量增加净光合速率下降的趋势。不同减氮处理的烤烟气孔导度、胞间二氧化碳浓度、蒸腾速率均小于不减氮处理（T2）。

（五）对烤烟经济性状的影响

由表 3-53 可知，不同处理的上等烟比例、均价差异不显著。从产量和产值看，除翻压绿肥减氮 27kg/hm^{2}的处理（T5）外，其他处理均高于不施绿肥处理（T1）。从减施氮肥后烤烟产量和产值看，减氮 9kg/hm^{2}处理（T3）要高于不减氮处理（T2）；减氮 18kg/hm^{2}处理（T4）虽高于不减氮处理，但差异不显著；减氮 27kg/hm^{2}处理（T5）要显著低于不减氮处理。表明翻压绿肥后，烤烟生产减施氮量 9～18kg/hm^{2}为宜。

表 3-53　不同处理的烤烟经济性状

处理	上等烟比例/%	均价/（元/kg）	产量/（kg/hm^2）	产值/（元/hm^2）
T1（CK）	43.68	23.21	1 611.19c	37 431.74c
T2	40.48	23.74	1 777.50b	42 338.55b
T3	43.43	23.61	1 933.59a	45 911.31a
T4	40.58	23.81	1 909.50ab	45 710.60ab
T5	39.81	23.70	1 360.22d	32 204.96d

（六）对烤烟物理特性的影响

由表 3-54 可知，从开片率看，C3F 等级差异不显著，B2F 等级中 T5 处理显著低于其他处理。从叶片厚度看，C3F 等级差异不显著，B2F 等级中 T5 处理显著高于其他处理。从单叶重看，C3F 等级差异不显著，B2F 等级中 T5 处理显著高于其他处理。从含梗率和平衡含水率看，C3F、B2F 等级差异不显著。从叶质重看，C3F 等级差异不显著，B2F 等级中 T3、T4 处理显著低于其他处理。以上分析表明，绿肥翻压及不同减施氮量主要影响上部烟叶（B2F 等级）的物理性状；翻压绿肥后减氮 27kg/hm^{2}处理（T5），由于减氮量大，造成上部烟叶开片度差、叶片厚、单叶较轻；翻压绿肥后减氮 9～18kg/hm^{2}处理（T3、T4）的叶质重相对较低，叶片结构疏松。

表 3-54　不同减氮量的烤烟物理性状

等级	处理	开片率/%	叶片厚度/μm	单叶重/g	含梗率/%	平衡含水率/%	叶质重/(g/m²)
B2F	T1（CK）	31.55a	147.33b	10.43a	34.79	14.74	78.14b
	T2	31.39a	149.33b	10.87a	33.74	12.43	80.31a
	T3	31.81a	145.00b	10.50a	34.05	14.44	74.84c
	T4	31.31a	136.67c	10.57a	35.32	14.69	73.05c
	T5	29.69b	158.67a	9.90b	33.24	13.51	79.28a
C3F	T1（CK）	33.30	119.33	9.97	35.31	14.65	63.70
	T2	32.10	111.67	10.07	35.45	15.89	63.70
	T3	32.01	109.33	10.60	36.46	16.35	61.72
	T4	33.10	114.00	9.63	36.42	16.47	62.47
	T5	33.43	125.00	10.10	32.61	14.39	63.65

（七）不同减施氮量对烤烟化学成分的影响

由表 3-55 可知，不同处理的化学成分虽有差异，但只有上部烟叶（B2F 等级）的总糖、还原糖、烟碱、糖碱比存在显著差异。从不同处理看，翻压绿肥不减氮（T2）处理的 B2F 等级烟叶总糖、还原糖、糖碱比显著低于减氮处理（T3、T4、T5）和不翻压绿肥处理（T1），其烟碱含量显著高于 T1、T3、T4、T5 处理，表明翻压绿肥后减氮可提高烟叶糖含量，降低烟叶的烟碱含量，使化学成分更加协调。

表 3-55　不同处理的烤烟化学成分

等级	处理	总糖/%	还原糖/%	烟碱/%	总氮/%	钾/%	氯/%	糖碱比	氮碱比	钾氯比
B2F	T1（CK）	24.18a	18.37a	3.77b	2.22	2.50	0.56	6.48a	0.59	5.36
	T2	20.93b	16.03b	4.10a	2.19	2.87	0.61	5.21b	0.53	4.70
	T3	24.28a	19.01a	3.70b	2.07	2.95	0.50	6.58a	0.56	5.90
	T4	23.22a	21.30a	3.71b	2.41	2.93	0.58	6.27a	0.65	5.05
	T5	24.69a	20.50a	3.76b	2.44	3.02	0.52	6.57a	0.65	5.81

（续表）

等级	处理	总糖/%	还原糖/%	烟碱/%	总氮/%	钾/%	氯/%	糖碱比	氮碱比	钾氯比
C3F	T1（CK）	27.89	22.83	3.41	1.70	2.88	0.53	8.19	0.50	5.43
	T2	28.26	22.83	3.46	1.85	2.89	0.55	8.18	0.53	5.25
	T3	28.67	21.59	3.26	2.02	2.95	0.45	8.81	0.62	6.56
	T4	28.11	21.92	3.41	2.02	2.86	0.56	8.58	0.59	5.11
	T5	30.70	24.86	3.34	1.78	2.82	0.51	9.19	0.53	5.53

四、讨论与结论

（1）在烤烟生长初期，绿肥翻压还田的烤烟农艺性状要略逊于不翻压绿肥的处理。到烤烟生长的中后期，减少氮肥施用对烤烟农艺性状影响不显著。翻压绿肥箭筈豌豆可促进烤烟的叶片生长，改善烤烟农艺性状，提高烤烟产量和产值。这主要是因为翻压绿肥后，绿肥本身具有提供养分和改良土壤的作用。

（2）翻压箭筈豌豆绿肥，如果不减氮，烟叶落黄的时间要推迟，而减氮9～18kg/hm^{2}的处理与不施绿肥处理的烟叶落黄状况差异不大，但减氮27kg/hm^{2}的处理有可能氮肥不足。

（3）翻压绿肥，烤烟有效光合辐射和叶面积指数高于不翻压绿肥处理。翻压绿肥后减氮对烤烟有效光合辐射和叶面积指数有影响。

（4）绿肥翻压还田减少氮肥对烤烟经济性状影响显著。箭筈豌豆翻压还田每公顷减氮9kg/hm^{2}处理要优于不减氮处理；减氮18kg/hm^{2}处理虽优于不减氮处理，但差异不显著；减氮27kg/hm^{2}处理要差于不减氮处理。

（5）翻压箭筈豌豆减氮9～18kg/hm^{2}可提高上部烟叶的物理性状；如果减氮27kg/hm^2，上部烟叶发育欠佳，中部烟叶略薄。

（6）豆科绿肥本身含有较高氮素。翻压绿肥箭筈豌豆后种植烤烟不减施氮素，造成上部烟叶的糖含量降低、烟碱含量提高、糖碱比降低，影响上部烟叶的化学成分可用性。翻压箭筈豌豆减氮可提高中部烟叶糖含量，降低烟叶的烟碱含量，糖碱比更加协调。

综上所述，翻压绿肥箭筈豌豆后适量减施氮肥，不仅可提高烤烟产量和产值，还可提高烟叶物理性状，同时使烟叶化学成分更加协调。本研究认为翻压绿肥箭筈豌豆还田，可减施氮量9～18kg/hm^2，以减施氮量9kg/hm^{2}为最佳。

第十二节　湘西烟地绿肥还田与减氮对烟叶 SPAD 值的影响

一、研究目的

烤烟氮素影响烟叶叶绿素含量，而叶绿素含量不仅与烤烟的产量及成熟度有关，而且其相关降解产物与烟叶的香气质和香气量密切相关。有关研究表明可以用 SPAD 值表示叶绿素含量的高低。冬种绿肥翻压还土既能活化与富集土壤磷、钾等养分，还能提高土壤有机质含量，进而提高烤烟产质量。相关研究对绿肥翻压和减氮对烤烟养分累积、产量及质量的影响的报道较多，但对于绿肥翻压还田后的减氮量对烤烟 SPAD 值影响的研究还是空白。鉴此，以箭筈豌豆、黑麦草为绿肥材料，研究了绿肥还田后不同施氮量对烤烟 SPAD 值影响，为制定湘西烟区翻压绿肥后的烤烟减施氮量提供参考。

二、材料与方法

（一）试验设计

试验在湖南省湘西自治州凤凰县千工坪烟草基地进行。该区域属于中亚热带季风湿润性气候，年平均气温为 15.9℃，历年平均降水量 1 308.1mm，以旱地植烟为主。供试土壤为黄灰土，pH 值 6.4，有机质 13.3g/kg，碱解氮 72mg/kg，有机磷 18mg/kg，速效钾 186mg/kg。试验设 9 个处理。CK，空白对照，不翻压任何绿肥，施氮 90kg/hm^2；T1，翻压箭筈豌豆，施氮 90kg/hm^2；T2，翻压箭筈豌豆，施氮 81kg/hm^2；T3，翻压箭筈豌豆，施氮 72kg/hm^2；T4，翻压箭筈豌豆，施氮 63kg/hm^2；T5，翻压黑麦草，施氮 90kg/hm^2；T6，翻压黑麦草，施氮 81kg/hm^2；T7，翻压黑麦草，施氮 72kg/hm^2；T8，翻压黑麦草，施氮 63kg/hm^2。每个处理 3 次重复，共 27 个小区。小区面积 35.2m^2。

2013 年 10 月 19 日播种绿肥，2014 年 4 月 18 日翻压绿肥，绿肥翻压鲜草量为 15 000kg/hm^2。烤烟品种为云烟 87，2014 年 4 月 28 日移栽烟苗。烤烟其他栽培措施参照湘西州烤烟栽培技术规程。

（二）SPAD 值测定方法

在烤烟打顶 5d 后，每小区选取 5 株烟，每株烟从顶部第 1 叶（倒 1 叶）往下数 15 叶，采用 SPAD-502 叶绿素仪在每片烟叶 1/2 处的主脉两侧 1cm 处测定

SPAD 值。

采用 Microsoft Excel 2003 和 SPSS 17.0 进行数据处理和统计分析。采用 Duncan 法进行多重比较，英文小写字母表示 5%差异显著水平。

三、结果与分析

（一）翻压箭筈豌豆还田减氮对烤烟 SPAD 值的影响

由图 3-27 可知，翻压箭筈豌豆还田后，随着施氮量降低，烟叶 SPAD 值大体呈降低趋势。从倒 8 叶至倒 15 叶，T1 处理的烟叶 SPAD 值显著高于其他处理；从倒 1 叶至倒 7 叶，T1、T2 和 CK 处理的烟叶 SPAD 值差异不大，但 T1 和 CK 处理的烟叶 SPAD 值显著高于 T3、T4 处理。从不同叶位的烟叶 SPAD 值看，T1 处理从倒 8 叶至倒 15 叶，不同叶位的 SPAD 值呈下降趋势；T2、T3、T4 和 CK 处理从倒 6 叶至倒 15 叶，不同叶位的 SPAD 值呈下降趋势。以上说明，翻压箭筈豌豆还田减施氮肥，烟叶叶绿素降解提前，可促进烟叶提早落黄成熟。

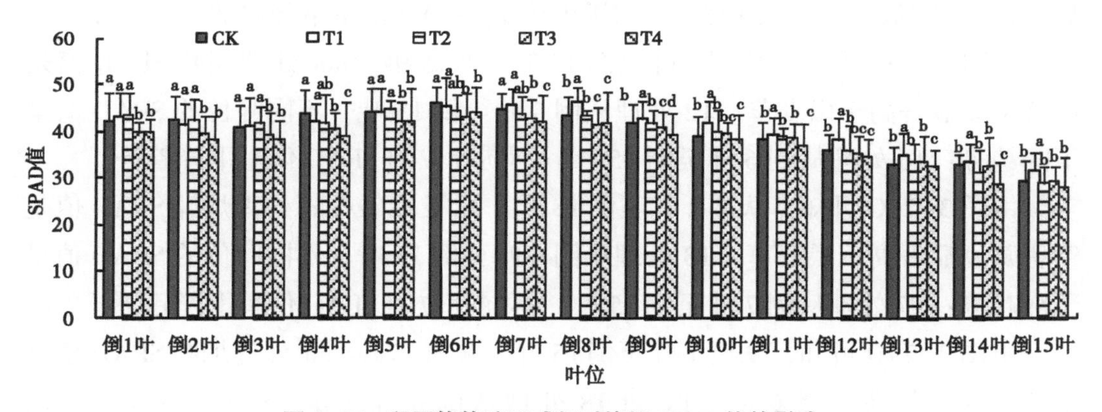

图 3-27 翻压箭筈豌豆减氮对烤烟 SPAD 值的影响

（二）翻压黑麦草减氮对烤烟 SPAD 值的影响

由图 3-28 可知，翻压黑麦草还田后，随着施氮量降低，烟叶 SPAD 值大体呈降低趋势。从倒 1 叶至倒 15 叶，翻压黑麦草还田处理（T5、T6、T7、T8）的烟叶 SPAD 值均显著小于 CK。从不同叶位的烟叶 SPAD 值看，CK、T6 和 T8 处理从倒 6 叶至倒 15 叶，不同叶位的 SPAD 值呈下降趋势；T5 和 T7 处理从倒 7 叶至倒 15 叶，不同叶位的 SPAD 值呈下降趋势。以上说明，翻压黑麦草还田，烟叶叶绿素较对照降解提前。

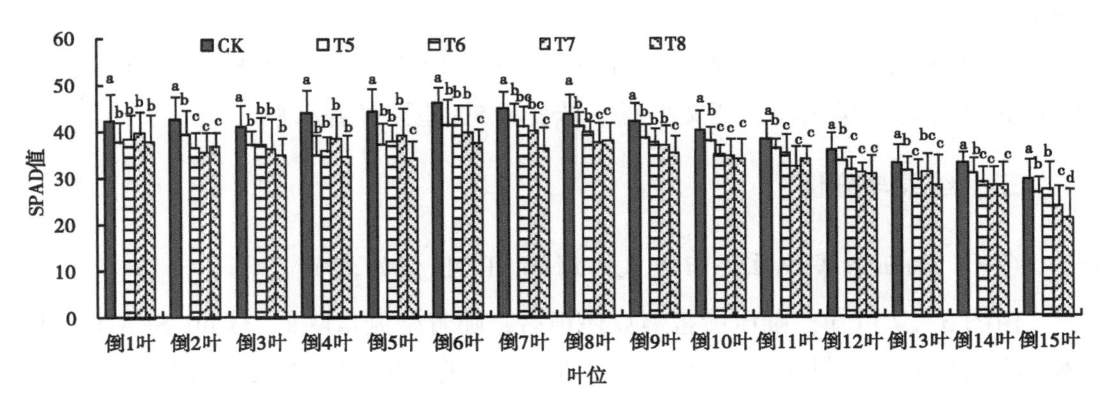

图 3-28 翻压黑麦草减氮对烤烟 SPAD 值的影响

（三）翻压不同绿肥还田减氮对烤烟 SPAD 值的影响

由图 3-29A 可知，从倒 1 叶至倒 15 叶，不减氮处理烟叶 SPAD 值是箭筈豌豆显著高于黑麦草。T1 处理从倒 8 叶至倒 15 叶，不同叶位的 SPAD 值呈下降趋势；T5 处理从倒 7 叶至倒 15 叶，不同叶位的 SPAD 值呈下降趋势。

由图 3-29B 可知，从倒 1 叶至倒 15 叶，减氮 9kg/hm^{2}处理烟叶 SPAD 值是箭筈豌豆显著高于黑麦草。T2 处理从倒 5 叶至倒 15 叶，不同叶位的 SPAD 值呈下降趋势；T6 处理从倒 6 叶至倒 15 叶，不同叶位的 SPAD 值呈下降趋势。

由图 3-29C 可知，从倒 2 叶至倒 15 叶，减氮 18kg/hm^{2}处理烟叶 SPAD 值是箭筈豌豆显著高于黑麦草。T3 处理从倒 6 叶至倒 15 叶，不同叶位的 SPAD 值呈下降趋势；T7 处理从倒 7 叶至倒 15 叶，不同叶位的 SPAD 值呈下降趋势。

由图 3-29D 可知，从倒 1 叶至倒 15 叶，减氮 27kg/hm^{2}处理烟叶 SPAD 值是箭筈豌豆显著高于黑麦草。T4 和 T8 处理从倒 6 叶至倒 15 叶，不同叶位的 SPAD 值呈下降趋势。

四、讨论与结论

氮素是叶绿素的主要组成物质，SPAD 值可表示叶绿素的相对含量，因而可以利用烤烟叶片的 SPAD 值进行植株氮素营养快速诊断。试验表明不同叶位的 SPAD 值不同，也就是说 SPAD 读数受测定叶位的影响。为提高烤烟氮营养诊断精确性，测定叶位选择十分重要。同时，试验表明不同绿肥品种翻压还土后，同一叶位的 SPAD 值差异达显著水平，说明翻压箭筈豌豆所提供的氮素显著高于黑麦草。

烟叶在成熟过程中叶绿素降解，因而也可以用 SPAD 值来反映烟叶的成熟

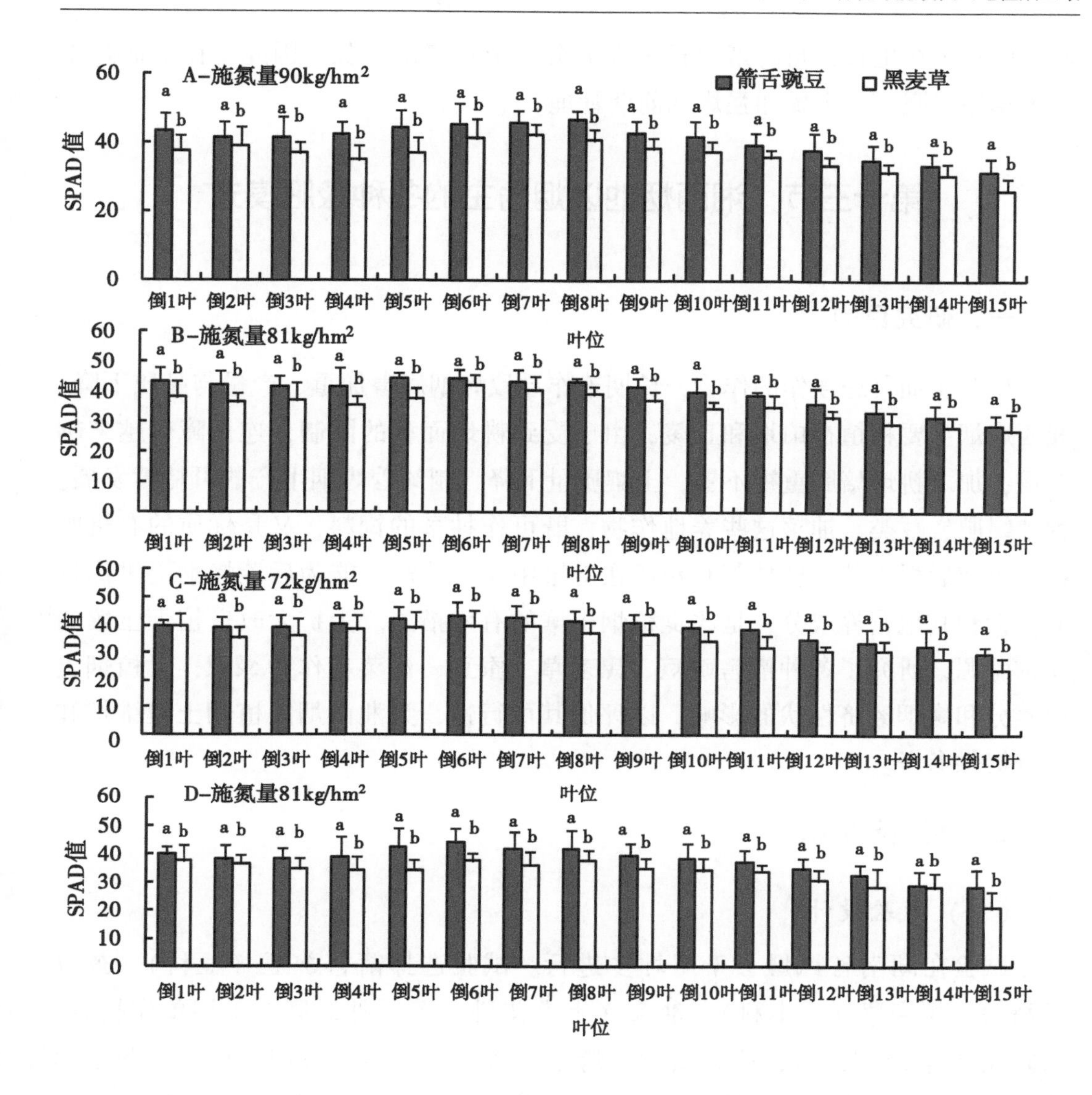

图 3–29　翻压不同绿肥减氮对烤烟 SPAD 值的影响

状况。试验表明同一叶位翻压箭筈豌豆的 SPAD 值显著高于黑麦草，说明翻压箭筈豌豆的烟叶较翻压黑麦草的烟叶成熟要迟。

试验表明翻压箭筈豌豆不减氮处理的 SPAD 值高于对照，这主要是豆科绿肥本身含有较高氮素所致。因此，翻压箭筈豌豆做绿肥应适当减施氮肥。从减施氮肥的数量看，翻压绿肥箭筈豌豆后减施氮量 27kg/hm^{2}的 SPAD 值低于对照，而减施氮量 9kg/hm^{2}的 SPAD 值与对照差异不大，说明翻压箭筈豌豆以减施氮量 9kg/hm^{2}为宜。

试验表明翻压黑麦草处理的 SPAD 值低于对照，这主要是翻压黑麦草后的部分残茬仍在生长，与烤烟生长争夺养分，影响烤烟生长。因此，在旱地翻压黑麦草做绿肥，一定要加强烤烟前期管理。

第十三节　湘西烟地以烟为主的冬种绿肥模式

一、研究目的

烟草属茄科忌连作的作物，长期连作导致烤烟病害加重、产量与品质下降。湘西烤烟主要种植在山地和丘陵，由于受到耕地面积的限制，连作障碍越来越严重；加之耕地培肥重视不够，土壤质量下降，制约着烤烟生产的可持续发展。种植绿肥、豆类、油菜这些养地作物，既可作牲畜的饲料，又是优质的有机肥料，收获后根、茎、枯枝落叶残留在土壤中腐烂分解，能为后茬烤烟提供优良的氮素和其他营养成分，是改良植烟土壤的有效措施。为扩大改良植烟土壤的作物肥源，研究了冬种箭筈豌豆、黑麦草、蚕豆、油菜等作为绿肥，对植烟土壤养分和烤烟经济性状的影响，以评价其可行性，为湘西烟区植烟土壤维护和改良提供参考。

二、材料与方法

（一）试验设计

试验在湖南省凤凰县千工坪乡进行。试验选择箭筈豌豆（豆科）、蚕豆（豆科）、黑麦草（禾本科）、油菜（十字花科）等4种绿肥，采用单作模式。试验设5个处理，T1，箭筈豌豆—烤烟；T2，黑麦草—烤烟；T3，甘蓝型油菜—烤烟；T4，蚕豆—烤烟；T5，冬闲—烤烟（对照）。3次重复，15个小区，小区面积33m^2，随机区组排列。冬秋作物在2013年10月上旬播种，箭筈豌豆播种量82.5kg/hm^2，黑麦草播种量37.5kg/hm^2，甘蓝型油菜播种量30kg/hm^2；蚕豆播种量225kg/hm^2。烤烟供试品种为K326，于2014年5月上旬移栽，施用烟草专用基肥750kg/hm^2、专用追肥300kg/hm^2、活性肥300kg/hm^2、提苗肥75kg/hm^2、硫酸钾225kg/hm^2。7月20日开始采收烟叶，8月25日采收结束。其他管理按照《湘西州烤烟标准化生产技术方案》执行。

（二）测定项目与方法

（1）土壤理化性状检测。每个处理于8月底烤烟拔秆后，分小区用环刀进行原位取样，测定土壤的容重。同时，随机采集烟垄上两株烟正中位置的0~20cm土样5个，混匀后用于测定土壤养分。土壤pH值、有机质、全氮、全磷、全钾、碱解氮、有效磷、速效钾的测定按照常规分析方法进行测定。

（2）冬种作物还田部分（包括地上部及地下部）产量主要测定地上部鲜重、地上部干重、地下部鲜重、地下部干重。

（3）烤烟经济性状主要考察上等烟比例、均价、产量和产值。

（4）不同种植模式的经济效果评价主要考查物化成本、劳动成本、产值、利润，然后进行综合评价。

（5）采用Microsoft Excel 2003和SPSS 17.0进行数据处理和统计分析。采用Duncan法进行多重比较，英文小写字母表示5%差异显著水平。

三、结果与分析

（一）不同种植模式秋冬作物生物量比较

由表3-56可知，不同处理的地上部分鲜生物量可达9 090.99~25 360.21 kg/hm^2，按重量排序为T4>T1>T2>T3。方差分析结果表明，不同处理间鲜重差异达显著水平，以蚕豆鲜重最高，其次为箭筈豌豆，而油菜产量较低。不同处理的地上部分干生物量可达1 400.01~3 950.83kg/hm^2。不同处理干生物量的统计结果与鲜重基本一致。

不同处理的地下部分鲜生物量可达432.90~489.35kg/hm^2，T4>T1>T2>T3。方差分析结果表明，不同处理间鲜重差异达显著水平，以蚕豆鲜重最高，其次为箭筈豌豆，而油菜产量较低。不同处理的地下部分干生物量可达166.50~342.21kg/hm^2，按重量排序为T2>T1>T4>T3。不同处理间地下部分干重差异达显著水平，以黑麦草单作地下部分干重较高。

表3-56 不同种植模式的秋冬作物生物量

处理	地上部鲜生物量/(kg/hm^2)	地上部干生物量/(kg/hm^2)	地下部鲜生物量/(kg/hm^2)	地下部干生物量/(kg/hm^2)	总鲜生物量/(kg/hm^2)	总干生物量/(kg/hm^2)
T1	19 790.50b	2 815.74 b	457.51b	244.54b	20 248.01b	3 060.28b
T2	13 949.44c	2 188.49c	469.90b	343.21a	14 419.34c	2 531.70c
T3	9 290.99d	1 400.01d	432.90b	166.50d	9 723.89d	1 566.51d
T4	25 360.21a	3 950.83a	489.35a	197.92c	25 849.56a	4 148.75a
T5（CK）	0	0	0	0	0	0

（二）对土壤容重的影响

由表3-57可知，秋冬作物翻压做绿肥可降低土壤容重。经过一个烤烟生长季节，土壤容重降幅0.01～0.06g/cm^3，较对照土壤容重相对下降1.08%～4.32%，平均降低3.15%。从不同处理看，土壤容重降幅排序为T2>T4>T1>T3。

（三）对土壤pH值的影响

由表3-57可知，翻压绿肥对土壤pH值的影响规律不明显，T1、T3、T4处理的土壤pH值高于CK，其他处理的土壤pH值低于CK。

（四）对土壤有机质的影响

由表3-57可知，绿肥翻压还土后，土壤有机质提高幅度为0.37～2.44g/kg，较对照土壤有机质相对提高了1.44%～9.48%。不同种植模式的土壤有机质含量高低排序为：T4>T1>T2>T3；但方差分析结果为不同处理的土壤有机质含量差异不显著。

表3-57　不同种植模式对土壤容重、pH值和有机质的影响

处理	容重			pH值			有机质		
	容重/（g/cm^3）	绝对增量/（g/cm^3）	相对增量/%	pH值	绝对增量	相对增量/%	有机质/（g/kg）	绝对增量/（g/kg）	相对增量/%
T1	1.30a	-0.04	-2.88	5.37ab	0.30	5.92	27.30a	1.57	6.10
T2	1.28a	-0.06	-4.32	5.03b	-0.04	-0.79	27.10a	1.37	5.32
T3	1.32a	-0.01	-1.08	5.93a	0.86	16.96	26.10a	0.37	1.44
T4	1.28a	-0.06	-4.32	5.50a	0.50	9.86	28.17a	2.44	9.48
T5（CK）	1.33a			5.07b			25.73b		

（五）对土壤氮含量的影响

由表3-58可知，作物翻压还土后，土壤碱解氮含量提高幅度为1.54～17.02mg/kg，较对照土壤碱解氮相对提高了1.06%～11.76%，平均提高了7.07%。不同种植模式的土壤碱解氮含量高低排序为：T1>T4>T2>T3；方差分析结果为不同处理的土壤碱解氮含量显著高于CK（除T3处理外），以箭筈豌豆和蚕豆的土壤碱解氮含量较高。绿肥翻压还土后，土壤全氮含量提高幅度为0.01～0.12g/kg，较对照土壤全氮相对提高了0.59%～7.06%，平均提高了3.03%。不同种植模式的土壤全氮含量高低排序为：T1>T2>T4>T3；方差分析结果为不同处理的土壤全氮含量差异不显著。

表 3-58　不同种植模式对土壤氮含量的影响

处理	碱解氮			全氮		
	碱解氮/（mg/kg）	绝对增量/（mg/kg）	相对增量/%	全氮/（g/kg）	绝对增量/（g/kg）	相对增量/%
T1	161.69a	17.02	11.76	1.82a	0.12	7.06
T2	154.37b	9.70	6.70	1.76ab	0.06	3.53
T3	146.21c	1.54	1.06	1.71b	0.01	0.59
T4	159.67a	15.00	10.37	1.71b	0.01	0.59
T5（CK）	144.67c			1.70b		

（六）对土壤磷含量的影响

由表3-59可知，作物翻压还土后，土壤有效磷含量提高幅度为0.02～10.20mg/kg，较对照土壤有效磷相对提高了0.04%～18.93%。不同种植模式的土壤有效磷含量高低排序为：T1>T4>T2>T3；方差分析结果为不同处理的土壤有效磷含量差异不显著。

作物翻压还土后，土壤全磷含量提高幅度为0.01～0.06g/kg，较对照土壤全磷相对提高了1.89%～11.32%。不同种植模式的土壤全磷含量高低排序为：T1>T2>T4>T3；方差分析结果为不同处理的土壤全磷含量差异不显著。

表 3-59　不同种植模式对土壤磷含量的影响

处理	有效磷			全磷		
	有效磷/（mg/kg）	绝对增量/（mg/kg）	相对增量/%	全磷/（g/kg）	绝对增量/（g/kg）	相对增量/%
T1	64.07a	10.20	18.93	0.59a	0.06	11.32
T2	54.50b	0.63	1.17	0.59a	0.06	11.32
T3	53.89b	0.02	0.04	0.54a	0.01	1.89
T4	56.70ab	2.83	5.25	0.59a	0.06	11.32
T5（CK）	53.87b			0.53a		

（七）对土壤钾含量的影响

由表3-60可知，作物翻压还土后，土壤速效钾含量提高幅度为2.00～47.00mg/kg，较对照土壤速效钾相对提高了0.98%～23.12%。不同种植模式的土壤速效钾含量高低排序为：T4>T1>T2>T3；方差分析结果为不同处理的土壤速效钾含量差异不显著。

作物翻压还土后，土壤全钾提高幅度为0.03~0.90g/kg，较对照土壤全钾相对提高了0.12%~3.56%。不同种植模式的土壤全钾含量高低排序为：T1>T4>T2>T3；方差分析结果为不同处理的土壤全钾含量差异不显著。

表3-60　不同种植模式对土壤钾含量的影响

处理	速效钾			全钾		
	速效钾/(mg/kg)	绝对增量/(mg/kg)	相对增量/%	全钾/(g/kg)	绝对增量/(g/kg)	相对增量/%
T1	235.33a	32.00	15.74	26.17a	0.90	3.56
T2	218.00b	14.67	7.21	26.00a	0.73	2.89
T3	209.02b	5.69	2.80	25.30a	0.03	0.12
T4	250.33a	47.00	23.12	26.10a	0.83	3.28
T5（CK）	203.33b			25.27a		

（八）对烤烟经济性状的影响

由表3-61可知，不同种植模式对上等烟比例、均价没有显著影响，但翻压绿肥后的烤烟产量和产值显著高于对照。从烤烟产量和产值看，箭筈豌豆处理的烤烟产量和产值相对较高。

表3-61　不同种植模式对烤烟经济性状的影响

处理	上等烟比例/%	均价/（元/kg）	产量/（kg/hm^2）	产值/（元/hm^2）
T1	36.79a	29.12a	1 432.35a	41 710.03a
T2	33.71a	29.02a	1 314.90abc	38 158.40abc
T3	30.00a	29.06a	1 175.25cd	34 152.77cd
T4	31.73a	30.56a	1 278.90bcd	39 083.18bcd
T5（CK）	37.12a	30.06a	1 023.90d	30 778.43e

（九）不同种植模式的经济效果评价

由表3-62可知，从种子成本和肥料成本看，种植蚕豆做绿肥需要种子数量多，且还需施用适量化肥，所以物化成本是最高的；其次，是种植箭筈豌豆，而种植油菜作绿肥的成本最低。从劳动力成本看，种植蚕豆和油菜需要适当管理，劳动力成本相对较高。从烤烟产值看，种植箭筈豌豆做绿肥的烤烟产值最高，其次是蚕豆。从利润看，种植箭筈豌豆做绿肥的利润最高，黑麦草和蚕豆差异不大，油菜的利润最低。

表 3-62　不同种植模式的经济效果评价

处理	秋冬作物物化成本/（元/hm^2）	秋冬作物劳动成本/（元/hm^2）	烤烟成本/（元/hm^2）	烤烟产值/（元/hm^2）	利润/（元/hm^2）
T1	872	3 000	28 698. 24	41 710. 03a	9 139. 79a
T2	562	3 000	28 698. 24	38 158. 40abc	5 898. 16b
T3	300	3 500	28 698. 24	34 152. 77cd	1 654. 53d
T4	1 125	3 500	28 698. 24	39 083. 18bcd	5 759. 94b
T5（CK）	0	0	28 698. 24	30 778. 43e	2 080. 19c

四、讨论与结论

（1）不同秋冬作物做绿肥翻压还田均能降低土壤容重 1. 08%～8. 62%，提高土壤养分，以箭筈豌豆提高土壤养分的效果最好，油菜的效果最差。本研究的绿肥种植没有追施化肥，加之黑麦草、油菜出苗率不高，导致黑麦草、油菜的生物量低于箭筈豌豆。从绿肥生物量看，以蚕豆和箭筈豌豆做绿肥的生物量较高，因而箭筈豌豆和蚕豆提高土壤养分效果也是最好的。

（2）不同秋冬作物做绿肥翻压处理的上等烟比例、均价差异不大，但做绿肥翻压还田能提高烤烟产量和产值，以箭筈豌豆处理的烤烟产量和产值最高。蚕豆做绿肥，由于生物产量高，改良土壤的效果好，其烤烟的产值也较高，但由于种植成本高，其经济效果较箭筈豌豆要差。

从总体上讲，4 种种植模式的绿肥改良土壤效果、提高烤烟产量和产值效果，以箭筈豌豆最好。

第十四节　不同绿肥翻压对玉米产量及土壤肥力的影响

一、研究目的

种植绿肥翻压还田可减少部分化肥施用，改善土壤理化性质，培肥土壤。烟田种植绿肥可改变植烟土壤的肥力及理化性质。相当长时间内维持或改良土壤的质量或健康状况将决定着农业生产的可持续发展。种植绿肥可协调土壤养分平衡、消除土壤障碍因子。种植绿肥并翻压后产生的腐熟物质不仅起到改良土壤等作用，而且有利于提高烟叶的质量与产量。不同绿肥翻压量和绿肥与化肥配施、连年翻压绿肥、绿肥轮作、绿肥翻压对微生物量和酶活性影响的研究已有相关报道，但不同品种绿肥定位翻压对玉米产量及土壤性状的影响研究却鲜见报道。本研究旨在筛选出适合湘西不同土壤种植的绿肥品种，为推广绿肥改良土壤技术提供科学依据。

二、材料与方法

（一）供试品种与肥料

绿肥有光叶紫花苕、常规小麦（“百农207”，下同）、黑麦草、箭筈豌豆、紫云英、肥田萝卜。玉米品种为“2188”。试验肥料：生物有机肥，有效活菌数≥2.0亿个/g，养分含量 $N+P_2O_5+K_2O \geq 40\%$（比例：8∶9∶23），有机质≥10%；尿素在当地市场购买。

（二）试验设计及管理

试验采用小区试验，处理分别为光叶紫花苕（T1）、常规小麦（T2）、黑麦草（T3）、箭筈豌豆（T4）、紫云英（T5）、肥田萝卜（T6）、不种植绿肥的冬闲处理对照（CK）。3次重复，随机区组排列。小区面积为39m^2。于2013年10月26日撒播，光叶紫花苕、箭筈豌豆、黑麦草、常规小麦的播种量为7.50g/m^2，紫云英、肥田萝卜的播种量为4.50g/m^2，均未施肥。2014年5月5日翻压前将绿肥切断成10～20cm长，埋入土中15～20cm深，翻压量均为22 500kg/hm^2，然后整地。5月7日播种玉米，大田行株距为0.485m×0.485m。6月14日施肥（施487.5kg/hm^2生物有机肥与75kg/hm^2尿素），9月9日收获玉米。绿肥养分主要测定分析氮、磷和钾含量。

（三）试验地点

试验设在湖南省凤凰县千工坪岩板井村（海拔452m，经度E 109.30°，纬度N 28.01°）进行。供试土壤为石灰岩母质发育的旱地黄壤，其玉米生产主要依靠天然降水和土壤自身蓄水，年降水量1193.6mm。土壤pH值5.67，有机质为20.00g/kg，全氮为1.32g/kg，全磷为0.56g/kg，全钾为30.03g/kg。

（四）土壤取样检测

2014年4月25日采用五点采样法收集各个小区0～20cm土层的土样，用烘干法测定土壤容重；2014 年 4 月 26 日与 9 月 20 日分别采用五点采样法收集各个小区 0~20cm 土层的土样，置于阴凉处风干后，敲碎过 1mm 筛备用。由湖南省农业科学院农化检测中心检测。有机质含量用重铬酸钾容量法测定；水解性氮含量用凯氏定氮仪碱解蒸馏法测定；有效磷含量用 0.5mol/L 的碳酸氢钠浸提，钼锑抗比色法测定；速效钾含量用 1mol/L 醋酸铵浸提，火焰光度计法测定；土壤 pH 值采用 pH 值计法（水土比为 1.0：2.5）测定；全氮含量采用开氏法测定；全磷含量采用氢氧化钠熔融-钼蓝比色法测定；全钾含量采用氢氧化钠熔融-火焰光度法测定。微生物总活性用土壤呼吸 CO_2测定法；土壤细菌、真菌、放线菌采用平板菌落计数法；蔗糖酶采用 3,5-二硝基水杨酸比色法；过氧化氢酶采用高锰酸钾容量法；磷酸酶采用磷酸苯二钠比色法；脲酶采用钠氏比色法。

三、结果与分析

（一）不同绿肥的生物产量及养分含量比较

如表 3-63 所示，光叶紫花苕与箭筈豌豆综合生物学性状较好，分枝数与分级数较高，生育时期较早，小麦与黑麦草应提早播种期。不同绿肥生物学地上产量以肥田萝卜处理最高，为 15 923.9kg/hm²，经方差分析及 Duncan 法多重比较（F=4.295，P=0.024），肥田萝卜和光叶紫花苕与黑麦草、小麦处理有显著差异，其中肥田萝卜与小麦有极显著差异；箭筈豌豆、紫云英与小麦有显著差异；不同绿肥生物学地下产量以肥田萝卜处理最高，为 2 277.6kg/hm²，经方差分析及 Duncan 法多重比较（F=8.1700，P=0.003），肥田萝卜和其他处理有显著差异，除黑麦草外与其他处理有极显著差异；不同绿肥氮养分含量以光叶紫花苕最高为 91.0kg/hm²，经方差分析及 Duncan 法多重比较（F=4.5850，P=0.019），肥田萝卜和光叶紫花苕与黑麦草、小麦处理有显著差异，其中肥田萝卜、光叶紫花苕与小麦有极显著差异；不同绿肥磷养分含量以肥田萝卜最高为 13.1kg/hm²，经方差分析及 Duncan 法多重比较（F=4.0670，P=0.028），肥田萝卜与黑麦草、小麦处理有显著差异，其中肥田萝卜与小麦有极显著差异；不同绿肥钾养分含量以肥田萝卜最高为 74.7kg/hm²，经方差分析及 Duncan 法多重比较（F=4.1930，P=0.026），肥田萝卜与黑麦草、小麦处理有显著差异，其中肥田萝卜与小麦有极显著差异。可见肥田萝卜和光叶紫花苕是生物学产量及养分含量较好的绿肥。

表 3-63　不同品种绿肥生物学性状与产量及养分含量

处理	株高/cm	分枝数/枝	分级数/级	生育期	生物量/（kg/hm²）		氮/（kg/hm²）	磷/（kg/hm²）	钾/（kg/hm²）
					地上	地下			
T1	83.6	17.1	3.8	现蕾期	14 943.9ABa	533.7Bbc	91.0Aa	10.1ABab	41.1ABabc
T2	26.1	—	—	分蘖期	2 978.9Bc	650.5Bbc	13.9Bc	2.0Bc	13.3Bc
T3	28.2	—	—	分蘖期	5 667.0ABbc	1 237.5ABb	31.6ABbc	5.6ABbc	30.5ABbc
T4	52.0	10.9	3.6	现蕾期	13 201.3ABab	301.7Bc	61.3ABab	8.9ABab	52.6ABab
T5	33.6	6.8	3.6	盛花期	11 573.3ABab	211.4Bc	52.9ABabc	6.7ABabc	45.6ABabc
T6	51.8	8.9	3.7	盛花期	15 923.9Aa	2 277.6Aa	82.8Aa	13.1Aa	74.7Aa
CK	0	0	0		0	0	0	0	0

（二）绿肥原地翻压还田对玉米产量的影响

如图 3-30 所示，不同绿肥处理玉米有效株数以紫云英最高为28 120 株/hm²，经方差分析及 Duncan 法多重比较（$F=4.001$，$P=0.015$）（下同），紫云英与箭筈豌豆、常规小麦、黑麦草有显著差异，肥田萝卜、光叶紫花苕、对照与黑麦草有显著差异，其中紫云英与黑麦草有极显著差异；玉米穗直径以光叶紫花苕处理最高为 5.16cm，光叶紫花苕与黑麦草有显著差异（$F=1.567$，$P=0.239$）；玉米穗长度以光叶紫花苕最高为 24.58cm，光叶紫花苕、对照与肥田萝卜、黑麦草有显著差异（$F=2.564$，$P=0.078$）。可见光叶紫花苕是提高玉米穗直径与长度的较好品种，但应提早掩埋时间，以提高玉米有效株数。

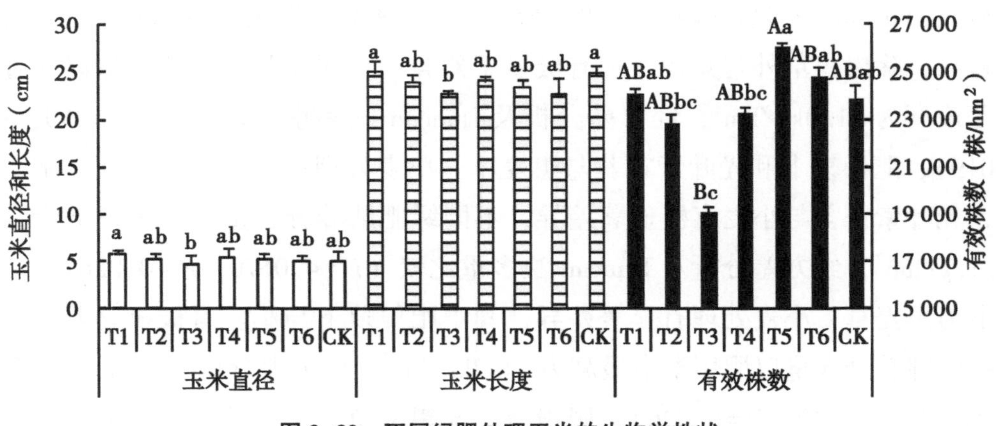

图 3-30　不同绿肥处理玉米的生物学性状

图 3-31 可见，不同绿肥干玉米秸秆产量以紫云英最高为 11 216.0kg/hm²，

经方差分析及 Duncan 法多重比较（$F=3.1480$，$P=0.043$），紫云英、肥田萝卜和光叶紫花苕处理与黑麦草处理有显著差异，其中紫云英与黑麦草有极显著差异；干玉米籽粒产量以紫云英最高为6 037.2kg/hm^2，经方差分析及 Duncan 法多重比较（$F=4.856$，$P=0.009$），紫云英处理与肥田萝卜、小麦和黑麦草处理有显著差异，其中紫云英、箭筈豌豆和光叶紫花苕与黑麦草有极显著差异。可见紫云英是提高玉米秸秆与籽粒产量的较好品种。

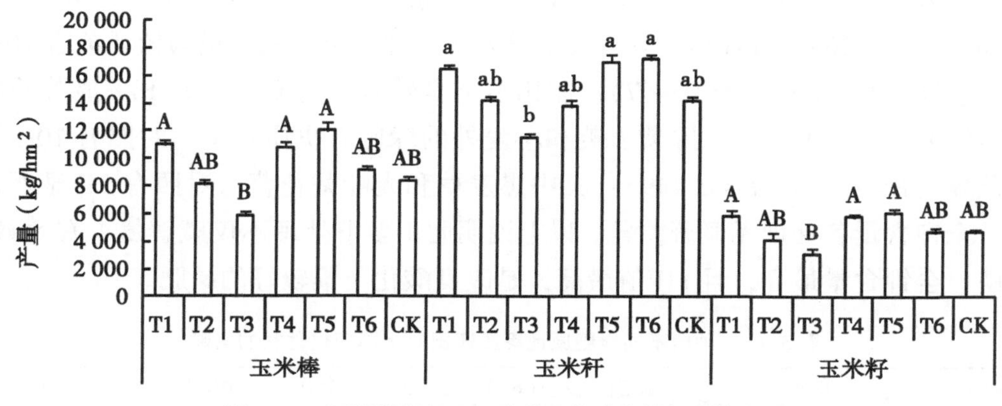

图 3-31　不同绿肥处理玉米的生物学产量与经济产量

（三）绿肥原地翻压还田对土壤肥力因子的影响

1. 不同绿肥种植对土壤容重的影响

由表 3-64 可见，0～20cm 土壤容重经方差分析，除箭筈豌豆外，其他处理与小麦的土壤容重有显著差异（$F=3.6508$，$P=0.072$）。可见小麦翻压对板结的黏土改良有积极意义。

2. 不同绿肥种植对土壤化学性状的影响

表 3-64 显示，全磷、全钾、pH 值各处理相差不大，经方差分析无显著差异；速效钾、水解性氮、有效磷、全氮、有机质各处理变化较大，经方差分析及 Duncan 多重比较（下同），紫云英和箭筈豌豆土壤速效钾较高，紫云英与对照有显著差异（$F=2.3762$，$P=0.081$）；有机质、pH 值、全氮、全钾与水解性氮各处理间无显著差异；除紫云英土壤全磷稍低于对照外，其他绿肥的土壤全磷均高于对照，以光叶紫花苕最高但无显著差异；有效磷以光叶紫花苕、黑麦草、肥田萝卜土壤较高，所有绿肥间差异不甚大，但均高于对照，光叶紫花苕、黑麦草、肥田萝卜和黑麦草与对照的有效磷有显著差异（$F=3.008$，$P=0.061$）。可见箭筈豌豆与紫云英是种植绿肥较好选择，而光叶紫花苕、黑麦草

与肥田萝卜在缺磷地区是较好绿肥选择。

3. 不同绿肥翻压种植玉米后对土壤化学性状的影响

由表 3-64 可见，收获玉米后土壤 pH 值与全钾含量各处理均增加，但其他养分均降低；土壤碱解氮含量肥田萝卜最高，经随机区组单因素方差分析及 Duncan 法多重比较（下同），肥田萝卜与对照和小麦处理有 10%显著差异（$F=1.093$，$P=0.419$）；肥田萝卜有效磷含量与光叶紫花苕处理有 10%显著差异（$F=0.979$，$P=0.4798$）；对照速效钾含量与紫云英处理有 10%显著差异（$F=1.465$，$P=0.269$）；pH 值各处理无显著差异；黑麦草全氮含量与紫云英有 10%显著差异（$F=0.95$，$P=0.497$）；肥田萝卜全磷含量与紫云英有 10%显著差异（$F=0.928$，$P=0.509$）；除紫云英和小麦外的绿肥有机质含量与对照有 10%显著差异（$F=1.974$，$P=0.149$）；其中黑麦草和光叶紫花苕与对照有 5%显著差异，全钾含量各处理无显著差异。以上说明肥田萝卜处理不仅碱解氮、有效磷、全磷、全钾含量最高，且 pH 值最高，是改良酸化土壤较好的绿肥。

表 3-64　种植不同绿肥原地翻压还田对土壤理化性状的影响

取样时期	处理	容重/（g/cm^3）	pH	水解性氮/（mg/kg）	有效磷/（mg/kg）	速效钾/（mg/kg）	全氮/（g/kg）	全磷/（g/kg）	全钾/（g/kg）	有机质/（g/kg）
绿肥翻压前土壤性状（4月26日）	T1	0.81a	5.02a	158.00a	55.01a	230.30ab	1.76a	0.41a	26.26a	26.02a
	T2	0.76b	5.00a	164.67a	45.78ab	193.00ab	1.65a	0.39a	25.66a	26.19a
	T3	0.82a	5.20a	148.33a	54.62a	198.00ab	1.81a	0.37a	26.14a	25.99a
	T4	0.80ab	5.33a	154.00a	43.86ab	257.30ab	1.75a	0.38a	16.13a	25.77a
	T5	0.83a	5.27a	162.00a	54.62a	260.30a	1.76a	0.33a	26.13a	26.68a
	T6	0.83a	5.13a	153.67a	57.04a	255.30ab	1.77a	0.35a	25.90a	27.18a
	CK	0.83a	5.20a	155.00a	34.29b	184.30b	1.76a	0.36a	26.98a	24.56a
收获玉米后土壤性状（9月20日）	T1		6.15a	138.00ab	26.00b	130.67ab	1.56ab	0.58ab	29.37a	24.13a
	T2		6.27a	130.00b	32.70ab	140.00ab	1.54ab	0.59ab	29.83a	23.07ab
	T3		6.25a	134.67ab	33.93ab	144.67ab	1.63a	0.59ab	32.27a	24.20a
	T4		6.49a	137.67ab	34.57ab	129.67ab	1.55ab	0.59ab	28.33a	23.77ab
	T5		6.43a	134.33ab	33.43ab	120.33b	1.48b	0.57b	29.50a	23.60ab
	T6		6.52a	145.00a	43.50a	127.00ab	1.5ab	0.62a	32.30a	23.97ab
	CK		6.49a	131.67b	31.07ab	150.33a	1.52ab	0.57b	31.63a	22.10b

（四）绿肥原地翻压还田对土壤微生物数量及酶活性的影响

表 3-65 所示，蔗糖酶活性、细菌数量、脲酶活性、放线菌数量和磷酸酶活

性变化不大，经方差分析无显著差异；小麦、黑麦草对土壤放线菌数量与蔗糖酶活性影响小，其他绿肥均能提高微生物总活性、真菌数量、蔗糖酶活性与过氧化氢酶活性等微生物数量及酶活性，提高比例较高绿肥分别为箭筈豌豆、黑麦草、小麦，经方差分析及 Duncan 多重比较，所有绿肥土壤微生物总活性与对照有显著差异（$F=3.951$，$P=0.016$），其中箭筈豌豆与对照有极显著差异；所有绿肥土壤真菌数量与对照有显著差异（$F=4.009$，$P=0.014$），其中小麦与对照有极显著差异；小麦、黑麦草土壤过氧化氢酶活性与对照有显著差异（$F=3.739$，$P=0.019$），其中小麦与对照有极显著差异。以上说明箭筈豌豆是提高土壤微生物总活性的较好绿肥。

表 3-65　种植不同绿肥原地翻压还田对土壤微生物及酶活性的影响

处理	微生物活性/[CO_2mg/(g·d)]	蔗糖酶/[mg/(g·d)]	过氧化氢酶/[$KMnO_4$ mL/(g·h)]	磷酸酶/[P_2O_5 mg/(g·h)]	脲酶/[NH_4-N mg/(g·h)]	细菌/($\times10^4$个/g)	真菌/($\times10^2$个/g)	放线菌/($\times10^3$个/g)
T1	0.37ABb	390.09a	8.56ABab	22.63a	3.22a	172.92a	75.94ABb	310.37a
T2	0.33ABb	299.50a	9.82Aa	23.74a	3.50a	221.88a	111.69Aa	258.37a
T3	0.45ABa	301.58a	9.48ABa	22.69a	3.73a	209.28a	103.13ABa	270.81a
T4	0.48Aa	446.98a	8.59ABab	23.86a	3.48a	276.59a	102.72ABa	349.70a
T5	0.22ABb	356.16a	7.94ABab	20.73a	3.90a	265.14a	95.72ABa	357.85a
T6	0.30ABb	324.42a	8.16ABab	22.93a	3.72a	195.66a	76.24ABb	308.81a
CK	0.12Bc	259.99a	7.92Bb	19.43a	3.10a	164.04a	51.33Bc	283.27a

四、讨论与结论

（1）各种绿肥在农业生产上的应用研究较多。优质烤烟生产国家如津巴布韦、巴西、美国等都十分重视以施肥为中心的栽培技术研究，前作多栽种碳氮比较高的黑麦草等禾本科绿肥或前茬作物秸秆翻入土壤，为烤烟生产创造有机质含量高、结构性好的土壤环境，以利于烟株的生长发育。部分绿肥处理玉米农艺性状、生物学产量与经济产量不如对照，与绿肥的腐解对玉米种的发芽及生长有关，黑麦草与常规小麦现蕾期较迟，在玉米播种前绿肥翻埋期其根系活力还很强，影响玉米的发芽与生长；光叶紫花苕的生物学产量较高，但收获掩埋费工费时，烟农较不易接受；紫云英综合性状较好，在部分地区已自发推广，箭筈豌豆目前正在示范推广中。小麦与肥田萝卜将在湘西州部分土壤改良中发挥重要作用，对修复治理土壤有重要意义。

（2）不同绿肥改良土壤的效果不同。光叶紫花苕综合生物学性状较好，是提高玉米直径、长度与生物学产量的较好绿肥，尤其在缺磷地区是较好绿肥。但应提早掩埋时间，以提高玉米有效株数。紫云英作为绿肥种植是提高玉米产量与种植绿肥的较好选择。小麦对板结的黏土改良有积极意义，小麦与黑麦草应提早播种期，黑麦草在缺磷地区是较好绿肥。箭筈豌豆是提高土壤微生物及酶活性的较好绿肥，是种植绿肥较好选择，综合生物学性状较好。肥田萝卜是改良酸化土壤与提高生物学产量较好的绿肥品种，是提高玉米秆（饲料）产量的较好选择，尤其在缺磷地区效果更好。

综上所述，光叶紫花苕综合生物学性状较好，是提高玉米直径、长度与生物学产量及养分的较好绿肥，尤其适合种植在缺磷地区，但应提早掩埋时间，以提高玉米有效株数；紫云英是提高玉米籽粒产量、秸秆产量的较好绿肥；小麦对板结的黏土改良有积极意义，小麦与黑麦草应提早播种期，黑麦草在缺磷地区是较好绿肥；箭筈豌豆是提高土壤微生物及酶活性的较好绿肥，综合生物学性状较好；肥田萝卜是改良酸化土壤与提高生物学产量及养分的良好绿肥，适合种植在缺磷地区。以综合指标来看，箭筈豌豆是湘西州绿肥种植较适宜的对象。

第四章　施用生物炭改良山地植烟土壤

第一节　生物炭用量对植烟土壤理化性状及烤烟产质量影响

一、研究目的

近年来，由于烤烟生产过程中大量使用化肥，土壤结构不断恶化，土壤板结程度加深，导致耕作层逐渐变浅，而犁底层逐渐坚硬变厚，土壤容重上升，土壤孔隙度下降，严重影响烤烟根系的生长发育。生物炭是生物质在低氧环境下高温热解生成的高度富碳物质，具有比表面积大、孔隙多和稳定性强等特点。近年来，农业生产上关于生物炭的应用研究也越来越多，主要使作为土壤改良剂以促进作物生长发育。生物炭的多孔性质和吸附性，有利于降低土壤容重、提高土壤持水量和提高土壤的保肥供肥能力，改善作物根系的生长环境，从而提高作物的产质量。前人研究了很多关于施用生物炭对土壤理化性状和作物生长与产量的影响，但针对山地烟区植烟土壤生物炭施用量及系统研究施用生物炭后对植烟土壤和烤烟生长及烟叶质量的影响还比较少。因此，研究生物炭施用量对土壤改良及烤烟的影响，旨在为山地植烟土壤维护和改良提供理论依据。

二、材料与方法

（一）试验设计

试验安排在湖南省湘西州凤凰县千工坪基地，采用单因素随机区组设计。供试烤烟品种为云烟 87，供试土壤类型为黄灰土（速效氮 105. 00mg/kg；速效磷 38. 57mg/kg；速效钾 258. 67mg/kg；pH 值 6. 50），供试生物炭基本理化性质为：有机碳 41. 93g/kg；速效氮 0. 026g/kg；速效磷 0. 459g/kg；速效钾 3. 71g/kg；pH 值 9. 44；灰分 19. 71%。

试验设置不同的生物炭施用量：T1（3 000kg/hm^2）、T2（3 750kg/hm^2）、T3（4 500kg/hm^2）、CK（0kg/hm^2），3 次重复。此外，设生物炭施用量 0kg/hm^2 且

氮肥施用量 0kg/hm^{2}为氮肥利用率对照组。小区面积 30m^2，株行距为 55cm×110cm。生物炭粉碎过筛后，在整地前小区划分好后施用，均匀撒施在地表后旋耕深翻 20cm 使其与土壤充分混合。4 月 28 日移栽，施氮量按常规施用量 112.5kg/hm^{2}施用，养分比例为 N：P_2O_5：K_2O=1：1.18：2.85。专用基肥（710.0kg/hm^2，N：P_2O_5：K_2O=7.5：14：8）、专用追肥（375.0kg/hm^2，N：P_2O_5：K_2O=10：5：29）、发酵饼肥（225.0kg/hm^2，N：P_2O_5：K_2O=30：1：1）、提苗肥（75.0kg/hm^2，N：P_2O_5：K_2O=20：9：0）、硫酸钾（306.5 kg/hm^2，N：P_2O_5：K_2O=0：0：50）、过磷酸钙（46.7kg/hm^2，N：P_2O_5：K_2O=0：12：0）。采用传统基追结合施用方式，追肥时间参照当地常规时间实行，其他农艺措施按当地优质烟叶生产技术规范进行。

（二）测定项目与方法

（1）土壤测定指标。分别在移栽前、团棵期、旺长期（移栽后 60d）、成熟期（移栽后 90d）采用五点法选取样点，采用环刀法测定不同处理耕作层的土壤容重及田间持水量，每小区重复 5 次。采集每个小区根系密集区 0~30cm 的土壤并混匀为一个土壤样品 1kg，样品风干、研磨、过筛后待测。土壤有机质采用重铬酸钾容量法测定，碱解氮采用碱解扩散法测定，铵态氮采用 Skalar 连续流动分析仪（型号为 Skalarsan++，荷兰斯卡拉公司）测定，速效钾采用火焰光度计法（型号为 FP640，上海精科仪器有限公司）测定，速效磷采用分光光度计法（型号为 Alpha1506，上海谱元仪器有限公司）。

（2）烤烟农艺性状。分别在团棵期、旺长期、成熟期测定不同处理烟株的农艺性状：株高、茎围、节距、最大叶长、最大叶宽等，每小区重复 5 次。叶面积=叶长×叶宽×0.6345。

（3）烤烟干物质积累。成熟期时选取每小区有代表性烟株 3 株，采用杀青烘干称重法测定其根茎叶重量，并计算根冠比。根冠比=地下部分/地上部分。

（4）氮肥利用率。成熟期时选取每小区有代表性烟株 3 株，杀青烘干后测定全氮含量。氮肥利用率=（施氮肥区烤烟全株的氮素含量-未施氮肥区烤烟全株的氮素含量）/肥料中氮素含量×100%。

（5）黑胫病害统计。调查各小区黑胫病发病株数，并进行病害严重度分级：0 级（全株无病）、1 级（茎部病斑不超过茎围的 1/2，或半数以下叶片轻度凋萎，或下部少数叶片出现病斑）、2 级（茎部病斑超过茎围的 1/2，或半数以上叶片凋萎）、3 级（茎部病斑环绕茎围，或 2/3 以上叶片凋萎）、4 级（病株全部叶片凋萎或枯死）。发病率＝（发病株数/调查总株数）×100%。病害指数＝［∑(各级病株×该病级值）/（调查总株数×最高级值）］×100%。

（6）烤烟经济性状。统计烤后烟叶上等烟比例、中上等烟比例、均价、产量、产值等。

（7）烟叶化学成分。烘烤结束后每小区选取 C3F 等级烟叶 1kg 测定其化学成分：总糖、还原糖、总氮、烟碱、氯、淀粉、钾。总糖、还原糖、总氮、烟碱、氯、淀粉含量采用 Skalar 连续流动分析仪测定；钾含量采用火焰光度计测定；常规比值：糖碱比＝总糖/烟碱、氮碱比＝总氮/烟碱、糖氮比＝总糖/总氮、钾氯比＝钾/氯。

三、结果与分析

（一）对土壤物理性状的影响

1. 对耕层土壤容重动态变化的影响

土壤容重越小耕层土壤越疏松多孔。移栽期至团棵期较小的土壤容重有利于烟草根系生长，养分更容易被根系吸收。由图 4-1 左可知，施用生物炭后，在烤烟各生育期土壤容重各处理均较 CK 有所降低。移栽前各处理土壤容重无显著差异。进入团棵期后，随着生物炭用量逐渐增加土壤容重逐渐降低，施用生物炭处理较 CK 土壤容重降低 4.9%～8.9%；各处理土壤容重大小表现为：CK>T2>T1>T3，T1、T2 差异较小。随着烟株生长进入旺长期后，各处理土壤容重较团棵期有所升高，施用生物炭各处理与 CK 比较土壤容重降低 4.6%～9.3%，差异达显著水平；不同处理土壤容重大小表现为：CK>T1>T2>T3，T2、T3 土壤容重差异较小，二者的土壤孔隙度较好，更利于烟株旺长期吸收养分与水分。烤烟生长进入成熟期后，施用生物炭的处理较成熟期时土壤容重略降低，仍高于团棵期土壤容重，CK 土壤容重仍然呈升高趋势。T1、T2、T3 三者土壤容重差异较小，施用生物炭处理较 CK 土壤容重降低 10.9%～12.2%，各处理土壤容重与 CK 比较差异均达到显著水平；不同处理土壤容重表现为：CK>T1>T2>T3。从烤烟各生育期来看，施用生物炭处理与 CK 比较，各处理土壤容重均不同程度降低，土壤孔隙度得到提高，这说明施用生物炭后能够有效降低土壤容重，使植烟土壤能够在各生育期保持较好的土壤结构和孔隙度，利于优质烟叶的生产。从改良效果来看，以 T2、T3 土壤容重较适宜。

2. 对田间持水量动态变化的影响

田间持水量在烤烟各生育期对烤烟的生长发育影响较大，由图 4-1 右可知，

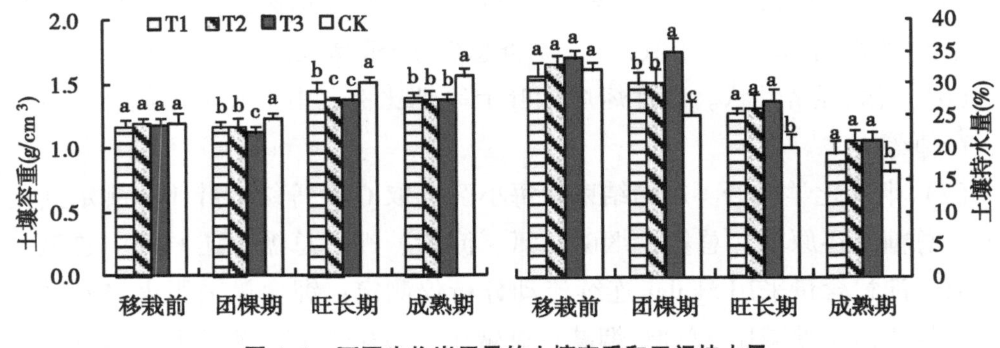

图 4-1　不同生物炭用量的土壤容重和田间持水量

与土壤容重表现类似，在移栽前各处理与 CK 相比田间持水量差异未达显著水平，各处理田间持水量在 31.21%～34.05%。进入团棵期后，施用生物炭各处理由于土壤容重降低，土壤孔隙度得到提高，导致其田间持水量逐渐上升，各处理间差异达到显著水平，不同处理田间持水量具体表现为：T3>T2>T1>CK，施用生物炭处理田间持水量较 CK 上升 19.48%～39.20%，在烤烟生长前期有利于烟株生长发育，其中 T2 与 T1 田间持水量差异较小。旺长期水分对烟株的生长发育尤为重要，由于烟株的生长发育速度较快，田间持水量逐渐下降。此时施用生物炭处理间无显著差异，三者与 CK 相比差异达显著水平，施用生物炭处理田间持水量较 CK 上升 24.88%～35.38%，不同处理田间持水量具体表现为：T3>T2>T1>CK。进入成熟期后，各处理田间持水量进一步降低，施用生物炭处理间差异较小，田间持水量在 19.12%～21.15%，此时对照田间持水量为 16.21%，施用生物炭处理较 CK 田间持水量仍然升高 17.95%～30.48%，不同处理田间持水量具体表现为：T2>T3>T1>CK。从烤烟各生育期来看，各处理田间持水量呈逐渐下降的趋势，且施用生物炭后能够有效提高田间持水量，在不同生育期与 CK 相比较，施用生物炭处理田间持水量均提高了 17%以上，较大程度地提高了土壤的保水能力。从改良效果来看，T2、T3 保水能力较强，利于烤烟的生长发育。

（二）对土壤 pH 的影响

由图 4-2 可知，移栽前不同处理的土壤 pH 值差异不显著。至烤烟团棵期，T2、T3 处理的土壤 pH 值略有升高，T1、CK 处理的土壤 pH 值略有下降，但不同处理的土壤 pH 值差异不显著。至烤烟旺长期，T3 处理的土壤 pH 值略有升高，T1、T2、CK 处理的土壤 pH 值略有下降，T3 处理的土壤 pH 值显著高于 T1、T2、CK。至烤烟成熟期，T1、T2、T3、CK 处理的土壤 pH 值略有下降，

T1、T2 处理的土壤 pH 值略高于 CK，但 T3 处理的土壤 pH 值显著高于 T1、T2、CK。以上分析表明，较高用量的生物炭可提高土壤 pH 值。

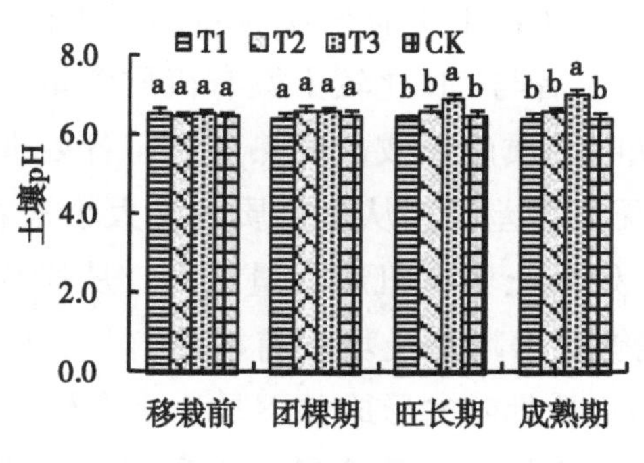

图 4-2　不同生物炭用量的土壤 pH 值

（三）对土壤主要养分的影响

1. 对土壤有机质含量动态变化的影响

一般来说，植烟土壤有机质含量在 15~30g/kg 范围内较适宜烟株生长发育，超过此范围后土壤有机质对烟叶品质的提高作用有限，甚至会由于土壤有机质含量过高，烟叶容易贪青晚熟，影响烤后烟叶品质。从图 4-3 可以看出，不同处理在各生育期土壤有机质含量变化存在差异。移栽前各处理土壤有机质含量基本在 2.0%左右无显著差异。团棵期时，不同处理由于生物炭施用量不同，耕层土壤有机质含量差异较大，土壤有机质含量随着施炭量的增加逐渐上升；CK 土壤有机质含量为 2.0%，T1、T2 处理土壤有机质含量为 2.2%~2.3%，施用生

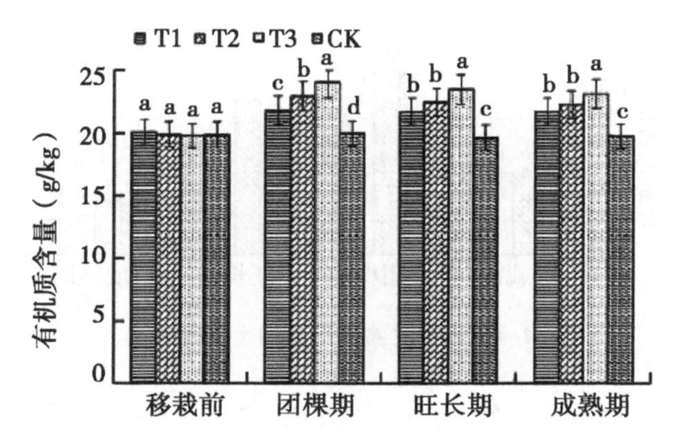

图 4-3　不同生物炭用量的土壤有机质

物炭处理土壤有机质含量显著高于 CK；在适宜范围内，CK 土壤有机质含量与移栽前比较，土壤有机质含量变化较小，而施用生物炭的处理土壤有机质含量

较移栽前土壤有机质含量增幅较大，增幅 10%～20%。进入旺长期后，与团棵期时各处理土壤有机质含量比较变化较小，T1、T2 处理土壤有机质含量基本稳定在 2.2%～2.3%范围内，CK 土壤有机质含量略微下降，变化趋势较小，T1、T2 处理间无显著差异，二者与 CK 比较土壤有机质含量上升了 15%左右，其有机质含量更利于优质烟叶品质的形成。成熟期后，各处理土壤有机质含量呈下降趋势，T1、T2 处理无显著差异，从有机质含量大小来看 T2 处理土壤有机质含量高于 T1 处理，T3 处理土壤有机质含量最高。从烤烟各生育期来看，施用生物炭后与 CK 比较能够显著增加土壤中有机质含量，同时表现出有机质含量与施炭量呈正相关，但优质烟叶的形成并不是土壤有机质含量越高越好，T3 处理施炭量过高形成较高的土壤有机质含量，不利于烟叶成熟度的形成，T1、T2 处理土壤有机质含量在团棵期表现为 T1<T2，在其他各生育期表现出较小的差异，二者土壤有机质含量均显著高于 CK 且有机质含量均在适宜范围内，这说明合理施用生物炭能够调节土壤有机质含量，使土壤有机质含量处于适宜的范围内。

2. 对土壤碱解氮含量动态变化的影响

土壤碱解氮含量能够反映土壤近期的氮素供应状况，其含量大小与烤烟生长关系密切。由图 4-4 可以看出，在移栽前，各处理间无显著差异，土壤碱解氮含量基本在 80mg/kg 左右。团棵期时不同处理间差异较大，土壤碱解氮含量表现出随着施炭量的升高而先升高后降低的趋势，各处理土壤碱解氮含量大小

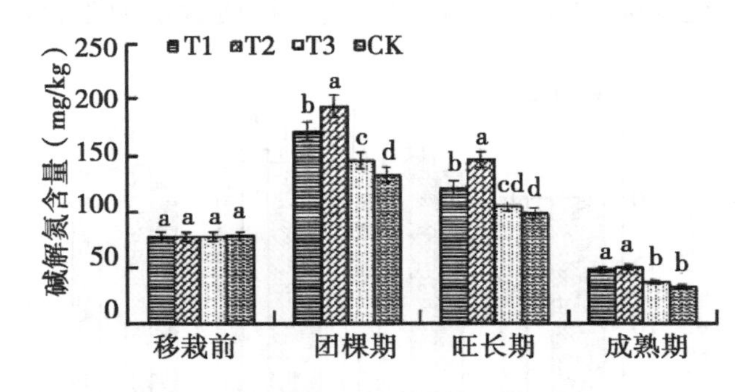

图 4-4　不同生物炭用量的土壤碱解氮

排序为：T2 > T1 > T3 > CK；施用生物炭处理的土壤碱解氮含量基本超过 150mg/kg，显著高于 CK；T3 处理碱解氮含量增幅小于 T1、T2 处理，这可能是由于过高的生物炭施用量虽然使土壤中吸附固定的养分升高，但同样也抑制了其释放速效养分的速度，导致 T3 处理土壤碱解氮含量增幅较小，但仍然显著高

于 CK。旺长期时，由于烤烟生长发育速度加快，植株根系吸收养分速率加大，各处理土壤碱解氮含量与团棵期时比较有所降低，此时各处理土壤碱解氮含量大小排序仍然与团棵期时一致：T2>T1>T3>CK；T3 处理与 CK 差异较小，二者土壤碱解氮含量在 100mg/kg 左右，T1、T2 处理土壤碱解氮含量显著高于 T3、CK 处理，说明在烤烟快速生长发育期间 T1、T2 处理土壤氮素供应状况良好，利于烤烟的生长。成熟期后，各处理土壤碱解氮含量继续降低，此期间 T1、T2 处理间土壤碱解氮含量在 50mg/kg 左右，差异较小，二者显著高于 T3、CK 处理，T3 与 CK 处理土壤碱解氮含量在 40mg/kg 左右，二者之间无显著差异。从烤烟各生育期来看，施用生物炭后与 CK 比较能够显著地增加土壤碱解氮的含量，一方面是由于生物炭本身存在的灰分增加了土壤中碱解氮含量，另一方面是因为生物炭的孔隙结构有利于多样性微生物群落的形成，从而增加微生物腐解有机体形成较多的速效养分。同时土壤碱解氮含量表现出随着施炭量的增加先升高后降低的规律，这可能是由于随着生物炭施用量的增加，虽然土壤中生物炭吸附固定的养分含量升高，但同样也抑制了其释放速效养分的速度，导致碱解氮含量与施炭量呈非线性关系，这也说明通过合理的施用生物炭能够调节耕层土壤中碱解氮含量，以利于烤烟生长发育的氮素供应。

3. 对土壤铵态氮含量动态变化的影响

从图 4-5 可以看出，移栽前不同处理土壤铵态氮含量基本在 12mg/kg 左右，差异较小。进入团棵期后，不同处理间土壤铵态氮含量大小排序为：T2>T1>T3>CK，各处理土壤铵态氮变化规律与碱解氮相同，表现出随着施炭量的增加先升高后降低的趋势，T1、T2 处理间差异较小，二者显著高于 T3 与 CK 处理。进入旺长期后，不同处理间土壤铵态氮含量大小排序为 T2>T1>T3>CK，T1、T2 处理土壤铵态氮含量在 18~20mg/kg 范围内，CK 与 T3 处理在 14~15mg/kg 范围内，显著低于 T1、T2 处理土壤铵态氮含量，T1、T2 处理较 CK 土壤铵态氮含量增加了 28%左右。成熟期后，各处理土壤铵态氮含量逐渐降低，仍以 T2 处理土壤铵态氮含量最高，CK 土壤铵态氮含量最低。从烤烟各生育期来看，施用生物炭后与 CK 比较能够增加土壤铵态氮的含量，以 T1、T2 处理铵态氮含量增加幅度较大，T3 处理与 CK 比较增幅较小，差异不显著。同样也说明通过合理的施用生物炭能够调节耕层土壤中铵态氮含量，促进烤烟的生长发育。

4. 对土壤有效磷含量动态变化的影响

从图 4-6 可以看出，移栽前不同处理土壤速效磷含量基本在 24mg/kg 左右，处理间无显著差异。进入团棵期后，不同处理土壤速效磷含量大小排序为：T2>

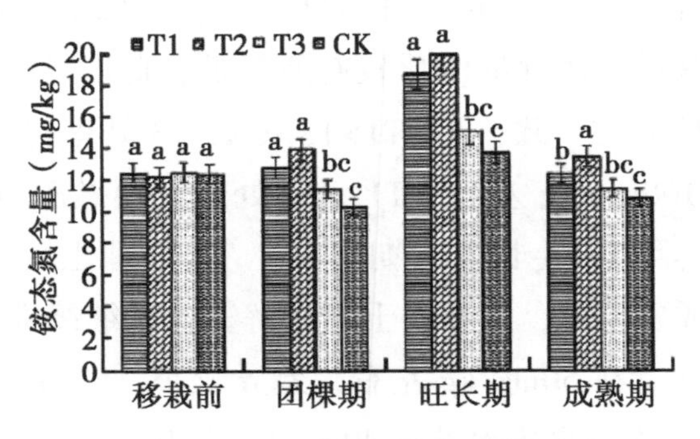

图 4-5　不同生物炭用量的土壤铵态氮

T3>T1>CK，但处理间差异较小，各处理土壤速效磷含量基本在 25~26mg/kg 范围内，施用生物炭后土壤速效磷增幅不显著。旺长期时，随着烤烟的生长发育

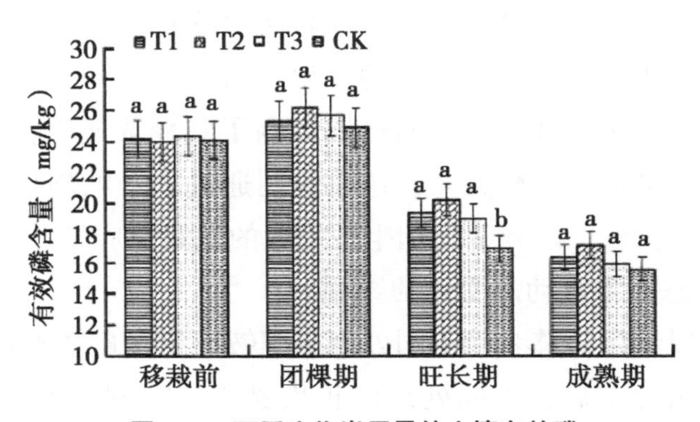

图 4-6　不同生物炭用量的土壤有效磷

速度加快，土壤中速效磷含量随之降低，此时施用生物炭处理与 CK 比较，施用生物炭后其土壤速效磷含量较高，增加了 12%左右，存在显著差异。各处理土壤速效磷含量大小排序为：T2>T1>T3>CK。成熟期后，各处理速效磷含量进一步降低，此时土壤速效磷含量较高的是 T2 处理，各处理土壤速效磷含量大小排序为：T2>T1>T3>CK，不同处理间无显著差异，土壤速效磷含量基本在 16~17mg/kg 范围内。从烤烟各生育期来看，施用生物炭后与 CK 比较，除旺长期施用生物炭处理与 CK 土壤速效磷含量存在显著差异，在其他生育期间均无显著差异，从各处理不同生育期土壤速效磷含量大小来看，施用生物炭处理值较高，说明添加生物炭对土壤中速效磷含量的增加有一定的增幅能力。

5. 对土壤速效钾含量动态变化的影响

土壤中速效钾含量能影响烤烟烟叶的含钾量，从图 4-7 可以看出，在移栽前各处理土壤中速效钾含量在 200mg/kg 左右。进入团棵期后，不同处理土壤速效钾含量表现差异较大，各处理土壤速效钾含量大小排序为：T2>T1>T3>CK，土壤速效钾含量随施炭量的增加先升高后降低，施用生物炭处理土壤速效钾含量在300~320mg/kg范围内，施用生物炭处理速效钾含量较CK升高了50%左右，增幅效果显著。旺长期后，此时土壤中速效钾含量表现规律与团棵期相似，各处理土壤速效钾含量大小排序为：T2>T1>T3>CK，CK土壤速效钾含量较团棵期时升高，此时施用生物炭处理速效钾含量仍较CK升高了20%左右。成熟期后，各处理土壤速效钾含量逐渐降低，此期间各处理土壤速效钾含量大小排序为：T2>T1>T3>CK，但施用生物炭处理间无显著差异，T1、T2、T3处理土壤速效钾含量在250mg/kg左右，三者均显著高于CK。从烤烟各生育期来看，施用生物炭后与CK比较能够显著增加土壤速效钾含量，表现出土壤速效钾含量随施炭量的增加先升高后降低的规律，以T2处理增幅能力最强，这说明通过生物炭能够调节土壤中速效钾含量，保证烤烟在大田各生育期钾素的供应。

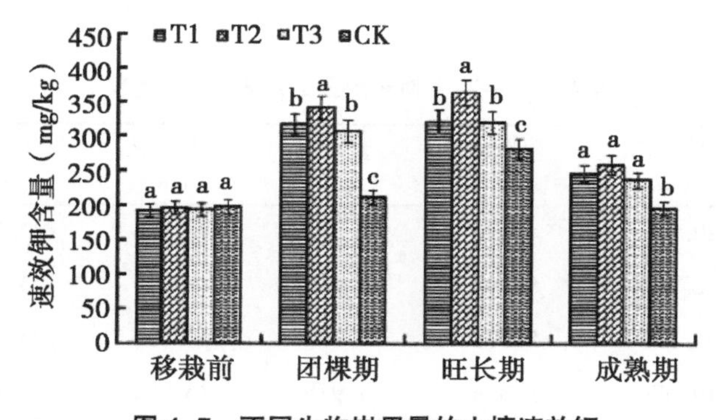

图4-7　不同生物炭用量的土壤速效钾

（四）对烤烟农艺性状的影响

由表4-1可知，不同处理在各生育时间农艺性状表现出不同的差异。在团棵期，从株高来看施用生物炭各处理高于CK，株高在3.4%~14.4%范围内不同程度升高，各处理株高大小排序为：T2>T3>T1>CK。从茎围来看，各处理间无显著差异，各处理茎围大小排序为：CK>T2>T3>T1。从节距来看，以T1节距较大，不同处理节距大小排序为：T1>CK>T3>T2。最大叶长基本处在44.1~46.7cm范围内，不同处理间以T2叶长最长，各处理不同叶宽间无显著差异。从叶面积看，不同处理大小排序为：CK>T2>T3>T1，CK和T2处理的叶面积显著大于T1、T3。

进入旺长期时各处理农艺性状有一定的差异。各处理株高的大小排序为：

T2>T3>T1>CK，其中T2处理株高显著高于CK，其他处理与CK差异未达显著水平；从不同生物炭施用水平来看，株高随生物炭施用量呈先升高后降低的趋势。各处理茎围大小排序为T3>T1>T2>CK，与CK比较差异达显著水平的是T3处理，茎围较CK增加0.72cm。不同处理节距大小排序为T3>T2>CK>T1，其中T3与T1处理节距差异达显著水平。各处理最大叶长大小排序为T2>T3>CK>T1，其中T1处理最大叶长显著低于T2、T3处理最大叶长，其他处理之间无显著差异。各处理最大叶宽基本在24.21~26.70cm范围内，处理之间差异不显著。从最大叶面积来看，以T2、T3处理最大叶面积较大，但是施用生物炭的处理与CK并无显著差异。

烤烟进入成熟期各处理株高、茎围、节距、最大叶长之间无显著差异，从最大叶宽来看，施用生物炭处理大于CK，但只有T3处理的叶长显著大于CK。从最大叶面积看，施用生物炭处理大于CK，特别是T3处理的叶面积显著大于CK。

表4-1 不同生物炭用量的烤烟农艺性状

时期	处理	株高/cm	茎围/cm	节距/cm	最大叶长/cm	最大叶宽/cm	最大叶面积/cm^2
团棵期	T1	20.33bc	4.83a	4.83a	44.33b	22.33a	647.68b
	T2	22.50a	5.10a	3.93b	46.67a	23.00a	702.33a
	T3	21.09c	5.07a	3.90b	44.07b	23.17a	668.11b
	CK	19.67c	5.33a	3.97b	46.00a	23.83a	717.23a
旺长期	T1	57.11b	7.32ab	3.08b	52.28b	24.21a	816.57a
	T2	67.22a	7.28ab	3.33ab	58.44a	26.70a	994.15a
	T3	62.44ab	7.70a	3.56a	58.28a	26.67a	989.52a
	CK	56.00b	6.98b	3.28ab	54.72ab	25.39a	885.48a
成熟期	T1	131.03a	7.90a	4.07a	68.89a	26.01b	1172.39b
	T2	130.90a	8.18a	4.11a	69.68a	27.42ab	1250.12ab
	T3	131.66a	8.36a	4.47a	72.42a	30.00a	1421.53a
	CK	132.50a	7.99a	4.26a	68.20a	25.48b	1137.00b

（五）对烤烟叶片SPAD值的动态影响

由表4-2可知，不同时期烤烟叶片SPAD值存在显著差异。从团棵期来看，各处理中部叶叶片SPAD值以CK最高，以T1最低，且CK处理显著高于T1处理，各处理从高到低依次表现为 CK、T2、T3 和 T1。

从旺长期来看，各处理不同部位的叶片 SPAD 值由大到小依次为上部叶、中部叶和下部叶。上部叶各处理叶片 SPAD 值以 T2 处理最高，以 CK 最低，从高到低依次为：T2、T1、T3 和 CK，其中 T2 处理比 CK 显著提高了 14.6%。中部叶各处理叶片 SPAD 值从高到低依次为 T2、T1、CK 和 T3，其中 T2 和 T1 处理的叶片 SPAD 值比 T3 处理显著提高了 4.8% 和 4.5%。下部叶各处理叶片 SPAD 值以 T2 处理最高，以 CK 最低，从高到低依次为 T2、T3、T1 和 CK，其中 T2 和 T3 处理的叶片 SPAD 值比 CK 分别提高了 2.8% 和 2.7%。

从成熟期来看，各处理不同部位的叶片 SPAD 值表现为上部叶>中部叶。上部叶各处理叶片 SPAD 值以 T2 处理最高，以 T3 处理最低，从高到低依次为：T2、T1、CK 和 T3，其中 T2 和 T1 处理的叶片 SPAD 值比 CK 显著提高了 14.4% 和 13.2%。中部叶各处理叶片 SPAD 值以 T1 处理最高，以 T3 处理最低，从高到低依次为 T1、T2、CK 和 T3，其中 T1 和 T2 处理的叶片 SPAD 值比 CK 显著提高了 26.9% 和 24.1%。

表 4-2　不同生物炭用量的烤烟叶片 SPAD 值

处理	团棵期			旺长期			成熟期		
	上部叶	中部叶	下部叶	上部叶	中部叶	下部叶	上部叶	中部叶	下部叶
T1	—	33.25b	—	44.92ab	41.77a	32.67a	41.62a	35.50a	—
T2	—	34.68b	—	46.80a	41.90a	33.57a	42.07a	34.73a	—
T3	—	34.53ab	—	43.50ab	39.98b	33.55a	35.52b	27.40b	—
CK	—	35.92a	—	40.82b	40.58a	32.67a	36.77b	27.98b	—

（六）对烤烟干物质积累与分配的影响

干物质积累量可以用来衡量烤烟的潜在产量，其值的大小很大程度影响烤烟的产量。由表 4-3 可知，不同处理之间干物质积累量存在差异，随着施炭量的升高，成熟期后烤烟干物质积累量呈现先升高后降低的趋势，施用生物炭处理干物质积累量均在 300g/株以上，与 CK 比较各处理干物质积累量在 12.1%~33.3% 范围内不同程度升高，这说明施用生物炭后有利于烟株生长发育，烟株的同化作用得到加强。不同处理干物质积累量具体表现为：T2>T1>T3>CK，T2 较 T1 干物质积累量显著上升 11.9%，T1、T3 间无显著差异，二者与 CK 干物质积累量比较差异达显著水平。T3 烟株干物质积累量小于 T2，这表明生物炭施用量过高会有一定的抑制作用，但仍然较 CK 有优势。这可能是生物炭的吸附作用导致的，因为较高的施炭量吸附固定了一部分土壤中的养分，所以使其土壤中养分含量的峰值较 T2 的土壤中养分含量低，从而使烟株的同化能力有所降低。从不同处理的干物质积累量表现来看，T2 的施炭量较适宜。

由表 4-3 可知，从根系来看，根干重以 T1、T2 较大，显著大于 T3 及 CK；从根系干重占全株干重比例来看，T1 所占比重最大，根系较为发达；从茎秆来看，茎干重最大的是 T2，达到 100g/株，次之是 T1，且从茎秆干重所占全株干重比例来看也是 T1、T2 较高，与 T3 及 CK 差异显著。从叶片来看，T2 叶片干重最大，理论经济产量最大，施用生物炭处理与 CK 比较叶片干重均不同程度升高，同时也表现出随着生物炭的施用量逐渐升高叶片干重呈现先升高后降低的趋势。从叶片干重占全株干重比例来看，以 T2、T3 所占比例较高。从根冠比来看，施用生物炭处理根冠比之间差异较大，T1、T2 显著高于 T3、CK 根冠比，与 CK 相比根系较发达，养分与水分供应能力较强。这表明施用生物炭后，在一定范围内能改善烤烟各器官干物质分配比例，协调源库流的关系，促进烤烟地上部分与地下部分自我协调。从不同处理表现来看，与 CK 相比，T3 根冠比降低。T2 能够显著提高叶片干重及占全株干重比例，烟叶内含物存储同化能力较强，是较适宜的施炭量。

表 4-3 不同生物炭用量的干物质积累与分配

处理	干物质总量/g	根		茎		叶		根冠比
		干物质量/g	比例/%	干物质量/g	比例/%	干物质量/g	比例/%	
T1	336.86b	127.00b	37.70a	92.00b	27.31a	117.86c	34.99c	0.61a
T2	376.83a	138.33a	31.07b	100.00a	27.74a	138.50a	41.19a	0.58b
T3	316.92b	103.50c	32.66b	82.00c	25.87b	131.42b	41.47a	0.49d
CK	282.73c	100.50c	36.89a	74.50d	25.80b	107.73d	37.31b	0.55c

（七）对烤烟氮肥利用率的影响

提高氮肥的利用率不仅能降低烟叶生产成本，而且能够有效防治因大量使用化肥导致的土壤板结等实际问题。由图 4-8 可知，不同处理间烟株氮肥利用率各有差异，施用生物炭后各处理氮肥利用率均在 40%以上，T2 甚至达到 50%以上，而 CK 氮肥利用率不到 40%，差异显著，这说明施用生物炭能够显著提高烟株的氮肥利用率。各处理氮肥利用率具体表现为：T2>T3>T1>CK，随着生物炭施用量增加，氮肥利用率不呈正相关趋势。这也与干物质积累量表现规律相似，可能是由于较高的施炭量吸附固定了一部分土壤中氮素，所以使T3土壤中氮素含量的峰值较T2土壤中养分含量低，从而使烟株的氮素利用率有所降低。从不同处理的烤烟氮肥利用率表现来看，T2的施炭量较适宜。

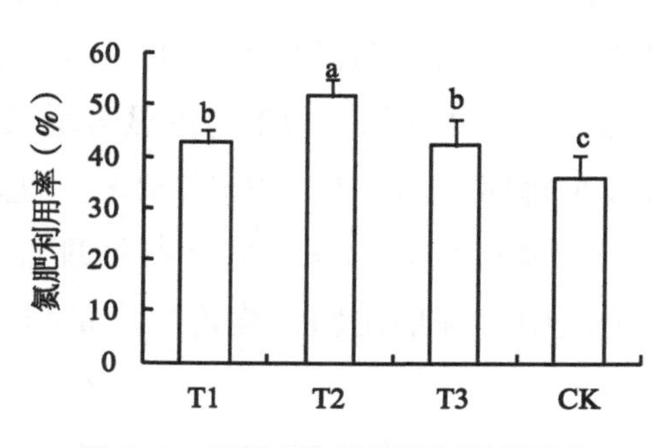

图4-8　不同生物炭用量氮肥利用率

（八）对烤烟病害的影响

施用生物炭后不同处理的烟株黑胫病发病率及病害指数见图4-9。施用生物炭处理与CK烟株黑胫病发病率差异显著，不同处理发病率大小排序为CK>T1>T2=T3。与CK比较，施用生物炭后烤烟黑胫病发病率显著降低，其中T2、T3处理烟株黑胫病发病率最低。施用生物炭后烤烟发病率较CK降低了7%～8%，但是烤烟黑胫病发病率在不同生物炭施用水平之间无显著差异。从病害指数上来看，也以CK病害指数最高，施用生物炭后烤烟黑胫病害指数显著降低，以T2、T3处理的烤烟黑胫病病害指数较低，三种生物炭施用量处理黑胫病的病害指数之间没有显著差异。这说明施用生物炭能减少烤烟病害的发生，并降低病害严重度，有利于烟株的正常生长发育并减少生产损失。

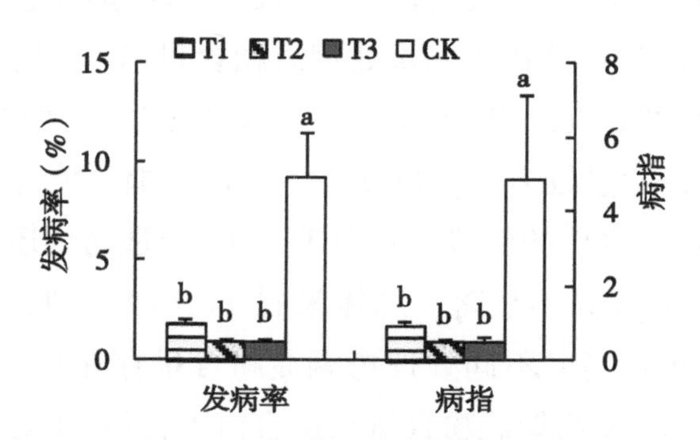

图4-9　不同生物炭用量黑胫病状况

（九）对烤烟经济性状的影响

由表4-4可知，不同处理间上等烟比例大小排序为T2>T1>T3>CK，T2与CK相比，上等烟比例提高了29.5%，施用生物炭后各处理上等烟比例均高于CK，其中T1、T2与CK差异显著。从中上等烟比例来看，同样表现为T2>T1>T3>CK，与CK相比，T2中上等烟比例提高了8.0%，T3与CK差异不显著。从均价来看，以T2均价最高，与CK相比，T2均价显著增长了8.2%，差异显著。不同处理的产量与产值大小排序均为：T2>T1>T3>CK，且差异显著，T2产量与产值最高，与CK比较产值增长了17.4%。综合各处理经济性状来看，施用生物炭后能在一定程度上提高中上等烟比例、均价、产量与产值，以T2经济性状最佳。

表4-4　不同生物炭用量的经济性状

处理	上等烟比例/%	中上等烟比例/%	均价/（元/kg）	产量/（kg/hm^2）	产值/（元/hm^2）
T1	31.58b	91.87b	22.82b	2 010.91b	45 870.98b
T2	33.45a	93.26a	23.21a	2 056.38a	47 716.18a
T3	26.20c	86.67c	21.54c	1 961.61c	42 264.05c
CK	25.83c	86.36c	21.46c	1 894.16d	40 649.86d

（十）对烟叶化学成分的影响

烤烟总糖及还原糖影响烤烟烟气和吃味，淀粉含量过高不利于烤烟的吸食品质。一般认为烤烟C3F等级烟叶总糖含量在22%~28%，还原糖含量15%~20%，淀粉含量控制在5%以下较适宜。不同处理烤后烟叶总糖、还原糖及淀粉含量存在差异（表4-4），施用生物炭处理总糖含量与CK比较或高或低，其中与CK存在显著差异的是T2、T3处理，二者烤后烟叶总糖含量显著低于CK。T2、T3处理烤烟总糖含量较适宜，T1处理与CK烤烟总糖含量略高。施用生物炭后烤烟还原糖含量有降低的趋势，其中T1、T2处理烤烟还原糖含量极显著低于CK，T3处理与CK差异不显著。总体来看T1、T2处理还原糖含量较适宜，T3与对照还原糖含量略高。不同处理烤烟淀粉含量存在显著差异，以T2处理淀粉含量最低，T3与CK烤烟淀粉含量在适宜值内，但T1处理烤烟淀粉含量偏高，影响烤烟的吸食品质。

烟碱含量是衡量烟叶品质高低最重要的指标之一，烤烟总氮含量与烟碱含量存在此消彼长的关系，也是影响烤烟品质的重要指标。一般来说烤烟 C3F 等级烟叶的总氮含量在 2.5%左右，烟碱含量在 2%左右较适宜。由表 4-5 可以看出，T1 与 T3 处理总氮含量极显著低于 CK，T2 与对照总氮含量差异不显著。总氮含量接近适宜值的处理是 T2 与 CK，其他处理总氮含量偏低。从烟碱含量上来看，烤烟烟碱含量随着生物炭的施用量增加呈上升趋势。T3 处理烟碱含量显著高于其他处理，其他处理烤烟烟碱含量接近适宜值。

烤烟的钾和氯含量是影响烟叶制品燃烧性及吸湿性的重要指标，一般要求烤烟钾含量在 2.0%以上，氯含量控制在 0.3%~0.8%范围内。由表 4-5 可以看出，施用生物炭后影响了烤后烟叶钾含量，不同处理烤烟钾含量大小排序为T1>T3>T2>CK，施用生物炭后处理烤烟钾含量均显著高于 CK，有利于提高烤后烟叶的燃烧品质。从烤烟氯含量来看，施用生物炭后显著提高了烤烟氯含量，T1、T2、T3 处理烤烟氯含量更接近适宜范围。

烤烟的糖碱比、氮碱比、钾氯比和糖氮比是综合评价烤烟吃味、刺激性、醇和度等的指标。一般要求糖碱比与糖氮比值在 6~10，氮碱比在 0.8~0.9，钾氯比大于 4 较适宜。由表 4-5 可以看出，T2、T3 处理烤烟糖碱比与 CK 差异显著，且二者糖碱比值在适宜范围内，有利于烤烟优质化学品质的形成。T1 处理烤烟糖碱比高于 CK，但无显著差异。这表明施用生物炭后能显著调节烤烟糖碱比值，且不同的生物炭施用量对烤烟糖碱比值的影响有差异。不同处理的烤烟氮碱比值接近适宜值的处理是 T1、T2，T3 处理烤烟氮碱比值显著低于其他处理。各处理烤后烟叶糖氮比值差异较大，其中 T1、T3 处理烤烟糖氮比值显著高于 CK，二者糖氮比值过高，不利于烤烟烟气酸碱平衡。各处理中糖氮比处于适宜范围的是 T2 处理。从烤后烟叶钾氯比值来看，各处理烤烟钾氯比值均大于 4，烤后烟叶燃烧性较好。

表 4-5　不同生物炭用量的烤烟化学成分

处理	总糖/%	还原糖/%	淀粉/%	总氮/%	烟碱/%	钾/%	氯/%	糖碱比	氮碱比	糖氮比	钾氯比
T1	29.27a	16.70b	5.04a	1.78b	1.84c	2.55a	0.34a	16.61a	1.00a	16.50a	7.60a
T2	22.20c	15.08c	1.97c	2.84a	2.41b	2.36b	0.34ab	9.24b	1.19a	7.89d	6.90b
T3	26.08b	20.46a	4.56a	1.95b	3.39a	2.46ab	0.36a	7.71b	0.58b	13.53b	6.79b
CK	28.28a	20.34a	3.55b	2.62a	2.06bc	2.23c	0.28c	13.76a	1.27a	10.84c	10.79a

（十一）施用生物炭对烤烟效应的偏最小二乘路径分析

偏最小二乘路径模型结果如图 4-10 所示。该模型的拟合优度（Goodness of fit）为 0. 707 大于 0. 35，具有一定的参考价值。从模型的结果图中可以看出，烤烟的病害指数显著影响烟株的农艺性状以及烤后烟叶的品质指标（如氯、钾），结合施用生物炭后各处理的黑胫病发病率及病情指数显著降低来看，施用生物炭后有利于烤烟的生长发育；烤烟的农艺性状也能影响烤后烟叶质量（如氯、总糖）；结果还表明烤烟的总糖、还原糖、总氮、氯含量能显著影响烤烟的烟碱含量，烤烟的总糖、还原糖显著影响烤后烟叶的淀粉含量，结合生物炭对烤烟生长及烟叶质量各指标的影响结果来看，施用生物炭后降低了烤烟黑胫病发病率和病害指数，并在生育前期促进烤烟生长发育，同时协调烤后烟叶的化学成分。而这些农艺性状、病害指数、烟叶质量指标之间又能相互影响，最终共同促进烤烟生长及优质烟叶品质的形成。PLSPM 结果明确了施用生物炭后烤烟生长及烟叶质量各指标之间的关系，这对于利用其他手段促进烤烟生长及提高烟叶质量也具有一定的指导意义。

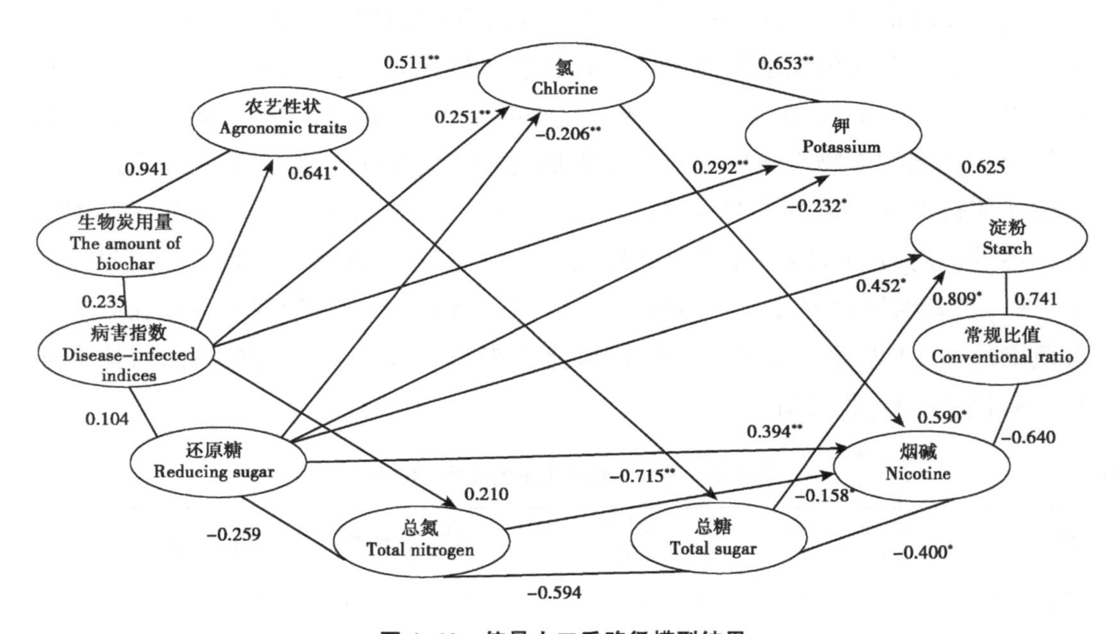

图 4-10 偏最小二乘路径模型结果

四、讨论与结论

（1）土壤容重是土壤重要的物理性状，直接影响土壤的孔隙度、田间持水量，间接影响植株对土壤中养分的吸收利用，以及土壤中微生物的种群和数量，对作物的生产起到重要作用。已有研究表明，通过施用生物炭能够改良目前土壤容重较大、孔隙度差的状况，施用生物炭后土壤容重降低，田间持水量逐渐升高。本研究也发现相同的结果，施用生物炭后在烤烟的不同生育时期内，其土壤容重均低于不施用生物炭的，而其田间持水量在各生育期也均不同程度高于不施用生物炭的。这是由于生物炭具有一定的孔隙结构，比表面积大，施用生物炭后能改良土壤的孔隙结构，缓解土壤板结的趋势，同时生物炭的孔隙结构使其具有较强的吸附能力，使田间持水量升高。因此，通过施用生物炭能够调节土壤容重，提高田间持水量，在一定程度上改良植烟土壤的物理性状，促进烟株的生长发育。

（2）土壤是烤烟生长的基础，良好的土壤肥力是优质烤烟生产的前提，土壤养分含量与烤烟生产密切相关。通过施用生物炭在一定程度上能够改善土壤肥力状况，有研究表明，施用生物炭显著提高土壤有机质含量，而土壤速效氮、速效磷含量则随着生物炭的施用量的增加呈先升高后降低的趋势。本研究也得出与之大致相同的结果，主要差异在于本研究发现生物炭对土壤中速效磷含量的增幅能力较低，速效磷增幅效果未达显著水平。不同来源生物炭的结构性质可能存在着很大的差异，所以这种差异可能是由于不同生物炭的本身特性存在的差异导致的。与其他研究结果相同的是施用生物炭显著提高土壤有机质含量，而土壤速效氮含量则随着生物炭的施用量的增加呈先升高后降低的趋势，这是由于随着的生物炭施用量的增加，土壤中有机质含量不断增高，同时土壤中生物炭吸附固定的养分含量升高，但这同样也抑制了速效养分释放的速度，导致土壤中速效氮含量与施炭量呈非线性关系，各处理中以 T2 处理养分含量增幅最大。从烤烟各生育期来看，施用生物炭后与对照组比较也能够显著增加土壤中速效钾的含量，与速效氮表现规律相似，土壤中速效钾含量随施炭量的增加先升高后降低的规律，以 T2 处理增幅能力最强。由此可见，通过合理的施用生物炭能够调节耕层土壤中养分含量，有利于烤烟生长发育的养分供应。

（3）烤烟的农艺性状能在一定程度上直观地反映烤烟的质量及潜在预示烤烟的经济产量。有研究发现，通过施用生物炭改良土壤理化性状后，在一定范围内促进了烟株的生长发育，主要因为适宜的土壤孔隙结构有利于烟株的根系下扎与养分吸收。生物炭良好的吸附作用既能在一定程度上增强土壤保肥能力，也能提高土壤的含水率，保证烤烟各生育期有适宜的土壤水分供应，促进烟株的生长发育。本研究表明，不同的生物炭施用量对烤烟的生长发育影响差异较大，3 000~3 750kg/hm^{2}的施炭量有利于烤烟的生长发育，但也不是施炭量越大越好，当施炭量达4 500kg/hm^{2}时，烤烟的生长发育速度低于常规不施用生物炭处理。这可能是生物炭自身的吸附性质导致的，较高的施炭量吸附固定了一部分养分，烟株的养分供应得不到及时补充，在一定程度上抑制了根系的养分吸收能力，烟株同化作用被部分削弱。

（4）叶绿素是光合作用的重要色素，且其含量和降解产物的积累量与烟叶的外观质量和内在品质密切相关，而 SPAD 值是叶绿素的相对含量。有研究表明施用适量生物炭后，可提高烟株生长中、后期叶绿素含量，促进烟叶的光合作用，延长烟株成熟期，促进烟叶适时落黄。本研究结果与之相似，施用生物炭的处理在团棵期时烤烟叶片 SPAD 值均低于 CK，可能是因为施用生物炭后，在烤烟生长前期土壤养分失调，速效氮供应不足导致烤烟苗期生长受到抑制。旺长期和成熟期时烤烟叶片 SPAD 值均高于 CK，且在旺长期上部叶、中部叶和下部叶均以 T2 处理最高；成熟期上部叶以 T2 处理最高，中部叶以 T1 处理最高。

（5）烤烟的干物质积累量及各器官干物质分配比例也能衡量烤烟的潜在产量，其值的大小很大程度影响烤烟的产质量。施用生物炭能够提高作物产量，主要是增施生物炭能够提高烤烟的干物质积累量且对烤烟根系干物质积累量有明显的促进作用。本研究表明，在一定范围内施用生物炭能够增加烤烟的干物质积累量，促进根系的生长发育，协调地上部分与地下部分的比例，改善源库流的关系。

（6）烤烟的氮肥利用率一方面影响生产成本，另一方面肥料的高效利用也有利于防止土壤理化性质的进一步恶化。前人研究发现，施用生物炭能降低氮素的淋溶损失，增强土壤肥力，有利于氮素利用率的提高。本研究表明，施用生物炭能在一定范围内提高氮肥的利用率，氮肥利用率随着施炭量的增加呈现先升高后降低的趋势。施用生物炭的处理氮肥利用率显著大于对照，其表现规律与烤烟干物质积累量规律相似。究其原因，可能是因为施炭量在适宜范围内，其保水保肥的能力较强，在烤烟各生育期能够及时补充根系的养分与水分供应，养分淋溶损失较少，导致氮肥利用率较高；但施炭量过高时，土壤中吸附的养分不能及时释放，氮肥利用率达到峰值后又随着施炭量的增加逐渐降低。

（7）施炭量对烤后烟叶的经济效益有显著影响，表现出随施炭量的增加先升高后降低的规律，所有施用生物炭处理经济效益显著高于对照。因此施用生物炭能在一定程度上调节烤后烟叶内含物含量，增加经济效益，有利于提高烤后烟叶的产量和质量。

（8）烤后烟叶的化学成分与烟叶的内外质量密切相关，烤后烟叶化学成分比例协调，其烟气浓度、劲头、吃味等适宜。本试验中，从不同处理烤后烟叶的化学成分来看，施用生物炭后，烤后烟叶的糖含量逐渐降低至适宜范围。总糖含量随着施炭量的增加呈先降低后升高趋势，总糖及还原糖均以 T2 较适宜。烟碱含量随着生物炭量的增加呈递增趋势，T1 和 T2 的烟碱含量与 CK 差异不显著，且处于烟碱适宜范围内。施用生物炭对总氮、淀粉、氯含量影响较小，但能显著提高烤后烟叶中钾含量，有利于提高其燃烧性能。钾含量与施炭量呈正相关，一方面是由于生物炭本身的灰分元素中有一定的钾含量，另一方面是由于生物炭的吸附能力使土壤中养分含量升高，促进烟叶中钾含量的提高。施用生物炭还能进一步改善钾氯比、糖碱比、糖氮比，使烟叶内含物比例协调。

（9）叶协峰等（2015）研究了生物炭用量对植烟土壤碳库及烤后烟叶质量的影响，结果表明施用生物炭后烤后烟叶中的烟碱、钾、氯含量增加，且三者与生物炭的施用量呈正相关，但是过高的生物炭施用量不利于烤后烟叶优质品质的形成。本试验也得到类似的研究结果，施用生物炭后烤后烟叶的钾含量显著提高，这有利于提高烤烟的燃烧性。施用生物炭后烤后烟叶的氯含量也显著提高，且与对照比较来看施用生物炭处理的氯含量更适宜，有利于平衡烤烟的燃烧性与吸湿性，减少烤烟作为卷烟工业原料利用时的造碎损失。烤后烟叶烟碱含量随着生物炭的施用量增加呈上升趋势，当生物炭施用量在4 500kg/hm^{2}水平时烤后烟叶烟碱含量显著高于其他处理，这也说明生物炭的施用量不宜过高，否则会对烟叶品质造成负面影响。潘金华等（2016）研究了施用生物炭对烤烟品质的影响，结果表明施用生物炭后烤后烟叶的烟碱与全氮含量有所下降，还原糖含量有所增加，糖碱比有所优化。本文得到的研究结果与其有一定的差异，主要是烤后烟叶还原糖含量随生物炭的施用量先降低后升高，但是糖碱比值有所优化。造成这种差异的可能是生物炭的来源差异及土壤类型的差异。郑加玉等（2016）研究表明生物炭施用后，能在一定程度上降低烟叶总糖及还原糖含量，提高总氮、烟碱及钾含量。本文研究结果类似，但由于生物炭来源的不一致及土壤环境等因素的差异，适宜生物炭用量与之比较有所差异。

（10）大量研究表明烟叶化学成分之间具有一定的相关性，本研究同样发现，施用生物炭后烤后烟叶各化学成分之间具有一定的相关性。这说明烤后烟叶各化学成分对烟叶质量的重要性并不是孤立的，调节烟叶质量时需要综合考虑各指标之间的关系，从而更有效的提高烟叶的质量。另外 PLSPM 结果也表明烤烟的生长发育阶段各指标与其烤后烟叶的品质相关的化学指标关系密切，这对了解施用生物炭后对烤烟生长发育及烟叶质量的影响机制具有一定的意义。从研究结果来看，施用生物炭后主要是显著降低了烤烟植株的黑胫病发病率和病害指数，同时又能促进烟株在生育前期的生长，最终烘烤调制后有利于改善不适宜的各化学指标趋于适宜，从而提高烟叶的质量。不同的生物炭施用量对烤烟生长及烟叶质量的影响具有差异。具体表现为较低水平的生物炭用量能够促进烤烟在生育前期的生长和烟株根系的生长发育，并显著降低烟株的黑胫病发病率和病害指数，改善烤后烟叶质量；当生物炭用量过高时对烤后烟叶质量具有负面影响，烟叶质量指标之间相关性显著。同时利用R语言构建的偏最小二乘路径模型表明烤烟生长发育阶段各指标与烤后烟叶的品质相关的化学指标关系密切，能更加系统的阐明生物炭促进烤烟生长及烟叶质量的作用机制。综合来看，最适宜的生物炭施用量为3 750kg/hm^2。

第二节　生物炭用量对烤烟根系活力和根际土壤微生物影响

一、研究目的

土壤是农业生产及生态系统的基础，其既是作物生长的重要介质，也是维持作物群体生产力、影响生态环境质量的重要因素。近年来，烟叶生产对化学肥料和农药的依赖导致部分植烟土壤环境被破坏，有机质含量降低，酸化、板结，微生物结构和功能多样性受损。微生物是土壤的重要组成部分，在土壤养分循环、有机质矿化、腐殖质合成和毒物分解等多种土壤生物化学反应中扮演着重要角色，与土壤肥力密切相关。微生物对分解土壤有机质、促进腐殖质形成、改善土壤的理化性质、增强土壤酶活性、促进植物生长、吸附和转化有机污染物和重金属等方面起着至关重要的作用。

生物炭是由动植物残体和废弃物在缺氧或无氧的情况下经过高温裂解得到的固体产物，具有多孔性和高比表面积的特征。在土壤中加入生物炭，不但对增加土壤肥力、均衡土壤有机碳库有着十分重要意义，还可以延缓作物肥料养分在土壤中的释放，减少养分的损失，提升肥料养分在作物中的利用率。

目前，关于生物炭对土壤的培肥效果及对烤烟的增产提质作用已有很多报道，而针对连续施用生物炭后对烤烟根系活力和植烟土壤微生物群落多样性的影响研究较少。鉴于此，研究施用生物炭对烤烟根系活力和土壤微生物数量及根际土壤微生物群落碳代谢特征的影响，为认识生物炭在土壤微生物群落的调控作用以及明确适宜的生物炭用量提供理论科学依据。

二、材料与方法

（一）试验设计

试验安排在湖南省湘西州凤凰县千工坪基地，采用单因素随机区组设计。供试烤烟品种为云烟 87，供试土壤类型为黄灰土（速效氮 105.00mg/kg；速效磷 38.57mg/kg；速效钾 258.67mg/kg；pH 值 6.50），供试生物炭基本理化性质为：有机碳 41.93g/kg；速效氮 0.026g/kg；速效磷 0.459g/kg；速效钾 3.71 g/kg;pH 值 9.44；灰分 19.71%。试验设置不同的生物炭施用量：T1（3 000 kg/hm^2）、T2（3 750kg/hm^2）、T3（4 500kg/hm^2）、CK（0kg/hm^2），3 次重复。小区面积 30m^2，株行距为 55cm×110cm。施氮量 112.5kg/hm^2，氮磷钾肥比例为 m（N）：m(P_2O_5)：m(K_2O) = 1：1.18：2.85，施肥方式为条施。生物炭粉碎过筛后，在整地前小区划分好后施用，均匀撒施在地表后旋耕深翻使其与土壤充分混合。各处理除生物炭施用量外，其他措施均一致。其他农艺措施按当地优质烟叶生产技术规范进行。

（二）测定项目与方法

（1）土壤及烟株样品采集。于团棵期（移栽后 30d）、旺长期（移栽后 60d）、成熟期（移栽后 90d）在开展 2 年的试验田按五点取样法选取烟株，采用抖根法采集根际土样，去除土样中的杂物、细根后混匀放入自封袋中，用冰盒带回实验室，放入 4℃ 冰箱保存，用于土壤微生物测定。采集土样后，将选取的烟株根系洗净，用于烤烟根系活力的测定。

（2）烤烟根系活力的测定．采用 TTC 法测定烤烟根系活力，四氮唑还原强度（μg/g·h）= 四氮唑还原量（μg）/［根质量（g）×时间（h）］。

（3）土壤微生物数量的测定。称取 10g 土壤加入装有 90mL 无菌水的三角瓶中，放入摇床中，28℃、200 r/min 震荡 30min，充分悬浮，静置半小时后，取上清液稀释后得到 10^{-6}～10^{-1}的悬浮液，取 100μL 稀释悬浮液均匀涂抹于 LB 培养基、马丁孟加拉红-链霉素培养基、高氏 1 号培养基上，平行 3 次，转入 28℃恒温培养箱中倒置培养（细菌 2～3d、真菌 3～5d、放线菌 5～7d）。

（4）土壤微生物功能多样性的测定。采用 Biolog-ECO 法，该方法是根据微生物在利用碳源过程中产生的自由电子与四唑盐染料发生还原显色反应，颜色的深浅可反映微生物对碳源利用程度的差异。具体步骤为：用 0.145mol/L NaCl 溶液，按照 10 倍稀释制法制成 1000 倍的土壤稀释液，将最终稀释液倒入已灭菌的 V 形槽中，将 Biolog-ECO 平板预热到 25℃，利用 8 通道移液枪从 V 形槽中吸取稀释液 150μL，注入 Biolog 微孔板的每个微孔，25℃条件下培养 10d，每隔 24h 用 ELx 808TM 酶标仪（美国佰腾）测定吸光值（590nm），为防止微孔板水分过度蒸发，培养箱中放置一个存水烧杯。

①AWCD 用来评价土壤微生物群落对碳源利用的总能力。

$$AWCD = \sum (C_i - R)/31$$

式中，C_i表示第 i 个非对照孔的吸光值，R 表示对照孔的吸光值。

②Shannon 指数（H）用来评估群落中物种的多样性。

$$H = -\sum P_i \times \ln(P_i)$$

式中，P_i为第 i 孔的相对吸光值与整个平板相对吸光值总和的比率。

③Simpson 指数（D）用来评估常见物种优势度。

$$D = 1 - \sum P_i^2$$

④McIntosh 指数（U）。

$$U = \sqrt{(\sum n_i^2)}$$

式中，n_i为第 i 孔的相对吸光值（C_i-R）。

⑤McIntosh 均匀度（E）用来评估均一度。

$$E = \frac{N - U}{N - N\sqrt{S}}$$

式中，N 表示相对吸光值的总和，S 表示发生颜色变化孔的数量。

⑥丰富度指数（S）是指被利用的碳源总数目，本研究中为每孔中（C_i-R）值大于 0.25 的孔数。

（5）采用 SPSS 19.0 对 31 种底物碳源进行主成分分析，微生物对 6 类碳源的利用能力以每类碳源 Biolog-ECO 板对应孔的平均颜色变化率（average well color development，AWCD）为指标。

三、结果与分析

（一）生物炭对烤烟根系活力的动态影响

由图 4-11 可知，团棵期各处理烤烟根系活力差异不显著，旺长期和成熟期各处理烤烟根系活力呈显著差异。团棵期各处理烤烟根系活力均值在 163.94～178.86μg/(g·h)，其中以 T3 处理最高，CK 最低，各处理从高到低依次为：T3、T2、T1 和 CK。旺长期各处理烤烟根系活力均值在 190.63～215.45 μg/(g·h)，其中以 T2 处理最高，CK 最低，各处理从高到低依次为：T2、T3、T1 和 CK。T2、T3 和 T1 处理的根系活力比 CK 分别增加了 13.02%、4.62%和 2.77%。成熟期各处理烤烟根系活力均值在 112.77～133.69μg/(g·h)，其中以 T2 处理最高，T3 处理最低，各处理从高到低依次为：T2、T1、CK 和 T3。T2 和 T1 处理的根系活力比 CK 分别增加了 13.78%和 11.39%。表明施加生物炭在成熟期能够在一定范围显著提高烤烟的根系活力，但是施用过多（T3）会导致烤烟根系活力下降，以施用生物炭3 750kg/hm^2（T2）较适宜。

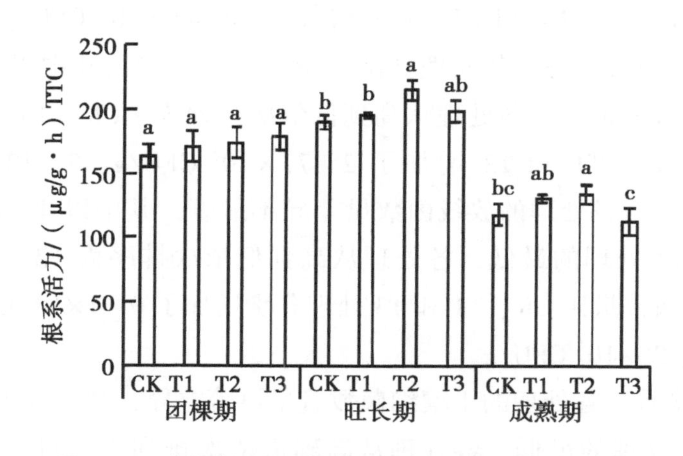

图 4-11　生物炭用量对烤烟不同生育期根系活力的影响

（二）生物炭对土壤微生物数量的动态影响

由表 4-6 可知，不同生育期各处理土壤细菌和真菌数量呈显著差异但放线菌差异不显著。从团棵期来看，各处理的土壤细菌数量呈现显著差异，其中以 T2 处理细菌数量最高，T3 处理的最低，各处理从高到低依次排列为：T2、T1、CK 和 T3。T2 处理的细菌数量比 CK 显著增加了 71.59×10^5 CFU/g。各处理真菌数量呈显著差异，其中以 T2 处理真菌数量最高，以 T3 处理的最低，各处理从高到低依次排列为：T2、T1、CK 和 T3。T2 处理的真菌数量比 T1、CK 和 T3 显著增加了 2.41×10^2 CFU/g、3.69×10^2 CFU/g、3.74×10^2 CFU/g。各处理的放线菌数量差异不显著，其中以 T1 处理的放线菌含量最高，以 CK 的放线菌含量最低，各处理从高到低依次排列为：T1、T2、T3 和 CK。

表 4-6 生物炭用量对烤烟根际土壤微生物数量变化的影响

处理	细菌/（10^5CFU/g）			真菌/（10^2CFU/g）			放线菌/（10^4CFU/g）		
	团棵期	旺长期	成熟期	团棵期	旺长期	成熟期	团棵期	旺长期	成熟期
CK	54. 59b	4. 74c	38. 49b	0. 73b	47. 35a	13. 10c	20. 55a	15. 46a	37. 56a
T1	87. 85ab	23. 13b	75. 00a	2. 01b	25. 23b	123. 81a	29. 42a	15. 64a	36. 47a
T2	126. 18a	81. 57a	23. 81b	4. 42a	21. 58b	59. 52b	28. 61a	15. 87a	36. 98a
T3	54. 02b	9. 17c	41. 27b	0. 68b	33. 35ab	7. 94c	21. 76a	14. 62a	35. 38a

从旺长期来看，各处理的土壤细菌数量呈显著差异，其中以 T2 处理细菌数量最高，以 CK 的最低，各处理从高到低依次排列为：T2、T1、T3、CK。T2 处理的细菌数量比 T1、T3 和 CK 显著增加了 58.44×10^5 CFU/g、72.40×10^5 CFU/g、76.83×10^5CFU/g。各处理真菌数量呈显著差异，其中以 CK 真菌数量最高，以 T2 处理的最低，各处理从高到低依次排列为：CK、T3、T1、T2。CK 的真菌数量比 T2、T1 和 T3 增加了 25.77×10^2 CFU/g、22.12×10^2 CFU/g、14.00×10^2 CFU/g。各处理的放线菌数量差异不显著，其中以 T2 处理的放线菌数量最高，以 T3 处理的最低，各处理从高到低依次排序为 T2、T1、CK、T3。T2 处理的放线菌数量比 CK、T1 和 T3 处理分别增加了 0.41×10^4 CFU/g、0.23×10^4 CFU/g 和 1.25×10^4 CFU/g。

从成熟期来看，各处理的土壤细菌数量呈显著差异，其中以 T1 处理细菌数量最高，以 T2 处理的最低，各处理从高到低依次排列为：T1、T3、CK、T2。T1 处理的细菌数量比 T2、CK 和 T3 处理显著增加了 51.19×10^5 CFU/g、36.51×10^5 CFU/g、33.73×10^5 CFU/g。各处理真菌数量呈显著差异，其中以 T1 处理真菌数量最高，以 T3 处理的最低，各处理从高到低依次排列为：T1、T2、CK、T3。T1 处理的真菌数量比 T3、CK 和 T2 处理增加了 115.87×10^2 CFU/g、110.71×10^2 CFU/g、64.29×10^2 CFU/g。各处理的放线菌数量差异不显著，其中以 CK 的放线菌数量最高，以 T3 处理的放线菌数量最低，各处理从高到低依次排列为：CK、T2、T1、T3。

（三）生物炭对土壤微生物群落 AWCD 的影响

AWCD 是微生物功能多样性中用于评价土壤微生物群落利用单一碳源的一个重要指标，通过 Biolog-ECO 板上每个孔的颜色变化来反映土壤微生物代谢活性的情况。由图 4-12 可知，各个处理的 AWCD 值总体上随着培养时间的延长而上升，代谢活力逐渐增强，不同处理单一碳源利用强度总体表现为 T2>T1>

T3>CK。在培养 0~24h，各处理碳源基本未被微生物群落利用，从 24h 开始到 96h，土壤微生物的代谢活力增速最大，培养 144h 后，T1 处理的 AWCD 值有所下降，在 168~240h 之间，T3 处理的 AWCD 值提高，其余处理土壤微生物 AWCD 值基本趋于平稳。由此可见，施用生物炭能提高土壤微生物 AWCD 值，且 T2 处理的微生物利用碳源能力表现最好，代谢活力最强。根据培养过程中的生长变化趋势，选择 120h 的 AWCD 进行多样性指数的计算和方差分析。

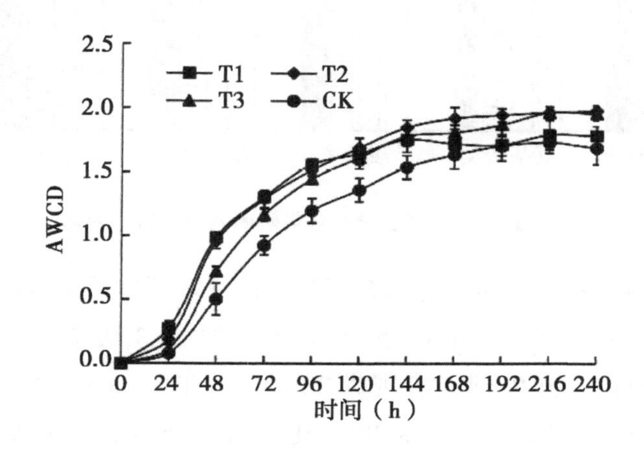

图 4-12　不同生物炭用量的土壤微生物平均颜色变化率

（四）生物炭后土壤微生物对各类碳源利用能力的变化

将 Biolog-ECO 板上的 31 个碳源分为 6 类，对培养 120h 的土壤微生物利用碳源能力进行分析。由图 4-13 可知，施加生物炭显著提高了烤烟根际土壤微生物对羧酸类碳源和聚合物类碳源的利用能力，T1、T2 和 T3 处理在这两类碳源利用能力上分别较 CK 处理显著提高了 19.15%、24.82%、14.18% 和 70.71%、70.71%、34.34%；施加大量的生物炭时，会降低烤烟根际土壤微生物对酚酸类碳源的利用能力，T1 处理较 T3 处理显著提高了 126.32%。而对碳水化合物类碳源、氨基酸类碳源和胺类碳源的增加没有达到显著水平。这说明施用生物炭能显著提高羧酸类、聚合物类和酚酸类碳源的利用能力，碳水化合物类、氨基酸类和胺类碳源也有不同程度的增加。

（五）生物炭用量对土壤微生物群落功能多样性指数的影响

通过对烤烟根际土壤微生物的碳源利用程度（120h）进行多样性指数分析，可以进一步了解土壤微生物的群落变化。由表 4-7 可知，除了丰富度指数（S）与 Simpson 指数（D）外，不同处理的其他指数存在显著性差异。丰富度指数（S）不同处理间表现为 T1>T2>T3 =CK，其中 T1 和 T2 处理比 CK 处理增

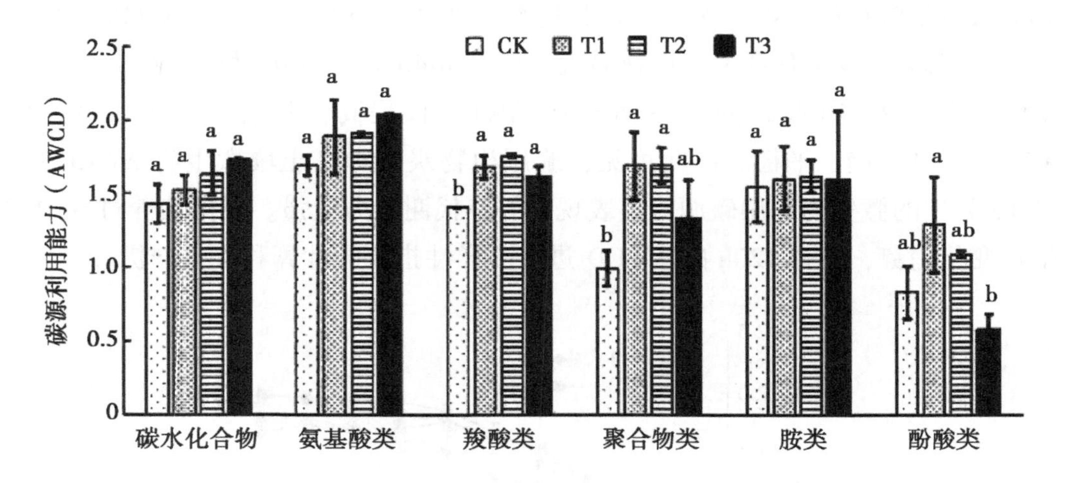

图 4-13　土壤微生物对各类碳源利用能力的变化

加了 6.90%和 3.45%；Shannon 指数（H）不同处理间表现为 T1>T2>T3>CK，其中 T1、T2 和 T3 处理比 CK 处理显著增加了 3.95%、2.13% 和 1.22%；Simpson 指数（D）不同处理间表现为 T1>T2 = T3 = CK。McIntosh 指数（U）不同处理间表现为 T2>T3>T1>CK，其中 T2 处理比 CK 处理显著增加了 19.02%。McIntosh 均匀度（E）不同处理间表现为 T1>T2 = T3>CK，其中 T1 处理比 CK 处理显著增加了 2.04%。说明施加生物炭有利于提高土壤微生物群落多样性，多样性指数 Shannon 指数、Simpson 指数和 McIntosh 指数均匀度以 T1 处理较 CK 处理表现较优，McIntosh 指数以 T2 处理较 CK 处理表现较优。

表 4-7　土壤微生物群落底物代谢功能多样性指数

指数	CK	T1	T2	T3
S	29.00a	31.00a	30.00a	29.00a
H	3.29b	3.42a	3.36ab	3.33b
D	0.96a	0.97a	0.96a	0.96a
U	8.36b	9.33ab	9.95a	9.65ab
E	0.98b	1.00a	0.99a	0.99a

（六）根际土壤微生物利用 31 种碳源代谢的主成分分析

ECO 板上的碳源可分为六大类：碳水化合物类（10 种）、羧酸类（7 种）、聚合物类（4 种）、胺类（2 种）、酚酸类（2 种）和氨基酸类（6 种）。对培养 120h 的 31 种碳源利用情况进行主成分分析，共提取 2 个主成分，第一主成分

（PC1）和第二主成分（PC2）分别可以解释所有变量的 41.60% 和 37.13%，2 个主成分累积方差贡献率达到 78.73%，可以较全面的概括 31 个变量的特征。如图 4-14 中，各处理间的碳源利用得分差异明显，4 个处理分布于不同的象限中。处理间得分距离越小，表示处理间利用碳源代谢的相似程度越高。T2 处理与 T3 处理得分接近，其土壤微生物碳源代谢特征较为相似。而 T1、T2 和 T3 处理与 CK 处理分离较远，表明施用生物炭的处理其土壤微生物碳代谢特征与不施用生物炭的处理存在较大差异。T1 处理在 PC2 上得分最高，T2 处理在 PC1 上得分最高。

因子载荷值反映了各类碳源对主成分分析结果的影响程度，因子载荷绝对值小于或等于 1，其绝对值越大则表示该类碳源对主成分分析结果影响越大。如表 4-8 所示，与第一成分相关性较高（载荷绝对值>0.5）的碳源有 18 种，分别包括碳水化合物类（7 个）、羧酸类（5 个）、氨基酸类（2 个）、聚合物类（2 个）、胺类（2 个）；与第二成分相关性较高的碳源有 18 种，分别包括碳水化合物类（5 个）、羧酸类（4 个）、氨基酸类（5 个）、聚合物类（2 个）、胺类（1 个）、酚酸类（1 个）。综合考虑第一主成分和第二主成分主要碳源类型，与烤烟根际土壤微生物群落代谢功能密切相关的碳源主要有碳水化合物类、羧酸类和氨基酸类。

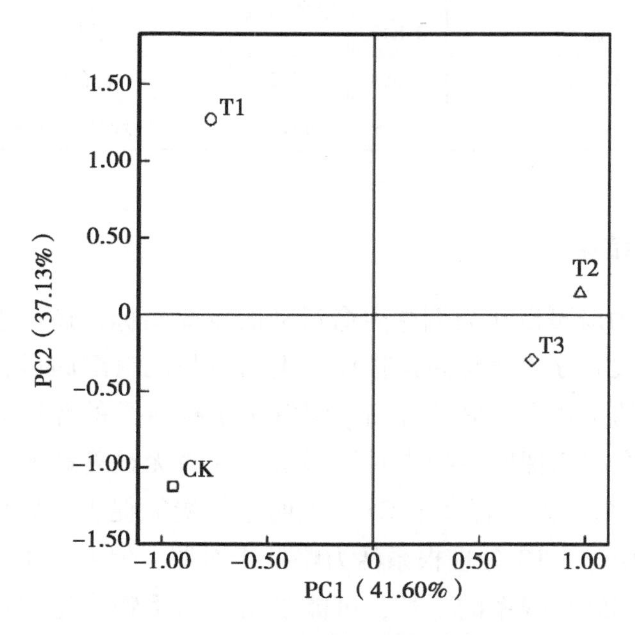

图 4-14　根际土壤微生物的碳源利用主成分分析

表 4-8　主成分载荷矩阵

PC1			PC2		
碳源种类	碳源成分	载荷值	碳源种类	碳源成分	载荷值
碳水化合物类	β-甲基-D-葡萄糖苷	0.818	碳水化合物类	D-木糖	0.575
	D-半乳糖酸-γ-内脂	0.704		i-赤藓糖醇	0.741
	赤藓糖醇	0.509		N-乙酰基-D-葡萄糖胺	-0.979
	D-甘露醇	0.847		D-纤维二糖	-0.858
	N-乙酰基-D-葡萄糖胺	0.578		D，L-α-磷酸甘油	0.628
	α-D-乳糖	0.972	羧酸类	γ-羟基丁酸	0.663
	D，L-α-磷酸甘油	0.569		衣康酸	0.905
羧酸类	丙酮酸甲酯	0.978		α-丁酮酸	0.554
	D-半乳糖醛酸	0.825		D-苹果酸	-0.513
	γ-羟基丁酸	0.747	氨基酸类	L-天冬酰胺酸	-0.972
	α-丁酮酸	-0.824		L-苯基丙氨酸	0.856
	D-苹果酸	0.782		L-丝氨酸	-0.668
氨基酸类	L-精氨酸	0.977		L-苏氨酸	0.671
	L-丝氨酸	0.720		甘氨酰-L-谷氨酸	0.659
聚合物类	吐温 40	0.970	聚合物类	α-环糊精	0.821
	吐温 80	0.849		肝糖	0.951
胺类	苯乙胺	0.688	胺类	苯乙胺	0.713
	腐胺	-0.583	酚酸类	2-羟基苯甲酸	0.871

四、讨论与结论

（1）根系活力既可以作为烟株生命活动的重要指标，还可以作为胁迫环境下烟株生育和吸收养分的障碍因素指标。生物炭与肥料配施后，烤烟根系活力得到提高，烟叶的生物量有显著提高，缓解了烟株所受的环境胁迫，促进了烟株的生长。本研究在团棵期生物炭对烤烟根系活力无显著影响，在旺长期和成熟期 T2 处理的根系活力显著高于 CK，说明生物炭能促进烤烟根系的生长。但不同处理在成熟期时，T3 处理根系活力略低于对照，但差异不显著，说明生物炭施用过多会抑制烤烟根系的生长，可能是由于当生物炭施用量过高时，生物炭中含有的重金属及多环芳烃等有毒物质对部分土壤微生物的生长存在抑制作用，从而影响了根系生长的微生物环境，干扰了烤烟根系的正常生长。

（2）土壤微生物在有机质的转化、土壤团聚体的形成、残留物的降解和营养物质的矿化等生物化学过程起着重要的作用。土壤中细菌数量的增加有利于土壤养分的转化，能为植物的生长提供良好的环境，而土壤中放线菌数量的增加不仅能促进土壤有机质转化，还能产生抗生素，对植物的土传病原菌起到一定的拮抗作用。在本研究结果中，团棵期和旺长期 T2 处理土壤细菌数量显著高于 CK，成熟期 T1 处理土壤细菌数量显著高于 CK；而在土壤真菌数量上，团棵期 T2 处理、成熟期 T1 和 T2 处理均显著高于 CK，但在旺长期施用生物炭的处理土壤真菌数量均低于 CK，可能是由于生物炭的抑制作用或是土壤的稀释作用造成的，其中具体的原因还有待进一步研究。对于土壤放线菌各个处理在各生育期无显著差异，但呈现一定的规律，都是随着生育期的延长呈现先减少后增加的趋势。生物炭的施用能增加土壤微生物数量的原因可能是生物炭具有多孔性及高芳香烃结构，能成为土壤微生物的栖息场所，给土壤微生物生长提供所需养分。

（3）平均颜色变化率（AWCD）是反映土壤微生物利用碳源的能力与其代谢活力强弱的一个重要指标，AWCD 值越大，其代谢活力越强。本研究发现，施用生物炭的 T1、T2 和 T3 处理土壤微生物 AWCD 值明显高于 CK 处理，随着培养时间的延长，各处理土壤微生物 AWCD 值逐渐增大，在培养 24~96h 增长速度最快，培养 168~240h 基本稳定。施用生物炭能提高土壤微生物 AWCD 值，可能是因为生物炭能改变土壤的养分含量与理化性质，提高土壤的碳氮比，间接影响了土壤微生物群落结构和功能。本研究中各处理土壤微生物利用碳源的能力表现出 T2>T1>T3>CK 的规律，土壤微生物利用碳源的能力与其代谢活力并未随着生物炭施用量的增加而增加，可能的原因是生物炭中含有一些不利于微生物生长的物质，过量的生物炭会对微生物产生毒性。

（4）许文欢（2016）研究表明，施入生物炭后，不同处理土壤微生物在碳水化合物类和胺类碳源的利用上无显著差异，而对羧酸类、氨基酸类、聚合物类和酚酸类碳源的利用都有显著提高。赵兰凤等（2017）研究表明，0.25%的生物炭施用量能显著提高除胺类碳源外其他所有碳源的利用率，且随着生物炭施用量的增加，显著降低了土壤微生物对聚合物类碳源的利用。而本研究发现，施加生物炭显著提高了羧酸类和聚合物类碳源的利用能力，当生物炭用量过多时，会降低土壤微生物对酚酸类碳源的利用能力，而对碳水化合物类、氨基酸类和胺类碳源无显著影响。本研究与上述研究既有相似之处，也有不同之处，这可能是由于施用生物炭的对象不同造成的，本研究对象是烤烟根际土壤，而前两者的研究对象分别为杨树人工林土壤和菜园土壤，土壤生态环境的不同造成土壤微生物对碳源利用偏好的不同。本研究中施用生物炭显著提高了根际土壤微生物的 Shannon 指数、McIntosh 指数和均匀度指数，对丰富度指数与 Simpson 指数无显著影响。而周凤等（2017）研究发现，输入外源生物炭对根际土壤微生物的丰富度指数、Shannon-Wiener 指数、均匀度指数和 Simpson 指数均没有显著影响，因本研究中只在施用一定量的生物炭时才在 Shannon 指数和 McIntosh 指数上与 CK 处理存在显著差异，故造成与前人研究结果不同可能是由于生物炭类型和用量不同导致的。

（5）通过对 31 个碳源的主成分分析，可以解释群落间的功能差异，揭示引起这些变化的主要碳源。李航等（2016）研究表明，生物炭的施用促进了香蕉苗根际微生物群落对糖类、羧酸类和氨基酸类碳源的利用能力。本研究结果与之相似，通过主成分分析，CK 处理位于第四象限，T1、T2 和 T3 处理分别位于第三象限、第二象限与第一象限，而与 PC1 和 PC2 密切相关的主要碳源为碳水化合物类、羧酸类和氨基酸类碳源，说明 T1、T2 和 T3 处理不同程度地改变了土壤微生物对碳源种类的选择与利用，且均与 CK 处理在碳源代谢特征上有较大差异。

综上所述，施用生物炭能促进烤烟根系的生长，提高根系活力，增加土壤微生物数量，提高土壤微生物 AWCD 值与微生物多样性各项指数，能显著提高羧酸类和聚合物类碳源的利用能力，最适宜的生物炭施用量为 3 750kg/hm^2。

第三节 连续施用生物炭对植烟土壤物理性状和烤烟的影响

一、研究目的

生物炭近年来作为新型改良剂用于土壤改良得到了广泛关注。它的多孔结构和比表面积大等特性有利于改善土壤的物理性状。对于土壤的保水性和孔隙度的提高及降低土壤容重等有显著的作用。目前，虽然已有大量研究表明施用生物炭后能够影响土壤的物理性状，促进作物生长以及提高作物产质量，但在长期定位条件下研究连续施用生物炭对植烟土壤物理性状的影响还比较欠缺。因此，本研究通过研究连续施用生物炭的长期效应，以期为生物炭在植烟土壤改良上的应用提供一定的理论支撑。

二、材料与方法

（一）试验设计

本试验为3年定位试验，于2015年3月—2017年9月在湖南省凤凰县进行。烤烟品种为云烟87。试验土壤为黄灰土，基础地力：碱解氮0.11g/kg、有效磷0.04g/kg、有效钾0.26g/kg、pH值6.50。生物炭为稻壳生物炭，由湖南正恒农业科技发展有限公司提供。施氮量112.5kg/hm^2，氮磷钾肥比例为m（N）：m（P_2O_5）：m（K_2O）=1：1.18：2.85，施肥方式为条施。试验处理为连续施用生物炭（每年移栽前均施用3 750kg/hm^2生物炭）记作T；以不施用生物炭作为对照记作CK。生物炭在移栽前划分小区时均匀撒施，并旋耕深翻与耕层土壤混匀。3次重复，小区面积30m^2，株行距为55cm×110cm。其他农艺措施按当地优质烟叶生产技术规范进行。

（二）测定项目与方法

（1）土壤物理性质测定。分别于移栽后30d、60d、90d测定耕层土壤（0~20cm）土壤含水率、孔隙度及土壤固相比、液相比、气相比。每小区重复3次。按环刀法测定土壤含水率（W）、铝盒重量（G0），记载环刀容积（V）。在田间用环刀采取原状土，测鲜土与铝盒总重（G1）。用烘箱烘干环刀内的土，并测定干土与铝盒总重（G2）。土壤密度（DS）为2.65g/cm^3。土壤容重（RS）=100×（G1-G0）/V（100+W）；孔隙度=100×（DS-RS）/DS；土壤固相比=RS/DS；土壤液相比=W/DS；土壤气相比=孔隙度-土壤液相比-土壤固相比。

（2）黑胫病发病率及病害指数。2015—2017年烤烟成熟期时统计每小区的烤烟黑胫病发病株数，并对烟株黑胫病病害程度进行分级，按照公式计算发病率和病害指数：发病率=黑胫病烟株数/总烟株数×100%；病害指数=Σ（各等级黑胫病株数×病害等级）/（总烟株数×4）×100%。

（3）干物质积累。分别在2015—2017年烤烟成熟期时选取每小区有代表性烟株3株，采用杀青烘干称重法测定其根茎叶重量。

（4）烤烟经济性状。分别在2015—2017年烤烟烘烤完成后，按照GB 2635—1992的方法进行分级，并统计烤后烟叶上等烟、中上等烟、下等烟比例、均价、产量、产值。

三、结果与分析

（一）对土壤含水率的影响

长期定位施用生物炭后不同年份土壤含水率如表 4-9 所示。从移栽后 30d 来看，2015、2016 年时施用生物炭后处理的土壤含水率比 CK 升高了 0.23%~3.98%，其中 2015 年 T 处理与 CK 差异极显著，而 2017 年时 T 处理的土壤含水率比 CK 下降了 1.76%，但差异不显著。从移栽后 60d 来看，2015 年时 T 处理的土壤含水率比 CK 升高了 3.24%，且差异极显著；2016 年时 T 处理的土壤含水率比 CK 降低了 0.11%，但差异不显著；至 2017 年时 T 处理土壤含水率比 CK 升高了 0.87%，差异也未达到显著水平。从移栽后 90d 来看，只有 2015 年时 T 处理的土壤含水率比 CK 升高了 3.54%，且差异极显著；而 2016、2017 年时 T 处理的土壤含水率比 CK 降低了 0.34%~0.73%，但差异均未达到显著水平。综合来看，连续施用生物炭主要能提高 2015 年时烤烟各生育期的土壤含水率，但对 2016—2017 年时烤烟各生育期的土壤含水率影响较小。

表 4-9　长期定位连续施用生物炭对土壤含水率的影响（%）

年份	处理	移栽后 30d			移栽后 60d			移栽后 90d		
		均值	均方差	增量/%	均值	均方差	增量/%	均值	均方差	增量/%
2015	CK	26.25b	0.41		23.79b	0.38		21.87b	0.56	
	T	30.23a	0.93	3.98	27.03a	0.63	3.24	25.41a	0.92	3.54
2016	CK	26.20a	3.90		18.11a	3.24		15.13a	1.60	
	T	26.43a	9.10	0.23	18.00a	1.97	-0.11	14.40a	0.67	-0.73
2017	CK	19.06a	0.74		20.50a	1.33		8.14a	2.17	
	T	17.30a	4.77	-1.76	21.37a	1.23	0.87	7.81a	2.42	-0.34

（二）对土壤容重的影响

由表 4-10 可以看出，移栽后 30d，2015 年时 T 处理的土壤容重比 CK 增加了 0.083g/cm^3，2016 年时 T 处理的土壤容重比 CK 下降了 0.137~0.144g/cm^3，2017 年时，T 处理土壤容重显著低于 CK。移栽后 60d，3 年间 T 处理的土壤容重比 CK 降低了 0.030~0.110g/cm^3，但差异均未达到显著水平。移栽后 90d，也表现为 3 年间 T 处理的土壤容重比 CK 降低了 0.010~0.097g/cm^3，但差异均不显著。综合来看，除了 2015 年移栽后 30d 施用生物炭处理土壤容重略有上升，其他年份各时期均表现为施用生物炭能在各时期降低土壤容重，以 2017 年移栽后 30d 施生物炭降低土壤容重的效果最明显。

表 4-10　长期定位连续施用生物炭对土壤容重的影响（g/cm^3）

年份	处理	移栽后 30d			移栽后 60d			移栽后 90d		
		均值	均方差	增量/%	均值	均方差	增量/%	均值	均方差	增量/%
2015	CK	1.39a	0.02		1.44a	0.03		1.41a	0.03	
	T	1.47a	0.05	0.083	1.41a	0.02	−0.030	1.37a	0.03	−0.043
2016	CK	0.97a	0.10		1.04a	0.11		1.29a	0.02	
	T	0.82a	0.15	−0.144	0.98a	0.06	−0.057	1.28a	0.05	−0.010
2017	CK	1.38a	0.06		1.43a	0.06		1.48a	0.05	
	T	1.24b	0.06	−0.137	1.32a	0.06	−0.110	1.38a	0.07	−0.097

（三）对土壤孔隙度的影响

由表 4-11 可以看出，移栽后 30d，2015 年时 T 处理的土壤孔隙度比 CK 降低了 3.11%，差异未达到显著水平。2016、2017 年时 T 处理的土壤孔隙度比 CK 升高了 5.14%~5.54%，其中，2017 年 T 处理土壤孔隙度与 CK 差异显著。移栽后 60d，3 年间 T 处理的土壤孔隙度比 CK 升高了 1.15%~4.15%，但差异均不显著。移栽后 90d，也表现为 3 年间 T 处理的土壤孔隙度比 CK 升高了 0.5%~3.65%，差异均未达到显著水平。综合来看，连续施用生物炭主要能提高 2017 年移栽后 30d 的土壤孔隙度。

表 4-11　长期定位连续施用生物炭对土壤孔隙度的影响（%）

年份	处理	移栽后 30d			移栽后 60d			移栽后 90d		
		均值	均方差	增量/%	均值	均方差	增量/%	均值	均方差	增量/%
2015	CK	47.68a	0.75		45.66a	0.95		46.78a	1.21	
	T	44.47a	1.90	−3.11	46.81a	0.79	1.15	48.33a	1.00	1.65
2016	CK	63.49a	3.98		60.78a	4.18		51.43a	0.89	
	T	69.03a	5.59	5.54	62.89a	2.14	2.11	51.93a	1.96	0.50
2017	CK	48.15b	2.30		46.15a	2.09		44.20a	2.01	
	T	53.29a	2.08	5.14	50.29a	2.27	4.15	47.84a	2.71	3.65

（四）对土壤固相比、液相比及气相比的影响

1. 施用生物炭对土壤固相比的影响

由表 4-12 可以看出，移栽后 30d，只有 2015 年 T 处理土壤固相比与 CK 比较略有升高，升高 1.91%，而 2016、2017 年时 T 处理土壤固相比均低于 CK，降低 5.14%~5.54%，其中 2017 年 T 处理土壤固相比与 CK 差异显著。移栽后 60d、90d，各年份均表现为施用生物炭能降低耕层土壤固相比，与 CK 比较固相比下降了 0.50%~4.15%，但差异均未达到显著水平。综合来看，连续施用生物炭主要能降低 2017 年移栽后 30d 的土壤固相比。

表 4-12　长期定位连续施用生物炭后对土壤固相比的影响（%）

年份	处理	移栽后 30d			移栽后 60d			移栽后 90d		
		均值	均方差	增量/%	均值	均方差	增量/%	均值	均方差	增量/%
2015	CK	52.32a	0.75		54.34a	0.95		53.22a	1.21	
	T	54.23a	1.26	1.91	53.19a	0.79	−1.15	51.57a	1.00	−1.65
2016	CK	36.51a	3.98		39.22a	4.18		48.57a	0.89	
	T	30.97a	5.59	−5.54	37.11a	2.14	−2.11	48.07a	1.96	−0.50
2017	CK	51.85a	2.30		53.85a	2.09		58.80a	2.00	
	T	46.71b	2.08	−5.14	49.71a	2.27	−4.15	52.16a	2.71	−3.65

2. 施用生物炭对土壤液相比的影响

由表 4-13 可以看出，移栽后 30d，2015 年时 T 处理土壤液相比极显著高于 CK，升高了 7.05%，而 2016、2017 年时 T 处理土壤液相比均略低于 CK，降低了 4.09%~4.60%，但差异不显著。移栽后 60d，2015 年时 T 处理土壤液相比与 CK 相比升高了 3.84%，且差异显著，而 2016、2017 年时 T 处理土壤液相比均略低于 CK，降低了 1.19%~1.34%，但差异不显著。移栽后 90d，2015 年时 T 处理土壤液相比极显著高于 CK，升高了 3.86%，而 2016、2017 年时 T 处理土壤液相比均低于 CK，降低了 1.08%~1.17%，差异也不显著。综合来看，连续施用生物炭主要能提高 2105 年时烤烟各生育期的土壤液相比，但对 2016、2017 年时烤烟各生育期的土壤液相比影响较小。

表 4-13　长期定位连续施用生物炭对土壤液相比的影响（%）

年份	处理	移栽后 30d			移栽后 60d			移栽后 90d		
		均值	均方差	增量/%	均值	均方差	增量/%	均值	均方差	增量/%
2015	CK	36. 39b	1. 02		34. 25b	0. 86		30. 85b	1. 14	
	T	43. 44a	1. 43	7. 05	38. 09a	0. 87	3. 84	34. 71a	0. 67	3. 86
2016	CK	25. 08a	0. 95		19. 06a	5. 56		19. 49a	2. 35	
	T	20. 99a	4. 44	-4. 09	17. 71a	2. 25	-1. 34	18. 32a	0. 10	-1. 17
2017	CK	26. 17a	075		29. 29a	2. 63		11. 98a	2. 89	
	T	21. 56a	6. 57	-4. 60	28. 10a	0. 62	-1. 19	10. 90a	3. 80	-1. 08

3. 施用生物炭对土壤气相比的影响

由表 4-14 可以看出，移栽，30d，2015 年 T 处理与 CK 相比土壤气相比极显著降低了 8. 86%，而 2016、2017 年时 T 处理土壤气相比均高于 CK，升高 9. 63%~9. 74%，但差异不显著。移栽后 60d，T 处理土壤气相比较 CK 在 2015 年降低 2. 70%，而在 2016、2017 年升高 3. 46%~5. 33%，3 年中 T 处理与 CK 差异均未达到显著水平。移栽后 90d，T 处理土壤气相比较 CK 在 2015 年降低了 2. 21%，而在 2016、2017 年升高了 1. 67%~4. 71%，但 3 年中 T 处理与 CK 差异也不显著。综合来看，连续施用生物炭主要降低了 2015 年时烤烟移栽后 30d 时土壤气相比，但对 2017、2017 年时烤烟各生育期的土壤气相比影响较小。

表 4-14　长期定位连续施用生物炭对土壤气相比的影响（%）

年份	处理	移栽后 30d			移栽后 60d			移栽后 90d		
		均值	均方差	增量/%	均值	均方差	增量/%	均值	均方差	增量/%
2015	CK	11. 29a	1. 75		11. 41a	1. 70		15. 93a	2. 18	
	T	2. 43b	2. 43	-8. 86	8. 71a	1. 34	-2. 70	13. 72a	0. 66	-2. 21
2016	CK	38. 41a	3. 29		41. 73a	9. 73		31. 94a	3. 11	
	T	48. 04a	5. 14	9. 63	45. 19a	3. 85	3. 46	33. 61a	1. 87	1. 67
2017	CK	21. 98a	2. 78		16. 86a	4. 47		33. 22a	1. 92	
	T	31. 73a	8. 47	9. 74	22. 19a	2. 15	5. 33	36. 93a	6. 48	4. 71

（五）对烤烟黑胫病害的影响

由图 4-15 左可知，3 年定位连续施用生物炭后烤烟黑胫病发病率均低于 CK。与 CK 相比，T 处理烤烟黑胫病发病率在 2015、2016、2017 年分别降低了

8.33%、3.81%、2.78%；其中，2015年T处理发病率显著低于CK。从不同年份来看，随着连作年限的延长，CK与连续施用生物炭处理的烤烟黑胫病发病率均有不同程度的增加。3年内，CK的烤烟黑胫病发病率处于9.26%~11.48%范围内，而T处理烤烟黑胫病发病率处于0.93%~8.70%范围内。

由图4-15右可知，烤烟黑胫病病害指数变化趋势与烤烟黑胫病发病率相似，即3年定位连续施用生物炭后烤烟黑胫病病害指数均低于CK。与CK相比，T处理烤烟黑胫病病害指数在2015、2016、2017年分别降低了4.40%、1.90%、1.39%；其中，2015年T处理烤烟黑胫病病害指数显著低于CK。从不同年份来看，CK与T处理的烤烟黑胫病病害指数均随着年份的增加逐渐上升，但CK烤烟黑胫病病害指数的上升幅度较小。3年定位时间内，CK烤烟黑胫病病害指数处于4.86%~5.74%范围内，而T处理烤烟黑胫病病害指数处于0.46%~4.35%范围内。综合烤烟黑胫病发病率及病害指数可知，连续施用生物炭后能在不同程度上降低烤烟黑胫病发病率和病害指数，但不同年份间存在差异，且随着连作时间的延长，连续施用生物炭对烤烟黑胫病的抑制作用逐渐降低。

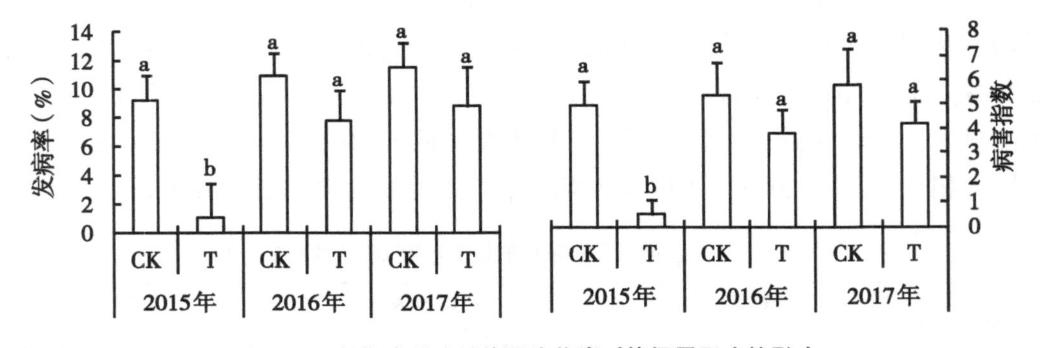

图4-15 长期定位连续施用生物炭对烤烟黑胫病的影响

（六）对烤烟干物质积累与分配的影响

1. 对烤烟干物质积累的影响

由表4-15可知，2015、2016年T处理烤烟的干物质量均显著高于CK，连续施用生物炭后烤烟干物质量较CK增加了40.50~85.20g，而2017年T处理烤烟干物质量较CK降低了20.00g，但二者间无显著性差异。3年定位试验期内，T处理烤烟干物质量处于348.00~353.77g范围内，而CK烤烟干物质量处于268.58~368.00g范围内。表明连续施用生物炭有助于烤烟干物质积累量的增加，2015、2016年施用生物炭对烤烟干物质积累量具有明显的促进作用，而2017年对烤烟干物质积累量的促进作用有所降低。

2. 对干物质分配的影响

由表 4-15 可知，连续施用生物炭后，与 CK 相比，烤烟的叶干物质量，3 年内分别增加了 23.50、10.50、12.00g；烤烟的茎干物质量前 2 年（2015、2016 年）分别增加了 17.95、10.50g，而 2017 年降低了 56.50g；烤烟的根干物质量 3 年内分别增加了 43.02、19.50、24.50g。从各部位干物质占全株干物质比例来看，2015、2016 年均表现为施用生物炭处理的烟株叶及茎干物质量占全株比例较 CK 低，而其根干物质量占全株比例较 CK 高；2017 年表现为施用生物炭处理的烟株茎干物质量占全株比例较 CK 低，而其叶、根干物质量占全株比例较 CK 高，且二者间差异显著。表明连续施用生物炭能提高叶及根的干物质积累，尤其有利于促进烤烟根干物质量占全株比例的提高。

表 4-15　长期定位连续施用生物炭对烤烟干物质积累与分配的影响

年份	处理	干物质总量/g	根		茎		叶	
			干物质量/g	比例/%	干物质量/g	比例/%	干物质量/g	比例/%
2015	CK	268.58b	58.50b	20.96	101.00a	36.46	109.08b	42.58
	T	353.77a	101.52a	28.79	118.95a	33.77	133.30a	37.45
2016	CK	312.50b	86.00b	27.52	114.00a	36.48	112.50b	36.00
	T	353.00a	105.50a	29.88	124.50a	35.25	123.00a	34.88
2017	CK	368.00a	85.00b	23.00	161.50a	44.45	121.50a	32.56
	T	348.00a	109.50a	31.32	105.00b	30.13	133.50a	38.55

（七）对烤后烟叶等级的影响

由表 4-16 可知，从上等烟比例来看，3 年中 T 处理与 CK 比较，上等烟比例分别显著增加了 2.60%、5.76%、8.91%，增幅分别为 8.06%、22.68%、44.46%。从不同年限烤烟上等烟变化趋势来看，T 处理与 CK 的上等烟比例均有所下降，只是连续施用生物炭的上等烟比例下降幅度较 CK 低，表现为随着连作年限的延长连续施用生物炭对烤烟上等烟比例增幅加大。从中上等烟比例来看，3 年中 T 处理与 CK 比较中上等烟比例分别增加了 2.70%、0.51%、3.67%，增幅分别为 2.98%、0.58%、4.57%，T 处理与 CK 差异不显著。从下等烟比例来看，3 年均表现为连续施用生物炭处理后烤后烟叶的下等烟比例低于 CK，其中 2015 和 2017 年与 CK 相比差异达显著水平。综合 3 年烤后烟叶等级来看，连续施用生物炭有利于优质烤烟品质的形成。

表 4-16　烤烟连作下连续施用生物炭对烤后烟叶等级的影响

年份	处理	上等烟比例/%			中上等烟比例/%			下等烟比例/%		
		比例/%	增量/%	增幅/%	比例/%	增量/%	增幅/%	比例/%	增量/%	增幅/%
2015	CK	30.28b			90.46a			9.54b		
	T	32.88a	2.60	8.60	93.15a	2.70	2.98	6.85a	−2.70	−28.26
2016	CK	25.38b			87.75a			12.25a		
	T	31.14a	5.76	22.68	88.25a	0.51	0.58	11.75a	−0.51	−4.13
2017	CK	20.05b			80.30a			19.70b		
	T	28.96a	8.91	44.46	83.97a	3.67	4.57	16.03a	−3.67	−18.65

（八）对烤烟经济效益的影响

由表 4-17 可知，3 年中 T 处理与 CK 相比均价分别增加了 0.63、0.75、1.94 元/kg，增幅分别为 2.82%、3.49%、9.82%，只有 2017 年 T 与 CK 差异达显著水平。从不同年份烤烟均价变化趋势来看，T 处理与 CK 的均价均有所下降，但 T 处理均价下降幅度较 CK 低。与 CK 相比，3 年中 T 处理的烤烟产量分别增加了 123.94、48.38、127.07kg/hm^2，增幅分别为 6.46%、2.56%、7.17%，但仅 2015、2017 年时 T 处理与 CK 差异显著。从烤烟产值上来看，3 年中 T 处理与 CK 相比烤烟产值分别增加了 4 086.34、2 485.64、6 216.13 元/hm^2，增幅分别为 9.47%、6.09%、17.72%，其中仅 2016 年时 T 处理与 CK 差异不显著，其他年份差异均达极显著水平。综合 3 年烤后烟叶经济效益来看，连续施用生物炭，缓解了因连作时间的延长导致烤后烟叶经济效益的趋势，有利于提高烤烟经济效益。

表 4-17　烤烟连作下连续施用生物炭对烤后烟叶经济性状的影响

年份	处理	均价/（元/kg）			产量/（kg/hm^2）			产值/（元/hm^2）		
		均价	增量	增幅/%	产量	增量	增幅/%	产值	增量	增幅/%
2015	CK	22.49a			1 919.75b			43 173.02b		
	T	23.12a	0.63	2.82	20 143.69a	123.94	6.46	47 259.36a	4 086.34	9.47
2016	CK	21.57a			1 890.25a			40 792.27a		
	T	22.33a	0.75	3.49	1 938.63a	48.38	2.56	43 277.91a	2 485.64	6.09

（续表）

年份	处理	均价/（元/kg）			产量/（kg/hm^2）			产值/（元/hm^2）		
		均价	增量	增幅/%	产量	增量	增幅/%	产值	增量	增幅/%
2017	CK	19.79b			1 772.85b			35 084.01b		
	T	21.74a	1.94	9.82	1 899.92a	127.07	7.17	41 300.14a	6 216.13	17.72

四、讨论与结论

（1）土壤物理性状对于作物的生长发育及产质量的形成关系密切。本研究发现，在3年连续施用生物炭的情况下，2015年时烤烟生育各时期土壤含水率均不同程度提高，而在2016和2017年时与对照比较，其土壤含水率或高或低。这种不同年份土壤含水率的差异可能与不同年份的气候因素相关。总体上来看，施用生物炭能促进烤烟生育前期土壤含水率的提高，能够满足烤烟团棵期、旺长期对水分需求较多的这一特性。

（2）本研究发现，连续施用3年生物炭后，从土壤容重来看，除了2015年移栽后30d施用生物炭处理土壤容重略有上升，其他年份均表现为施用生物炭能在各时期降低土壤容重，且以2017年移栽后30d时生物炭降低土壤容重的效果最明显。从土壤孔隙度来看，2015年移栽后30d施用生物炭处理土壤孔隙度略有降低，随后又逐渐升高，其他年份均表现为施用生物炭能在各时期提高耕层土壤孔隙度，且连续施用生物炭主要能显著提高2017年移栽后30d时土壤孔隙度。

（3）本研究发现施用生物炭后，2015年移栽后30d土壤固相比升高，其他年份均表现为土壤固相比降低，2015年土壤液相比升高、气相比降低，其他年份均土壤液相比降低、气相比升高。

（4）烤烟黑胫病害常见于连作的烟田，在中国各烟叶主产区均有发生，随着连作时间的延长，烤烟黑胫病发生越频繁，且病情加重。本研究发现连续施用生物炭后，可不同程度地降低烤烟黑胫病的发病率及病害指数。这可能是由于施用生物炭后抑制了土壤中病菌的活性，降低了病菌感染烟株的几率，从而表现为烟株黑胫病的发病率及病害指数的降低。本研究中，连续施用生物炭后，烤烟黑胫病的发病率及病害指数在不同年份上存在差异，主要表现为随着连作时间的延长，连续施用生物炭对烤烟黑胫病的抑制作用逐渐降低。这可能是由于随着连作年限的延长，土壤中致病菌的逐年积累增加了烟株感病的几率。

（5）本研究中3年连续施用生物炭后，烤烟的干物质积累量在2015和2016

年均有所增加，但2017年时烤烟的干物质积累量略有降低。且从不同年份烤烟干物质的变化趋势来看，随着连作年限的增加，生物炭对烤烟干物质积累的促进作用逐年降低。从烤烟干物质各器官的分配比例来看，连续施用生物炭后，烤烟的叶、根干物质量与对照相比，均有不同程度的增加，烤烟的茎干物质量只在前两年有所增加；3年定位试验结果表明，烤烟的根系干物质占全株比例均高于对照。说明连续施用生物炭有利于烤烟地下部分的生长，这可能是由于生物炭的多孔性质改善了土壤结构，有利于烤烟根系的下扎和养分的吸收。随着连作年限的增加，可能是由于土壤中的影响烤烟生长发育的障碍因子逐年增加，如病原菌等在土壤中逐年累积增多影响烤烟的生长发育，因而导致连作后期生物炭对烤烟干物质量的促进作用降低。在连作多年的土壤中连续施用生物炭，其对烤烟干物质积累的促进效果可能会被削弱，甚至略有抑制作用。

（6）本研究中，长期连续施用生物炭在3年中均能不同程度的提高烤后烟叶均价、产量与产值，但连续施用生物炭后，3年中烤后烟叶的均价、产量与产值随着连作时间的延长逐渐降低。本研究发现连续施用生物炭后，3年中烤后烟叶的上等烟及中上等烟比例均较对照有不同程度的提高，虽然烤后烟叶的上等烟及中上等烟比例会随着连作时间延长而逐渐下降，但其下降幅度低于对照组，缓解了因连作时间的延长导致的烤后烟叶等级下降趋势，有利于优质烤烟品质的形成。

综上所述，连续施用生物炭能明显影响土壤的物理性状，有利于土壤物理性状的改善。连续施用生物炭当年内对土壤含水率提高作用明显，但随着连作年限增加其影响也减弱。连续施用生物炭对缓解烤烟病害、促进烤烟干物质积累和产质量增加的作用会逐年降低。因此，在实际应用过程中连续施用生物炭对烤烟连作时间较短（1~2年）的田块积极作用较大，而连作时间较长后（3年以上）连续施用生物炭的影响可能会降低。本研究尚未解决连作多年后如何继续保持连续施用生物炭对烤烟生产的积极作用，今后工作中将选用不同土壤改良剂与生物炭配施，或者将生物炭与肥料加工成生物炭基肥料后施用。

第四节　生物炭配施氮肥对烤烟生长和烟叶化学成分的影响

一、研究目的

生物炭是由生物质残体高温缺氧条件下裂解的产物，近几年生物炭被广泛地应用于土壤改良，促进作物生长，提高作物产量。生物炭含有一定量的矿质养分，可增加土壤中矿质养分含量，如磷、钾、钙、镁及氮素；生物炭具有离子吸附交换能力及一定吸附容量，可改善土壤的阳离子或阴离子交换量，从而可提高土壤的保肥能力。施用生物炭对水稻、玉米等作物增产的作用显著。生物炭在烤烟上应用研究也较多，这些研究主要集中在利用生物炭改良土壤，提高烤后烟叶的致香物质，降低烟叶重金属含量等方面，而生物炭与氮肥的配施对烤烟生长及烟叶化学成分的影响报道较少。因此，研究不同用量的生物炭与氮肥配施对烤烟生长及烟叶主要化学成分的影响，旨在探索生物炭与氮肥的适宜配施比例，为生物炭在烤烟生产上的应用提供理论依据。

二、材料与方法

（一）试验设计

试验在湖南省湘西州凤凰县千工坪基地进行。试验设 10 个处理，见表 4-18。3 次重复，小区面积 60m^2。

表 4-18　试验设计　（单位：kg/hm^2）

因子	T1	T2	T3	T4	T5	T6	T7	T8	T9	CK
施炭量	3 000	3 000	3 000	3 750	3 750	3 750	4 500	4 500	4 500	0.00
施氮量	75.0	112.5	150.0	75.0	112.5	150.0	75.0	112.5	150.0	112.5

供试烤烟品种为云烟 87。供试土壤为黄灰土（有机质 21.1g/kg、速效氮 109.0mg/kg、速效磷 58.0mg/kg、速效钾 212.0mg/kg、pH 值 6.78）。生物炭基本理化性质为：有机碳 421.1g/kg、速效氮 424.0mg/kg、速效磷 144.0mg/kg、速效钾 3 760.0mg/kg、C/N190.54、pH 值 9.8、灰分 19.7%。在整地前，按照各处理生物炭用量将生物炭均匀撒施在供试小区地表，旋耕深翻使其与土壤充分混合，肥料配方见表 4-19，烟草专用复合肥采用传统基追结合施用方式，基追比（以纯 N 计）为 6∶4。4 月 25 日移栽，株行距为 55cm×110cm。其他配套农艺措施按照当地技术规范进行。

表 4-19　肥料配方　（单位：kg/hm^2）

施氮量	尿素		移栽前				大田		
	提苗肥	大田追肥	专用基肥	专用追肥	发酵饼肥	过磷酸钙	专用追肥	提苗肥	硫酸钾
75.0	0.0	0.0	480.0	75.0	225.0	402.5	97.5	75.0	460.2

（续表）

施氮量	尿素		移栽前				大田		
	提苗肥	大田追肥	专用基肥	专用追肥	发酵饼肥	过磷酸钙	专用追肥	提苗肥	硫酸钾
112.5	0.0	0.0	710.0	150.0	225.0	46.7	225.0	75.0	306.5
150.0	37.5	37.5	750.0	150.0	225.0	0.0	225.0	75.0	300.0

（二）测定项目与方法

（1）农艺性状。烤烟移栽后分别在团棵期（移栽后30d）、旺长期（移栽后60d）、成熟期（移栽后90d）采用5点法测定不同处理的烟株农艺性状：株高、茎围、节距、最大叶长宽、有效叶数等。

（2）干物质积累。成熟期时选取每小区有代表性烟株3株，采用杀青烘干称重法测定其根茎叶重量，并计算根冠比，根冠比=地下部分/地上部分。

（3）烤后烟叶化学成分。烤后烟叶取C3F等级烟叶测定其化学成分：总糖、还原糖、烟碱、氯、淀粉、总氮、钾含量。总糖、还原糖、总氮、烟碱、氯、淀粉含量采用Skalar连续流动分析仪测定，钾含量采用火焰光度计测定。钾氯比=钾含量/氯含量、糖碱比=总糖含量/烟碱含量、氮碱比=总氮含量/烟碱含量、糖氮比=总糖含量/总氮含量。

三、结果与分析

（一）生物炭用量与氮肥配施对烤烟农艺性状的影响

1. 对团棵期农艺性状的影响

由表4-20可以看出，在团棵期各处理农艺性状存在差异。从株高来看，不同处理株高在17.5~22.7cm，以T4、T5、T6最高，T7处理显著低于T4、T5、T6，各处理与CK比较差异不显著。从茎围来看，不同处理间差异较小，各处理茎围基本在5cm左右。从节距来看，各处理间差异较大，T2处理节距较大显著高于CK，其他处理略低于CK，以T5节距最小并显著低于CK。从最大叶长来看，不同处理最大叶长基本在42.2~48.3cm，最大叶长较长的是T6处理，为48.3cm，略长于CK；最大叶长最短的是T1处理，为42.2cm。从最大叶宽来看，不同处理最大叶宽基本在22.3~25.7cm，最大叶宽较大的处理是T4，最大叶宽较小的处理是T2、T3，不同处理之间最大叶宽大小差异不显著。从有效叶数来看，团棵期时各处理有效叶数基本在10.7~12.7片左右，有效叶数较多的处理是 T5，有效叶数较少的处理是 T8。

表 4-20　团棵期农艺性状

处理	株高/cm	茎围/cm	节距/cm	最大叶长/cm	最大叶宽/cm	有效叶数/片
T1	18.83ab	4.87a	3.63bc	42.17b	23.83a	11.67ab
T2	20.33ab	4.83a	4.83a	44.33ab	22.33a	11.67ab
T3	21.00ab	4.97a	3.40bcd	45.17ab	22.33a	11.33ab
T4	22.67a	4.83a	3.30bcd	46.10ab	25.67a	12.00ab
T5	22.50a	5.10a	2.93d	46.67ab	23.00a	12.67a
T6	22.33a	5.17a	3.40bcd	48.33a	24.00a	12.33ab
T7	17.50b	4.73a	3.87bc	45.33ab	22.67a	11.67ab
T8	21.00ab	5.07a	3.90bc	44.07ab	23.17a	10.67b
T9	20.83ab	5.10a	3.23cd	45.00ab	23.67a	12.00ab
CK	19.67ab	5.33a	3.97b	46.00ab	23.83a	11.33ab

2. 对旺长期农艺性状的影响

由表 4-21 可以看出，进入旺长期时，不同处理农艺性状的差异变大，各处理间株高存在差异，其中 T6、T8 显著低于其他处理；T4 处理株高最高为 131.4cm，T6 处理株高最低为 105.4cm；除 T6、T8 处理株高低于 CK，其余各处理株高均高于 CK。从茎围来看，与 CK 相比茎围较粗的处理是 T4、T5、T7，三者茎围均在 7.5cm 以上；与 CK 相比茎围较细的处理是 T2、T6，二者茎围在 7.0cm 以下。从节距来看，生物炭与氮肥配施处理节距与 CK 相比不同程度减少，节距较小的处理是 T4、T5、T9，三者节距均在 6.0cm 以下。从最大叶长来看，与团棵期相同仍表现为生物炭与氮肥配施处理最大叶长小于 CK，最大叶长最小的处理是 T7。从最大叶宽来看，与最大叶长表现规律相反，生物炭与氮肥配施处理最大叶宽均大于 CK，这说明生物炭与氮肥配施能在一定程度上增加烤烟叶片的开片度。从有效叶数来看，旺长期时不同处理有效叶数增加至 13.0~16.3 片叶，生物炭与氮肥配施处理与 CK 比较有效叶数差异显著，各处理有效叶数均多于 CK，其中有效叶数较多的处理是 T1、T2、T4、T5、T6，为 16 片。

表 4-21　旺长期农艺性状

处理	株高/cm	茎围/cm	节距/cm	最大叶长/cm	最大叶宽/cm	有效叶数/片
T1	124. 24bcd	7. 25bc	6. 34de	64. 99abc	24. 56de	16. 00a
T2	128. 66ab	6. 84d	7. 65a	62. 73cd	25. 26cde	16. 33a
T3	128. 32ab	7. 40bc	7. 14b	65. 80ab	26. 17bc	15. 00b
T4	131. 42a	7. 55b	5. 47h	65. 14abc	25. 46cd	16. 33a
T5	127. 22abcd	7. 86a	5. 78g	65. 93ab	27. 33a	16. 00a
T6	105. 43f	6. 41e	6. 61cd	64. 05bcd	24. 40de	16. 00a
T7	123. 20cd	8. 00a	6. 77c	61. 83d	26. 87ab	15. 00b
T8	111. 74e	7. 14c	6. 14ef	64. 23bcd	25. 28cde	14. 00c
T9	121. 85d	7. 48b	5. 94fg	62. 61cd	27. 31a	15. 00b
CK	122. 50e	7. 50b	7. 66a	67. 50a	24. 36e	13. 00d

3. 对成熟期农艺性状的影响

由表 4-22 可以看出，成熟期时不同处理株高为 110. 9~144. 5cm，其中株高与 CK 比较较低的处理是 T5，株高较高的处理是 T2、T3，二者株高在 140. 0cm 以上。从茎围来看，不同处理茎围为 7. 0~8. 7cm，与 CK 相比茎围较粗的处理是 T3、T5、T6、T7、T8，茎围在 8. 0cm 左右；与 CK 相比茎围较细的处理是 T2 为 7. 0cm。从节距来看，不同处理表现规律与团棵期、旺长期时一致，生物炭与氮肥配施处理与 CK 相比不同程度降低。从最大叶长来看，表现为生物炭与氮肥配施处理最大叶长小于 CK，最大叶长较小的处理是 T2、T7。从最大叶宽来看，表现为生物炭与氮肥配施处理最大叶宽大于 CK。从有效叶数来看，进入成熟期时不同处理有效叶数在 17 片左右，生物炭与氮肥配施处理有效叶数多于 CK 且差异显著。

表 4-22　成熟期农艺性状

处理	株高/cm	茎围/cm	节距/cm	最大叶长/cm	最大叶宽/cm	有效叶数/片
T1	128. 89de	7. 60e	6. 59d	65. 26de	26. 04de	16. 00a
T2	141. 03ab	7. 03f	8. 00b	63. 29e	26. 01de	16. 33a
T3	144. 54a	8. 07bc	5. 55f	64. 94de	28. 74b	15. 00b
T4	137. 33bc	7. 68e	6. 14e	66. 01cd	26. 10de	16. 33a
T5	110. 90g	7. 86bcd	8. 08b	68. 68bc	27. 47c	16. 00a

（续表）

处理	株高/cm	茎围/cm	节距/cm	最大叶长/cm	最大叶宽/cm	有效叶数/片
T6	128.00de	7.99bcd	6.98c	66.81bcd	26.47cd	16.00a
T7	123.22ef	8.18b	8.49a	62.72e	26.97cd	15.00b
T8	121.66f	8.68a	6.91c	68.42bc	30.00a	14.00c
T9	136.79bc	7.77cde	6.38de	66.58bcd	27.41c	15.00b
CK	132.50cd	7.70de	8.50a	69.80a	25.00e	13.00d

（二）生物炭用量与氮肥配施对烤烟干物质积累的影响

从表 4-23 可以看出，生物炭与氮肥配施处理后对烤烟干物质积累量有一定影响。施用生物炭后与 CK 比较烤烟干物质积累量有升高的趋势，这说明施用生物炭后有利于烟株的生长发育。干物质积累量较大的处理是 T2、T3，且与 CK 比较差异显著。其他处理与 CK 相比干物质积累差异较小。

（三）生物炭用量与氮肥配施对烤烟各器官干物质分配的影响

不同生物炭用量与氮肥配施后对烤烟各器官干物质分配的影响见表 4-23，从根系来看，不同处理间根干质量存在差异但未达到显著水平。根干质量较大的处理是 T2、T3，生物炭与氮肥配施后能在一定程度上促进根系的发育。从根干质量占全株比例来看，不同处理与 CK 比较根干质量占全株比例或高或低，其中根干质量占全株比例较高的处理是 T3 为 45.9%，这可能是由于较高的施氮量而生物炭施用量较少，不能适宜平衡土壤中的水分与养分含量导致根系过于发达。从烟株茎秆来看，生物炭与氮肥配施处理与对照比较茎干质量差异较小，但茎干质量均较 CK 在不同程度上升高，这说明生物炭与氮肥配施后能一定程度上促进烟株茎秆的发育，为烤烟的生长提供较好的机械支撑作用。从茎干质量占全株比例来看，不同处理与 CK 比较茎干质量占全株比例或高或低，其中茎干质量占全株比例较高的处理是 T4、T5，茎干质量占全株比例较低的处理是 T2、T7。叶片是烤烟主要的收获产物，其干质量的大小在一定程度上能反映烟株光合作用强弱，并影响烤烟的产质量。从叶干质量来看，生物炭与氮肥配施的处理与 CK 比较叶干质量均有所升高，这说明生物炭与氮肥配施后能促进烟株的生长发育，提高烤烟的经济产量。但烤烟叶干质量并不是越大越好，其中叶干质量较大的处理是 T6、T7、T8。从叶干质量占全株比例来看，T1、T2、T3、T4、T9 处理叶干质量占全株比例与 CK 比较有所降低，T5、T6 处理叶干质量占全株比例与 CK 比较较大。从根冠比来看，不同处理间根冠比存在差异，其中根冠比较大的处理是T2、T3。从不同处理的表现来看，T5处理茎秆较CK发达，烤烟叶片干质量显著增加且在适宜值范围内，烟叶内含物含量较适宜，生物炭与氮肥配施比例适宜。

表4-23　不同处理干物质积累与分配

处理	干物质总量/g	根		茎		叶		根冠比
		干物质量/g	比例/%	干物质量/g	比例/%	干物质量/g	比例/%	
T1	312.94b	119.00a	38.07ab	80.50a	25.79ab	113.44a	36.15bcd	0.62ab
T2	386.87a	169.50a	43.12ab	90.00a	23.73ab	127.37a	33.16cd	0.78ab
T3	366.75a	168.50a	45.96a	89.50a	24.40ab	108.75a	29.65d	0.86a
T4	319.50b	117.00a	36.62ab	94.00a	29.42a	108.50a	33.96cd	0.58ab
T5	294.39b	88.00a	29.56b	81.00a	27.45ab	125.39a	43.00ab	0.42b
T6	336.86ab	97.00a	28.72b	88.50a	26.28ab	151.36a	45.01a	0.41b
T7	331.43ab	121.50a	36.71ab	76.00a	23.04b	133.93a	40.26abc	0.58ab
T8	316.92ab	103.50a	32.58ab	82.00a	25.89ab	131.42a	41.53ab	0.49ab
T9	322.29ab	118.50a	36.83ab	81.00a	25.06ab	122.79a	38.12abc	0.58ab
CK	268.73b	86.50a	32.19ab	74.50a	27.73ab	107.73a	40.08abcd	0.47ab

（四）生物炭用量与氮肥配施对烤后烟叶化学成分的影响

从表4-24可以看出，不同生物炭用量与氮肥配施后烤后烟叶总糖、还原糖及淀粉含量存在差异。烟叶总糖和还原糖含量能够影响烟气醇和度、吃味，适宜的总糖与还原糖含量有利于提高烟叶的香气和吃味，同时降低刺激性。生产上一般认为烤烟总糖含量为18%~22%，在20%左右较适宜。还原糖含量为14%~18%，最适含量为15%左右。从总糖含量上来看，生物炭与氮肥配施处理与CK比较烤后烟叶总糖含量有高有低，总糖含量处于适宜范围内的处理是T3、T5、T8、T9，T1、T2、T4、T7处理总糖含量偏高。从还原糖含量上来看，最接近适宜值的处理是T5，其他处理还原糖含量或偏高或偏低。淀粉含量一般需控制在5%以下，各处理烟叶淀粉含量均在适宜范围内，除T4处理外，其他处理烤后烟叶淀粉含量均低于CK。

从表4-24可以看出，不同处理烤后烟叶烟碱及总氮含量存在差异。烤烟烟碱含量一般为1.5%~3.5%，当烟碱含量过低时烟气劲头不足且吃味平淡，烟碱含量过高时烟气不仅刺激性强且味苦辛辣，一般来讲烟碱含量在2.0%~

2.5%较适宜。烤烟总氮含量对于烟味的影响与烟碱类似，总氮含量一般为1.5%~3.5%，最适含量为2.5%。从烟碱含量上来看，不同处理间烤后烟叶烟碱含量较高的处理是T3、T6，烟碱含量较低的处理是T1、T4，T7。T2、T5、T8、T9处理烤后烟叶烟碱含量较适宜。从总氮含量上来看，总氮含量处于适宜范围内的处理是T5、T6。

烟叶中钾含量影响烟叶的燃烧性，钾含量高燃烧性好，烤烟氯含量能影响烟叶的吸湿性与燃烧性，烤烟氯含量过高时，烟叶吸湿性大，烟叶燃烧能力降低，一般氯含量控制在0.8%以下较适宜。从表4-24可以看出，不同处理烤后烟叶钾含量无显著差异，与CK相比，施用生物炭后能在一定程度上提高烤后烟叶钾含量，提高烟叶的燃烧性。这一方面是由于生物炭本身的灰分元素中有一定的钾含量，另一方面是由于生物炭的保肥能力促进了烟叶钾含量的提高。从氯含量上来看，不同处理烤后烟叶氯含量存在差异，各处理基本处于适宜范围内。

表4-24　不同处理烟叶化学成分（%）

处理	总糖	还原糖	淀粉	烟碱	总氮	钾	氯
T1	24.57ab	22.23abc	2.79ab	1.92c	1.98abc	2.33a	0.43a
T2	24.50ab	20.36abcd	1.82ab	2.46b	2.18abc	1.83a	0.22b
T3	20.74ab	17.42bcd	1.71ab	2.76a	2.19abc	1.67a	0.17b
T4	28.91a	27.07a	3.21a	1.76c	1.64c	1.87a	0.43a
T5	20.63ab	15.71cd	2.69ab	2.51b	2.43ab	1.78a	0.23b
T6	17.57b	12.82d	1.51b	2.61ab	2.49a	2.03a	0.28ab
T7	25.08ab	24.59ab	2.26ab	1.82c	1.90bc	1.83a	0.45a
T8	19.19b	16.83cd	2.48ab	2.42b	2.09abc	2.11a	0.32ab
T9	20.61ab	17.92bcd	2.31ab	2.50b	2.28abc	1.85a	0.15b
CK	22.93ab	17.89bcd	2.97ab	2.49b	2.42ab	1.78a	0.29ab

烤烟糖碱比6.0~10.0较适宜，氮碱比0.8~0.9较适宜，糖氮比适宜值为6.0~10.0，钾氯比值大于4适宜。从表4-25可以看出，不同处理烤后烟叶糖碱比存在差异。T1、T4、T7处理糖碱比值较高，烟叶刺激性强。不同处理糖碱比结果表明，生物炭与氮肥配施后能在一定范围内调控烤后烟叶的糖碱比值。从氮碱比来看，不同处理间氮碱比值无显著差异。从糖氮比来看，不同处理烤后烟叶糖氮比存在差异，烤后烟叶糖氮比处于适宜范围内的处理是T3、T5、

T6、T8、CK，烟叶吃味刺激性较适宜。T1、T4、T7 糖氮比值较高，烟叶吃味刺激性较差，同时也表明较低的施氮量与生物炭配施比例不利于烤烟糖氮比的平衡。从钾氯比来看，不同处理烤后烟叶钾氯比存在差异，与 CK 比较各处理钾氯比值或高或低，比 CK 烤后烟叶钾氯比值高的处理是 T2、T3、T5、T6、T9，烟叶燃烧性较好，同时可以看出，较低的施氮量与生物炭配施比例不利于烤烟钾氯比值的提高。

表 4-25　不同处理烟叶化学成分协调性指标

处理	糖碱比	氮碱比	糖氮比	钾氯比
T1	14. 55ab	1. 08a	13. 28abc	6. 01bc
T2	10. 37ab	0. 91a	11. 42abc	8. 63ab
T3	7. 49b	0. 78a	9. 74bc	10. 09abc
T4	18. 70a	1. 06a	17. 32a	4. 55c
T5	8. 54b	1. 06a	8. 89bc	7. 76bc
T6	6. 73b	0. 96a	7. 08c	7. 95bc
T7	15. 19ab	1. 10a	13. 85ab	4. 35c
T8	9. 06b	0. 92a	9. 30bc	6. 60bc
T9	9. 57b	1. 11a	10. 87bc	12. 66a
CK	9. 65b	1. 01a	9. 52bc	6. 56bc

（五）生物炭用量与氮肥配施对烤烟经济性状的影响

由表 4-26 可知，不同处理的上等烟比例排序为：T5>T2>T4>T1>CK>T8>T7>T6>T3>T9；其中，T5、T2、T4 处理的烟叶上等烟比例显著高于 T6、T3、T9。从均价看，不同处理的均价排序为：T5>T2>T4>CK>T8>T1>T3=T6>T7>T9；不同处理差异不显著。从产量看，不同处理的产量排序为：T9>T6>T3>T2>T5>CK>T8>T4>T7>T1；其中，T9、T6、T3、T2、T5、CK 处理烟叶产量显著高于 T1。从产值看，不同处理的产值排序为：T5>T2>T6>T9>T3>CK>T8>T4>T1>T7；其中，T5 处理的烟叶产值显著高于 CK、T8、T4、T1、T7，T2、T6、T9、T3、CK、T8、T4 处理的产值显著高于 T1、T7。总体上看以 T5 处理的经济性状相对较好。

表 4-26 不同处理经济性状

处理	上等烟比例/%	均价/（元/kg）	产量/（kg/hm^2）	产值/（元/hm^2）
T1	27.07ab	21.40a	1 692.76b	36 223.67c
T2	31.58a	22.82a	2 010.91a	45 870.98ab
T3	22.31b	20.93a	2 062.80a	43 182.90ab
T4	29.74a	21.88a	1 757.69ab	38 459.70b
T5	33.45a	23.21a	2 056.38a	47 716.18a
T6	22.80b	20.93a	2 104.73a	44 050.89ab
T7	24.13ab	20.71a	1 745.80ab	36 154.85c
T8	25.83ab	21.46a	1 894.16ab	40 649.86b
T9	21.47b	20.65a	2 106.91a	43 510.20ab
CK	26.15ab	21.53a	1 943.52a	41 843.99b

四、讨论与结论

（1）各处理农艺性状的优良能间接地反映出烤后烟叶质量的高低。本研究发现，生物炭与氮肥配施后烟株的长势较好，出叶速度较快，烤烟叶片的开片度得到改善。这说明生物炭与氮肥配施有利于烤烟的生长发育，这可能是由于生物炭的孔隙结构能够改良植烟土壤的孔隙性，生物炭的吸附作用同时又提高了养分的有效性，使得烤烟生长发育的土壤理化环境得到改善，因而有利于烟株的生长。不同生物炭用量与氮肥配施对烤烟的农艺性状影响存在差异，施用生物炭对烤烟生长的促进作用与施炭量不呈正相关，生物炭与氮肥配施比例都不宜过高，这可能是由于过高的生物炭用量导致土壤容重等偏离最适值，影响烤烟的生长发育。

（2）烤烟的干物质积累量及各器官干物质分配比例能一定程度上反映烟株的同化能力及源库流之间的协调性，并且影响烤烟的产质量。本研究发现施用生物炭后能够提高烤烟的干物质积累量。且相同施氮量的水平下，烤烟干物质积累量随着施炭量的增加呈降低的趋势，相同施炭量的水平下，烤烟干物质积累量随着施氮量的增加呈升高的趋势。生物炭与氮肥配施后能在一定程度上促进根系的发育，改善烤烟各器官干物质分配比例，协调源库流的关系，促进烤烟地上部分与地下部分自我协调以及烟株的生长发育。

（3）烤烟的内含物影响烟叶品质，烟叶化学成分比例协调与否与烟叶质量密切相关。本试验发现生物炭与氮肥配施后，能够调节改善烤后烟叶的总糖与还原糖含量，有利于提高烟叶的香气和吃味，同时降低刺激性。各处理烤后烟叶淀粉含量较对照有所降低，烟碱及总氮含量趋近于适宜值，提高烤后烟叶钾含量。生物炭与氮肥配施后能在一定范围内调控烤后烟叶的糖碱比值、糖氮比、钾氯比，较低的施氮量与生物炭配施比例不利于烤烟糖氮比的平衡，也不利于烤烟钾氯比值的提高。

综上所述，生物炭与氮肥配施能够调控烤烟的生长，促进烟株的生长发育，协调烤后烟叶的主要化学成分含量，提高烤烟经济性状。以 T5 处理即生物炭用量为 3 750kg/hm^2、施氮量为 112. 5kg/hm^2，烤烟生长发育速度较快，烤烟各器官干物质分配比例协调，烤后烟叶化学成分含量适宜，有利于优质烤烟的生产。

第五章　改土物料协同维护与改良植烟土壤

第一节　施用改土物料对烟草生长发育及产质量的影响

一、研究目的

种植绿肥具有增加土壤有机质、补充氮素、减少土壤磷钾固定、保持水土等作用；石灰可中和土壤酸性，改善土壤的物理性，消除Al^{3+}、Fe^{2+}、Mn^{2+}等的毒害，提高部分土壤养分的有效性；微生物菌剂能固氮解磷，改善土壤结构；复合微生物肥可培肥地力，调节土壤酸碱度，促进作物根系生长；聚丙烯酰胺（PAM）是一种水溶性高分子聚合物，可与许多物质亲和、吸附形成氢键，具有很强的黏聚作用和保水作用。为探索这些改土物料在烟草生产上的应用，采用盆栽试验研究了绿肥、石灰、微生物菌剂、复合微生物肥、聚丙烯酰胺等施用植烟土壤对烤烟生长发育和产质量的影响，以期为植烟土壤维护和改良提供参考。

二、材料与方法

（一）试验设计

为使改土物料与土壤混拌均匀，采用装土为10kg的花盆，选用花垣试验基地植烟土壤进行盆栽试验。将烟草专用基肥、需添加的土壤改土物料与土壤拌匀后装盆，再移栽烟苗。试验设5个改土物料处理和一个对照：T1为绿肥（移栽前20d，每盆称取箭筈豌豆500g，切碎后与土壤拌匀）；T2为石灰（熟石灰，每盆用量50g，与土壤拌匀后移栽烟苗）；T3为微生物菌剂（山东潍坊保罗蒂姆汉生产，主要功能菌为光合益生菌、乳酸菌等，移栽烟苗后，将其按1：100比例兑水，灌根处理）；T4为复合微生物肥（山东潍坊保罗蒂姆汉生产，主要功能菌为生根菌，微生物肥与基肥1：3，与土壤拌匀后移栽烟苗）；T5为聚丙烯酰胺（每盆用量25g，与土壤拌匀后移栽烟苗）；对照不添加任何改土物料。盆栽试验在大田条件下进行，按行距110cm，株距55cm，将试验盆挖洞埋进垄体内，深度掩埋盆面为准。所有处理按大田标准管理，各处理按优质烟叶生产技术规范执行。

（二）主要测定指标及方法

（1）农艺性状测定：分别于移栽后30d、60d、90d测量株高、茎围、节距、叶长、叶宽。叶面积计算方法为叶长×叶宽×0.6345。

（2）冠层结构指标测定：分别于移栽后30d、60d、90d测量。采用植物冠层分析仪（LP-80，USA）测定群体叶面积指数（LAI）；测定冠层上部的光合有效辐射（PAR）。测定时间为上午9：00—11：00。

（3）叶绿素（SPAD值）：采用SPAD-502便携式叶绿素测定仪测量烟叶的相对叶绿素含量（下部叶：第5~7片；中部叶：第10~12片；上部叶：第15~17片），用SPAD值表示。

（4）光合特性测定：分别于移栽后60d、90d用便携式光合仪（LI-6400光合仪）测定叶片净光合速率、气孔导度、胞间CO_2浓度、蒸腾速率等。测定时间为上午9：00—11：00。

（5）经济性状：统计各小区烟叶产量、产值、均价、上等烟比例、中等烟比例。

（6）烟叶质量评价：分别于烘烤结束后，取烤后上部烟叶（B2F等级）、中部烟叶（C3F等级）样，检测物理特性（叶长、叶宽、叶厚、梗重、含水率、单位叶面积重）和常规化学成分（总糖、还原糖、烟碱、氯、钾、总氮）。

三、结果与分析

（一）对烤烟农艺性状的影响

农艺性状是指农作物生育期、株高、叶面积等可以代表作物品种特点的相关性状，是反映农作物生长发育情况的重要指标。由表5-1可知，在移栽烤烟30d后，不同改土物料处理的株高均低于CK，处理间差异达到显著水平；株高以CK最大，T3处理次之。除T3处理外，其他各改土物料处理叶片数均多于CK，以T4处理叶片数最多，T1次之，各处理间无显著差异。不同改土物料处理的茎围均小于CK，以CK茎围最大，T5次之，T4与CK处理间差异达到显著水平。T2、T4、T5节距大于CK，T4、T5与T3处理节距差异达到显著水平，T3处理节距最小。不同改土物料处理最大叶面积的大小顺序为T2>CK>T5>T3>

T1>T4，T2 与 T4 处理间差异达到显著水平。可见，此时期，CK 处理的农艺性状较优。

表 5-1　不同处理烤烟农艺性状

时期	处理	株高/cm	叶片数	茎围/cm	节距/cm	最大叶面积/cm^2
30d	T1	33.12c	12.73a	3.22ab	2.1ab	472.14ab
	T2	38.8ab	12.57a	3.26ab	2.22ab	573.56a
	T3	39.02ab	11.58a	3.15ab	2.05b	484.91ab
	T4	33.56c	13.03a	2.97b	2.47a	428.79b
	T5	36.86b	12.50a	3.27ab	2.52a	504.44ab
	CK	41.14a	12.18a	3.52a	2.2ab	556.43ab
60d	T1	79.00a	16.40a	6.88a	4.10ab	594.13b
	T2	88.24a	18.20a	7.58a	3.78b	927.95a
	T3	93.00a	19.50a	7.45a	3.75ab	839.05ab
	T4	83.42a	17.83a	7.30a	4.60a	607.29b
	T5	83.20a	16.17a	7.07a	4.07ab	799.90ab
	CK	81.10a	17.00a	7.60a	4.32ab	703.7b
90d	T1	90.34b	16.00 b	7.82 b	4.22a	874.99a
	T2	93.34 a	18.20 ab	8.24 a	4.70a	935.69a
	T3	91.12 ab	17.60 ab	8.60 a	4.02a	1010.14a
	T4	90.40 b	19.00 a	8.68 a	4.02a	882.17a
	T5	93.30 a	18.60 a	8.70a	4.08a	892.93a
	CK	92.46 ab	18.20ab	8.68 a	4.54a	1027.00a

由表 5-1 可知，在移栽烤烟 60d 后，除 T1 处理外，其他各改土物料处理株高均高于 CK，处理间差异未达到显著水平，以 T3 最大，T2 处理次之。T2、T3、T4 处理叶片数多于 CK，以 T3 处理叶片数最多，T2 次之，各处理间无显著差异。不同改土物料处理茎围均小于 CK，以 CK 茎围最大，T2 次之，各处理间无显著差异。除 T4 处理外，其他改土物料处理节距均小于 CK，T4 与 T2 处理节距差异达到显著水平，T3 处理节距最小。各处理最大叶面积的大小顺序为 T2>T3>T5>CK>T4>T1，T2 与 T1、T4、CK 处理间差异达到显著水平。可见，此时期，T2 和 T3 处理的农艺性状较优。

由表 5-1 可知，在移栽烤烟 90d 后，T2、T5 处理的株高分别与 T1、T4 处理间株高差异达到显著水平，T2 处理株高最大，T5 次之。叶片数以 T4 处理最多，T5 处理次之，T4、T5 与 T1 处理间差异达显著水平。茎围以 T5 处理最大，T4、CK 处理次之，T1 与 T2、T3、T4、T5、CK 处理间差异达显著水平。除 T2 处理外，其他处理节距均小于 CK，各处理间无显著差异。各处理最大叶面积的大小顺序为 CK>T3>T2>T5>T4>T1，各处理间无显著差异。可见，此时期，以 T2 处理农艺性状较优。

（二）对烤烟冠层指标的影响

自然光中能被绿色植物利用来进行光合作用的那部分能量叫作光合有效辐射（PAR）。由表 5-2 可知，在烤烟移栽后 30d，各处理光合有效辐射无显著差异，以 T5 的最高，其次为 T4；在烤烟移栽 60d 后，各处理光合有效辐射无显著差异，以 T5 处理最高，T2 处理次之；在烤烟移栽后 90d，各处理光合有效辐射无显著差异，以 T2 处理最高，其次为 CK。

叶面积指数（LAI）又叫作叶面积系数，是指单位土地面积上植物叶片总面积占土地面积的倍数，能较直接地反映出植物的冠层密度和生物量。从表 5-2 可知，在烤烟移栽 30d 后，各处理叶面积指数无显著差异，T1 处理最大，CK 次之；在烤烟移栽 60d 后，各处理叶面积指数无显著差异，以 T4 处理叶面积指数最大，T1、T3 处理次之；在烤烟移栽 90d 后，各处理间无显著差异，以 T1 处理最大，T2 处理次之。

表 5-2　不同处理的冠层指标

处理	移栽后 30d		移栽后 60d		移栽后 90d	
	PAR/[μmol/(m²·s)]	叶面积指数	PAR/[μmol/(m²·s)]	叶面积指数	PAR/[μmol/(m²·s)]	叶面积指数
T1	300. 25a	1. 28a	465. 00a	3. 19a	1 664. 30a	4. 20a
T2	336. 17a	1. 19a	488. 47a	3. 08a	1 933. 17a	4. 10a
T3	357. 80a	1. 20a	484. 77a	3. 19a	1 200. 70a	3. 82a
T4	417. 97a	1. 08a	469. 73a	3. 33a	1 011. 57a	3. 97a
T5	423. 80a	1. 24a	494. 60a	3. 03a	1 819. 33a	4. 02a
CK	321. 60a	1. 25a	476. 00a	3. 04a	1 898. 40a	3. 95a

（三）对烟叶 SPAD 值的影响

叶绿素是植株进行光合作用的主要色素，它在光合作用的光吸收中起核心作用。SPAD 值与烟叶叶绿素含量呈正比，以从现蕾期开始之后 4 个星期的烤烟上、中、下叶位分别测得的 SPAD 值来反映烟株的光合能力。由表 5-3 可知，从上部叶来看，移栽后 60d，SPAD 值以 T3 最大、T4 次之，各处理 SPAD 值均大于 CK，各处理间无显著差异；移栽后 67d，SPAD 值以 CK 最大，T4 次之，各处理 SPAD 值均低于 CK，各处理间无显著差异；移栽后 74d，SPAD 值以 T5 最大，CK 次之，各处理间无显著差异；移栽后 81d，SPAD 值以 T4 最大，T5 次之，各处理间无显著差异。从中部叶来看，移栽后 60d，SPAD 值以 CK 最大，T3 次之，各处理 SPAD 值均低于 CK，各处理间无显著差异；移栽后 67d，SPAD 值以 CK 最大，T4 次之，各处理 SPAD 值均低于 CK，各处理间无显著差异；移栽后 74d，SPAD 值以 T5 最大，T2 次之，各处理间无显著差异；移栽后 81d，SPAD 值以 T2 最大，T3 次之，各处理间无显著差异。从下部叶来看，移栽后 60d，SPAD 值以 T1 最大，CK 次之，T1 与 T2、T3、T4、T5、T6 处理之间差异达显著水平；移栽后 67d，SPAD 值以 T2 最大，T4 次之，各处理 SPAD 值均大于 CK，T2、T4 与 CK 处理间差异达显著水平；移栽后 74d，SPAD 值以 T5 最大，T1 次之，T3 与其他处理间差异达显著水平；移栽后 81d，SPAD 值以 T1 最大，T3 次之，各处理 SPAD 值均大于 CK，各处理间无显著差异。

（四）对烤烟光合生理特性的影响

光合作用强度直接反映出绿色植物生理活动强度及有机物代谢的能力，所以增强光合作用强度是提高烟叶产量质量的基础。由表 5-4 可知，在烤烟移栽 60d 后，除 T5 处理外，其他各处理的净光合速率均大于 CK，以 T3 处理的净光合速率最大，其次是 T1 处理，达到显著差异水平；以 T4 处理的气孔导度最大，其次是 T2 处理；除 T2、T4 处理外，其他处理胞间二氧化碳浓度均低于 CK，处理间无显著差异；T2、T3、T4 处理蒸腾速率大于 CK，处理间无显著差异。在烤烟移栽 90d 后，以 T2 处理的净光合速率最大，其次是 T3 处理；以 T2 处理的气孔导度最大，其次是 T3 处理；以 T5 处理的胞间二氧化碳浓度最大，其次是 T2 处理，各处理间无显著差异；以 T2 处理的蒸腾速率最大，其次是 T3 处理。由此可见施用改土物料能在一定程度上改善烤烟的光合特性，以 T3 处理改良效果较优。

表 5-3 不同处理的 SPAD 值（SPAD 单位）

叶位	处理	60d	67d	74d	81d
上	T1	32. 90a	48. 68a	50. 15a	47. 15a
	T2	32. 97a	49. 97a	52. 78a	45. 62a
	T3	33. 67a	47. 77a	51. 12a	50. 10a
	T4	33. 25a	50. 45a	53. 00a	53. 13a
	T5	32. 82a	49. 12a	54. 92a	52. 07a
	CK	31. 60a	51. 77a	53. 08a	50. 87a
中	T1	35. 27a	48. 68a	40. 03a	41. 50a
	T2	40. 27a	49. 97a	44. 42a	43. 58a
	T3	42. 83a	47. 77a	43. 77a	43. 37a
	T4	40. 32a	50. 45a	40. 25a	42. 07a
	T5	40. 22a	49. 12a	46. 20a	42. 00a
	CK	43. 13a	51. 77a	41. 83a	42. 88a
下	T1	38. 92a	28. 09ab	34. 02a	23. 43a
	T2	25. 93b	33. 18a	30. 20a	20. 68a
	T3	26. 98b	26. 93ab	18. 18b	21. 55a
	T4	25. 92b	30. 45a	32. 70a	19. 30a
	T5	26. 47b	29. 38ab	35. 72a	17. 52a
	CK	27. 53b	21. 58b	28. 12a	17. 45a

表 5-4 不同处理烤烟光合特性

时期	处理	净光合速率/[μmol/(m^2·s)]	气孔导度/[mol/(m^2·s)]	胞间 CO_2浓度/(μmol/mol)	蒸腾速率/[mmol/(m^2·s)]
60d	T1	18. 92a	0. 57a	318. 53a	4. 77ab
	T2	18. 75a	0. 67a	327. 41a	5. 24a
	T3	19. 71a	0. 60a	317. 62a	5. 29a
	T4	18. 88a	0. 76a	330. 70a	5. 52a
	T5	15. 46b	0. 42b	303. 20a	4. 25b
	CK	18. 56a	0. 62a	324. 10a	4. 99ab

（续表）

时期	处理	净光合速率/[μmol/(m²·s)]	气孔导度/[mol/(m²·s)]	胞间 CO_2 浓度/(μmol/mol)	蒸腾速率/[mmol/(m²·s)]
90d	T1	9.76a	0.13b	246.04a	3.87a
	T2	10.92a	0.18a	261.91a	4.88a
	T3	10.44a	0.17a	251.78a	4.51a
	T4	9.22a	0.14ab	249.49a	4.05a
	T5	7.90b	0.15ab	275.25a	4.12a
	CK	9.96a	0.16ab	259.40a	4.33a

（五）对烤烟经济性状的影响

上等烟比例、中等烟比例、均价、产量、产值是评价烟叶经济性状的重要指标，它们综合反映了烟叶的产质量和经济效益。由表5-5可知，从上等烟比例来看，施用改土物料的处理其上等烟比例均高于CK，以T5最大，T2、T4次之，各处理间差异显著；从中等烟比列来看，T1、T3处理高于CK；从均价看，以T4、T5处理较高；从产量看，除T4处理外，其他处理产量均高于CK，以T2最高，T3次之，各处理间差异显著；从产值看，以T2最高，其次T5，T4最小，各处理间差异显著。以上结果表明石灰（T2）处理的烟叶经济性状最好。

表5-5　不同处理的烤烟经济性状

处理	上等烟比例/%	中等烟比例/%	均价/（元/kg）	产量/（kg/hm²）	产值/（元/hm²）
T1	76.19ab	9.52a	26.29a	1 890.00b	49 680.00b
T2	77.78ab	7.41ab	26.81a	2 430.00a	65 160.00a
T3	77.27ab	9.09a	27.91a	1 980.00ab	55 260.00ab
T4	77.78ab	5.56b	28.53a	1 620.00b	46 224.00b
T5	85.71a	0.00c	30.06a	1 890.00b	56 808.00ab
CK	71.30b	8.70a	28.07a	1 870.00b	52 490.00ab

（六）对烟叶物理特性的影响

由表5-6可知，从上部叶来看，除T2处理开片率低于CK外，其他处理均高于CK，以T3最大，T1次之；叶片厚度以T1最大，T3次之，T4、T5叶片厚度低于对照；单叶重以T1最大，T3次之，其他改土物料处理低于CK；含梗率以 T1 最大，T4 次之，T2、T3、T5 处理含梗率低于 CK；平衡含水率以 T5 最大，CK 次之，各处理间无明显差异；施用改土物料处理的叶质重均低于 CK，其中以 T1 最大，T4、T5 次之。

从中部叶来看，T1 其他改土物料处理开片率均大于对照，以 T1 最大，T5 次之；不同改土物料处理叶片厚度均低于 CK，以 CK 最大，T4 次之；单叶重以 T1、T4 最大，其次是 CK 处理；除 T3、T4 处理外，其他处理含梗率均高于 CK，以 T5 最大，其次是 T2 处理；平衡含水率以 T4 最大，其次是 T5 处理，各处理间无明显差异；除 T1 外，其他改土物料处理叶质重均低于 CK，尤以 T3、T4 较为明显。

表 5-6　不同处理的烤烟物理性状

部位	处理	长/cm	宽/cm	开片/%	厚/μm	单叶重/g	含梗率/%	平衡含水率/%	叶质重/(g/m^2)
上	T1	66.18	18.73	28.30	196.67	11.38	43.85	12.77	96.39
	T2	62.99	16.12	25.59	194.67	9.85	39.34	12.61	82.33
	T3	60.49	19.73	32.62	196.00	10.23	39.22	12.83	76.31
	T4	66.42	18.45	27.78	128.00	9.97	43.02	12.72	86.35
	T5	63.38	17.20	27.14	158.00	9.33	41.11	13.02	86.35
	CK	63.85	16.98	26.59	189.33	10.18	41.42	12.84	98.39
中	T1	51.00	22.22	43.57	114.40	6.06	39.13	12.95	78.33
	T2	51.65	21.22	41.08	114.40	5.75	40.46	12.48	73.33
	T3	49.26	20.62	41.86	114.53	5.46	38.28	12.52	61.67
	T4	58.42	21.29	36.44	117.73	6.06	36.35	13.16	65.00
	T5	51.98	22.06	42.44	106.67	5.71	41.45	13.07	71.67
	CK	63.93	20.91	32.71	121.60	6.03	38.76	12.76	75.00

（七）对烟叶化学成分的影响

由表 5-7 可知，从上部叶来看，T1、T2、T3 处理的烟叶总糖含量高于 CK，以 T2 处理最高，T1 次之；还原糖含量以 T1 处理最高，其次是 T3 处理，其他处理均低于 CK；总氮含量以 T5 处理最高，T4 次之；烟碱含量以 T1 处理最高，其次是 T2 处理，其他处理烟碱含量低于 CK，尤以 T4 明显；除 T4 外，其他改土物料处理烤后烟叶氯含量均高于 CK；除 T2 处理外，其他处理烤后烟叶钾含量均高于 CK，以 T3 和 T4 处理最高，T5 次之；除 T5 处理外，其他处理糖碱比均高于 CK，以 T4 最高，T3 次之；T4 氮碱比为 1.06，接近于 1，较为适宜，其他处理无明显差异；除 T4 处理外，其他处理钾氯比均低于 CK。从以上结果来看，T4 处理上部烤后烟叶化学成分相对较协调。

表 5-7　不同处理的烤烟化学成分

部位	处理	总糖/%	还原糖/%	烟碱/%	总氮/%	氯离子/%	钾/%	糖碱比	氮碱比	钾氯比
上	T1	20.41	14.25	3.67	1.73	0.53	1.96	5.56	0.47	3.70
	T2	22.07	12.81	3.51	1.55	0.61	1.87	6.29	0.44	3.07
	T3	19.50	13.51	2.96	1.91	0.55	2.05	6.59	0.65	3.73
	T4	15.43	9.96	1.94	2.05	0.38	2.05	7.95	1.06	5.39
	T5	15.03	11.68	3.30	2.10	0.47	1.97	4.55	0.64	4.19
	CK	18.59	13.13	3.47	1.91	0.44	1.94	5.36	0.55	4.41
中	T1	24.35	19.63	2.56	1.89	0.58	2.27	9.51	0.74	3.91
	T2	20.84	15.57	1.97	1.69	0.71	2.21	10.58	0.86	3.11
	T3	23.21	16.44	1.76	1.56	0.62	2.16	13.19	0.89	3.48
	T4	27.57	15.74	1.63	1.65	0.63	2.02	16.91	1.01	3.21
	T5	17.79	12.21	1.66	2.02	0.53	2.33	10.72	1.22	4.40
	CK	28.11	24.85	2.28	1.59	0.50	1.88	12.33	0.70	3.76

从中部叶来看，不同改土物料处理烟叶总糖含量均低于 CK，以 T4 处理较高，T1 次之；各处理烟叶还原糖含量均低于 CK，T1 处理还原糖含量与 CK 相近，其他处理明显低于 CK，且处理间无明显差异；除 T3 外，其他处理烤后烟叶总氮含量均高于 CK，以 T5 处理最高，T1 次之；烟碱含量以 T1 处理最高，其他处理均低于 CK；各处理氯含量均高于 CK，以 T5 处理氯含量与 CK 相近；各处理 烤后烟叶钾含量均高于 CK，以 T5 处理最高，T1 次之；糖碱比 T4 最高，T3 次之，其他处理糖碱比低于 CK；各处理氮碱比均高于 CK，T4 处理氮碱比为 1.01，较为适宜；钾氯比 T4 最高，T1 次之，其他处理均低于 CK。从以上结果来看，T4 处理中部烤后烟叶化学成分相对较协调。

四、讨论与结论

（1）施用改土物料影响烤烟农艺性状。在烤烟团棵期，施用改土物料处理的叶片数均多于对照，以复合微生物肥作用较为明显；石灰、复合微生物肥、聚丙烯酰胺处理的节距大于对照；不同改土物料处理对改善烤烟株高、茎围、最大叶面积无明显影响。在烤烟现蕾期，施用土壤改良剂处的理株高大于对照；石灰、微生物菌剂、复合微生物肥处理的叶片数多于对照；石灰、微生物菌剂、聚丙烯酰胺处理最大叶面积大于对照；此时期，各处理对改善节距、茎围无明显影响。在烤烟成熟期，各处理的农艺性状以石灰和微生物菌剂较好。整个烤烟生长过程中，各处理间农艺性状间存在差异，但这种差异在不同改土物料间规律性变化不明显，可能是采用盆栽，限制了烤烟生长。同时，也说明施用改土物料对烤烟农艺性状没有不良影响。

（2）施用改土物料对烤烟大田前期、中期的叶面积指数、SPAD 值、光合生理指标没有影响，但能提高烤烟大田后期的烟叶 SPAD 值、改善烤烟的光合特性、提高叶面积指数，这对提高烟叶耐熟性和防止烤烟早衰有帮助。

（3）施用改土物料影响烤烟经济性状，以石灰处理的经济性状最好。

（4）施用改土物料能改善烟叶物理特性和提高烟叶化学成分协调性，以复合微生物肥处理的烤后烟叶物理特性和化学成分协调性相对较好。

第二节　改土物料协同改良植烟土壤

一、研究目的

改土物料包括绿肥秸秆类及土壤改良剂类两大部分。绿肥秸秆类还田后可提供土壤有机质，并为后茬作物提供养分，同时可以保护农业生态环境。土壤改良剂分为天然改良剂、人工合成改良剂、天然—合成共聚物改良剂和生物改良剂。改良剂和绿肥、秸秆各有优缺点，将它们组装和协同改良土壤，以达到改土和促进植物生长的双重作用，相关的研究报道较少。据此，将绿肥、秸秆、无机土壤改良剂、微生物土壤改良剂等组合成不同改土物料，研究其对植烟土壤和烤烟生长及产质量的影响，探索不同改土物料组合协同维护和改良植烟土壤模式的可行性，为山地植烟土壤质量维护和改良方法的选择提供参考。

二、材料与方法

（一）试验设计

试验在湖南省湘西州花垣县道二乡科技园进行。采用随机区组设计，试验设 6 个处理：T1，绿肥+秸秆还田；T2，绿肥+秸秆还田+石灰；T3，绿肥+秸秆还田+微生物菌剂；T4，绿肥+石灰+微生物菌剂；T5，秸秆还田+石灰+微生物菌剂；CK 为空白对照。试验设 3 个重复，小区面积为 $46m^2$，株行距为 1.1m×0.5m。

在起垄时（移栽前 20d），将玉米秸秆翻埋入土 10～20cm 深，翻埋量为 8 300kg/hm^2。绿肥品种为箭筈豌豆，翻压量为 22 500kg/hm^2。石灰为熟石灰，起垄前撒施并翻埋入土，施用量为 1 000kg/hm^2。微生物土壤改良剂选用由山东潍坊保罗蒂姆汉公司生产的微生物菌剂，主要功能菌为光合益生菌、乳酸菌等，在移栽后按 1∶100 兑水后灌根，用量为 30kg/hm^2。供试烟草品种为云烟 87。其他管理按优质烟叶生产技术规范执行。

（二）测定内容及方法

（1）土壤测定指标。于烤烟拔秆后，随机采集烟垄上两株烟正中位置 0～20cm 土层的土样，每小区按 5 点取样法采集土样。将多点采集样品混匀、风干，经 60 目过筛备用。主要测定土壤容重（环刀法）、孔隙度（环刀法）、pH 值（水土比为 2.5∶1）、有机质（重铬酸钾滴定法）、碱解氮（凯氏定氮法）、速效磷（碳酸氢钠浸提—钼锑抗比色法）、速效钾（醋酸铵—火焰光度计法）。

（2）烤烟农艺性状测定指标。分别在移栽后 30d、60d、90d 测量株高、茎围、有效叶片数、最大叶长与宽，每个重复取有代表性烟株 5 株，均按烟草农艺性状调查标准方法（YC/T 142—2010）测定。

（3）烤烟光合生理测定指标。采用 Sunscan 冠层分析仪测定叶面积指数。用 SPAD-502 便携式叶绿素测定仪测量烟叶的相对叶绿素含量（下部叶：第 5～7 片；中部叶：第 10～12 片；上部叶：第 15～17 片），用 SPAD 值表示。采用 LI-6400 便携式光合作用测定系统，测量净光合速率、气孔导度、胞间二氧化碳浓度、蒸腾速率；于移栽后 60d 开始测定各处理光合特性指标，共测 2 次（7 月 5 日，7 月 29 日）。

（4）烤后烟叶质量测定指标。选取上部烟叶、中部烟叶具有代表性的 B2F、C3F 等级。物理特性测定指标主要有开片度、叶片厚度、单叶重、叶质重、平衡含水率、含梗率。化学成分测定指标主要有总糖、还原糖、烟碱、总氮、钾、氯。糖碱比为总糖与烟碱的比值，氮碱比为总氮与烟碱的比值，钾氯比为钾和氯的比值。

（5）烤烟经济性状。计算烤后上等烟比例、均价、产量、烟叶产值。

三、结果与分析

（一）对植烟土壤物理性状的影响

1. 对土壤容重的影响

土壤容重是田间自然垒结状态下，单位体积土体的质量，与土壤结构、透气性、透水性和保水能力有着直接联系。作为最重要的土壤物理指标之一，能反映出土壤结构的整体状况。相同质地的土壤，容重值与土壤疏松度成反比，容重值越低（一般不低于 1.14），表明土壤越疏松，结构性好；反之，则土壤越紧实，结构性差。由图 5-1 左可以看出，改土物料组合处理的土壤容重均低于 CK，其中 T1、T2 处理的土壤容重显著低于 CK；T1、T2、T3、T4、T5 处理的土壤容重较 CK 分别下降 0.16g/cm^3、0.22g/cm^3、0.09g/cm^3、0.11g/cm^3、0.09g/cm^3。表明施用改土物料能降低土壤容重，以不施微生物菌剂的 T1、T2 处理降低土壤容重的效果最好。施用微生物菌剂可能会加速土壤有机质分解，从而减少了施用微生物菌剂处理的土壤有机质增量，导致其土壤容重虽有下降，但下降幅度低于没有施用微生物菌剂的处理。

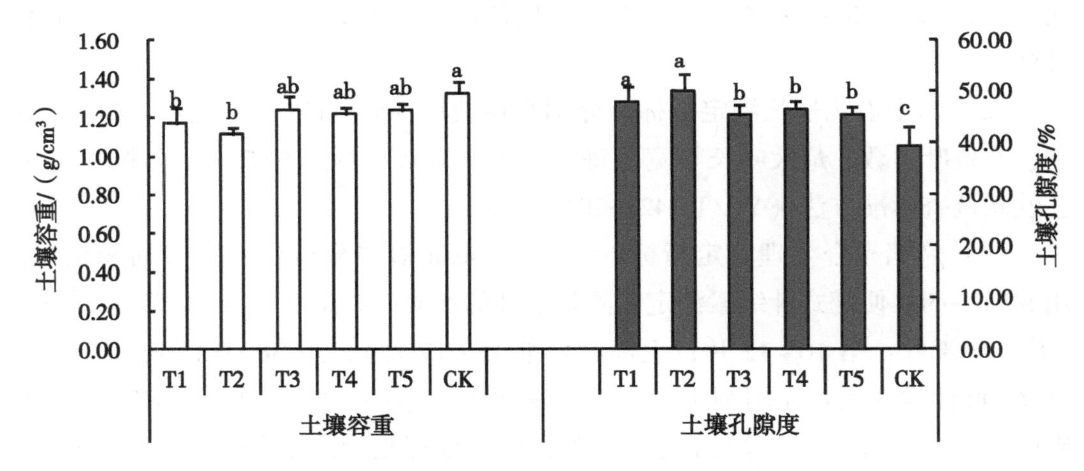

图 5-1　不同处理的植烟土壤容重和孔隙度

2. 对土壤孔隙度的影响

土壤孔隙度即土壤孔隙容积占土体容积的百分比。由于水和空气共存并且充满着整个土壤孔隙系统，所以土壤孔隙度值的大小可以直接反映出土壤的透水性、透气性、导热性和紧实度，影响着各类养分的有效化和土壤的保肥供肥能力，还与土壤的增温与稳温有着密切联系，因此土壤孔隙状况是评估土壤肥力状况的一个重要指标。由图 5-1 右可知，改土物料组合处理的土壤孔隙度均高于 CK，其中 T1、T2 处理的土壤孔隙度显著高于 CK；T1、T2、T3、T4、T5 处理的土壤孔隙度较 CK 分别提高了 8.38%、10.65%、5.74%、6.97%、5.99%。以上说明施用改土物料能改善土壤的孔隙状况，以不施微生物菌剂的 T1、T2 处理提高土壤孔隙度的效果最好，这可能与微生物菌剂加速土壤有机质分解有关。施用绿肥和秸秆，促进土壤形成良好的团粒结构，改善了土壤孔隙状况。

（二）对植烟土壤养分的影响

1. 对土壤 pH 值的影响

土壤 pH 值是评价土壤状况的重要指标，它直接影响着土壤生物活动、作物根系的吸收、土壤养分的转化等。由图 5-2 可知，所有改土物料处理的植烟土壤 pH 值均高于 CK；其中 T3、T5 处理的土壤 pH 值显著高于 CK。T1、T2、T3、T4、T5 处理的土壤 pH 值较 CK 分别提高了 0.03、0.07、0.20、0.09、0.23 个单位，以施用微生物菌剂的 T3、T4、T5 处理提高幅度相对较大。表明浇灌微生物菌肥，能提高土壤 pH 值。

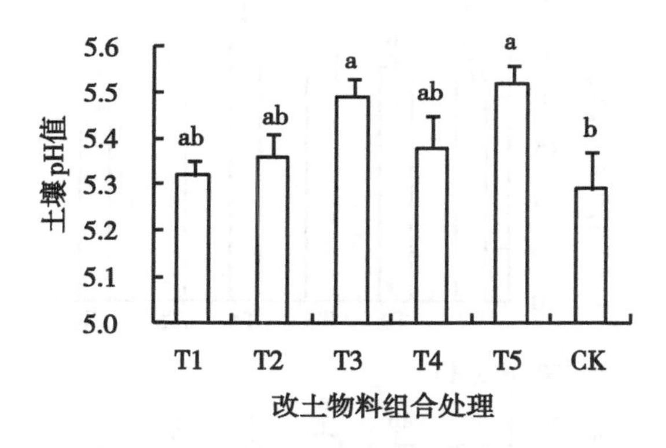

图 5-2　不同处理的植烟土壤 pH 值

2. 对土壤有机质的影响

土壤有机质泛指土壤中来源于生命的物质，包括土壤微生物、土壤动物及其分泌物、土体中植物残体和植物分泌物。有机质是土壤养分的主要来源，能促进土壤结构形成，改善土壤物理性质，是评价土壤肥力和缓冲性能的重要指标。如图 5-3(a) 所示，所有改土物料处理的植烟土壤有机质均显著高于 CK；其中 T1 处理的土壤有机质含量显著高于 T4、T5。T1、T2、T3、T4、T5 处理的土壤有机质含量较 CK 分别提高了 30.27%、19.20%、24.78%、9.43%、10.16%。T1、T2、T3 的土壤有机质含量虽然差异不显著，但 T1 的土壤有机质

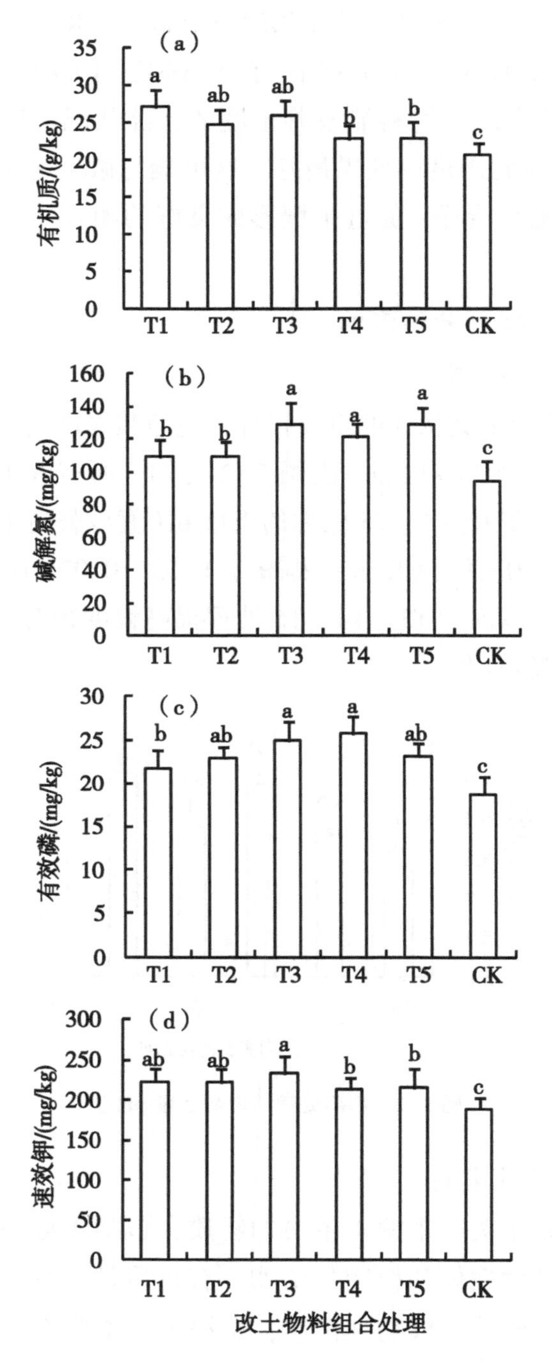

图 5-3　不同处理的植烟土壤养分

含量高于 T2、T3，说明秸秆和绿肥还田，配施石灰和浇灌微生物菌肥，有利于加速有机物分解。以上结果表明，施用改土物料能提高土壤有机质。

3. 对土壤碱解氮的影响

土壤碱解氮能反映出土壤近期内氮素供应情况，包括无机态氮（氨态氮、硝态氮）及易水解的有机态氮（氨基酸、酰胺和易水解的蛋白质）。由图 5-3(b)可知，T1、T2、T3、T4、T5 处理的土壤碱解氮含量较 CK 分别提高了 16.23%、16.84%、37.20%、28.67%、37.16%。所有改土物料处理的植烟土壤碱解氮含量均显著高于 CK；其中 T3、T4、T5 处理的土壤碱解氮含量显著高于 T1、T2。表明微生物菌剂灌根有利于提高土壤碱解氮含量。

4. 对土壤有效磷的影响

有效磷是土壤中可被植物吸收的磷组分，包括全部水溶性磷，部分吸附态磷及有机态磷。由图 5-3(c)可知，T1、T2、T3、T4、T5 处理的土壤有效磷含量较 CK 分别提高了 16.25%、22.56%、32.86%、37.07%、23.37%。所有改土物料处理的植烟土壤有效磷含量均显著高于 CK；其中 T3、T4 处理的土壤有效磷含量显著高于 T1。表明施用改土物料能提高植烟土壤中的有效磷含量。

5. 对土壤速效钾的影响

烟草是需钾量大的作物，提高并维持土壤速效钾含量对提高烤烟品质有着重要的影响。土壤速效钾含量是评价植烟土壤肥力状况的重要指标之一。由图 5-3(d)可知，所有改土物料处理的植烟土壤速效钾含量均显著高于 CK；其中 T3 处理的土壤有效磷含量显著高于 T4、T5。T1、T2、T3、T4、T5 处理的土壤速效钾含量较 CK 分别提高了 17.91%、17.12%、22.88%、12.92%、13.44%。T1、T2、T3 处理的土壤速效钾含量明显高于 T4、T5，表明秸秆和绿肥组合提高土壤速效钾含量的幅度相对较大。

（三）对烤烟农艺性状的影响

株高、茎围、叶面积等大田农艺性状能直接反映出烤烟生长发育状况，指导烤烟科学生产。由表 5-8 可知，在移栽烤烟 30d 后，除 T5 处理外，其他处理株高均低于 CK，各处理间无显著差异；T1、T5 叶片数多于 CK，各处理间无显著差异；各处理茎围均高于或等 CK，以 T5 处理最大，T1 次之；各处理节距均大于 CK，以 T5 处理最大，各处理间无显著差异；T2、T4、T5 处理最大叶面积显著大于 CK，但 T1、T3 处理的叶面积显著低于 CK。可见，此时期，绿肥和秸秆同时还田可能与烤烟生长存在争氮矛盾，影响烤烟生长。在移栽烤烟 60d 后，各处理株高均显著大于 CK；各处理叶片数均大于 CK，以 T5 处理最大，各处理间无显著差异；各处理茎围均小于 CK，T1 与 CK 处理达到显著差异水平；T1、T2、T4、T5 处理节距大于 CK，但各处理节距差异不显著；各处理最大叶面积均显著大于CK，以T2处理最大。可见，此时期，各处理的农艺性状要优于CK。在移栽烤烟90d后，各处理株高均显著高于CK；各处理叶片数均大于CK，以T4最大，T1、T2、T3、T4处理的叶片数显著多于CK；各处理茎围大小顺序为T4 > T3 > CK > T2 > T5 > T1，T3、T4处理的茎围显著大于T1、T5；各处理节距均大于CK，以T2节距最大，T1、T2、T3、T4处理的节距显著大于T5、CK；除T1处理外，其他各处理最大叶面积均大于CK。可见，此时期，T2、T3、T4、T5处理的农艺性状较优。总体来看，施用改土物料能改善烟株农艺性状，但在烤烟生长前期，由于分解秸秆和绿肥氮素需要，可能存在与烤烟争氮矛盾，对烟株生长前期农艺性状有不利影响。

表5-8　不同处理烤烟农艺性状

时期	处理	株高/cm	叶片数	茎围/cm	节距/cm	最大叶面积/cm^2
30d	T1	36.30a	13.57a	3.18a	2.28a	412.50c
	T2	38.04a	12.67a	3.14a	2.40a	512.14a
	T3	37.20a	13.00a	3.10a	2.26a	417.70c
	T4	38.56a	12.17a	3.10a	2.48a	499.85a
	T5	40.18a	13.50a	3.54a	2.52a	549.56a
	CK	39.96a	13.00a	3.10a	2.22a	477.28b
60d	T1	98.00a	18.60a	8.02b	3.62a	954.74b
	T2	101.26a	19.20a	8.42ab	3.42a	1 080.72a
	T3	100.48a	19.40a	8.18ab	3.14a	1 042.1a
	T4	100.42a	19.20a	8.52ab	3.48a	1 024.22a
	T5	100.44a	19.60a	8.80a	3.32a	1 005.23ab
	CK	94.98b	18.40a	8.82a	3.26a	919.65c
90d	T1	108.06a	16.00a	8.40b	4.96a	1 257.72b
	T2	112.60a	16.00a	9.02ab	5.12a	1 459.16a
	T3	110.54a	15.20a	9.36a	4.66a	1 358.36a
	T4	108.96a	16.20a	9.44a	4.94a	1 403.83a
	T5	100.92a	14.60b	8.58b	4.58b	1 349.17a
	CK	96.58b	14.40b	9.10ab	4.54b	1 240.61b

（四）对烤烟冠层指标的影响

光合有效辐射是指绿色植物进行光合作用的过程中，吸收的太阳辐射中使叶绿素分子呈激发状态的那部分光谱能量，简称 PAR。光合有效辐射是植物生长发育、合成有机物和形成产量的能量来源。由表 5-9 可知，在烤烟移栽后 30d，T1、T2、T3 处理光合有效辐射显著高于 T4、T5、CK；在烤烟移栽 60d 后，各处理光合有效辐射大于 CK，但只有 T1 处理光合有效辐射显著大于 CK；在烤烟移栽后 90d，各处理光合有效辐射显著大于 CK。以上结果说明，施用改土物料能有效提高光合有效辐射，增强烟叶的光合作用。

表 5-9　不同处理的冠层指标

处理	移栽后 30d		移栽后 60d		移栽后 90d	
	PAR/[μmol/(m^2·s)]	叶面积指数	PAR/[μmol/(m^2·s)]	叶面积指数	PAR/[μmol/(m^2·s)]	叶面积指数
T1	1 109. 00a	1. 00a	750. 77a	3. 40a	1 982. 20a	4. 39a
T2	1 156. 20a	1. 01a	713. 03ab	3. 46a	1 977. 93a	4. 18ab
T3	1 092. 10a	0. 98a	681. 97ab	3. 38a	2 087. 10a	4. 33a
T4	787. 70b	1. 02a	670. 77ab	3. 38a	2 183. 57a	4. 27a
T5	909. 77b	0. 96a	681. 53ab	3. 33a	2 166. 43a	4. 33a
CK	796. 67b	1. 11a	659. 90b	3. 02b	1 748. 57b	4. 08b

在田间试验中，叶面积指数（LAI）是反映植物群体生长状况的一个重要指标，其大小直接与最终产量高低密切相关。从表 5-9 可知，在烤烟移栽 30d 后，各处理叶面积指数无显著差异；在烤烟移栽 60d 后，各处理叶面积指数显著大于 CK；在烤烟移栽 90d 后，处理间存在显著差异，各处理叶面积指数大于 CK，其中 T1、T3、T4、T5 处理的叶面积指数显著大于 CK。以上结果看出，施用改土物料能提高烤烟叶面积指数。

（五）对烤烟叶绿素的影响

叶绿素是光反应进行的基础，能将光能转化为化学能，以有机物形式存储在绿色植物体中，是生物圈能量循环的重要环节，叶绿素含量与光合作用强度有着直接联系，在一定范围内，随叶绿素的增加，烟叶的光合能力增强，因此叶绿素含量是衡量叶片光合能力强度的指标。由表 5-10 可知，从上部叶来看，移栽后 60d、67d，各处理 SPAD 值均显著大于 CK；移栽后 74d，各处理 SPAD 值均大于 CK，但只有 T4 处理 SPAD 值显著大于 CK；移栽后 81d，各处理 SPAD 值均大于 CK，但只有 T1、T4 处理 SPAD 值显著大于 CK。

表 5-10 不同处理的 SPAD 值

部位	处理	60d	67d	74d	81d
上	T1	34.25a	48.87a	47.00ab	56.15a
	T2	35.45a	47.58a	44.03ab	46.75b
	T3	34.93a	48.60a	44.93ab	49.63ab
	T4	35.38a	48.80a	51.68a	53.88a
	T5	33.28a	47.07a	43.20ab	46.55b
	CK	26.58b	39.80b	39.93b	46.05b
中	T1	35.17ab	43.03a	42.25a	43.47a
	T2	36.70a	40.25a	36.15ab	35.17bc
	T3	34.65ab	41.67a	40.77a	43.05a
	T4	34.90ab	45.38a	41.33a	39.27ab
	T5	33.00ab	39.12ab	40.03a	34.68bc
	CK	32.97b	37.80b	31.90b	31.47c
下	T1	34.03ab	27.07ab	45.28a	33.20a
	T2	38.93a	23.70ab	33.28a	26.95ab
	T3	39.87a	35.10a	43.57a	32.87a
	T4	35.97ab	34.73a	39.28a	31.42a
	T5	36.27ab	29.98ab	40.93a	22.37b
	CK	32.13a	21.47b	27.87b	21.25b

由表 5-10 可知，从中部叶来看，移栽后 60d，各处理 SPAD 值均高于 CK，其中 T2 处理 SPAD 值显著大于 CK；移栽后 67d，各处理 SPAD 值均高于 CK，其中 T1、T2、T3、T4 处理 SPAD 值显著大于 CK；移栽后 74d，各处理 SPAD 值均高于 CK，其中 T1、T3、T4、T5 处理 SPAD 值显著大于 CK；移栽后 81d，各处理 SPAD 值均高于 CK，其中 T1、T3 处理 SPAD 值显著大于 CK。从下部叶来看，移栽后 60d，各处理 SPAD 值均高于 CK，其中 T2、T3 处理 SPAD 值显著大于 CK；移栽后 67d，各处理 SPAD 值均高于 CK，其中 T3、T4 处理 SPAD 值显著大于 CK；移栽后 74d，各处理 SPAD 值均高于 CK，其中 T1、T2、T3、T4、T5 处理 SPAD 值显著大于 CK；移栽后 81d，各处理 SPAD 值均高于 CK，其中 T1、T3、T4 处理 SPAD 值显著大于 CK。由此可见，施用改土物料可提高烟叶的叶绿素含量。

（六）对烤烟光合生理特性的影响

光合作用是一系列复杂代谢反应的总和，其强度直接反映出绿色植物生理活动强度及有机物代谢的能力，所以增强光合作用强度是提高烟叶产量和质量的基础。净光合速率指的是总光合速率与植物呼吸速率的差值，是反映光合作用强弱及有机物积累的直接指标，由表5-11可知，在烤烟移栽60d后，各处理净光合速率均高于CK，其中T4处理净光合速率与T1、T5、CK处理达到显著差异水平；在烤烟移栽90d后，各处理净光合速率均高于CK，其中T1、T2处理净光合速率显著高于T3、T4、T5、CK。表明施用改土物料可提高烤烟净光合速率。

表5-11 不同处理烤烟光合特性

时期	处理	净光合速率/[μmol/(m^2·s)]	气孔导度/[mol/(m^2·s)]	胞间二氧化碳浓度/(μmol/mol)	蒸腾速率/[mmol/(m^2·s)]
60d	T1	18.65b	0.69a	268.29c	6.80b
	T2	21.55ab	0.76a	305.85b	8.71a
	T3	21.96ab	0.74a	301.38b	8.63a
	T4	23.41a	0.87a	304.28b	9.58a
	T5	18.64b	0.64a	303.97b	8.16a
	CK	18.59b	0.61a	323.31a	6.41b
90d	T1	9.68a	0.13a	227.34b	3.95a
	T2	9.14a	0.16a	246.58ab	4.39a
	T3	7.70b	0.13a	227.51b	3.42a
	T4	7.29b	0.19a	224.73b	3.40a
	T5	7.27b	0.13a	269.60ab	4.39a
	CK	7.11b	0.12a	271.29a	4.68a

气孔导度表示气孔张开的程度，影响光合作用，呼吸作用及蒸腾作用。气孔通过张开和关闭实现其调控叶片CO_2的吸收和水分散失比率，其调控限度与植物本身的生理特性有关，受环境因子影响也很大。由表5-11可知，在烤烟移栽60d后，各处理气孔导度值均高于CK，以T4最大，其次为T3，各处理间无显著差异；在移栽烤烟90d后，各处理气孔导度值均高于CK，各处理间无显著差异。

胞间二氧化碳浓度指内环境中的二氧化碳的浓度。在一定范围内，增加二氧化碳的浓度，光合作用增强，超过一定范围，光合速率不再增加。由表 5-11 可知，在移栽烤烟 60d 后，各处理气孔导度值均显著低于 CK，其中 T1 处理最低；在移栽烤烟 90d 后，各处理气孔导度值均低于 CK，其中 T1、T3、T4 处理的胞间二氧化碳浓度显著低于 CK。

蒸腾作用是植物体内水分代谢的重要生理过程，与植物净光合速率关系密切。由表 5-11 可知，在移栽烤烟 60d 后，各处理蒸腾速率均高于 CK，其中 T2、T3、T4、T5 处理的蒸腾速率显著高于 T1、CK；在移栽烤烟 90d 后，各处理蒸腾速率均低于 CK，各处理间差异不显著。

（七）对烤烟经济性状的影响

由表 5-12 可知，T4、T5 处理的上等烟比例显著高于 T1、T2；T1、T2、T3 处理的中等烟比例显著高于 T4、T5、CK；不同处理间均价差异不显著；从产量来看，T4 处理产量最大，T3 次之，各处理间差异显著；T3、T4 处理的产量显著高于 T1、T2、CK；T3、T4、T5 处理的产值显著高于 T1、T2、CK。以上结果表明，采用微生物菌剂灌根处理的 3 个处理产值和产量相对较高，以绿肥+石灰+微生物肥处理的经济性状最好。

表 5-12　不同处理的烤烟经济性状

处理	上等烟比例/%	中等烟比例/%	均价/（元/kg）	产量/（kg/hm²）	产值/（元/hm²）
T1	35. 15b	55. 15a	20. 14a	1 745. 13b	35 146. 92b
T2	35. 08b	55. 48a	21. 01a	1 709. 50b	35 916. 60b
T3	38. 70ab	52. 75a	21. 13a	2 124. 25a	44 597. 65a
T4	45. 64a	39. 73b	21. 35a	2 280. 13a	48 466. 98a
T5	47. 13a	42. 92b	22. 68a	2 011. 88ab	45 237. 83a
CK	38. 08ab	47. 42ab	20. 49a	1 782. 05b	36 609. 75b

（八）对烟叶物理特性的影响

由表 5-13 可知，从上部叶来看，各处理开片率、含梗率及平衡含水率差异不显著；T1 处理叶片厚度显著高于 T2、T4；T2 处理单叶重显著高于 T5、CK；T4 处理叶质重显著高于 T1、T2、CK。从中部叶来看，各处理开片率、含梗率平衡含水率差异不显著；T1 处理叶片厚度显著高于 T2、T3；T1、CK 处理单叶重显著高于 T4；T2、T3 处理叶质重显著高于 T1、T4、CK。总体上看，T4 处理物理特性相对较好。但是，由于添加了绿肥、秸秆、微生物菌剂等改土物料，上部烟叶单叶重和叶片厚度偏大，要引起重视，应在生产上减少氮肥的施用。

表 5-13 不同处理的烤烟物理性状

部位	处理	开片率/%	叶厚/μm	单叶重/g	含梗率/%	平衡含水率/%	叶质重/(g/m^2)
上部叶	T1	28. 99a	182. 67a	14. 59ab	33. 75a	12. 45a	112. 45b
	T2	30. 36a	135. 33b	15. 21a	33. 26a	12. 48a	112. 45b
	T3	30. 27a	175. 33ab	14. 80ab	35. 84a	12. 51a	120. 48ab
	T4	31. 38a	150. 00b	14. 65ab	34. 77a	12. 87a	124. 50a
	T5	30. 61a	171. 33ab	13. 41b	35. 68a	12. 66a	120. 48ab
	CK	30. 38a	161. 33ab	13. 77b	34. 69a	12. 88a	114. 46b
下部叶	T1	32. 04a	134. 67a	12. 68a	32. 18a	12. 67a	96. 39b
	T2	32. 74a	80. 00b	11. 55ab	31. 14a	12. 88a	118. 47a
	T3	32. 47a	100. 00b	11. 35ab	31. 94a	12. 38a	114. 46a
	T4	30. 98a	128. 00ab	10. 89b	31. 54a	12. 89a	96. 39b
	T5	32. 07a	122. 00ab	11. 03ab	30. 57a	12. 69a	102. 41ab
	CK	33. 25a	126. 67ab	12. 54a	30. 58a	12. 93a	92. 37b

（九）对烟叶化学成分的影响

烤烟总糖含量一般为 15%～35%，较适宜含量为 20%～26%。一般要求烤烟还原糖含量在 15%～26%，以 18%～25%为最佳。其总氮含量一般要求在 1. 5%～3. 5%，以 2. 5%为宜。烤烟烟碱含量一般要求在 1. 5%～3. 5%，以 2. 5%为适宜值，但不同部位烟叶的要求有差别。烟叶含钾量可在 1. 0%～7%。烟叶中氯含量一般为 0. 3%～0. 8%时较为理想；烤烟糖碱比要求在 8～10 较好，不宜超过 10。烤烟氮碱比值一般在 0. 8～1，以 1 较为合适。烟叶中氯素达到适宜范围（0. 3%～0. 8%），钾氯比值越大，烟叶的燃烧性越好，适宜的钾氯比在 4～10。

由表 5-14 可知，烤后上部烟叶化学成分，各处理总糖含量均高于 CK，T2 处理总糖含量偏高；除 T2 外，其他各处理还原糖含量均低于 CK，T3、T4、T5 处理还原糖含量略偏低；除 T4 外，其他各处理烟碱含量均高于 CK 且偏高；各处理烟叶总氮含量在适宜范围内；烤烟氯含量在适宜范围内；各处理烟叶钾含量均高于 CK；各处理烟叶糖碱比均高于 CK；除 T4 外，其他各处理氮碱比均低于 CK 且偏低；除 T5 外，其他各处理钾氯比均高于 CK，但只有 T2 处理的钾氯比大于4。从烤后中部烟叶来看，各处理烟叶总糖均高于CK，T2总糖含量偏高；T2、T4、T5还原糖含量高于CK，T1、T3处理低于CK且偏低；各处理烟叶烟碱、总氮、氯含量在适宜范围内；各处理烟叶钾含量均高于CK；除T3外各处理糖碱比均高于对照CK；除T5外各处理氮碱比均高于CK；各处理钾氯比均高于CK，只有T5、CK处理的钾氯比在4以下。总体上看，以T4处理化学成分相对较协调。

表5-14 不同处理的烤烟化学成分

部位	处理	总糖/%	还原糖/%	烟碱/%	总氮/%	氯离子/%	钾/%	糖碱比	氮碱比	钾氯比
上	T1	25.63	18.72	3.59	1.65	0.51	1.96	7.14	0.46	3.84
	T2	32.99	21.86	3.70	1.31	0.47	1.91	8.92	0.35	4.06
	T3	26.77	16.88	3.68	1.64	0.49	1.92	7.27	0.45	3.92
	T4	23.79	16.59	2.72	1.73	0.63	2.12	8.75	0.64	3.37
	T5	26.53	16.42	3.61	1.78	0.73	2.03	7.35	0.49	2.78
	CK	22.22	18.86	3.21	1.61	0.64	1.90	6.92	0.50	2.97
中	T1	26.25	17.90	2.50	1.50	0.39	2.00	10.50	0.60	5.13
	T2	34.47	25.37	2.37	1.45	0.42	1.95	14.54	0.61	4.64
	T3	23.70	17.98	2.86	1.51	0.34	1.96	8.29	0.53	5.47
	T4	30.65	24.23	2.12	1.26	0.35	2.13	15.96	0.66	6.09
	T5	33.13	24.41	2.91	1.26	0.59	2.14	11.38	0.43	3.63
	CK	22.51	18.71	2.49	1.28	0.59	1.86	9.04	0.51	3.32

四、讨论与结论

（1）不同改土物料组合在一定程度上能够协同改善土壤的物理性状。施用绿肥和秸秆，促进土壤形成良好的团粒结构，能降低土壤容重和增加土壤孔隙度，以不施微生物菌剂的T1、T2处理效果最好，这可能与微生物菌剂加速土壤有机质分解有关。

（2）不同改土物料组合能提高植烟土壤pH值。绿肥和秸秆还田后腐解过程中，虽释放了部分质子，但由于增加了土壤有机质，提高了土壤缓冲能力，在种植烤烟过程中，可减缓土壤pH值下降幅度，间接提高了土壤pH值。

（3）不同改土物料组合能提高植烟土壤有机质、碱解氮、有效磷和速效钾含量。T1、T2、T3、T4、T5 处理的土壤有机质含量较 CK 分别提高了 30.27%、19.20%、24.78%、9.43%、10.16%；碱解氮含量较 CK 分别提高了 16.23%、16.84%、37.20%、28.67%、37.16%；有效磷含量较 CK 分别提高了 16.25%、22.56%、32.86%、37.07%、23.37%；速效钾含量较 CK 分别提高了 17.91%、17.12%、22.88%、12.92%、13.44%。绿肥和秸秆还田实际就是在植烟土壤中添加有机物料，这些有机物质既提高了土壤有机质，同时在分解过程中释放氮、磷、钾等养分，配施石灰和微生物菌剂可加速绿肥和秸秆分解，也促进了土壤微生物繁殖，提高了土壤微生物多样性和活性，更有利于提高土壤养分。

（4）绿肥和秸秆还田，由于其分解过程中的微生物活动需要氮素，存在与烤烟争氮矛盾，会导致烤烟前期生长略微缓慢；但是绿肥和秸秆在分解过程中会提供养分，到烤烟大田中后期，不仅不会影响烤烟生长，反而会促进烤烟生长，以至于施用绿肥和秸秆的处理烤烟后期生长较好，这是施用绿肥和秸秆还田增产的基础。在生产中，为缓解绿肥和秸秆还田在前期与烤烟生长争氮矛盾，可在绿肥和秸秆还田的同时配施石灰、微生物菌剂以加速有机质分解，同时减少氮素施用量，以防止烤烟后期长势过旺，影响烤烟正常落黄成熟。

（5）由于添加改土物料提高了土壤养分，增加了烤烟营养，因而增加叶面积指数、提高烟叶的叶绿素含量，改善烟叶光合生理。这些处理以绿肥+石灰+微生物肥处理效果最优。

（6）由于绿肥和秸秆还田提高了土壤养分，特别是烤烟生长后期养分充足，导致部分小区的烤烟生长旺盛。但是，所有小区的烤烟是在同一烤房中烘烤，导致部分处理的下等烟叶略微偏多，没有计算在烤烟产量中，导致产量和产值不高。本研究中添加微生物菌剂的处理产量和产值相对较高，以绿肥+石灰+微生物肥处理的经济性状最好。

（7）不同改土物料组合影响烤烟质量，总体上其烟叶物理特性和化学成分可用性要优于对照，以绿肥+石灰+微生物肥处理相对较好。施用绿肥和秸秆处理虽能提高烟叶糖含量和钾含量，但上部烟叶较厚、单叶重大、烟碱含量偏高，应在生产中适当减少化肥氮施用。

第三节　绿肥与玉米秸秆生态协同改良植烟土壤

一、研究目的

绿肥和秸秆还田各自有优缺点。绿肥碳氮比较低，还田后利用土壤原有有机碳促进其分解，释放出更多的土壤无机氮，为作物提供更多的氮素，但分解速度太快，导致氮素以气体 N_2O 损失，且改善土壤有机质品质效果不佳。秸秆碳氮比较高，添加到土壤中，微生物先吸收土壤原有无机氮维持适宜的碳氮比值，减少土壤无机氮含量，但其残留率高，能增加土壤腐殖质和有机质含量。山地烟区植烟土壤较为分散和距离村庄较远，施用农家肥较为困难。烤烟→玉米是山地烟区的主要耕作制度。如果在冬季的空闲茬口种植绿肥翻压还土，同时将玉米秸秆掩埋还田，既可充分利用冬季光热资源，又能提高土壤有机质含量和土壤肥力，为提高烤烟产质量打下良好基础。相关研究证明绿肥和秸秆混合施用可以缓解秸秆单独还田见效慢的不足，而且在增加微生物碳、氮和碱解氮含量、提高和维持土壤有效养分优于单一秸秆添加。有关单独秸秆或绿肥翻压还田对烤烟生长和产质量影响的研究报道较多，但利用冬闲田种植绿肥还田，结合烤烟—玉米轮作中的玉米秸秆还田，协同对土壤进行生态改良在烤烟种植中的可行性研究报道较少。鉴于此，开展秸秆和绿肥还田协同维护和改良植烟土壤，以及对烤烟生长和产质量的影响，探索秸秆和绿肥还田协同维护和改良植烟土壤模式的可行性，为山地植烟土壤质量维护和改良方法的选择提供参考。

二、材料与方法

（一）试验设计

试验在湖南省湘西州凤凰县千工坪乡烟草基地进行，试验点海拔 452m，东经 109.30°，北纬 28.01°，年平均气温为 15.9℃，历年平均降水量为 1 308.1mm，是湖南省主要的旱地植烟区之一。试验设 4 个处理，T1 为原垄沟种植箭筈豌豆还田，在挖出烟蔸后，在垄沟中撒播绿肥种子，播种后覆土；T2 为玉米秸秆促腐还田，将玉米秸放在垄沟里，撒上秸秆腐熟剂，覆土掩埋秸秆；T3 为玉米秸秆促腐还田与箭筈豌豆还田，将玉米秸秆放入垄沟后撒腐熟剂，覆土后撒播箭筈豌豆；CK 为对照，无秸秆、绿肥还田。每处理 3 次重复。小区面积 41.25m^2，株行距 0.5m×1.1m。供试绿肥为箭筈豌豆，播种量为 82.5kg/hm^2，翻压鲜草量为 15 000kg/hm^2。供试玉米秸秆还田量为 4 500kg/hm^2。供试腐熟剂为有机废物发酵菌曲（北京市京圃园生物工程有限公司生产）。供试烟草品种为云烟 87。在每年 10 月份将玉米秸秆砍断，长度为 30~50cm，均匀平铺在原种植烤烟的垄沟后，均匀撒施腐熟剂在玉米秸秆上，覆土约 10cm，将玉米秸秆掩埋；在掩埋玉米秸秆的垄沟上撒播箭筈豌豆绿肥种子，薄覆土。次年烤烟移栽前 20d（4 月中旬），不翻耕土壤，在撒播绿肥的原垄沟上聚集土壤掩埋绿肥，形成新的垄体移栽烤烟。各处理其他操作保持一致，烤烟栽培管理按当地优质烤烟生产技术标准执行。

（二）测定内容及方法

（1）土壤测定指标。分别于移栽后30d、50d、70d、90d，随机采集烟垄上两株烟正中位置0~20cm土层的土样，每小区按5点取样法采集土样。将多点采集样品混匀、风干，经60目过筛备用。用环刀法测定土壤容重和孔隙度，用烘干法测定土壤水分。有机质采用重铬酸钾滴定法测定；碱解氮含量采用凯氏定氮法；速效磷含量采用碳酸氢钠浸提，钼锑抗比色法测定；速效钾含量采用醋酸铵—火焰光度计法。

（2）烤烟农艺性状：分别在烟株团棵期、现蕾期、始采期每个小区取有代表性烟株10株，按《烟草农艺性状调查测量方法》（YC/T142—2010）测定株高、茎围、有效叶片数、最大叶长与宽。

（3）叶绿素含量：分别在烟株团棵期、现蕾期、始采期，每个小区选择10株，用SPAD-502便携式叶绿素仪测量从上至下数第5片烟叶的相对叶绿素含量，每片烟叶在主脉两侧对称选择6个点测量，以SPAD的平均值表示。

（4）冠层指标：分别于团棵期和现蕾期，每个小区采用Sunscan冠层分析仪测定光合有效辐射（PAR）和叶面积指数（LAI）。在晴天的9：00—11：00进行测定，为消除时间误差，每次均采用往返观测法。将Sunscan探测器探杆水平置于样点处烟株冠层顶部和底层（最低叶位处）各测量1次，每个处理测定5次。$PAR_{冠层} = PAR_{顶部} - PAR_{底层}$。

（5）光合特性指标：分别在烟株团棵期、现蕾期、始采期，每个小区选择5株，采用LI-6400便携式光合作用测定系统，测量从上至下数第5片烟叶的净光合速率（Pn）、气孔导度（Gs）、胞间二氧化碳浓度（Ci）、蒸腾速率（Tr）。在晴天的9：00—11：00进行测定，LED红/蓝光源（6400-02B），测点环境二氧化碳自动缓冲，每个处理测定5次。

（6）烟叶经济性状指标。每个处理单采、单烤，分级后分别统计上等烟率、均价、产量、产值。

（7）烤后烟叶物理特性测定指标。选取上部、中部具有代表性等级B2F、C3F等级，在常温下平衡烟叶样品含水率为16%~18%，随机抽取50片烟叶制备鉴定样品。测定烟叶开片度、叶片厚度、单叶重、叶质重、平衡含水率、含梗率。

（8）烤后烟叶化学成分测定指标。选取上部、中部具有代表性等级B2F、C3F等级，主要有烟碱、总氮、总糖、还原糖、淀粉、钾、氯。烟叶中总糖、还原糖、烟碱、总氮、氯和淀粉的含量采用 SKALAR 间隔流动分析仪测定；钾含量采用火焰光度法测定；糖碱比为总糖与烟碱的比值，氮碱比为总氮与烟碱的比值，钾氯比为钾和氯的比值。

三、结果与分析

（一）对土壤物理性状的影响

1. 对土壤容重的影响

土壤容重是土壤物理属性重要指标之一，对土壤结构、土壤透气透水性和保水能力有很大的影响，其大小受外部因素，如降水、灌水、耕作活动的影响。一般对于同一质地的土壤来说，容重的大小，可以大体反映出土壤结构状况。由图 5-4 可以看出，在烟草整个生育期，CK 土壤容重变化不大，不同绿肥与秸秆还田处理的土壤容重变化较大，绿肥和秸秆还田处理的土壤容重都有一定程度降低。其中，移栽 50d 后，T1、T2、T3 比 CK 分别降低了 $0.03g/cm^3$、$0.03g/cm^3$、$0.01g/cm^3$；移栽 90d 后，T1、T2、T3 比 CK 分别降低了 $0.02g/cm^3$、$0.02g/cm^3$、$0.03g/cm^3$。从烟株整个生育期的动态变化来看，植烟土壤容重呈双峰曲线形变化，双峰值出现在移栽后第 30 天和第 70 天左右，第 50 天和第 90 天土壤容重值较低。与 CK 相比，秸秆与绿肥不同方式还田能够降低烟草生育后期土壤容重，对烟草生育前期土壤容重没有明显降低，这可能是由于不同秸秆与绿肥还田方式在施入土壤后腐解的速率不同造成的。而土壤容重在 70d 左右较高，这可能是由于随着烟株的生长，土壤中大量养分被消耗，土壤结构改变，同时当地雨季到来，过多的降水也与土壤容重升高有关。

2. 对土壤孔隙度的影响

土壤孔隙度指土壤中孔隙占土壤总体积的百分率。孔隙的多少关系着土壤的透水性、透气性、导热性和紧实度，影响养分的有效化和保肥供肥能力，还影响土壤的增温与稳温，因此土壤松紧度和孔隙状况对土壤肥力的影响是巨大的，同时也对作物生长有重要作用。如果土壤过于紧实，总孔隙度小，其中小孔隙多，大孔隙少，影响作物的根系生长；土壤过于疏松时，总孔隙度增大，植物扎根不稳，容易倒伏。土壤孔隙性的好坏，受土壤的质地、松紧度、结构和有机质含量等土壤本身性状的影响。由图 5-5 可知，CK 土壤孔隙度在烟草生育期变化不大，绿肥与秸秆各处理的变化较大，土壤孔隙度明显增加。其中，移栽 50d 后，T1、T2 显著高于 CK；移栽 90d 后，T1、T2、T3 显著高于 CK。从

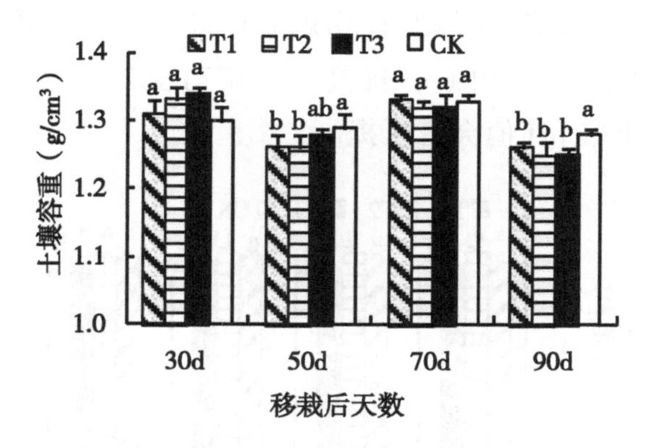

图 5-4　不同处理的植烟土壤容重

烟株整个生育期的动态变化来看，移栽后 30d 左右土壤孔隙度较小，随着生育期推进，50d 左右土壤孔隙度增大，在 70d 左右土壤孔隙度较小，之后又逐渐增加。以上说明，秸秆与绿肥还田能够改善土壤孔隙状况，促进团粒结构形成，降低土壤容重，增加土壤的孔隙度。这可能是翻压绿肥秸秆还田后能促进微生物的大量繁殖，这些微生物中含有的有益菌能够产生大量的多糖物质，这些多糖物质大都属于黏胶成分，与植物黏液、矿物胶体和有机胶体结合在一起，可以改善土壤团粒结构，增强土壤的物理性能。

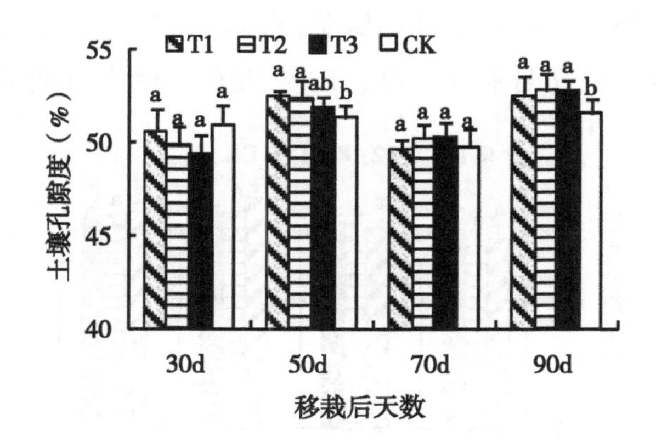

图 5-5　不同处理的植烟土壤孔隙度

（二）对土壤 pH 值的影响

由图 5-6 可知，CK 土壤 pH 值在烟草生育期变化不大，但略有下降；T1、T2 处理土壤 pH 值略有下降；T3 处理土壤 pH 值略有上升。在烤烟移栽 30d、50d 后，T1、T2 处理土壤 pH 值显著高于 T3、CK；在烤烟移栽 70d 后，T1、T2 处理土壤 pH 值显著高于 CK；在烤烟移栽 90d 后，T1、T2、T3 处理土壤 pH 值显著高于 CK。说明玉米秸秆+绿肥在烤烟大田前期，会导致土壤 pH 值略有下降，但随着这些有机物质的分解，提高了土壤有机质，增强了土壤缓冲性能，至烤烟大田后期，土壤 pH 值会有所提高。

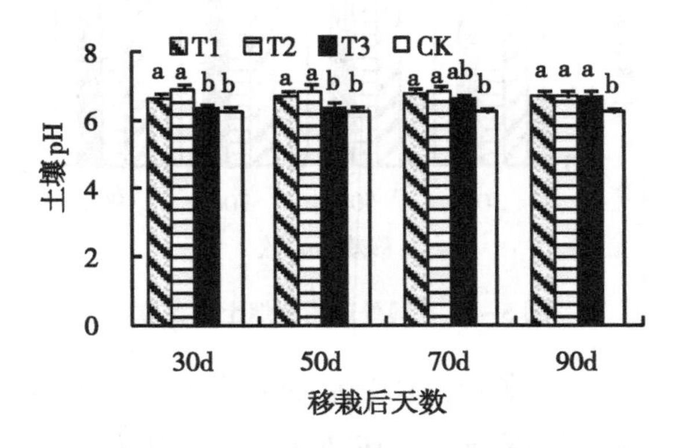

图 5-6　不同处理的植烟土壤 pH 值

（三）对土壤养分的影响

1. 对土壤有机质的影响

土壤有机质作为衡量土壤肥力高低的一个重要指标，反映了土壤肥力状况，对土壤物理性状也有极大的影响。由图 5-7 可以看出，秸秆与绿肥还田后土壤有机质含量均明显提高，不同秸秆和绿肥还田处理对耕层土壤有机质含量的影响不同。从烤烟整个生育期来看，T1、T2 处理在烤烟生育期的动态变化表现出

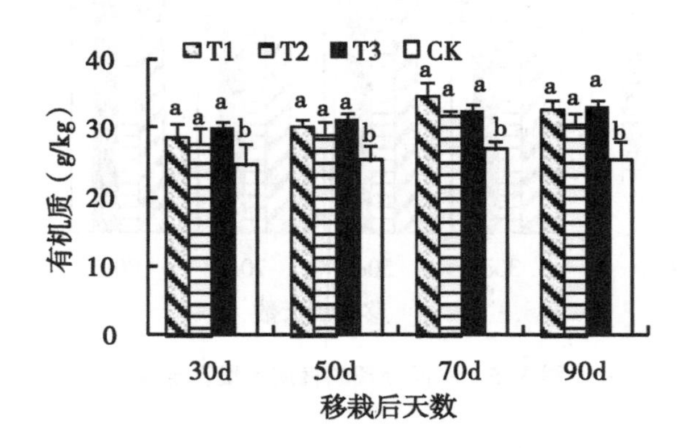

图 5-7　不同处理的植烟土壤有机质

相似的规律，70d 时含量较高，70d 以后又逐渐降低；T3 处理在烤烟生育期内，土壤有机质含量缓慢增加。在烤烟移栽 30d 后，T1、T2、T3 处理土壤有机质含量与 CK 比较，分别显著提高了 16.87%、12.53%、22.24%；烤烟移栽 50d 后，T1、T2、T3 处理土壤有机质含量与 CK 比较，分别显著提高了 20.19%、

15.02%、24.17%；烤烟移栽70d后，T1、T2、T3处理土壤有机质含量与CK比较，分别显著提高了28.92%、18.53%、20.86%；烤烟移栽90d后，T1、T2、T3处理土壤有机质含量与CK比较，分别显著提高了28.44%、20.12%、30.55%，不同处理之间土壤有机质含量大小顺序为T3>T1>T2>CK。由此可见，秸秆与绿肥还田处理均提高了植烟土壤有机质含量，绿肥还田提高土壤有机质含量效果优于秸秆还田处理，其中以绿肥、秸秆与腐熟剂处理对提高植烟土壤有机质含量的效果最佳。

2. 对土壤碱解氮的影响

由图5-8可知，各处理的土壤碱解氮变化较大，不同秸秆与绿肥还田处理对耕层土壤碱解氮含量影响不同。烤烟移栽30d后，T1处理土壤碱解氮显著高于CK，T2处理土壤碱解氮略低于CK，T3处理土壤碱解氮高于CK；烤烟移栽50d后，T1处理土壤碱解氮显著高于CK，但T2、T3处理土壤碱解氮虽高于CK，但差异不显著；烤烟移栽70d后，T1处理土壤碱解氮显著高于CK，T2处理土壤碱解氮略高于CK，T3处理土壤碱解氮高于CK；烤烟移栽90d后，T1、T2、T3处理土壤碱解氮显著高于CK，分别增加了4.8%～9.52%。由此可见，土壤碱解氮含量受土壤氮素和施用秸秆、绿肥的影响，也受烤烟施肥的影响。在烤烟大田前期由于受秸秆腐解争氮的影响，土壤碱解氮含量与CK差异不显著，但在烤烟大田后期，绿肥和秸秆还田释放的氮素会显著高于CK，生产上要引起重视。

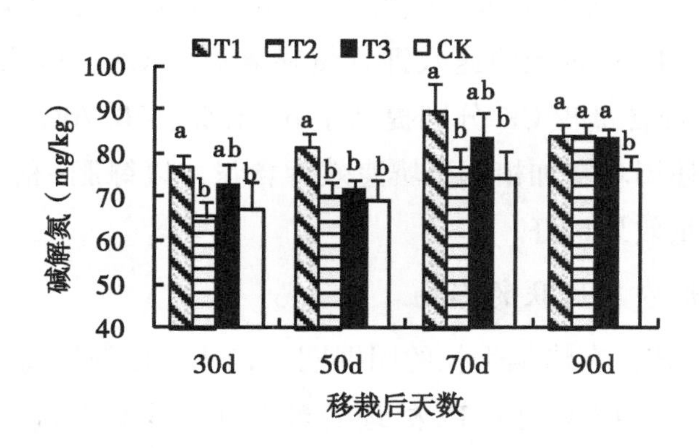

图5-8　不同处理的植烟土壤碱解氮

3. 对土壤速效磷的影响

由图5-9可知，在烟株生长的整个生育期内，各处理土壤有效磷含量变化趋势基本一致，均有增加的趋势，50d左右达到最大值，而后又开始下降，但幅度不大。烤烟移栽后30d、50d、70d、90d，秸秆与绿肥还田各处理耕层土壤有效磷含量均显著高于 CK，但 T1、T2、T3 处理间差异不显著。不同处理以绿肥+秸秆+腐熟剂配施处理的土壤有效磷含量最高。至移栽后 90d，T1、T2、T3 处理土壤有效磷含量较 CK 分别提高了 14.50%、12.15%、15.83%。由上述可知，秸秆与绿肥还田可增加土壤有效磷含量，以绿肥+秸秆+腐熟剂处理提高土壤有效磷含量效果最好。

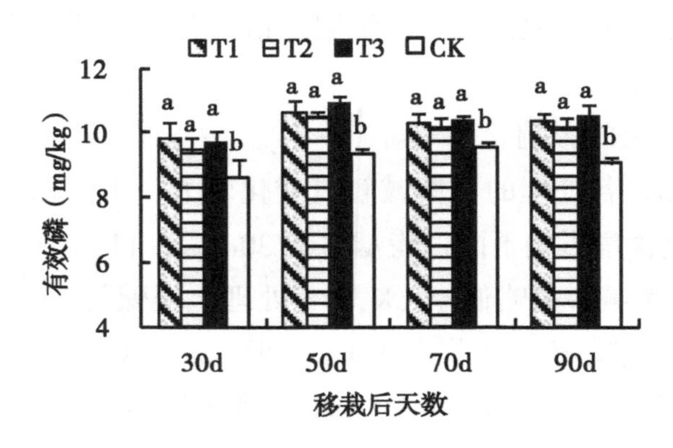

图 5-9 不同处理的植烟土壤有效磷

4. 对土壤速效钾的影响

由图 5-10 可知，绿肥与秸秆还田能明显提高速效钾含量，且各处理土壤速效钾含量在烤烟生育期内的动态变化规律相似，呈先升高后降低趋势，在前期速效钾含量较低，秸秆还田处理在 50d 左右达到最大值，随后逐渐降低。烤烟移栽 30d 后，T2、T3 处理土壤速效钾含量显著高于 CK；烤烟移栽 50d、70d、90d 后，T1、T2、T3 处理土壤速效钾含量显著高于 CK。移栽后 90d，T1、T2、T3 处理土壤速效钾含量较 CK 分别提高了 60.12%、50.70%、66.62%。综上所述，绿肥和秸秆还田均增加植烟土壤速效钾含量，以绿肥+秸秆+腐熟剂处理提高土壤速效钾含量效果最好。

（四）对烤烟农艺性状的影响

由表 5-15 可知，在烤烟生长的团棵期，T2 和 CK 的株高、叶片数、最大叶面积显著高于 T1 和 T3 处理；T2 处理的最大叶面积显著高于 CK。在现蕾期，T1、T2 和 T3 处理的株高、叶片数、最大叶面积显著高于 CK；其中，T2 处理的株高高于 T1 和 T3 处理，但 T1 和 T3 处理的最大叶面积高于 T2 处理。在始采期，由于烤烟已打顶，各处理的株高和有效叶片数差异不显著；T1 和 T3 处理的茎围和最大叶面积显著高于 CK；T3 处理的茎围和最大叶面积显著高于 T2 处理。以上分析表明，箭筈豌豆翻压还田（T1、T3）的处理，其烤烟农艺性状在

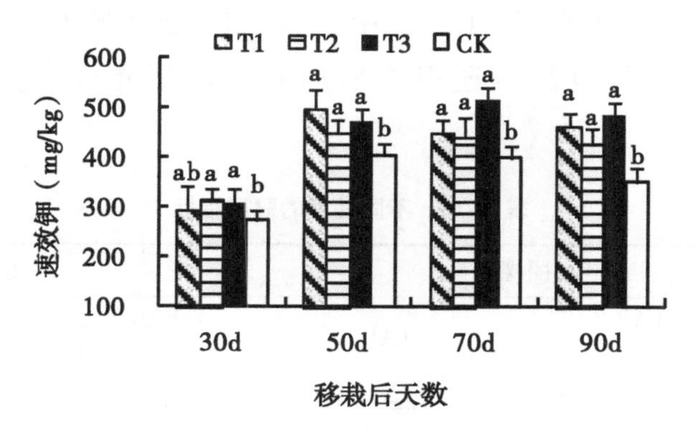

图 5-10　不同处理的植烟土壤速效钾

团棵期弱，但到现蕾期，特别是始采期，其对烤烟农艺性状具有明显的促进作用。

表 5-15　不同处理烤烟农艺性状

生育时期	处理	株高/cm	茎围/cm	叶片数/片	最大叶面积/cm²
团棵期	T1	24.28±1.56b	6.13±0.24a	13.67±0.28b	634.07±21.85c
	T2	28.75±1.41 a	6.33±0.35a	15.50±0.64 a	685.81±18.76a
	T3	25.76±1.63b	5.83±0.76a	14.00±1.10b	638.04±15.40c
	CK	27.72±1.02 a	5.95±0.63a	14.67±0.90a	647.91±12.98b
现蕾期	T1	118.42±2.53b	7.30±0.78a	24.00±1.41a	1 174.93±56.79a
	T2	125.42±3.89 a	7.58±0.57a	23.17±1.62a	1 083.40±70.70b
	T3	118.45±4.72b	7.43±0.85a	24.00±1.21a	1 198.38±74.43 a
	CK	116.33±2.78c	7.27±0.46a	22.66±1.68b	1 063.36±84.91c
始采期	T1	105.03±1.57a	8.60±0.71ab	19.33±0.14a	1 270.27±41.61ab
	T2	105.67±1.64a	8.27±0.71bc	18.17±0.07a	1 206.08±35.70bc
	T3	105.83±1.28a	9.12±0.89a	19.40±0.62a	1 331.79±44.05a
	CK	104.00±1.22a	8.00±0.65c	19.17±0.67a	1 157.06±39.80c

（五）对烤烟冠层指标的影响

光合有效辐射（简称 PAR）是植物生命活动、有机物质合成和产量形成的能量来源，叶面积指数（LAI）可反映植物冠层密度和生物量。由表 5-16 可知，在烤烟生长的团棵期，T1、T2、T3 处理光合有效辐射显著高于 CK，但叶面积指数差异不显著。在现蕾期，T1、T2、T3 处理的 PAR 显著高于 CK，

T1、T3 处理的 LAI 显著高于 CK；其中，T1、T3 处理的 PAR、LAI 显著高于 T2 处理。表明箭筈豌豆翻压还田能增加后期烤烟光合有效辐射及叶面积指数。

表 5-16 不同处理的冠层指标

处理	团棵期		现蕾期	
	PAR/[μmol/(m^2·s)]	LAI	PAR/[μmol/(m^2·s)]	LAI
T1	548.01±18.17a	1.72±0.23a	910.28±66.82a	3.31±0.12a
T2	503.23±14.20b	1.81±0.09a	807.63±69.30b	2.86±0.08b
T3	508.94±13.27b	1.60±0.14a	855.56±71.21a	3.15±0.10a
CK	489.71±21.86c	1.78±0.13a	766.32±33.66c	2.81±0.16b

（六）对烤烟叶绿素含量的影响

叶绿素含量是光反应进行的基础，其含量被作为衡量叶片光能吸收和利用能力的指标。由表 5-17 可知，在烤烟生长的团棵期，T2 和 CK 的 SPAD 值显著高于 T1 和 T3 处理；但在现蕾期，T1 和 T3 处理的 SPAD 值显著高于 T2 和 CK；至始采期，SPAD 值大小排序：T3>T1>T2>CK，但只有 T1 和 T3 处理的 SPAD 值显著高于 CK，T3 处理的 SPAD 值显著高于 T2。以上分析说明，翻压箭筈豌豆的烤烟在团棵期的叶绿素含量低于 CK，现蕾期和始采期的叶绿素含量高于 CK，以翻压玉米秸+腐熟剂+箭筈豌豆处理的叶绿素含量最高。

表 5-17 不同处理的 SPAD 值（SPAD 单位）

处理	团棵期	现蕾期	始采期
T1	36.24±0.64b	44.61±2.62 a	31.13±1.21ab
T2	37.72±0.35a	40.73±1.77b	27.84±1.17bc
T3	36.22±0.85b	45.07±1.41a	32.49±1.06a
CK	37.15±0.99a	40.15±1.56b	27.26±0.28c

（七）对烤烟光合特性的影响

净光合速率（Pn）是反映光合作用强弱的重要指标，由表 5-18 可知，在烤烟生长的团棵期，T1、T3 和 CK 的 Pn 值显著高于 T2。在现蕾期，Pn 值大小排序为：T3>T1>CK>T2；其中，T1 和 T3 处理的 Pn 值显著高于 CK，但 T2 处理的 Pn

值显著低于 CK。在始采期，Pn 值大小排序为：T3>T1>T2>CK；其中，T1、T2 和 T3 处理的 Pn 值显著高于 CK，但 T1、T2、T3 处理间的 Pn 值差异不显著。

气孔导度（Gs）表示的是气孔张开的程度，影响光合作用、呼吸作用和蒸腾作用。由表 5-18 可知，在烤烟生长的团棵期，各处理的 Gs 值差异不显著。在现蕾期，Gs 值大小排序为：T3>T1>T2>CK；其中，T1 和 T3 处理的 Gs 值显著高于 CK 和 T2 处理。在始采期，Gs 值大小排序为：T3>T1＝T2>CK；其中，T3 处理的 Gs 值显著高于 T1、T2 和 CK。

胞间二氧化碳浓度（Ci）指内环境中的二氧化碳的浓度，其值大小与光合作用强弱有关。由表 5-18 可知，在烟株生长的团棵期，各处理的 Ci 值差异不显著。在现蕾期，Ci 值大小排序为：T3>T1>T2>CK；其中，T1、T2、T3 处理的 Ci 值显著高于 CK，T1、T3 处理的 Ci 值显著高于 T2 处理。在始采期，Ci 值大小排序为：T2>T3>T1>CK；其中，T1、T2、T3 处理的 Ci 值显著高于 CK。

蒸腾作用是植物体内水分代谢的重要生理过程，蒸腾速率（Tr）与植物净光合速率关系密切。由表 5-18 可知，在烟株生长的团棵期，各处理的 Tr 值差异不显著。在现蕾期，Tr 值大小排序为：T3>T1>T2>CK；其中，T1、T2、T3 处理的 Tr 值显著高于 CK，T3 处理的 Tr 值显著高于 T1、T2 处理。在始采期，Tr 值大小排序为：T3>T2>T1>CK；其中，T3 处理的 Tr 值显著高于 T1 和 CK。

以上分析表明，不同处理对团棵期烤烟的光合特性指标没有影响，主要影响烤烟在现蕾期、始采期的光合特性。

表 5-18 不同处理烤烟光合特性

生育时期	处理	Pn/ [μmol/(m²·s)]	Gs/ [mol/(m²·s)]	Ci/ (μmol/mol)	Tr/ [mmol/(m²·s)]
团棵期	T1	15.65±1.04a	0.62±0.04a	319.45±7.11a	3.76±0.81a
	T2	14.78±0.98b	0.60±0.04a	321.51±6.19a	3.39±0.73a
	T3	16.92±0.85a	0.61±0.07a	312.26±12.54a	3.75±0.29a
	CK	16.88±0.79a	0.62±0.03a	313.83±11.46a	3.67±0.43a
现蕾期	T1	19.21±1.55a	0.54±0.17a	301.86±8.95a	4.71±0.95b
	T2	16.57±1.48c	0.40±0.13b	295.33±14.15b	4.13±1.20b
	T3	19.70±1.17a	0.53±0.16a	310.48±12.85a	4.57±1.48a
	CK	17.52±1.86b	0.39±0.11b	277.40±12.68c	3.80±1.16c

（续表）

生育时期	处理	Pn/[μmol/(m²·s)]	Gs/[mol/(m²·s)]	Ci/(μmol/mol)	Tr/[mmol/(m²·s)]
始采期	T1	7.62±0.29a	0.11±0.04b	262.26±5.06 a	2.78±0.11b
	T2	7.23±0.17a	0.11±0.02b	266.13±4.09a	3.00±0.16ab
	T3	7.86±0.23a	0.16±0.06a	266.02±6.70a	3.84±0.20a
	CK	6.56±0.11b	0.10±0.04b	251.72±6.34b	2.76±0.21b

（八）对烤烟经济性状的影响

烟叶的经济性状指标综合反映了烟叶的产质量和经济效益。由表5-19可知，从上等烟比例来看，不同改良模式的上等烟比例较CK提高了6.37%～17.65%；其中T1和T3处理的上等烟比例显著高于CK。从均价看，不同处理差异不显著，但以T1、CK处理的相对较高。从产量和产值看，不同改良模式的产量较CK提高了0.33%～15.47%，产值较对照提高了0.09%～12.75%，但只有T2和T3处理显著高于CK，T1处理与CK差异不显著；3个土壤改良处理的产量和产值差异显著，其排序为T3>T2>T1，以玉米秸秆+腐熟剂+箭筈豌豆还田的处理为最佳。

表5-19 不同处理的烤烟经济性状

处理	上等烟比例/%	均价/（元/kg）	产量/（kg/hm²）	产值/（元/hm²）
T1	33.01±5.55a	25.56±0.43a	1 709.56±146.11c	43 696.35±405.26c
T2	30.09±5.24b	24.27±0.08a	1 921.33±184.52 b	46 630.68±482.16b
T3	33.26±4.52a	25.01±0.57a	1 967.67±190.26a	49 211.43±435.80a
CK	28.30±4.87b	25.62±0.61a	1 704.07±161.42c	43 656.48±404.33 c

（九）对烟叶物理特性的影响

由表5-20可知，从上部叶来看，T3处理开片率显著高于T1、T2、CK；T3处理叶片厚度显著高于T1、T2、CK，且偏厚；T3处理单叶重显著高于T2、CK，且偏重；T3处理含梗率显著高于T2、CK；T2、T3处理平衡含水率显著高于CK；T3处理叶质重显著高于T1、T2、CK。从中部叶来看，T1处理开片率显著高于T2、T3、CK；CK处理叶片厚度显著高于T1、T2、T3；T1、T2处理单叶重显著高于 CK；T1、T2、T3 处理平衡含水率显著高于 CK；不同处理叶质重差异不显著。综合以上分析，绿肥+秸秆+腐熟剂处理的上部烟叶虽然开片好，但叶片厚、单叶重偏大、含梗率略高，其物理特性反而不如其他处理，这可能与后期土壤养分供应量偏大有关，生产上应进行减氮处理；绿肥+秸秆+腐熟剂处理的中部烟叶物理特性要优于对照。

表 5-20　不同处理的烤烟物理性状

部位	处理	开片率/%	叶厚/μm	单叶重/g	含梗率/%	平衡含水率/%	叶质重/(g/m^2)
上	T1	29.95b	154.00b	12.40ab	29.03ab	11.73ab	86.92b
	T2	29.16b	141.00b	9.20b	28.26b	13.60a	77.01b
	T3	32.65a	191.00a	15.60a	31.41a	12.35a	96.26a
	CK	30.61b	169.00b	12.20ab	27.87b	10.09b	61.72c
中	T1	32.07a	134.00b	9.20a	32.61a	15.46a	82.39a
	T2	29.69b	150.00b	10.90a	30.28a	16.01a	86.64a
	T3	29.07b	138.00b	9.00ab	33.33a	15.61a	76.16a
	CK	28.68b	182.00a	8.00b	32.50a	12.79b	84.09a

（十）对烟叶化学成分的影响

由表 5-21 上部烟叶化学成分看，所有处理的烟叶总糖和还原糖含量虽有差异，但都在适宜范围内；烟叶烟碱和总氮含量差异不显著，但都偏高；烟叶氯离子在适宜范围内；T1、T2、T3 处理钾含量显著高于 CK；糖碱比、氮碱比和钾氯比各处理差异不显著。从烤后中部烟叶来看，T2 处理总糖与还原糖含量显著高于 CK；T1、T2、T3 处理烟碱含量高于 CK，但差异不显著；T1、T2 处理总氮含量显著高于 T3、CK；烟叶氯离子在适宜范围内；T1、T2、T3 处理钾含量高于 CK，但只有 T1 处理钾含量显著高于 CK；所有处理糖碱比差异不显著；T1 处理氮碱比显著高于 CK；T1、T2、T3 处理钾氯比高于 CK，且 T1、T3 处理钾氯比显著高于 CK。以上分析说明，秸秆和绿肥还田虽能增加烟叶钾含量，但也会造成上部烟叶的烟碱含量过高，在生产上要引起足够重视。

表 5-21 不同处理的烤烟化学成分

部位	处理	总糖/%	还原糖/%	烟碱/%	总氮/%	氯离子/%	氧化钾/%	糖碱比	氮碱比	钾氯比
上	T1	22.86a	20.91a	3.38a	2.57a	0.58a	2.91a	6.76a	0.76a	5.00a
	T2	24.41a	22.65a	2.92a	2.36a	0.66a	2.87a	8.35a	0.81a	4.33a
	T3	20.75a	19.64a	3.33a	2.40a	0.60a	3.01a	6.24a	0.72a	4.99a
	CK	22.76a	20.83a	3.22a	2.30a	0.60a	2.54b	7.08a	0.74a	4.25a
中	T1	20.65b	19.18b	3.00a	2.82a	0.58a	3.51a	6.89a	1.01a	6.02a
	T2	26.10a	23.09a	3.16a	2.76a	0.72a	3.23ab	8.27a	0.87ab	4.51b
	T3	23.45ab	21.64ab	3.07a	2.23b	0.50a	3.21ab	7.65a	0.73ab	6.42a
	CK	22.19b	20.24b	2.98a	1.99b	0.82a	3.06b	7.45a	0.67b	4.22b

四、讨论与结论

（1）植烟土壤绿肥还田要适量，过量还田对烟叶品质不利，还田量较少，起不到改良土壤的效果。玉米秸秆直接还田虽然有利于改善土壤物理性状和更新土壤腐殖质组成，促进土壤养分循环，但玉米秸秆还田成功的关键是在烤烟移栽前秸秆要基本腐解，否则，有可能在烤烟生长前期产生“氮饥饿”而导致烤烟“黄弱苗”现象，在烤烟生长后期出现有机质缓慢分解释放养分造成烤烟成熟落黄困难的问题。为解决这一矛盾，本研究将玉米秸秆直接还田时间提早于前一年的9—10月（玉米收获后、绿肥播种前）并采用促腐剂加快玉米秸秆的腐解，使玉米秸秆在烤烟移栽前能基本腐解，能较好地解决土壤氮素养分与烤烟需肥规律吻合的问题。研究结果表明，玉米秸+腐熟剂+绿肥能保贮土壤水分，降低土壤容重，增加土壤孔隙度；能提高土壤pH值，提高土壤有机质，增氮、磷、钾含量。

（2）本研究结果表明箭筈豌豆翻压还田会造成团棵期的烟苗长势稍弱，有可能与绿肥翻压后腐解的微生物需氮，导致在烤烟生长前期存在争氮现象有关。但3个土壤改良处理对现蕾期、始采期的农艺性状均具有明显的促进作用。可见，绿肥或秸秆或绿肥加秸秆还田能改善烤烟生长中后期的农艺性状。因此，生产中应在烤烟移栽后适当增加一定氮肥，防止出现弱苗现象；但在烤烟生长的中后期，绿肥腐解会提供氮肥，因此，在土壤肥力较高的烟田应减少追施氮肥量，否则不利于烤烟正常成熟落黄。

（3）绿肥或秸秆或绿肥加秸秆处理，改善了土壤结构和提升了土壤肥力，使烤烟在生长后期的光合有效辐射、叶面积指数、叶绿素含量、净光合速率、气孔导度、胞间二氧化碳浓度和蒸腾速率较对照均有提高，改善了烤烟光合特性，为烤烟优质适产打下了良好基础，因而能提高烤烟中上等烟比例，增加烤烟产量，提高烤烟产值。在3个土壤改良处理中，以绿肥加秸秆处理的效果最好。这要归功于玉米秸秆和绿肥在烤烟生长期间均可提供土壤养分；下层玉米秸秆，中层绿肥，上层化肥，三者叠加，有机和无机结合，协同平衡土壤养分，有利烤烟生长稳健，改善烤烟经济性状。

（4）“玉米秸+腐熟剂+绿肥”这一生态改良山地植烟土壤技术，是依据山地植烟土壤分数特点和基于减工降本需要，可以减少传统翻耕压埋秸秆和翻耕播种绿肥所需的翻耕机具和劳力，减少用工和节约生产成本，可提高秸秆改土效果；可有效解决传统方法秸秆还田与烤烟争夺氮肥影响烤烟生长的矛盾；绿肥播种面积只有全田播种的1/2～2/3，可减少绿肥用种量；同时，绿肥的生物量适当减少，可减少移走多余绿肥所需用工，节约生产成本；可缓解人力、畜力紧张的矛盾，因绿肥不割不扎、不搬不运、就地施用，而且不翻犁、不碎土，可节省许多人力、畜力，可减少人工22.5个/hm^2；可以避免绿肥还田量过大，影响烤烟品质的问题。另外，该方法可完全掩埋绿肥，解决绿肥残留物与烟苗接触而影响烟苗生长的矛盾；不需旋耕，也不需要再起垄，可进一步节约生产成本。因此，“玉米秸+腐熟剂+绿肥”生态协同改良山地植烟的方法在降低生产投入的同时，能获得较高的产出效益。

第六章　山地植烟土地生产力可持续提升战略
——以湘西烟区为例

第一节　湘西烟区植烟土壤养分变化及有机肥资源利用

一、湘西烟区植烟土壤主要养分变化

湘西州植烟土壤 2001 年和 2011 年土壤主要养分平均值见图 6-1。从图中看，10 年间植烟土壤 pH 值下降了 0.35，下降率为 5.64%；10 年间植烟土壤有机质下降了 1.92g/kg，下降率为 8.16%；10 年间植烟土壤碱解氮下降了 22.23mg/kg，下降率为 18.59%；10 年间植烟土壤有效磷上升了 28.09mg/kg，上升率为 386.91%；10 年间植烟土壤速效钾上升了 18.66mg/kg，上升率为 11.31%。

以上分析表明，湘西州植烟土壤存在酸化趋势，有机质含量下降，肥力下降，但存在土壤磷、钾含量富集现象。这主要与烤烟施肥中磷肥和钾肥投入量过大有关。

二、湘西烟区有机肥资源利用方式与问题及对策

湘西烟区在有机肥料施用方面做了大量的推广示范工作，对改良植烟土壤和提升烟叶质量起到了积极作用。目前，烟区有机肥主要包括农作物秸秆、绿肥、畜禽粪便、农家肥、火土灰和商品有机肥 6 类。

（一）秸秆的资源及利用

目前湘西州秸秆资源总量为 100 万 t 左右，农作物秸秆主要为水稻占 53.42%，其次是油菜占 20.22%，再次为玉米占 12.95%。湘西州秸秆资源利用化程度低，秸秆的主要用途为秸秆还田或做饲料，其他利用形式较少。秸秆还田包括直接还田、过腹还田两种方式，以直接还田方式为主。另外，秸秆焚烧仍占一定的比例，还有大部分秸秆没有资源化利用。从作物种类看，以稻草秸

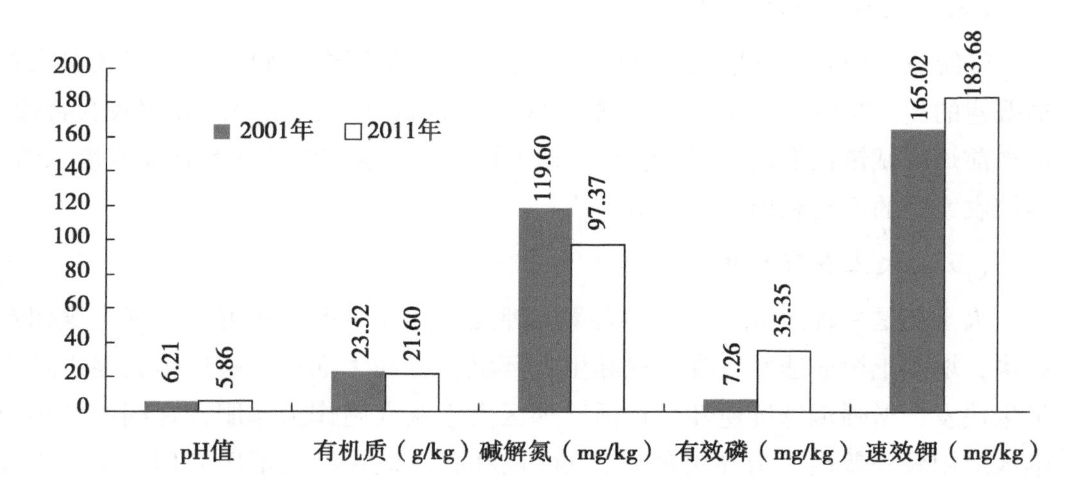

图 6-1　湘西植烟土壤主要养分变化

秆利用相对较好。稻草还田的形式主要有沤制还田、覆盖还田和翻压还田等，以覆盖还田为主。

（二）绿肥的资源及利用

绿肥种类主要包括冬绿肥、春夏绿肥和多年生绿肥。其中，冬绿肥资源所占的比重最大，主要种植品种有紫云英、箭筈豌豆、黑麦草以及苕子、蚕豆、豌豆、油菜等。绿肥的主要利用方式有压青还田、用作饲料和作为经济作物收获。由于农民种植绿肥的直接经济效益较低，大多烟农在烤烟的前茬选择种植油菜、蔬菜，导致提升绿肥种植面积的阻力较大。

（三）养殖畜禽粪便及利用

湘西州养殖畜禽粪便资源主要以猪粪、牛粪、羊粪和鸡粪为主，年生产量大约为200万t。其中，猪粪70万t左右（按5.3kg/d计算），占35.35%；牛粪约66万t左右（按10.1t/a计算），占33.33%；羊粪约28万t左右（按0.87t/a计算），占14.14%；家禽粪便量约34万t左右（按53.3kg/a计算），占17.17%。目前，畜禽粪便的处理方式主要包括传统堆沤方式、工厂化处理和沼气发酵处理。尽管与未利用相比，传统堆沤方式减少了对环境的破坏，但仍会给周边环境及水源带来或多或少的污染，而工厂化处理则相对减少了这种污染。因此，发展工厂化处理，更好地利用畜禽粪便这类有机肥资源，减少因养殖业发展造成的环境破坏，还有很大的潜力可挖。

（四）传统农家肥及利用

传统农家肥主要是堆肥、沤肥、厩肥、土杂肥等农家肥资源。烟区农家肥最普遍的类型是沤制猪牛粪。用量4 500～7 500kg/hm^2，在烟区施用较为普遍。从当前烟区城镇化推进和烟区农村劳动力转移，以及烟农认知和接受程度来看，传统农家肥的广泛利用已不现实。

（五）火土灰及利用

火土灰是一种无菌土，含有大量的钾元素。施用火土灰可以改善土壤团粒结构，增强土壤通透性，改善根际生长环境，有利于烟株伸根还苗，促进烟株早生快发，增强烟株抗逆性。目前，烟区火土灰穴施作为基肥，在湖南的稻田烟区应用较为普遍，指导用量为15 000kg/hm^2，但在湘西烟区应用较少。主要原因是湘西烟区人工烧制火土灰较困难。

（六）商品有机肥及利用

商品有机肥主要为有机无机复混肥、生物有机肥、有机肥等。尽管生物有机肥企业的生产积极性较高，但实际销售量较其他种类有机肥仍较低，市场对生物有机肥的接受度还不够。由于商品有机肥购买方便，使用简便，已在烤烟种植中大面积应用。烟区施用的有机肥主要为饼肥。施用饼肥以菜籽饼为主。施用方法为：菜籽饼肥充分腐熟后作为基肥条施于垄体内或撒施于烟地内。饼肥具有养分含量高、肥效稳、提高烤烟品质效果好等优点，在烟区有机肥料施用中占据重要地位。

（七）有机肥资源利用存在主要问题

（1）烟农对有机肥客观认识不足。烟农对有机肥作用的认识不一，存在各种误区。有烟农认为不宜施用农家肥，因为施用农家肥的田块有时地下害虫很多，并且有逐年加重的趋势。也有烟农认为施用有机肥越多越好，这样可以提高烟叶质量和安全性。其实，这些观点并不正确。农家肥导致害虫大量繁殖，更多时候是由于农家肥施用不当造成，并非农家肥本身存在问题；另外，单纯施用有机肥料并不是无公害生产，因为施用未经无害化处理的有机肥，同样会造成污染，过分强调有机肥的施用，会带来有机氮的矿化积累，导致土壤或地下水的硝态氮含量提高，引起污染等问题。

（2）施用有机肥方法不科学。烟草对施肥量的要求相对苛刻，用量不足或过量都会影响烟叶的产量和质量。据调查，由于烟农对耕种的烟田土壤养分状况不了解，难以做到“看地施肥”。另外，不同烟农的施肥习惯很大程度上影响了施肥行为，导致施肥量偏高或偏低。例如，同一小区域的不同烟农间施肥量、施肥时期和施肥方法上都存在较大差异。猪牛粪需充分腐烂发酵后打碎晒干施用，然而在实际操作中，未充分腐熟就施用的现象仍然存在。另外，烟农数量较大，部分烟区烟农出现老龄化，素质结构参差不齐，对精准掌握施肥方法存在困难。

（3）绿肥缺乏综合利用，严重限制了绿肥推广应用。由于对绿肥在现代农业生产中的地位和作用认识不足，且施用化肥短期效益明显，加之国家政策性投入不足，农民种植利用绿肥的积极性不高，导致绿肥种植利用处于自生自灭状态。一是种植绿肥品种单一，品种种性退化现象较为严重，产草量及产种量下降。二是栽培管理粗放，种植技术水平低。土地承包后，一家一户经营，种植规模较小，集约化程度很低，农民对绿肥生产的精力和物质投入不够，科技推广的难度大，造成农民既不懂技术，也不用心管理，往往错过农时，错过管理的最佳时期。所以，绿肥产草量及产种量普遍较低。三是绿肥掩青不宜过早或过晚，过早，生物量小，虽然翻压后绿肥腐熟分解快，但改良效果较差；过晚，生物量过大，翻压困难。种植绿肥的地块由于没有经过冬季冻垡，为防止烤烟移栽后地下害虫为害，翻压时应该使用烟草生产标准中允许使用的杀虫药剂。四是对绿肥生产未引起足够重视，科技经费投入少。五是绿肥生产及综合利用技术模式缺乏，绿肥种植利用需要占用空间、时间、劳力等，如何根据不同生态区的特点将绿肥纳入种植制度，解决绿肥与主作物之间的合理搭配是绿肥种植利用的主要问题。绿肥的大多种植利用技术及经验形成于20世纪60—80年代，和当时比较，当前的作物品种、施肥水平及施肥方式等已经发生了巨大变革。因此，需要对绿肥种植利用中的关键技术进一步研究和集成优化。

（4）秸秆还田技术较粗放，不利于秸秆资源全面利用。秸秆还田过程中，部分地区因对技术掌握不够全面，耕作中出现了一些问题，产生了负效应，主要表现为当年种植烤烟时出现苗小、苗弱、出苗不整齐等情况。主要有以下原因：一是碳氮比失调，秸秆本身碳氮比为65~85：1，而适宜微生物活动的碳氮比为25：1，秸秆还田后土壤中氮素不足，使得微生物与烟苗争夺氮素，结果秸秆分解缓慢，烟苗因缺氮而黄化、苗弱、生长不良。二是秸秆粉碎不符合要求，有的地块粉碎后的秸秆过长，不利于耕翻，影响播种。三是土壤墒情不足，土壤水分状况是决定秸秆腐解速度的重要因素，秸秆分解腐烂是依靠土壤中的微生物，而微生物生存繁殖要有充足的水分。土壤水分不足，会影响土壤微生物的活动和繁殖，秸秆分解的速度也会受到影响。因此，秸秆还田遇多干旱少雨，土壤墒情较差，翻压后要及时浇水，以利于秸秆腐熟分解。

（5）有机肥施用方面的科研工作滞后。烟区已经开展了大量涉及烟叶生产各环节的研究，但是对有机肥施用方面的系统性、基础性研究较少。以往研究大都针对有机肥单一物料的作用特性的研究，也得到了较多的定性结论，但是在多种有机物料组合对植烟土壤和烟叶品质影响的机理研究以及定量研究方面探索甚少。

（八）烟区有机肥资源利用对策

（1）合理引导烟农施肥。引导烟农走出施肥误区，转变陈旧观念。要加强对有机肥的宣传、推广，从有机肥的特性、作用功能和施用方法等方面，进行多角度、全方位的宣传推广。通过客观全面的宣传引导，调动烟农施用有机肥的积极性，利用好绝大部分可以利用且相对洁净的有机肥资源，增加有机物料还田量。促使“有机—无机”配施成为优质烟叶生产中的主要施肥模式。

（2）加大烟农培训力度。加强对较年轻、文化程度较高，种植规模较大的职业烟农的专业技术培训，逐步帮助烟农建立对有机肥的新认识和新观念，提升烟农施肥技术的掌握程度。

（3）开展科技攻关。开展烟区有机肥影响烤烟品质机理研究。探明有机物料组合对植烟土壤理化特性和生物学特性的影响以及对烟叶质量提升的关联度及作用机理，筛选烟区最适宜烟草使用的有机肥种类，明确推广方向。制定烟区科学合理的有机物料施用技术规程，改进烤烟生产技术措施，充实和完善当前烟叶精益生产技术。由于畜禽粪等多数有机肥含有一定量的有害元素，因而需要开展有机肥的均质化、无害化和腐殖化处理的关键技术攻关。在施肥时，既要施用适量的有机肥，以发挥其对烤烟的良性作用，又要注重肥料用量、时间、技术的合理选择，最大程度地避免有机肥料给烤烟生产带来的副作用。

（4）建立核心示范区，构建有机肥施用服务平台。建立核心示范区，加强技术成果的示范推广和辐射引领。基于现有的植烟土壤检测成果，遵循最小养分律、限制因子律、最适因子律和报酬递减律等合理施肥的基本原理，构建界面友好、操作便捷的烟草施肥查询平台，主要为烟叶生产者提供肥力查询服务和推荐施用有机肥种类和用量的服务，从而避免盲目施肥，实现科学施肥。

第二节 湘西烟区植烟土壤维护和改良战略及长效机制

一、湘西烟区植烟土壤维护和改良目标

湘西烟区植烟土壤维护和改良，要以烟叶持续丰产、烟农持续增收、烟区环境持续改善为目标，针对当前影响植烟耕地质量的地力退化问题，着力推广应用绿肥还田、秸秆还田、调节土壤酸碱度、增施有机肥、深翻晒垡等一系列技术和新模式，以改善土壤结构、培育良好土壤物理性质、消除或逐渐减轻土壤障碍因素、均衡养分，达到用地与养地相结合，使之适宜特色优质烟叶种植，促进湘西烤烟可持续发展。具体目标为：

①建立集中连片、旱涝保收的高标准烟田。

②土壤有机质含量提高 0.5 个百分点，腐殖质明显增加，微生物活性明显增强，土壤孔隙度和水稳定性增加，容重降低，团粒结构明显改善，保水保肥能力进一步增强，土壤耕性进一步改善，肥料养分利用率有效提高。

③烟株抗病性和抗逆性明显增强，烟叶成熟特性和烘烤特性明显改善，烟叶油分进一步增加，颜色鲜亮，正反面色差减小，香气质好，香气量足，余味舒适，烟叶风格特色明显。

二、湘西烟区植烟土壤维护和改良发展战略及长效机制

（一）强化烟叶安全基础，实施健康植烟土壤战略

万物土中生。2016 年中央一号文件明确提出，加强资源保护和生态修复，推动农业绿色发展，实施好耕地质量保护与提升行动，推进耕地数量、质量、生态“三位一体”保护。在所有生态或环境体系中，土壤是生物安全和生态安全最基础、最根本的因素。只有健康土壤才能产出健康的农产品。对于烤烟生产来说，健康土壤事关烟叶数量安全和烟叶质量安全，也事关烟区生态安全和烟草产业产可持续发展，应把培育健康植烟土壤作为确保湘西烟叶生产可持续发展的重要战略。培育健康植烟土壤，提高土壤有机质含量和养分的均衡性及土壤微生物活性，不但具有稳定烟叶产量、提高烟叶质量的经济价值，而且具有减少化肥农药施用、增强土壤保水保肥能力、提升固碳减排能力的生态涵养价值和生态服务价值，更有利于烟区烟农脱贫致富。

（二）强化组织领导和工作质量，促进工作有效开展

要把培育健康植烟土壤，提升植烟土壤质量工作纳入重要议事日程。要有专门的领导小组和工作小组。领导小组负责对土壤维护和改良工作的组织领导、目标确立、政策制定、监督检查以及与上级主管部门和地方政府的沟通协调。工作小组负责土壤维护和改良的技术指导、组织实施、政策落实、检查考核、检验验收等工作，保证各项工作顺利实施，确保工作质量和工作成效。

（三）强化政策保障，加大资金投入

加大资金投入，创新补贴制度。土壤改良提升需投入较多的技术、人力、物力和财力，一次性投资较大。创新补贴制度，制定行业引导、市场运作的产业发展机制，建立以烟草投入为导向，合作组织和广大农民投入为主体的多层次、多渠道、多元化的耕地质量提升投资机制，让有实力的市场主体参与，弥补烟草投入的不足。仅仅靠烟草自身的资金投入是有限的，要加大烟区资金整合力度，整合农业、科技、财政、国土资源、水利、环保等其他部门相关资金，共同投入健康土壤战略的实施过程中。要与政府沟通和协调，争取政府政策扶持，建立健全耕地质量提升奖励制度，对突出的单位和个人由政府和烟草部门给予奖励。

（四）强化宣传动员，营造良好氛围

充分发挥新闻媒体的舆论导向作用，广泛开展多种形式、丰富多彩的宣教活动，大力宣传实施健康植烟土壤战略的重要意义，宣传植烟土壤质量提升的好技术、好典型、好经验，提高广大干部群众的环保意识和科技水平，增强参与植烟土壤质量提升的自觉性，努力营造植烟土壤质量提升的良好社会氛围。基层烟站要切实抓好宣传发动工作，采取派发宣传单、召开群众会议、举办培训班等多种形式广泛宣传土壤改良的好处、措施、技术标准和补贴政策，做到烟农家喻户晓，彻底扭转部分烟农不重视土壤改良，不按农时操作时间落实技术的习惯，推动土壤改良技术按时全面落实到位。

（五）强化科技攻关，加大技术创新研发力度

近些年土壤改良科学研究工作相对滞后，影响和制约着植烟质量整体水平的提升。以科研单位和高等院校为依托，整合行业内和行业外科研资源，强化科技攻关，大力开展植烟土壤质量提升新技术、新产品的研发，引进、消化、吸收、创新国内外先进技术。力争在某些方面取得突破，形成经济、实用的集成技术体系。开展不同区域植烟土壤地力培肥、退化与污染耕地修复、农业面

源污染防治技术研究。同时，制定实施植烟土壤质量监测体系建设规划，构建植烟土壤质量定期监测制度，为推进植烟土壤质量建设提供强有力的技术支撑。

（六）强化科技示范引领作用，提升配套服务质量

整体推进，层层抓点示范，加快适用技术的转化应用，以点带面掀起植烟土壤改良高潮。充分发挥各级烟草部门及基层烟站的作用，加快推广植烟土壤质量提升新技术。通过科技入户、新型农民科技培训、新型农民创业培训、农民职业技能培训、职业烟农培训等，提高烟农技能。烟叶生产技术员要联合乡、村干部，认真指导和帮助烟农搞好烟田规划，要做好土壤改良物资、设备的准备工作，加快植烟土壤改良进度，提高植烟土壤改良质量。持续实施，扎实推进。为保证植烟土壤改良技术措施得到有效实施，所有烟田持续不间断进行土壤改良，以达到切实改善植烟土壤理化性状，增强烟株抗性，提高烟叶品质的目的。

（七）强化监督管理，建立土壤改良长效机制

各级烟草部门按照各自职能，加强对土壤改良项目的组织实施、应用效果和资金使用的监督管理。要立足实际，编制具体实施方案，强化对项目实施效果的跟踪评测，建立长效机制，切实把规划确定的各项任务落到实处。一是实行合同管理；二是加强监督检查，抽查结果与年度资金安排挂钩；三是强化资金管理，实行专账管理，专款专用。

第三节　湘西烟区植烟土壤生产力可持续提升区划

土壤生产力是指特定地区土壤在一定管理方式下生产某种作物或一系列作物的水平，是土壤产出农产品的能力，是由一系列土壤物理化学性质构成的综合体。土壤生产力取决于作物根系深度、土壤耕作层厚度、土壤有效含水量、植物养分储存、地表径流、土壤耕性和土壤有机碳等多种因素。因此，准确地评价土壤生产力，不仅可以直接指导农业生产，而且也是土地资源评价的重要内容之一。植烟土壤生产力主要反映植烟土壤的自然属性，由土壤物理、化学和生态环境三方面所决定。而每一方面又包括多个要素，它们相互作用、相互影响，共同构成植烟土壤生产力这个开放的巨系统。因此，评价方案的科学性与评价技术手段的先进性将是客观反映植烟土壤生产力水平本质特征及其空间分布规律的保证。

植烟土壤生产力可持续评价是以实现植烟土壤资源的可持续利用为目标，通过对植烟土壤资源利用方式的空间、过程和动态分析，进行生态、社会和经济可行性论证，以期达到生态、社会和经济三种效益的统一，并以评价结果指导植烟土壤利用方式的变更，即评价指标体系的应用可为生产方式和宏观政策调控提供依据，避免植烟土壤资源开发利用的盲目和无序。植烟土壤生产力可持续评价指标体系应当涵盖植烟土壤在生态、经济和社会等方面的综合效益，包括植烟土壤本身的物理化学性质指标外，还应当包括植烟土壤的环境要素指标和经济指标。

一、植烟土壤生产力可持续评价指标选择原则

（一）主导性原则

影响植烟土壤生产力可持续性的因素、因子很多，如地形地貌、水文地质因素、海拔、地貌类型、地形部位、坡度、坡向、土壤侵蚀、岩石露头；土壤性状有剖面构型、质地构型、土层厚度、耕层厚度、土壤质地、土壤容重、保水性能、有机质、pH 值、养分、CEC、障碍层类型、障碍层出现位置、含盐量；土壤管理有灌溉保证率、排涝能力、耕作制度、梯田化水平。植烟土壤生产力可持续评价不可能也没有必要选择所有这些因子作为评价指标，可以根据有关土地资源学的知识和经验，选择有较大影响的因子。

（二）生产性原则

土壤的重要功能之一是其生产农产品的能力。因此，植烟土壤利用持续性最重要的标志是土壤生产力的维持或提高。同时，植烟土壤生产力的提高也关系到经济效益。因此，植烟土壤生产力可持续评价指标应选取那些影响土壤生产性能的土壤指标，主要还是根据土壤学、烟草栽培学等有关学科研究成果和生产实践经验。

（三）空间变异性原则

植烟土壤生产力可持续评价是为了将生产力相似的植烟土壤归集到一起，反过来说，也是为了区别不同质量的植烟土壤。所选土壤指标值应有较大的变化范围，以反映植烟土壤质量的空间变化。如果土壤指标在空间上没有变异或变异很小，没有评价意义。因此，所选择的土壤指标必须是在空间上有明显变化、存在着突变阈值的土壤性质。

（四）区域性原则

土壤具有区域特点，土壤指标不仅有普适性指标，还有较为重要的选择反映区域特点的区域性指标。指标的选取主要通过实地调查，典型研究与面上研究相结合。

（五）保护性原则

水土资源是土壤生产力的基础，其数量与质量的变化影响土地的生产力。水土资源的质量，尤其是其环境保护指标越来越成为持续发展注意的问题。指标选取主要通过调查研究。

（六）社会认可性原则

土壤利用具有外部性特征。土壤利用管理不仅涉及利用管理者本人，也涉及与其有关的其他土地权益人。因此，植烟土壤持续利用管理的评价指标体系，应得到所有土地权益人的认可。

二、植烟土壤生产力可持续评价指标体系构成

土壤受气候、地形、水文地质、土壤性质、管理水平、劳力投入、物化投入、耕作时间等多方面因素的影响，不同区域各种因素对耕地土壤肥力贡献的份额也存在较大的差异，因此即使是在同一个气候区域内也难以制定统一的指标体系，更难制定全国统一的评价指标体系。根据植烟土壤生产力可持续评价的基本思路和方法，以及湘西烟区烤烟生产的自身特点，主要选择如下土壤肥力指标。

（1）土壤养分指标。包括土壤有机质含量、土壤速效磷含量、土壤速效钾含量、土壤全氮含量。

（2）土壤物理条件。包括土壤机械构成、土壤耕层厚度。

（3）土壤生态条件。包括土壤酸碱度（pH 值）、水土流失情况、农田基础设施配套情况、灌溉能力、排水能力。

（4）经济指标。经济评价是评价一种土壤利用方式所产生经济效益的大小。通常认为定量指标，如利润、成本、产量和商品率是耕地经济评价指标，而对不同指标评价结果的重视程度取决于具体决策者的认识态度。基本上植烟土壤的经济评价可以从耕地利用程度、耕地产出率、投入强度和耕地集约度方面着手。本研究主要选择经济评价中的生产指标，即近 3 年烤烟平均产量。

三、植烟土壤生产力可持续评价方法

（一）单因素贡献函数的确定

（1）土壤养分指标：包括土壤有机质含量、土壤速效磷含量、土壤速效钾含量、土壤全氮含量。其贡献函数为：

$$f(x)=\begin{cases}1 & (x \geqslant F_0)\\ x/F_0 & (x \leqslant F_0)\end{cases}$$

式中，F_0 为土壤养分指标丰值，有机质 $F_0=15.0$g/kg，全氮 $F_0=100.0$mg/kg，速效磷 $F_0=15$mg/kg，速效钾 $F_0=160$mg/kg，x 为各养分的实际含量。

（2）土壤 pH，其贡献函数为：

$$f(x)=\begin{cases}0 & (x \leqslant 5,\ x \geqslant 8)\\ 1-\dfrac{|x-6.5|}{2} & (5<x<8)\end{cases}$$

（3）土壤机械组成，其贡献函数为：

$$f(x)=1-\frac{|x-25|}{100-25}$$

式中，x 为直径小于 0.01mm 物理颗粒含量。经验表明，颗粒在 25%左右为土壤最佳机械组成。

（4）土层厚度，其贡献函数为：

$$f(x)=\begin{cases}1 & (x \geqslant 100\text{cm})\\ x/100 & (x \leqslant 100\text{cm})\end{cases}$$

式中，x 为土壤有效厚度，100cm 为最佳土层厚度底限。

（5）水土流失情况：按活土层浸蚀程度将湘西州烟区植烟土壤水土流失状况分为“严重（活土层全部被蚀）、中度（活土层厚度 50%以上被蚀）、轻度（活土层少部分被蚀）、无（活土层完整）”4 种类型，其对应的函数值分别为 0.2、0.5、0.8、1.0。

（6）农田基础设施配套情况：分为配套、基本配套、不配套和无设施 4 种类型，其对应的函数值分别为 1.0、0.8、0.5、0.2。

（7）灌溉能力：结合烟田灌溉设施条件和历年干旱情况将湘西州烟区植烟土壤的灌溉能力分为“充分满足（有完善与配套的灌溉基础设施和历年没有发生干旱）、满足（有灌溉设施和历年没有发生干旱）、基本满足（有灌溉设施和较少发生干旱)、不满足（没有灌溉设施和常发生干旱）”等4种类型，其对应的函数值分别为1.0、0.8、0.5、0.2。

（8）排水能力：分为充分满足、满足、基本满足和不满足等4种类型，其对应的函数值分别为1.0、0.8、0.5、0.2。

（9）3年烤烟平均产量：其贡献函数为：

$$f(x)=\begin{cases}1.0 & (x>2250)\\ 0.9(x-x_1)/(x_2-x_1)+0.1 & (750\leqslant x\leqslant 2250)\\ 0.1 & (x<750)\end{cases}$$

式中，x为单位面积产量，单位为kg/hm^2。

（二）各指标权重的确定

不同评价指标各自具有相对重要性，对其赋予不同权重。采用专家咨询法确定土壤有机质含量、土壤速效磷含量、土壤速效钾含量、土壤全氮含量、土壤pH值、土壤机械构成、土壤耕层厚度、水土流失情况、农田基础设施配套情况、灌溉能力、排水能力、3年烤烟平均产量等12个指标的权重分别为15%、10%、10%、10%、15%、5%、5%、5%、5%、10%、5%、5%。

（三）植烟土壤生产力可持续评价模型

本研究的植烟土壤生产力可持续评价属于多指标，构建植烟土壤生产力可持续指数，依据指数高低进行评判。采用加权指数和法计算综合评价指数(PI)。计算公式如下：

$$PI=\sum_{j=1}^{12}f(x)_{ij}\times W_{ij}$$

式中：$f(x)_{ij}$和W_{ij}分别表示第i个样本、第j个指标的函数值和权重系数，其中$0<f(x)_{ij}\leqslant 1$，$0<W_{ij}\leqslant 100$，且满足$\sum_{j=1}^{6}W_{ij}=100$。

四、基于ArcGIS湘西植烟土壤生产力可持续提升区划

（一）基于ArcGIS湘西植烟土壤生产力可持续指数空间分布

将2015年在湘西州的保靖县、凤凰县、古丈县、花垣县、泸溪县、龙山县、永顺县7个植烟县、88个乡镇中的510个村，采集具有代表性的耕作层1 242个土样，按照植烟土壤生产力可持续指数计算方法进行统计分析，生产力可持续指数（PI）在37.88~91.90分，平均值为71.74分；7个主产烟县保靖、凤凰、古丈、花垣、龙山、泸溪、永顺的平均值分别为71.36分、72.77分、

69.75 分、70.31 分、71.19 分、70.35 分、73.30 分，以永顺县最高，其次为凤凰县，古丈县相对较低。

利用 GIS 技术，采用 IDW 插值方法，绘制湘西州植烟土壤生产力可持续指数空间分布图如图 6-2。由图可知，湘西州植烟土壤生产力可持续指数以插花形式出现，生产力可持续指数较高值以永顺县、凤凰县、龙山县相对面积较大，生产力可持续指数较低值以永顺县和龙山县分布面积相对较大。

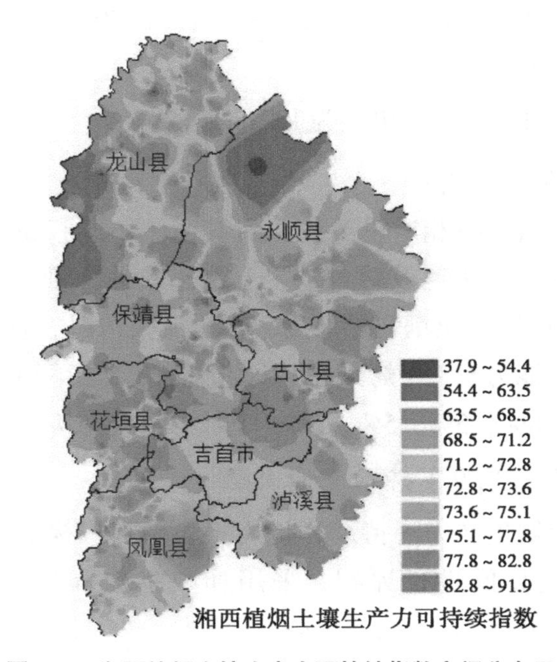

图 6-2　湘西植烟土壤生产力可持续指数空间分布示意

（二）基于 ArcGIS 湘西植烟土壤生产力可持续指数类型划分

将 PI 按<60 分（四级）、60～65 分（三级）、65～70 分（二级）、>70 分（一级），分为 4 个级别，其空间分布图如图 6-3。由图可知，一级土壤分布面积最大，其次是二级土壤，三、四级土壤主要分布在永顺县的北部、龙山县的西部，在其他各县只是零星分布。

（三）湘西植烟土壤生产力可持续指数类型区乡镇分布

按乡镇生产力可持续指数的平均值进行归类。主要产烟乡镇所在区域如下：

一级区：主要包括靛房（龙山县）、红石林（古丈县）、青坪（永顺县）、比耳（保靖县）、毛沟（保靖县）、吉信镇（凤凰县）、贾坝乡、董马库（花垣县）、柳薄乡（凤凰县）、碗米坡（保靖县）、吉卫（花垣县）、茶田乡（凤凰

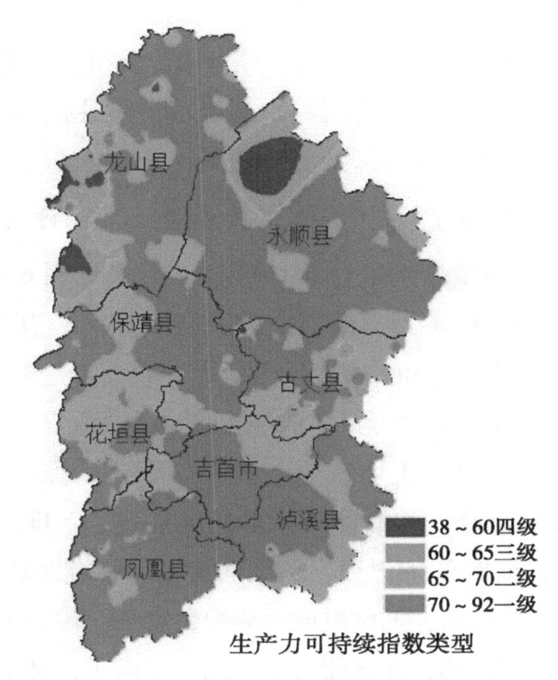

图 6-3　湘西植烟土壤生产力可持续指数类型空间分布示意

县)、乌鸦（龙山县)、水田（龙山县)、高坪（永顺县)、小章乡（泸溪县)、雅西（花垣县)、兴隆场（泸溪县)、洗车河（龙山县)、野竹坪（保靖县)、桶车（龙山县)、石榴坪（泸溪县)、山江乡（凤凰县)、断龙（古丈县)、阳朝（保靖县)、石堤（永顺县)、排料（花垣县)、茨岩乡（凤凰县)、阿拉镇（凤凰县)、水银（保靖县)、迁陵（保靖县)、腊尔山乡（凤凰县)、他砂（龙山县)、茨岩塘（龙山县)、白羊溪（泸溪县)、泽家（永顺县)、落潮井乡（凤凰县)、苗儿滩（龙山县)、两林乡（凤凰县)、茅坪（龙山县)、武溪（泸溪县)、芙蓉（永顺县)、永兴场（泸溪县)、八什坪（泸溪县)、河蓬（古丈县)、农车（龙山县)、松柏（永顺县)、大安（龙山县)、复兴（保靖县)、千工坪乡（凤凰县)、新场乡（凤凰县)、红岩溪（龙山县)、禾库乡（凤凰县)、塔泥（龙山县)。

二级区：主要包括都里乡（凤凰县)、米良乡（凤凰县)、涂乍（保靖县)、高峰（古丈县)、洗洛乡（龙山县)、合水（泸溪县)、花垣（花垣县)、浦市（泸溪县)、水田河（保靖县)、平坝（古丈县)、良家潭（泸溪县)、补抽（花垣县)、岩头寨（古丈县)、道二（花垣县)、麻冲乡（凤凰县)、洛塔（龙山县)、长乐（花垣县)、雅桥（花垣县)、排碧（花垣县)、黄合乡（凤凰县)、猛必（龙山县）、麻栗场（花垣县）、召市镇（龙山县）。

三级区：主要包括里耶镇（龙山县）、桂塘镇、贾市乡（龙山县）、山枣（古丈县）、兴隆（龙山县）、洗溪（泸溪县）、达岚（泸溪县）、湾塘乡（龙山县）。

四级区：主要包括万坪（永顺县）、老兴乡（龙山县）。

（四）湘西植烟土壤生产力可持续指数类型区主要评价指标差异

将评价指标按四大类型分别进行统计分析，结果见表 6-1。海拔、耕层厚度、排水能力、产量等指标 4 大类型区之间差异不显著，其他指标差异显著或极显著。不同类型区的主要评价指标特征如下：

一级区（土壤可持续生产力优）：植烟土壤 pH 值适宜，土壤有机质、有效磷、速效钾、全氮含量较高，土壤质地一般为黏壤土，耕层土壤较厚，水土流失无至轻度，基础设施配套，灌溉能力基本满足至满足，排水能力基本满足。

二级区（土壤可持续生产力较好）：植烟土壤 pH 值微带酸性，土壤有机质、有效磷、速效钾、全氮含量较高，土壤质地一般为黏壤土，耕层土壤较厚，水土流失无至轻度，基础设施基本配套，灌溉能力基本满足至满足，排水能力基本满足。土壤改良的重点是加强基础设施建设，提高灌溉能力，稳定和维护土壤生产力。

三级区（土壤可持续生产力一般）：植烟土壤 pH 值微带酸性，土壤有机质、有效磷、全氮含量较低，土壤质地一般为沙壤土，耕层土壤相对较浅，水土流失轻度至中度，基础设施基本配套，灌溉能力基本满足，排水能力基本满足。其主要问题是土壤有机质含量低，土壤全氮和有效磷含量低，土壤微带酸性，土壤耕层较浅。土壤改良要提高土壤有机质含量和土壤肥力，适当提高土壤 pH 值，加深土壤高耕作层为重点。

四级区（土壤可持续生产力差）：植烟土壤 pH 值偏酸性，土壤有效磷、全氮含量较较低，土壤质地一般为沙壤土，耕层土壤相对较浅，水土流失中度，基础设施基本配套，灌溉能力基本满足，排水能力基本满足。其主要问题是水土流失严重，土壤偏酸性，土壤全氮和有效磷含量低。土壤改良要以减少水土流失，降低土壤酸化，提高土壤肥力为重点。

表 6-1　湘西植烟土壤生产力可持续指数类型区评价指标比较

指标	一级区		二级区		三级区		四级区	
	平均值	范围	平均值	范围	平均值	范围	平均值	范围
海拔/（m）	595.07a	125.90~1 124.97	597.31a	158.14~1 001.31	572.55a	213.60~1 203.53	671.07a	635.14~707.00

（续表）

指标	一级区		二级区		三级区		四级区	
	平均值	范围	平均值	范围	平均值	范围	平均值	范围
pH	6.26a	5.25~7.83	5.81ab	4.58~7.59	6.13ab	5.18~7.39	5.37b	5.34~5.41
有机质/(k/kg)	28.39A	18.70~41.32	26.73AB	14.60~42.37	18.91B	15.10~31.07	19.24AB	17.64~20.83
有效磷/(mg/kg)	37.58A	9.16~85.69	29.54AB	7.58~76.23	15.86AB	3.22~36.63	8.71B	8.03~9.38
速效钾/(mg/kg)	194.98A	79.40~370.10	173.63A	70.11~351.90	115.14B	63.57~174.40	121.84B	92.50~151.17
全氮/(g/kg)	1.64A	0.98~2.85	1.68A	0.93~2.32	1.09B	0.62~1.60	1.10B	0.86~1.34
质地/(%)	44.04A	32.16~57.99	41.82AB	34.82~51.08	38.45B	21.51~45.01	38.13B	37.27~38.99
耕层厚度/(cm)	35.23a	19.67~69.86	34.83a	20.69~68.75	29.39a	21.50~67.00	28.87a	20.60~37.14
水土流失	0.75a	0.43~1.00	0.78a	0.38~1.00	0.62ab	0.50~0.80	0.53b	0.50~0.56
基础设施	0.79A	0.29~1.00	0.59B	0.20~0.83	0.63AB	0.50~0.80	0.64AB	0.50~0.77
灌溉能力	0.48A	0.22~1.00	0.38AB	0.20~0.54	0.33B	0.20~0.50	0.42AB	0.20~0.64
排水能力	0.66a	0.40~1.00	0.73a	0.40~1.00	0.63a	0.50~1.00	0.49a	0.49~0.50
平均产量/(kg/亩①)	134.09a	88.67~169.19	127.32a	97.33~147.50	132.89a	100.17~140.36	150.47a	133.80~167.14

第四节　植烟土壤生产力可持续提升技术与区域模式

一、湘西植烟土壤生产力可持续提升技术

（一）建立以烟为主耕作制度，实施轮作规划

在农业生产中，某些前茬作物的根系分泌物能刺激某些有害微生物的生长和繁殖，这些微生物抑制下茬同一作物的生长，从而造成连作障碍。不同的作物对营养元素的需求量不相同，根据生态位理论，连作种植制度会使同一作物

① 1亩≈667m²，全书同。

对同样的养分过分的消耗利用，竞争尤其突出，在生产实践中是不利于平衡土壤中的营养成分。相反，采用轮作种植制度则可以充分合理地利用空间及光、热、水、肥等资源，使农业可持续发展成为可能。烟草是不耐连作的作物，科学合理的轮作种植制度是实现烟叶可持续发展的必由之路。

先进的烤烟生产国巴西、津巴布韦、美国等都有一套比较完整的轮作制度，如巴西烤烟轮作一般为 4 年 1 个循环，方式为烟草—玉米—豆类—牧草—烟草，以恢复地力，减少病虫害。美国烟叶种植实行 4 年 1 轮作，3 年 1 休耕，用地与养地相结合。津巴布韦采用 1 年种烟，3~4 年种植牧草或其他禾本科作物的轮作制度。造成中国烟叶质量不如国外的一个重要原因就是没有针对烤烟来合理安排作物的轮作，使土壤中有利于烟叶质量的养分匮乏，降低了烟叶品质。在作物栽培上运用作物与土壤、土壤与作物之间的关系，合理安排前作与后作的轮换顺序，使之获得增产并同时做到用地与养地相结合，这与作物的茬口特性密切相关。

（1）在基本烟田区域内建立以烟为主的轮作制度，湘西烟区主要为一年一熟制度，其轮作方式主要为：烟→稻、烟→玉米、烟—绿肥→玉米、烟→烟→稻、烟—绿肥→烟—绿肥→玉米等。如果要采用烟与经济作物轮作，要避免轮作的经济作物是茄科类。在这些种植制度中，要重点发展烟—绿肥→玉米种植模式。

（2）以基本烟田的片区为单位，结合当地农民的耕作习惯进行科学规划，对各个乡镇的基本烟田建立合理的轮作制度，规范各年烤烟种植地块的轮作作物，充分利用有限的土地资源。

（二）发展冬种绿肥，提高植烟土壤肥力

绿肥即用作肥料的绿色植物体，是一种含碳量较高的有机肥料。绿肥生长发育过程中的根系穿插、根系分泌和根毛细胞脱落可增强土壤微生物活性，起到调节土壤养分平衡、降低土壤容重、消除土壤不良成分的功效。绿肥以豆科和禾本科作物居多，其特点是生长速度快，生物量大，根系穿透能力强，使土壤疏松和加深土层厚度。光叶苕、毛叶苕、紫云英、箭筈豌豆、苜蓿、野燕麦、掩青大麦、掩青黑麦等都是较好的绿肥品种，其中尤以豆科的箭筈豌豆和禾本科的黑麦草绿肥为最好。美国、巴西等国前作以栽种高碳氮比的掩青黑麦等禾本科绿肥居多。一般不做特别处理，直接翻耕还田或粉碎后直接翻耕还田。

利用冬季休闲时间种植绿肥，第二年春翻压入田，可有效降低土壤容重和酸碱度，提高土壤有机质含量，同时促进土壤中有益微生物大量增加。另外，在低山丘陵烟区种植绿肥还具有减少水土流失的作用。可见，利用烟田冬季休

闲空间种植绿肥并适时翻压是提高土壤肥力、改善烟田土壤环境、实现烟叶生产可持续发展的一个重要措施。但目前绿肥作用单一，影响了烟农播种绿肥的积极性，可适当发展肥菜兼用绿肥品种，提高绿肥种植效益，增加烟农收入。

目前在湘西烟区，烟田种植的绿肥多在头年 9 月下旬至 10 月上中旬播种，次年 4 月中下旬进行翻压掩青。绿肥种植包括箭筈豌豆、紫花苕子、黑麦草等，以箭筈豌豆等豆科绿肥为主，翻压量要控制在 1 500～2 000kg/亩，翻压时间宜在烤烟移栽前 10～15d。翻压时土壤水分要适宜，要掩埋绿肥。

（三）推广秸秆还田技术，改善植烟土壤环境

作物秸秆是农业生产的主要副产物，它既是能源又是营养源。目前城乡燃料能源大多替代为煤炭和液化石油气，在一些农村能源不太短缺的地区，除部分用秸秆作饲料、燃料或造纸外，还有大约 50%以上的秸秆未被合理应用。有些地区因连年秸秆累积无法处置而进行焚烧，其结果是既造成很大的资源浪费，又使烟雾和有害气体污染了大气环境。

作物秸秆是重要的有机肥源，将其尽早还田是解决当前农村有机肥料资源短缺的一个最有效途径；同时，这也是改善中低产田，改良土壤、培植地力、保水抗旱的一项重要措施。植烟当季向土壤直接施用秸秆等有机物就是一项较好的提高烟叶产质量的措施。以前普遍认为，有机肥肥效缓慢，烤烟施用有机肥或有机物易造成土壤氮素供应前轻后重，使烤烟前期生长缓慢而后期贪青晚熟，影响产量和品质。经研究表明，只要有机物料选择及施用量，施用方法得当，辅以适量化肥，施用有机物，烤烟生长前期有机物分解缓慢，尤其在土壤水分低的情况下很少分解，不会与烤烟争氮，烤烟进入旺长期后，土壤水分充足，有机物分解加快，控制了过多的氮素供应和减少了烤烟的氮素吸收，有利于烤烟脱氮成熟。因此，直接施用有机物既保护和改良了土壤结构，又可以实现烤烟优质适产。这一结果，已得到农学界重视和烟草界的广泛认同，相信并能很快为广大烟农接受。

近年来，秸秆还田技术在烟草上的应用也越来越受到重视和广泛应用，并已取得良好效果，但在湘西烟区秸秆还田数量较少。湘西烟区主要秸秆有稻草、玉米和油菜秸秆。稻草秸秆可推广翻压还田或覆盖还田，玉米秸秆以推广就地还田快速腐解技术为好，油菜秸秆可推广覆盖还田。

（四）增施生物炭肥，调节土壤碳氮比

施用生物炭来调节土壤碳氮比、改良土壤结构、增加土壤有机碳含量、提

高肥料利用率，是近年来逐渐发展起来的一种新型农业措施。生物炭具有有机碳含量高、多孔性、碱性、吸附能力强、多用途的特点，能够提高土壤有机碳含量，改善土壤保水、保肥性能，减少养分损失，有益于土壤微生物栖息和活动，特别是菌根真菌，是良好的土壤改良剂。单施生物炭就能够促进作物生长或增产，而且生物炭与肥料混施，或复合后对作物生长及产量几乎都表现为正效应，这缘于肥料消除了生物炭养分低的缺陷，而生物炭赋予肥料养分缓释性能的互补和协同作用。生物炭延缓肥料在土壤中的养分释放，降低养分损失，提高肥料养分利用率，是肥料的增效载体。生物炭在土壤中极为稳定，可长期将碳固定于土壤，是固碳的潜力载体。利用废弃生物质生产生物炭，并将生物炭农用是一项多赢的技术。

（五）提倡烤烟当季或前作施用有机肥，实行养分统筹

在建立以烤烟生产为主的合理轮作复种制度前提下，对烟田土壤整个轮作周期内养分投入与携出进行系统控制，通过前后作养分系统配置使土壤理化性状趋于优化。有机肥可当季施用，也可前作施用。日本烟草生产十分重视施用有机肥，分堆肥和复合肥二种。堆肥是用玉米、小麦、秸秆、稻草、树皮、落叶等打碎后加入2%谷糠、0.1%的发酵材料和适当的水在60~70℃的条件下，堆捂发酵100天，期间翻堆4次，腐熟后提供烟农使用。用芝麻、菜籽、大豆、花生等油枯类和腐殖酸类肥料改良土壤环境，可促进根系发育，增进烟叶的油润度和弹性。油枯类肥料中的残油和蛋白质含量高约50%，腐熟后可转化为氨基酸或有机酸，可促进大田初期和中后期烟株对矿质营养的吸收。研究证明，芝麻饼肥可促进烟株中上部叶片钾素吸收，与对照相比可增加近1倍。需要强调的是，不管施用厩肥或油枯类肥料，都要经过60天左右的堆沤腐熟，把难溶的有机态氮素腐解为氨基酸、有机酸和铵态氮，以保证打顶前烟株对氮素的充分吸收。腐殖酸肥料补充了土壤腐殖质中的有机酸类，对促进烟株对矿质营养的平衡吸收有良好作用。

（六）深耕松土晒垡，提高土壤养分利用率

针对烟田耕作层浅薄，土壤板结，质地黏重的实际情况，要把深耕松土作为提高烟田土壤质量的一个重要任务来抓。要下决心改变目前靠畜力步犁翻耕整地的传统做法，充分发挥烟草企业专业机耕队的主体作用，广泛推广采用大机械隔年进行翻耕整地，提高整地质量，加速土壤熟化。将目前浅耕作层在12~15cm的烟田应逐年加深到20~25cm。深耕能疏松土壤，破除紧实的犁底

层，加厚活土层，增加土壤孔隙度，改善土壤的通透性，为烟株根系深扎创造良好条件。深耕结合施用有机肥，使土肥相融，增加土壤腐殖质，改善土壤团粒结构，调节土壤水、肥、气、热状况，达到保水、保肥、增温和养分持续供应的目的。

对土壤耕层厚度较薄的植烟土壤，采用机耕深翻，旋耕碎垡的耕作方式，逐年深耕4~5cm，逐渐加厚土壤耕层，对于提高烟叶产量和质量具有十分明显的效果。红壤的耕层较浅薄，土质黏重，通气透水性能不良。采用深耕技术，不但可以加厚耕层，而且可以改善土壤的理化性状。3~5年没有进行深耕的烤烟烟田应在起垄前进行深耕（30~40cm）。

（七）改良土壤酸碱度，提高肥料利用率

适量施用石灰可促进土壤中NH_4^+-N转化为NO_3^--N，可降低土壤中交换性铁、铝和有效锰含量；促使土壤中放线菌、好气性纤维分解菌、亚硝化细菌数量明显增多，真菌数量减少，脲酶、蛋白酶活性增强；采用石灰等改良土壤后，烟株肥料利用率提高，有利于烟苗早生快发，根系发达，光合速率提高，有效叶片数增加，烟株抗病性增强，提高烟株对气候斑点病、花叶病和黑胫病的抗性，烟叶的产量和质量效益明显提高。

施用石灰、白云石粉改良土壤pH值：石灰施用量根据烟田土壤酸度而定，一般施用量900~2 250kg/hm^2，白云石粉施用量为1 500kg/hm^2，采用撒施的办法，在耕地前撒施50%，耕地后整畦前再撒施50%。石灰用量一般一次不超过3 000kg/hm^2，用量过多会影响烟株对钾、镁的吸收，而且会引起烟株缺硼；同时，石灰过量使土壤有机质矿化作用加强，土壤后期供氮能力提高，影响烟叶成熟落黄。施用石灰调节土壤酸度具有一定后效，通常可隔年施用。也可采用白云石粉（主要成分是碳酸钙镁［$CaMg(CO_3)_2$］）调节土壤酸度，白云石粉中和土壤酸度的能力较缓、持久，并具有缓解烟株缺镁症状的功效，能够避免因大量施用石灰造成Ca、K、Mg离子拮抗作用和土壤板结等弊端。

分类调节酸碱度的办法：①pH值4.0以下，熟石灰施用量2 250kg/hm^2。②pH值4.0~5.0，熟石灰施用量1 800kg/hm^2。③pH值5.0~6.0，熟石灰施用量900kg/hm^2。④pH值6.0以上，不施。

（八）选择性开展保护性耕作，减少水土流失

一是坡改梯和采用等高种植。等高种植比顺坡种植减少径流50%~70%，在0~70cm的土层内，土壤水分高10%~20%，保水能力提高2.5倍。

二是推广灌溉改良技术。在引水提水难度不大前提下，开发部分灌溉水源，改善灌溉条件。保证全生育期能灌溉2次以上。建设小水窖、蓄水池等，抗旱蓄水。建立拦截径流的蓄水池，拦蓄部分雨水，以备紧急抗旱用水。

三是选择采用少耕或免耕措施。土壤具有一定的肥力基础，土壤黏粒含量>30%。采用少耕或免耕措施，保证土壤结构不会破碎和断裂，促进土壤水、热、气、肥动态长期处于温、允、足、适的状态。如在头年的垄间种植玉米、红薯等，来年烟苗移栽时不必整地，直接在预留垄上栽烟。

四是采用地表保护性栽培。把烟草的保护性栽培也可归结到植烟土壤改良的范畴，这是因为各种保护性栽培措施主要是为了保护和改良土壤。巴西、津巴布韦对烟田地面进行秸秆覆盖，在烟沟中间植矮秆绿肥如大瓜草等。这些保护性栽培措施一方面具有增温保湿作用，另一方面避免了雨水对地表直接冲击，造成土壤板结。对维持田间温湿度，促进烟株早生快发，提高产量和质量具有明显作用。地表覆盖的秸秆经历一个烤烟生长季节的日晒、风吹、雨淋和微生物的分解作用后，处于半腐解状态，烟叶采收完毕后，翻耕到土壤里后，很快就会完全腐解。烟沟中间植矮秆绿肥也在烟叶收完后翻耕到土壤中。

二、湘西烟区不同区域植烟土壤维护和改良模式

（一）以冬种绿肥为主的冬季绿色生物覆盖模式

为充分利用冬季温光资源，改“冬闲”为“冬种”，以大力发展冬季种植箭筈豌豆等豆科绿肥为主，适当发展黑麦草、紫云英、油菜等作绿肥为辅，提高冬季绿色生物覆盖率。旱地烤烟种植区以发展箭筈豌豆绿肥为主，适当种植部分黑麦草；稻田烤烟种植区以种植紫云英绿肥为主，可适当种植部分油菜作绿肥。

（二）以秸秆还田技术为主的耕地土壤培肥模式

在稻田烤烟种植区，主要推广水稻撩穗收割留高桩还田、稻草易地覆盖还田和油菜收获后覆盖还田。在旱地烤烟—玉米种植区，主要推广玉米秸秆就地粉碎还田、玉米秸秆就地微生物催腐还田、玉米秸秆堆沤还田等技术。为提高玉米秸秆还田质量，可在秸秆还田的同时增施微生物腐熟剂，加速秸秆腐解，激发土壤肥力。

（三）以“绿肥+秸秆”还田技术为主的耕地土壤快速生态培肥模式

在旱坡地以烟—玉米为主的轮作制度区，为快速培肥土壤，可在玉米收获

后的垄沟里掩埋玉米秸秆，撒施微生物肥加速玉米秸秆腐解，薄覆土后，撒播绿肥；第二年的烤烟移栽前，聚垄掩埋绿肥种植烤烟。

（四）以“绿肥+生物炭”为核心的耕地土壤保育模式

在整个烟区，推广以“绿肥+生物炭”为核心的耕地土壤保育模式。烟田撒施生物炭250kg/亩，种植绿肥翻压还田。

（五）以推广测土配方施肥技术为主的平衡耕地土壤养分模式

按照《测土配方施肥技术规范》技术路线，开展野外调查、取土化验和田间肥效试验，根据不同土壤的供肥性能和烤烟需肥规律，分区制定不同区域的肥料配方，通过采取“测土到田、配方到厂、供肥到点、指导到户”和“免费测土、发卡到户、按卡购肥、指导施用”等一条龙的测土配方施肥技术服务模式，改变农业传统施肥习惯，引导农民科学施肥，提高科学施肥技术的入户率、覆盖率和对农业生产的贡献，通过合理施肥来平衡植烟土壤养分。

（六）以推广使用农机具为主的省工改土培肥技术模式

以实施对农机具补贴政策为契机，重点推广起垄机、开沟机、旋耕机、化肥深施机等农机具的省工改土培肥技术模式。

第五节　湘西植烟土壤生产力可持续提升的技术路线与对策

一、湘西州植烟土壤可持续提升技术路线

实施植烟土壤可持续提升，是促进烟叶生产可持续发展的迫切需要，是保障优质烟叶有效供给的重要措施，是提升烟叶竞争力的现实选择。湘西州要牢固树立植烟土壤“用养结合”的理念，高度重视科技成果的转化应用，严格植烟土壤维护和改良技术措施落实，构建植烟土壤保护与提升长效机制，奠定烟叶可持续发展的基础。

根据项目研究成果，结合湘西州烟区烤烟生产实际，因地制宜，制定“轮、培、改、增、保、控”等“六字”植烟土壤可持续提升技术路线：

①“轮”是实行轮作，建立以烟为主的耕作制度。

②“培”是培肥地力，通过秸秆和绿肥还田，提高土壤有机质含量，实现用地与养地结合，持续提升土壤肥力。

③“改”是改良酸性土壤，通过增施石灰，改良酸化土壤。

④“增”是增施生物有机肥，增加烟叶致香成分，提高烟叶香气质和香气量。

⑤“保”是保水保肥，通过深耕，加深耕作层，改善土壤理化性状，增强土壤保水保肥能力。

⑥“控”是控污修复，控施化肥和农药，减少不合理投入量，控制农膜残留。

二、湘西州植烟土壤生产力可持续提升对策

（一）抓好示范推广，建立示范区

在烟区建立植烟土壤改良示范区，重点打造花垣道二科技园土壤改良关键技术示范区，以点带面，将新成果辐射至其他烟区。紧紧依托州科技园，研究制定区域性植烟土壤改良技术，引进推广区域性主导的“改土、肥土、节水和高效”可持续综合技术，集中展示土壤改良技术体系和实施效果，将样板综合示范园打造成展示窗口、培训基地。同时在全州 7 个植烟县建立百亩植烟土壤改良关键技术示范区，辐射带动广大烟农积极主动开展土壤改良工作，加快烟田质量建设，提高烟田可持续发展能力。

（二）加强基本烟田保护制度，改善烟田生产条件

建立基本烟田保护制度，加强烟田基础设施建设。要提高烟田可持续生产能力，防止掠夺式利用造成的地力衰退、营养失衡、病虫害加重对烟叶产质量的影响，要把科学利用土地资源，规划基本烟田，保护和改善烟田生态环境，作为提高烟田土壤质量的首要任务。搞好烟田基础设施建设，是保障烟田可持续利用和提高生产能力的基础。要以基本烟田为重点，加强烟田基础设施建设，提高烟田产出效益及抗御自然灾害能力。

（三）强化大农业观念，实现烤烟与其他作物稳步协调发展

用大农业的观点来培育植烟土壤，实现烤烟与其他作物生产稳步协调发展。近年来，相关报道较多集中在烟草当季肥料利用研究，对有效降低烟草生产投入，提高烟叶质量起到了很大的推动作用。然而，这些研究未考虑前作和轮作周期中其他作物的养分投入与携出及后效对烤烟生产的影响，对植烟土壤的养分收支状况和养分水平的发展方向缺乏基本认识。前作不同，茬口不同，后作的土壤环境差异很大，对此烟草尚处于盲区。基本烟田的土壤肥力发展趋势不清晰，就无法进行科学预见性管理，导致烟草生产的土壤养分管理还处于被动

状态，无法进行长期合理的土壤养分规划，这是中国烟草生产可持续发展存在的一个十分严重的潜在威胁。目前中国烟区养地制度和植烟土壤管理措施与优质烟叶可持续发展的需求存在的差距较大。因此，必须用大农业的观点来系统培育植烟土壤，建立以优质烤烟生产为主的耕作制度，合理搭配轮作作物，优化配置肥料养分资源，系统掌握植烟土壤在大农业生产中的养分循环规律，较全面地了解植烟土壤肥力变化趋势及对烟叶品质的影响，确保烟叶质量的稳定性和烟叶生产可持续发展。

（四）建立土壤改良与施肥档案，完善烟农户籍化管理信息资料

建立烟田施肥与土壤改良档案，在耕地承包和烟草种植过程中实施耕地质量目标责任制和耕地质量补偿制度。使那些在土地承包期内重视土地“用养结合”，在地力建设上取得成效的个人和单位得到奖励，而只重视土地使用，忽视烟田土壤培肥和农田基本建设的个人和单位应得到惩罚。通过推进植烟土壤改良技术恢复和弘扬中华民族在农业耕种上重视地力建设的传统，推广先进的土壤培肥和土壤改良技术，确保烟叶生产能力逐年提高。

（五）构建完善的植烟土壤肥力监测网，及时掌握耕地养分动态

植烟土壤养分管理是一项长期和具有战略影响的重大工程，要完善和提高植烟土壤管理水平，应该选择有代表性的主产区设置植烟土壤养分变化长期定位监测点，在相同栽培技术区域内建立植烟土壤养分变化长期定位监测网。通过长期定位点监测土壤肥力变化情况，结合烟农户籍化管理中的基础资料，可测算植烟土壤肥力的变化趋势，为经济平衡施肥提供科学依据，使烟草平衡施肥技术提高到一个新的高度。

（六）推广经济平衡施肥技术，平衡土壤养分，降低生产成本

目前农村在种植烟草上过量施肥已是十分普遍现象，一方面投入大量肥料需要增加生产成本，另一方面为解决后期烟叶成熟落黄，又不得不采取延迟打顶或放花、放杈等措施，生产大量的田间垃圾。此种施肥结构不仅不能充分发挥肥效，还会造成烟叶品质下降和资源浪费，还会对土壤生产力和烟区环境形成巨大威胁。因此，要积极推广经济平衡施肥技术。

经济平衡施肥也是获得最适产量，平衡烟叶内在化学成分的根本措施，是获得优质烟叶的关键措施之一。经济平衡施肥就是指烤烟生产中施肥的总量、结构、肥种、时间、方法，要与烤烟生长发育的需肥特点和植烟土壤的供肥能力相协调。经济平衡施肥，必须以烟田测土为基础，以科学配方和协调水、肥、

气、热的关系为手段，以平衡烟叶化学成分、改善土壤理化性状、实现烟叶生产可持续发展为目标。通过推广测土施肥技术，真正做到对不同类型土壤施肥技术的分类指导；同时，通过建立植烟土壤养分数据库，开发烟叶经济平衡施肥专家咨询系统，经济合理利用肥料和改善烟叶生长的营养条件。经济平衡施肥重点抓好“测土、配方、配肥、供肥和技术指导”等五个关键环节，逐步建立经济平衡施肥的指标体系。继续推行两种推广模式。一是“依方施肥”模式，即根据土壤养分检测结果，应用地力计量施肥或养分丰缺指标施肥法，提出作物施肥配方，并制作成施肥建议卡发给农户自行购买各种肥料，按配方施肥。二是“依方配肥”模式，即根据土壤养分检测结果，应用养分平衡法施肥原理，设计出不同区域肥料配方，交由肥料生产企业按配方加工成配方肥，通过烟草技术推广或肥料销售网络，由烟草公司科技人员指导农民购买使用。

（七）加大科技成果转化力度，推广适用的土壤改良技术

扎实推进土壤改良配套技术科技成果的转化应用，重点对深耕深翻、绿肥种植、秸秆还田、腐熟农家肥施用、土壤pH值调控、生物炭、生物有机肥施用等土壤改良配套技术进行示范推广。

（八）宣传耕地质量提升重要性，提高职工和烟农忧患意识

耕地资源保护是烟叶安全的基础。因此，必须对当前经济快速发展背景下植烟耕地面积下降、土壤污染的现实有清醒的认识。充分发挥新闻媒体的舆论导向作用，广泛开展多种形式、丰富多彩的宣教活动，大力宣传植烟土壤质量提升的重要意义，宣传植烟土壤质量提升的好技术、好典型、好经验，提高广大职工和烟农的环保意识和科技水平，增强参与植烟土壤质量提升的自觉性，努力营造植烟土壤质量提升良好的社会氛围。

第七章　湘西烟区植烟土壤维护和改良研究实践

第一节　研究目的和意义

耕地是烤烟生产最基本的物质条件，它在数量和质量上的变化必将直接影响烤烟生产和烟叶质量。受长期粗放型的重用轻养发展模式的影响，植烟耕地质量下降严重制约烤烟生产可持续发展。耕地质量下降造成烟叶生产能力低而不稳，难以保证烟叶的稳定供应，影响卷烟品牌的良性发展；耕地质量下降必然导致烟叶生产成本提高，降低烟叶生产的经济效益和影响烟农收入稳定；耕地质量下降加速了生态环境恶化，严重影响到烟叶质量安全。

现代烟草农业虽然加强了烟田基础设施建设，但也存在一些不容回避的问题。忽视有机肥施用，致使土壤结构破坏，土壤质量下降；烟区连年种烟，连作障碍日益凸显；大量施用化肥，化肥投入效益明显下降；这些问题导致土壤退化，迫切需要开展相关研究。在植烟土壤改良中，由于害怕烤烟生长与秸秆、绿肥腐解争夺氮肥影响烤烟生长发育，秸秆和绿肥后期供氮影响烤烟落黄问题，不敢进行秸秆还田和种植绿肥改良植烟土壤。在旱地种植绿肥如何既保证绿肥具有一定产量，又不至于绿肥生物量过量而导致烤烟后期氮肥过多？如何减少绿肥种植和秸秆还田成本？如何减少绿肥还田后的烤烟化肥施用量？如何有机和无机协同改良植烟土壤？上述等等技术细节问题，迫切需要研究加以解决。

湘西土家族苗族自治州位于湖南省西北部，地处武陵山区，地理坐标北纬27°44.5′~29°38′，东经109°10′~110°22.5′，东北与张家界市相邻，东南与怀化市毗连，西南与贵州省交接，西与重庆市接壤，西北紧靠湖北省，系湘鄂渝黔四省市交界之地，属中国由西向东逐渐降低第二阶梯之缘，地势西北高东南低。州境群山起伏，褶皱断裂多，高差悬殊，最高海拔1 737m（龙山县石牌乡大灵山主峰），最低海拔97.1m（泸溪县武溪镇人头溪出口）。湘西州现辖7县1市，土地面积15 462km^2，其中耕地14万hm^2；人口272.13万，其中土家族113.26万，苗族90.13万，二者占总人口的74.74%。

湘西州是湖南省乃至中国重要的优质烟叶主产区之一，烤烟主要分布在龙山县、永顺县、凤凰县、保靖县、古丈县、泸溪县、花垣县等 7 个县。近年来，全州烟叶种植面积在 $1.3\times10^4\sim1.6\times10^4hm^2$，从事种烟的农户在 150 万户左右，涉烟农业人口达 200 多万人，烟叶年收购量在 3×10^4t 左右，占湖南烟叶产量的 1/5 左右，是芙蓉王、白沙、中华、利群、双喜等全国主要卷烟品牌的优质原料。湘西州具有种植烟草得天独厚的条件，生产出的烤烟色泽橘黄、香气浓郁、吸味醇和、风格特色突出，是中式卷烟的主体原料。随着全国卷烟工业企业的联合重组和卷烟品牌整合扩张的不断深入，以及“532、461”品牌发展战略的实施，加之北烟南移的现实，各卷烟企业对湘西州烟叶需求量不断增长，湘西州烟叶在烟草行业的基础地位和战略作用日益突出。

针对湘西烟区植烟土壤质量下降而导致烟叶产质量不稳定、烟叶生产投入较大和烟农收入减少的问题，2009 年开始单项技术研究，至 2013 年湖南省烟草专卖局立项重点课题“湘西烟区植烟土壤维护和改良研究与示范”（编号 13-14ZDAa03），以恢复植烟土壤地力和提高烟叶质量及稳定烟叶产量为研究目标，通过植烟土壤维护和改良关键技术研究，揭示植烟土壤维护和改良技术应用后的土壤养分变化规律和对烤烟产质量影响，系统集成构建湘西烟区植烟土壤维护和改良核心技术体系，提出湘西烟区植烟土地生产力可持续提升对策与区划，建成一批具有重要指导意义的土壤改良技术核心示范区，为烤烟生产可持续发展提供科技支撑。

第二节　研究内容和方法

一、研究内容

项目起止时间为 2009—2016 年。主要开展以下研究：①应用农作物秸秆改良山地植烟土壤技术；②种植绿肥改良山地植烟土壤技术；③施用生物炭改良山地植烟土壤技术；④改土物料协同维护和改良山地植烟土壤技术；⑤山地植烟土地生产力可持续提升战略；⑥湘西烟区植烟土壤维护和改良技术集成示范。

二、研究方法

（一）研究思路

运用土壤学、生态学、作物栽培学、烟草学等多学科理论与技术，针对湘西州植烟土壤质量下降问题，以及秸秆和绿肥还田后肥力释放与烤烟需肥规律不相吻合问题，以生态系统理论对土、水、肥三个资源的优化配置，以维护和改良湘西烟地土壤质量为目的，以追求省工节本、易于推广和适合湘西山地烟区特点的轻简技术为目标，改善植烟土壤，提升植烟土壤基础地力，改善和提高烟叶质量，实现烟叶生产可持续发展。

（二）研究的问题

（1）植烟土壤质量下降问题。烟田长期连作、忽视有机肥施用、掠夺式重用轻养的种植方式，致使烟区土壤结构破坏、土壤有机质下降、土壤酸化、土壤养分供应失衡、土壤微生物活性减弱等土壤质量下降问题日趋严重，加速了烟区老化和衰败，导致烟田土传病害发生加剧，影响了烟株的生长发育，烟株瘦小，生长速度缓慢，开片不好，烟叶耐养性和成熟度变差，烤后烟叶组织紧密，颜色发暗，油分降低，烟叶的可用性下降。

（2）植烟土壤“碳短板”补给问题。土壤碳氮平衡和微生态环境平衡与烟叶质量密切相关。土壤给作物供应矿质营养过程中，碳氮失衡造成微生物种群弱化，进而造成土壤中大量、中量、微量和稀土元素的均衡吸收性障碍，土壤碳库弱化是影响烟叶香气质量提升的重要限制性因素。提高烟叶香气质量的限制作用已由“矿质元素短板”演变为土壤“碳短板”。因此，通过秸秆还田、种植绿肥、增施生物炭等“碳短板”补给技术，能显著提高烟株根际土壤碳氮比，改善土壤生物学特性和微生物多样性，提高土壤矿质养分均衡供应能力和利用效率，进而能够提高烟叶香气质量，改善烟叶等级结构，增产增收。

（3）秸秆和绿肥还田后肥力释放与烤烟需肥规律不相吻合问题。烤烟是一种特殊的叶用经济作物，要在控制产量的基础上保证烟叶的品质。烤烟对肥料的要求是“少时富，老来贫”。秸秆和绿肥还田虽然可以改良土壤，但如果还田方法不恰当，其肥力释放与烤烟的需肥规律不相吻合，就会造成在烤烟生长前期的有机物腐解需氮与烟苗生长需氮矛盾，发生“氮饥饿”现象而影响烟苗早生快发问题，出现烤烟生长前期“黄弱苗”现象；在烤烟生长后期的有机氮矿化作用致使氮供应过量与烤烟实际需氮较少矛盾，发生烤烟后期氮素供应过多而影响烤烟正常成熟落黄的问题，导致烟叶质量下降。

三、技术路线

采用田间试验、盆栽试验、定位试验和调查研究相结合方法，开展秸秆还田技术、种植绿肥还田技术、生物炭施用技术、改土物料协同改良技术、植烟土地生产力可持续提升战略等方面研究，将研究结果系统集成并构建湘西烟区植烟土壤维护和改良核心技术体系，提出湘西烟区植烟土地生产力可持续提升对策，建成一批具有重要指导意义的土壤改良技术核心示范区（图 7-1）。

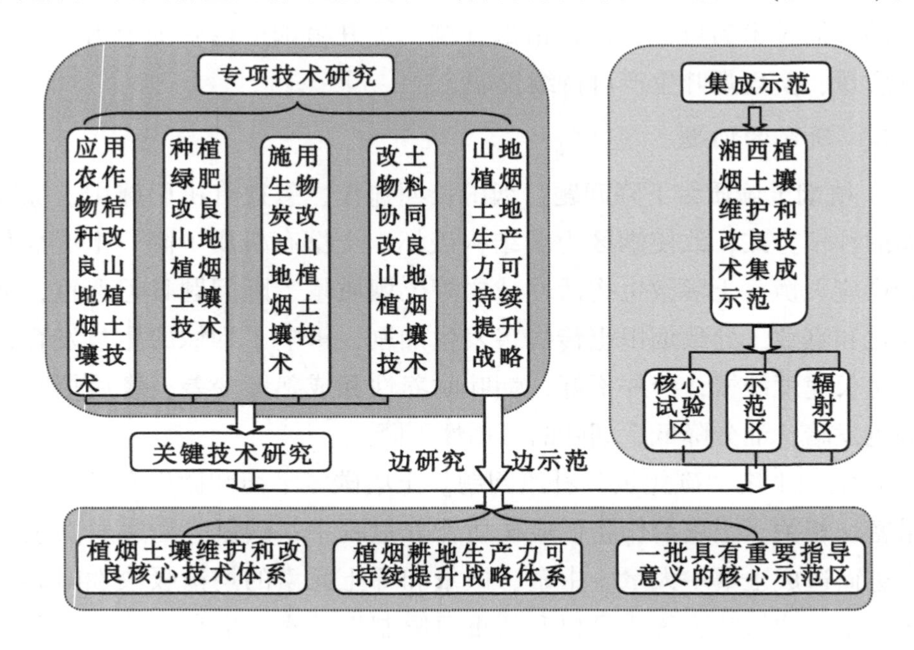

图 7-1　技术路线

第三节　主要创新成果

一、理论创新

（1）揭示了不同腐熟剂条件下玉米秸秆、不同绿肥品种还田后在植烟大田的腐解动态和养分释放规律。不同腐熟剂条件下玉米秸秆腐解动态和养分释放规律：玉米秸秆还田后前 10d 为快速腐解期，10～50d 为玉米秸秆的中速腐解期，以后腐解速度减慢；玉米秸秆还田 100d 后，秸秆碳、氮、磷、钾累计释放率分别为 55.64%～61.69%、54.21%～61.54%、85.96%～89.82%、93.02%～95.81%；施用腐熟剂可加速秸秆中有机碳、氮、磷、钾的释放。不同绿肥品种还田后腐解动态和养分释放规律：绿肥翻压还田前 2 周分解速度最快，第 3～7 周分解速度中等，7 周以后较慢；绿肥翻压至 49d 时，有机物、碳、氮、磷、钾累计分解率分别为 60.64%～70.57%、62.17%～71.32%、75.68%～83.03%、

70.61%~84.78%、73.88%~80.12%；绿肥翻压当年可提供烟田氮素52~81 kg/hm^2，磷素5~11kg/hm^2，钾素32~42kg/hm^2。这些规律为作物秸秆就地还田和种植绿肥还田维护与改良植烟土壤时，确定还田时间、还田量和减施氮肥提供了理论依据，丰富和发展了土壤改良理论。

（2）阐明了玉米秸秆直接还田、玉米秸秆促腐还田、油菜秸秆还田对植烟土壤质量和烤烟生长发育及产质量的影响规律。秸秆还田可降低土壤容重，提高土壤孔隙度，提高土壤有机质和养分，有利烤烟营养生长，改善烤烟化学成分协调性和评吸质量，提高种烟的经济效益，这为充分利用秸秆资源维护与改良植烟土壤提供了理论依据，丰富了秸秆改良植烟土壤理论。

（3）阐明了不同绿肥种植翻压还田对植烟土壤质量和烤烟生长发育及产质量的影响规律。通过5年定位试验和系统研究，探索了多年绿肥种植翻压还田、不同绿肥品种还田、绿肥种植和播种方式、绿肥翻压量、绿肥翻压后减氮量等对植烟土壤物理性状、土壤微生物、土壤酶、土壤养分和烤烟生长发育及产质量的影响规律；明晰了适量和适时的绿肥翻压还田可提高土壤有机质及主要养分含量，改善土壤结构，提高土壤微生物数量和土壤酶活性，有利烤烟营养生长，减轻烤烟病虫危害，提升烤烟化学成分协调性和评吸质量，提高烤烟种植经济效益；提出了以选择箭筈豌豆品种、翻压量20 000~30 000kg/hm^2鲜草、移栽前10~15d翻耕、减施氮肥10%~20%等为主要内容的种植绿肥改良山地植烟土壤方法。为充分利用冬季温光资源和发展多熟种植绿肥来维护与改良植烟土壤提供了理论依据，丰富和发展了绿肥改良植烟土壤和烤烟栽培理论。

（4）阐明了施用生物炭对植烟土壤理化性状、微生物和烤烟生长发育及产质量的影响规律。采用多年定位试验研究，探索了生物炭用量及其与氮肥配施对植烟土壤物理性状、土壤养分、土壤酶、土壤微生物和烤烟生长发育及产质量的影响规律，明晰了适量生物炭（3 750kg/hm^2）配施适量氮肥（112.5kg/hm^2）可提高土壤孔隙度，降低土壤容重，提高土壤有机质，提高土壤微生物数量和土壤酶活性，有利烤烟营养生长，提高烤烟光合能力，减轻烤烟病虫害，改善烤烟化学成分协调性，提高烤烟种植经济效益。为施用生物炭补强植烟土壤“碳短板”提供了理论依据，丰富和发展了生物炭改良土壤和烤烟栽培理论。

（5）阐明了“绿肥+秸秆+腐熟剂”生态协同对植烟土壤质量和烤烟生长发育及产质量的影响规律，明确了沟埋促腐玉米秸秆、沟播绿肥、聚垄栽培烤烟快速培肥植烟土壤和促进烤烟生长、提高烟叶质量的机理，丰富和发展了植烟土壤改良和作物多熟制栽培理论。

（6）构建了植烟土壤生产力可持续指数模型，采用 ArcGIS 技术进行了空间分布研究和区域划分。选择土壤有机质含量、土壤速效磷含量、土壤速效钾含量、土壤全氮含量、土壤 pH 值、土壤机械构成、土壤耕层厚度、水土流失情况、农田基础设施配套情况、灌溉能力、排水能力、3 年烤烟平均产量等有关土壤养分指标、土壤物理条件、土壤生态条件、经济指标的 12 个变量，采用加权指数和法构建了植烟土壤生产力可持续指数模型，采用 ArcGIS 技术进行了空间分布研究和区域划分，明确了湘西州植烟土壤生产力可持续提升区划：一级区（土壤可持续生产力优，主要包括 54 个乡镇），二级区（土壤可持续生产力较好，主要包括 23 个乡镇），三级区（土壤可持续生产力一般，主要包括 8 个乡镇），四级区（土壤可持续生产力差，主要包括 2 个乡镇）。为湘西烟区植烟土壤维护和改良分区提供了理论依据，丰富和发展了农业生态区划理论。

二、技术创新

（1）研发了“玉米烤烟轮作制中激发式秸秆就地还田”提升地力的耕作方法，丰富和发展了作物多熟制栽培耕作技术。

玉米与烤烟一年一熟轮作是山区主要种植模式。玉米和烤烟秸秆常遗弃田里或放火焚烧。既浪费秸秆资源，又造成环境污染。为充分利用山区秸秆资源全量还田改良植烟土壤，减少生产成本，研发了玉米烤烟轮作制中激发式秸秆就地还田耕作方法。技术发明要点：在烤烟—玉米轮作田里，玉米起垄栽培，每垄栽 2 行玉米，每垄的垄高 30±2cm，两垄之间的玉米的宽行距为 70±5cm，每垄上的两行玉米之间的窄行距为 50±5cm，株距 25～30cm；玉米收获后，不翻耕土壤，利用原垄和沟，将砍掉的秸秆直接在垄沟均匀撒施还田。其次，在秸秆上撒施秸秆腐熟剂等微生物肥。然后将垄体土壤倒向垄沟覆土掩埋秸秆。第 2 年，在烤烟移栽前 10～15d，在掩埋玉米秸秆的垄沟内撒施烤烟基肥，烤烟采用单行垄栽，行距 120±5cm，株距 50～60cm；沿垄沟两侧分别向沟内聚集土壤，免耕聚垄，按烤烟栽培起垄要求整理成垄栽培烤烟。具体操作如图 7-2 所示。

该技术主要优点：①农业废弃物资源化绿色利用。玉米和烟秸还田，可改良土壤和减少秸秆焚烧对环境的影响。②激发式秸秆高效还田。秸秆添加腐熟剂激发秸秆腐解和养分释放，可有效解决传统方法秸秆直接还田与烤烟需肥规律不相一致的矛盾。③少免耕轻简还田。秸秆就地免耕沟埋，实现烤烟和玉米栽培少免耕，可减少用工成本，操作简便，易于推广。总之，采用本发明技术，可提高土壤有机质 41.29%，提高烟叶上等烟比例 7.73%，提高烟叶产量 14.95%，提高烟叶产值 13.61%，提高玉米产量 29.82%；与传统玉米烤烟轮作比较，可省工 52.5 个/hm^2，主要是玉米和烤烟整地省工。

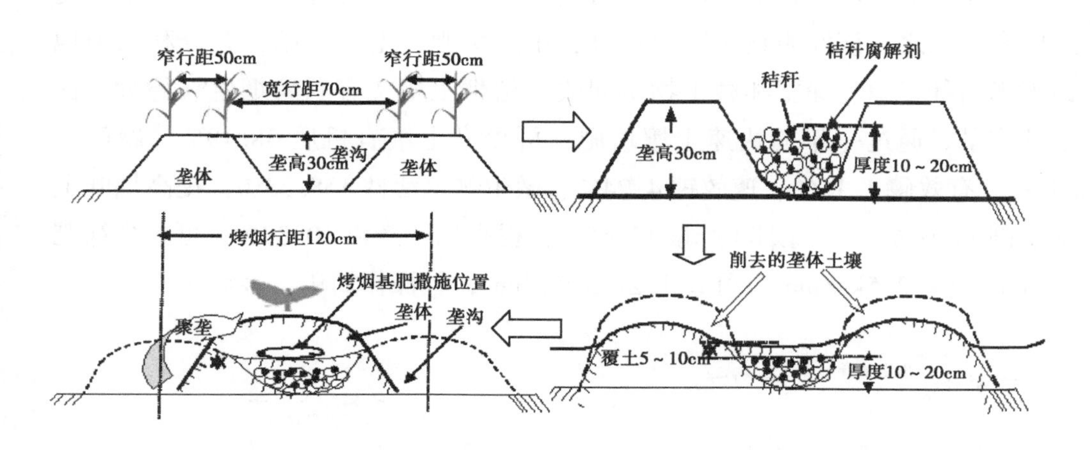

图 7-2 玉米烤烟轮作制中激发式秸秆就地还田方法

（2）研发了“少耕+秸秆+腐熟剂+绿肥”的山地植烟土壤快速培肥方法，丰富和发展了植烟土壤改良和绿色轻简烤烟栽培技术。

针对山地烟区山地多、田块小、秸秆不便于机械还田的特点，以及传统秸秆还田存在秸秆腐解慢导致在烤烟生长的前期存在烤烟生长与秸秆腐解争夺氮肥影响烤烟生长、传统翻耕压埋秸秆和翻耕播种绿肥所需的用工和投入成本高等问题，研发了“少耕+秸秆+腐熟剂+绿肥”的山地植烟土壤快速培肥方法。技术发明要点：烤烟或玉米收获后，砍掉秸秆，不翻耕土壤，直接在垄沟施秸秆，在秸秆上撒施秸秆腐熟剂等微生物肥，然后将垄体土壤倒向垄沟覆土掩埋秸秆。其次是条播绿肥，在掩埋秸秆的土壤上面播种箭筈豌豆绿肥，采用条播，播幅 55～65cm。再次是免耕聚垄掩埋绿肥，第 2 年，在烤烟移栽前 10～15d，在绿肥上撒施烤烟基肥，按烤烟行距要求，沿绿肥两侧分别向绿肥聚集土壤，掩埋绿肥，整理成垄栽培烤烟。具体操作如图 7-3 所示。

该技术主要优点：①垄沟免耕秸秆还田（少耕+秸秆），可减少传统翻耕压埋秸秆所需的翻耕机具和劳力，减少用工和节约生产成本。②秸秆快速腐解。采用秸秆腐熟剂可加速秸秆腐解，有效保证玉米秸秆在烤烟移栽前基本腐解，可有效解决传统方法秸秆还田与烤烟争夺氮肥影响烤烟生长的矛盾。③绿肥垄沟种植。垄沟上条播绿肥（少耕+绿肥），可减少绿肥用种量；同时，绿肥的生物量适当减少，可减少移走多余绿肥所需用工；绿肥不割不扎、不搬不运、就地施用，而且不翻犁、不碎土，可节省许多人力、畜力，可减少人工22.5个/hm^2。④少免耕聚垄。免耕聚垄掩埋绿肥（少耕），解决绿肥残留物与烟苗接触而影响烟苗生长的矛盾；不需旋耕，也不需要再起垄，可进一步节约生产成本。总之，该发明技术下层秸秆，中层绿肥，上层化肥，充分利用山地烟田玉米秸秆资源、绿肥和微生物协同改良植烟土壤，有利烤烟生长稳健，提高烟叶质量。通过一年的快速土壤培肥，可提高土壤有机质38.19%、碱解氮28.48%、有效磷1.15%、速效钾4.24%、微生物总活性158.33%，提高烟叶上等烟比例17.65%，提高烟叶产量15.65%，提高烟叶产值10.89%，可减少绿肥用种量15.0~22.5kg/hm^2；可省工22.5个/hm^2，且操作简单、轻简实用。

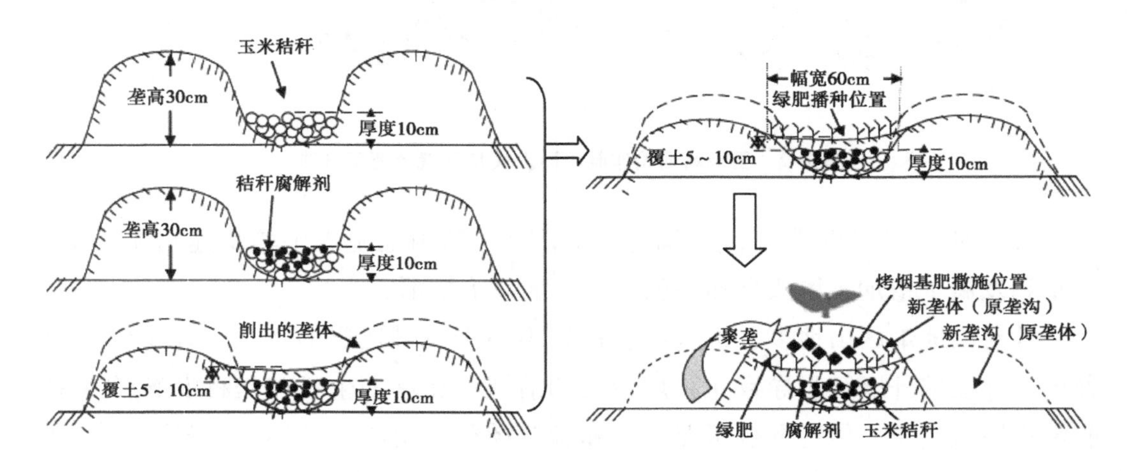

图7-3 少耕+秸秆+腐熟剂+绿肥的山地植烟土壤快速培肥方法

（3）系统集成并构建了湘西烟区植烟土壤维护和改良核心技术体系，丰富和发展了山地土壤维护和改良及作物栽培技术。

系统集成构建了“秸秆+绿肥+生物炭”为核心的植烟土壤生态协同改良技术。主要包括：①玉米秸秆促腐还田技术，玉米秸秆+微生物菌剂，就地掩埋玉米秸秆，微生物菌剂促腐加速玉米秸秆腐解，改善植烟土壤物理性状，提高土壤有机质和养分，增加土壤微生物量和酶活性。②绿肥沟播技术，不翻耕土壤，直接在垄沟内免耕播种绿肥，并用细土覆盖；待到第2年，烤烟移栽前，将原垄体土壤分别倒向垄沟内掩埋绿肥，然后整细土壤成垄。可简化绿肥播种工序，可提高绿肥出苗率，降低生产投入，获得较高的产出效益。③种植箭筈豌豆翻压还田技术，选择种植箭筈豌豆做绿肥，在烤烟移栽前20d左右翻压绿肥，控制绿肥还田量在20 000~30 000kg/hm^2，减施化肥氮9~18kg/hm^2，可解决绿肥在烤烟生长前期与烟苗争氮和在烤烟生长后期氮供应过量而导致烟叶质量下降问题，改善植烟土壤物理性状，将土壤中的无机养分转化为有机养分，提高土壤有机质和氮、磷、钾养分的有效性，增加土壤微生物量和酶活性，减少化肥施用量，提高种烟效益。④烟田应用生物炭技术，生物炭用量为3 750kg/hm^2，氮肥用量为112.5kg/hm^2，提高植烟土壤碳氮比，改善植烟土壤结构，为土壤微生物和烟草生长创造良好土壤微环境。⑤秸秆与绿肥生态协同培肥土壤技术，就是"少耕+秸秆+腐熟剂+绿肥"的土壤快速培肥，不翻耕土壤，直接在垄沟施秸秆，在秸秆上撒施秸秆腐熟剂等微生物肥，然后将垄体土壤倒向垄沟覆土掩埋秸秆，在掩埋秸秆的土壤上面播种箭筈豌豆绿肥；第2年，免耕聚垄掩埋绿肥后移栽烤烟。可快速培肥土壤，减少用工，节约生产成本，提高种植烤烟效益。

三、知识产权成果

（1）发表相关论文28篇，具体见附录1。

（2）获得授权发明专利2件。①一种植烟土壤生态改良方法（专利号ZL201510175054.6）；②玉米烤烟轮作制中秸秆就地还田耕作方法（专利号ZL 201510573743.2）。

（3）撰写技术规程4项。①烟地秸秆还田技术规程；②绿肥改良植烟土壤技术规程；③生物质黑炭施用技术规程；④绿肥和秸秆生态协同改良植烟土壤技术规程。

第四节　示范应用

一、示范模式

采用边试验研究、边示范、边推广的方法。在凤凰县千工坪和花垣县道二镇核心试验区开展相关技术研究，形成研究成果；以项目研究成果为主，引进已有成熟技术为辅，优化集成植烟土壤维护和改良关键核心技术，在各县建立技术集成示范区；依据集成示范区的示范效果，将成果辐射至特色优质烟叶规模开发区。通过示范区建设和辐射带动作用，提升湘西州植烟土壤生产力，促进湘西州烟叶生产可持续发展（如图7-4所示）。

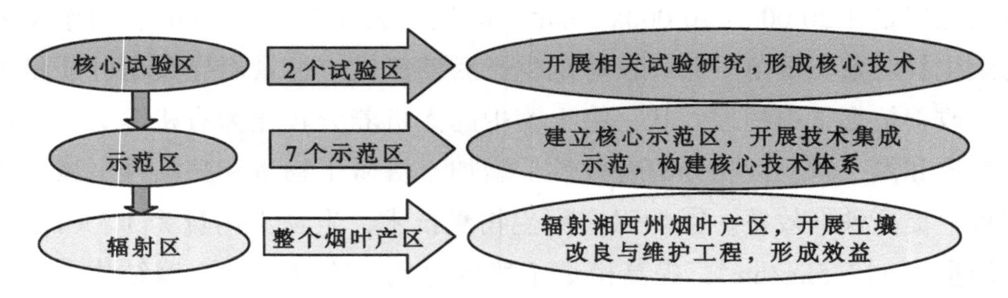

图7-4 循序渐进技术推广模式

二、示范成效

（一）经济效益

从2013—2016年在湖南省湘西山地烟区的湘西自治州、张家界市、常德市、怀化市等烟区大力推广项目成果，累计推广37 500 hm^2，实现新增产值20 642.49万元，新增政府烟叶税4 539.07万元，企业新增利润6 192.49万元，节支总额2 431.41万元。目前，该项目成果已覆盖烟区90%以上面积。

（二）社会效益

项目研究成果的应用推动了绿肥种植、秸秆还田和生物炭等在湘西烟区的大面积应用，可提高植烟土壤质量和烟叶质量，稳定烟叶生产，为湘西州特色优质烟叶开发提供了坚实的科技支撑；有利于其他粮食作物、经济作物的高值化栽培，促进社会和谐发展；种植绿肥和秸秆还田可节约化肥成本750元/hm^2，提高烟叶产值6 000～6 750元/hm^2，增加烟农收入，为烟区脱贫致富提供了保障。

（三）生态效益

项目成果本身对环境没有污染。与此同时，秸秆还田既能减少秸秆燃烧对环境的破坏，又能改良土壤，提高土壤肥料；绿肥种植能净化生态环境，减少冬季土壤裸露，蓄水保土，具有防止土壤侵蚀的效果。秸秆还田、种植绿肥能提供养分，改善土壤理化性状和微生态环境，减少化肥氮施用9～18kg/hm^2，防止大量施用化肥对环境的污染，有效保护了生态环境，具有显著的生态效益。

附录1 研究过程中发表的论文

[1] 邓小华，杨丽丽，陆中山，江智敏，菅攀锋，田峰，张明发，田明慧，张黎明. 黑麦草绿肥翻压下烤烟减施氮量研究［J］. 中国烟草学报，2016，22（6）：70-77.

[2] 周米良，邓小华，田峰，李海林，巢进，张明发，张黎明. 玉米秸秆促腐还田的腐解及对烤烟生长与产质量的影响［J］. 中国烟草学报，2016，22（2）：67-74.

[3] 田峰，陆中山，邓小华，赵炯平，江智敏，陈前锋，菅攀锋，张明发. 湘西烟区翻压不同绿肥品种的生态和烤烟效应［J］. 中国烟草学报，2015，21（4）：56-72.

[4] 邓小华，石楠，周米良，田峰，陈前锋，赵炯平，江智敏，菅攀锋，覃勇. 不同绿肥翻压对植烟土壤理化性状的影响［J］. 烟草科技，2015，48（2）：7-10.

[5] 邓小华，罗伟，周米良，田峰，张明发，江智敏，郑宏斌，张仲文. 绿肥在湘西烟田中的腐解和养分释放动态研究［J］. 烟草科技，2015，48（6）：13-18.

[6] 江智敏，田峰，邓小华，赵炯平，菅攀锋，郑宏斌，张仲文. 多年定位翻压绿肥对烤烟大田生长及经济性状的影响［J］. 中国烟草科学，2015，36（3）：35-39.

[7] 张黎明，邓小华，周米良，田峰，赵炯平，江智敏，菅攀锋，张明发. 不同种类绿肥翻压还田对植烟土壤微生物量及酶活性的影响［J］. 中国烟草科学，2016，37（4）：13-18.

[8] 刘卉，周清明，黎娟，张黎明，张明发，孙敏，刘智炫，陈佳亮. 生物炭施用量对土壤改良及烤烟生长的影响［J］. 核农学报，2016，30（7）：1411-1419.

[9] 陈治锋，邓小华，周米良，田峰，巢进，蔡云帆，张明发. 秸秆和绿肥还田对烤烟光合生理指标及经济性状的影响［J］. 核农学报，

2017，31（2）：410-415.

[10] 刘卉，张黎明，周清明，黎娟，向德明. 烤烟连作下连续施用生物炭对烤烟黑胫病、干物质及产质量的影响［J］. 核农学报，2018，32（7）：1435-1441.

[11] 刘卉，周清明，黎娟，张黎明，张明发，孙敏，刘智炫，陈佳亮. 生物炭与氮肥配施对烤烟生长及烟叶主要化学成分的影响［J］. 华北农学报，2016，31（5）：159-166.

[12] 刘卉，周清明，黎娟，向德明，张黎明. 长期定位连续施用生物炭对植烟土壤物理性状的影响［J］. 华北农学报，2018，33（3）：182-188.

[13] 刘卉，周清明，黎娟，张黎明，张明发，孙敏，刘智炫，陈佳亮. 生物炭对植烟土壤养分的影响［J］. 中国农业科技导报，2016，18（3）：150-155.

[14] 胡瑞文，刘勇军，周清明，刘智炫，黎娟，邵岩，刘卉. 生物炭对烤烟根际土壤微生物群落碳代谢的影响［J］. 中国农业科技导报，2018，20（9）：49-56.

[15] 刘卉，周清明，刘勇军，黎娟，张黎明，张明发. 生物炭对烤烟生长及烟叶质量的影响［J］. 中国农业科技导报，2017，19（10）：73-81.

[16] 胡瑞文，刘勇军，荆永锋，周清明，刘智炫，黎娟，邵岩，刘卉. 深耕条件下生物炭对烤烟根系活力、叶片 SPAD 值及土壤微生物数量的动态影响［J］. 江西农业大学学报，2018，40（6）：1223-1230.

[17] 杨丽丽，周米良，邓小华，田峰，张明发，陈治锋，张黎明. 不同腐熟剂对玉米秸秆腐解及养分释放动态的影响［J］. 中国农学通报，2016，32（30）：32-37.

[18] 田明慧，张明发，田峰，邓小华，江智敏，巢进，蔡云帆，菅攀锋，张黎明，朱三荣，吕启松. 不同绿肥翻压对玉米产量及土壤肥力的影响［J］. 中国农学通报，2016，32（9）：41-46.

[19] 曹海莲，田峰，蔡云帆，巢进，张明发，邓小华. 不同植烟土壤改良模式对烤烟产质量的影响［J］. 作物研究，2015，29（6）：613-616.

[20]　彭莹，李海林，田峰，张明发，邓小华. 油菜秸秆覆盖还田对烤烟生长和产质量的影响［J］. 作物研究，2015，29（6）：622-625.

[21]　菅攀锋，邓小华，田峰，赵炯平，江智敏，陈前锋，张明发. 种植模式对湘西烟地绿肥生物量和养分积累量的影响［J］. 作物研究，2014，28（6）：618-611.

[22]　赵炯平，邓小华，江智敏，郑宏斌，张仲文，覃勇，田峰，张明发.不同绿肥翻压还土后植烟土壤主要养分动态变化［J］. 作物研究，2015，29（2）：161-165.

[23]　陈蕾，邓小华，李海林. 绿肥还田与减施氮肥对烟叶SPAD值的影响［J］. 作物研究，2015，29（4）：386-390.

[24]　石楠，周米良，邓小华，田峰，赵炯平，菅攀锋，江智敏，陈治锋. 翻压绿肥后减施氮量对烤烟产质量的影响［J］. 作物研究，2015，29（2）：166-169.

[25]　张明发，田峰，田茂成，陈前锋，邓小华. 绿肥不同还田量对烤烟产质量的影响［J］. 作物研究，2015，29（5）：442-446.

[26]　覃勇，杨丽丽，邓小华，江智敏，菅攀峰，张明发，陈治锋. 绿肥还田量对烤烟生长发育和产质量的影响［J］. 天津农业科学，2015，21（2）：119-122.

[27]　颜波，黄琼慧，邓小华，王树兵，操张洪. 湘西烟区秸秆资源化利用现状及在植烟土壤改良中的应用对策［J］. 作物研究，2019，33（1）：26-30.

[28]　Chen Zhifeng，Deng Xiaohua，Zhou Miliang，Tian Feng，Zhang Mingfa. Effects of green manure mixed cropping patterns on physical and chemical properties of soil and economic characters of flue-cured tobacco［J］. Agricultural Science & Technology，2015，16（8）：1723-1727.

附录 2　研究过程中制定的技术标准

烟地秸秆还田技术规程

绿肥改良植烟土壤技术规程

生物质黑炭施用技术规程

绿肥和秸秆生态协同改良植烟土壤技术规程

ICS

Q/WAAA

湖南省烟草公司湘西自治州公司企业标准

Q/WAAA071—2018

烟地秸秆还田技术规程

2018-02-25 发布 2018-03-01 实施

湖南省烟草公司湘西自治州公司 发布

前　言

本标准按照 GB/T1. 1—2009 给出的规则起草。

本标准由湘西自治州烟草专卖局提出并归口。

本标准起草单位：湖南省烟草公司湘西自治州公司、湖南农业大学。

本标准主要起草人：田明慧、陈前锋、滕凯、张胜、邓小华、周米良、田峰、张明发。

本标准为首次发布。

烟地秸秆还田技术规程

1 范围

本标准规定了玉米秸秆粉碎还田、玉米秸秆堆沤还田、玉米秸秆就地促腐还田、油菜秸秆还田、稻草秸秆还田技术等内容。

本标准适用于湘西自治州植烟土壤改良。

2 术语和定义

下列术语和定义适用于本文件。

2.1 秸秆还田

秸秆还田是把不宜直接作饲料的秸秆（玉米秸秆、油菜秸秆和水稻秸秆等）直接或堆积腐熟后施入土壤中的一种方法。秸秆中含有大量的新鲜有机物料，在归还于农田之后，经过一段时间的腐解作用，就可以转化成有机质和速效养分。既改善土壤理化性状，也可供应一定的钾等养分。

2.2 秸秆腐熟剂

能使秸秆等有机废弃物快速腐熟和分解的微生物活体制剂，使秸秆中所含的有机质及磷、钾等元素成为植物生长所需的营养，并产生大量有益微生物，刺激作物生产，提高土壤有机质，增强植物抗逆性，减少化肥使用量，改善作物品质，实现农业的可持续发展。

3 秸秆还田主要措施

3.1 玉米秸秆粉碎翻压还田

利用秸秆粉碎机将摘穗后的玉米秸秆就地粉碎，均匀地抛洒在地表，随即翻耕入土，使之腐烂分解，达到大面积培肥地力的一种秸秆还田方法。

3.2 玉米秸秆堆沤还田

将玉米秸秆和微生物按一定比例进行堆积，利用多种微生物对玉米秸秆中的有机物质进行腐解，然后将腐熟的玉米秸秆归还大田，培肥地力的一种秸秆还田方法。

3.3 玉米秸秆就地微生物促腐还田

在山区玉米烤烟一年一熟轮作制中，将玉米秸秆并撒上腐熟剂就地掩埋在垄沟里的一种玉米秸秆促腐就地还田耕作方法。玉米秸秆免耕、就地沟埋覆盖，腐熟剂促进秸秆腐解，改善土壤物理性状、提高植烟土壤有机质和养分、提高土壤微生物量和酶活性，达到有效维护和改良土壤质量的目的。

3.4 油菜秸秆覆盖还田

油菜收获后，秸秆收集到田边，在作物移栽后，把油菜秸秆铺盖在作物行间的一种秸秆覆盖还田方法。不仅能抢农时，解决秸秆回收加工遇到的运费高、损耗多等诸多问题，而且减少环境污染，培肥地力。

3.5 稻草秸秆还田

包括稻草翻压还田和稻草覆盖还田。稻草翻压还田是在水稻收获后，将稻草切短，直接翻埋入田。稻草覆盖还田是将水稻收获后的秸秆整株铺放在烤烟的垄间地表，伴随烤烟的生长和田间农事活动完成自然腐熟，腐解物可为当茬或后茬作物直接利用。

4 秸秆还田操作方法

4.1 玉米秸秆粉碎翻压还田操作方法

4.1.1 秸秆还田的数量和时间

秸秆还田数量以还田4 500～6 000kg/hm^2 为宜。秸秆含水量30% 以上时，还田效果好；地块田间土壤含水量应占田间持水量的60%～70%最适于玉米秸秆腐烂。

4.1.2 玉米秸秆粉碎作业要求与作业质量

一次完成玉米收获、秸秆粉碎还田作业，也可人工摘穗后采用秸秆还田机作业。要求秸秆切碎长度≤10cm，秸秆切碎合格率≥ 90%，抛撒均匀率≤20%，漏切率≤1.5%，割茬高度≤8cm；灭茬深度≥5cm，灭茬合格率≥95%。

4.1.3 玉米秸秆粉碎作业机具选择

根据当地玉米种植规格、具备的动力机械、收获要求等条件，宜选择悬挂式、自走式等适宜的玉米联合收获机和玉米秸秆粉碎还田机。

4.1.4 玉米秸秆粉碎作业质量检查

机械作业后，在检测区内采用5点取样法测定。每点取长1m，1个实际作业幅宽，作为 1 个小区。主要测定指标包括：切碎长度合格率、割茬高度、抛撒均匀率、漏切率、污染情况、灭茬深度、灭茬合格率。

4.1.5 玉米秸秆翻压作业要求与作业质量

根据土壤适耕性，确定翻压时间，土壤含水量以田间最大持水量的 70%～75%时为宜；耕层浅的土地，要逐年加深耕层，切勿将大量生土翻入耕层；翻耕后秸秆覆盖要严密；耕后用旋耕机进行整平并进行压实作业。耕深≥25cm，碎土率≥65%，立垡、回垡率≤3%。

4.1.6 玉米秸秆翻压作业机具选择

选用深耕犁。可根据所具备的拖拉机功率、土地面积等情况选择单铧或多铧犁。为减少开闭垄，有条件的可选用翻转犁。

4.1.7 玉米秸秆翻压田间作业质量检查

深耕作业检测区距离地头 15m 以上，检测区长度为 40m；小拖配套深耕检测区长度为 20m。沿前进和返回方向各测 2 个行程，测定耕深、耕幅、开垄宽度、闭垄高度、立垡和回垡率。

4.2 玉米秸秆堆沤还田操作方法

4.2.1 备料

用铡草机或铡刀将玉米秸秆切成每段 50cm 以下的小段，按每 500kg 秸秆用速腐剂（如腐秆灵菌剂）0.5～1.0kg，尿素 2.5～3.5kg 或碳酸氢铵 5～7.5kg（可用 10%的人畜粪代替氮肥）。

4.2.2 挖坑

将收获后的秸秆，在靠近水源、就场头地头，挖宽 1.5～2m、长 3m（可视原料多少而定）、深 0.4～0.6m 的长方体坑，并将挖出的泥土作四周围埂，以防肥水流失，可留一部分作压膜用。

4.2.3 堆放

将秸秆分 3 层堆平，第一层堆高 50～60cm，浇透水（含水量在 60%～65%），分层分量均匀撒施速腐剂和氮肥。堆高一般在 1.5～1.8m 为宜。在浇足水的情况下，用草叉轻轻地拍实。

4.2.4 盖膜

秸秆堆四周，调理整齐，即可覆盖农膜，膜要盖严，四周用泥土压实，以防跑气，影响腐熟效果。

4.2.5 检查

在堆腐10~15d，掀开膜看堆腐地上部分是否缺水，如缺水，还应适当补浇1次水再封严。在不缺水的情况下，堆腐25~30d掘起翻倒1次，重新堆制后仍用土封严，一般2个月左右能腐熟，3个月就可完全腐熟，作为基肥使用。

4.3 玉米秸秆就地微生物促腐还田操作方法

4.3.1 玉米起垄栽培

在烤烟—玉米轮作田里，玉米起垄栽培，每垄栽2行玉米，每垄的垄高30cm±2cm，两垄之间的玉米的宽行距为70cm±5cm，每垄上的两行玉米之间的窄行距为50m±5cm，株距25~30cm。

4.3.2 玉米秸秆处理

在每年秋季，玉米棒收获后，砍掉玉米秸秆，不翻耕土壤，免耕，玉米秸秆就地直接还田，将玉米秸秆全量均匀平铺施于玉米垄沟中。

4.3.3 撒施腐熟剂

在玉米秸秆上均匀撒施秸秆腐熟剂，以促进和加速秸秆腐解；秸秆腐熟剂与细土拌匀，再撒施。

4.3.4 玉米秸秆覆盖

将种植玉米的垄体从中剖开，土壤分别倒向两边的原玉米垄沟内，覆盖秸秆，覆土厚度不低于5~10cm；覆土后要求玉米秸秆不露出土壤，并使得原玉米垄沟仍呈凹形。

4.3.5 聚垄栽培烤烟

次年的烤烟移栽前，施烤烟专用基肥在原玉米垄沟上，在原玉米垄沟上聚集土壤形成新的烤烟垄体；而原玉米垄体则因此形成新的烤烟垄沟；在新的烤烟垄体上栽培烤烟；烤烟采用单行垄栽，行距120cm，株距45~50cm。

4.4 油菜秸秆覆盖还田操作方法

4.4.1 时间

油菜收获后，在烤烟移栽约1周后，一般在在5月下旬。

4.4.2 还田量

油菜秸秆还田量为4 500kg/hm^2。

4.4.3 秸秆处理

收获的油菜秸秆铡断为 10cm 左右。

4.4.4 方法

烤烟采用宽窄行（100cm+120cm）栽培，起垄采用双行“凹”形垄，将铡断的油菜秸秆均匀地施在烤烟窄行的“凹”形垄沟里。

4.5 稻草秸秆还田操作方法

4.5.1 稻草翻压还田操作方法

4.5.1.1 稻草还田量

本田块稻草量的 1/2~2/3。

4.5.1.2 还田方法

晚稻收割后，将稻草切成 15~20cm 长，均匀撒于田面上。酸性土壤撒施石灰 450kg/hm^2，碱性土壤每亩撒施腐熟有机肥 450kg/hm^2，随即翻耕将稻草压入 15cm 左右的土中，灌水浸泡 10~20d。让稻田的水自然蒸发落干后，晒垡冻垡待起垄。

4.5.1.3 注意事项：

①稻草还田量应根据晚稻产量而定，产量高的田块稻草还田 1/2，产量较低的田块还田 2/3；

②稻草应切碎撒匀，以免影响翻耕和起垄；

③尽早翻埋还田；

④在酸性和透水性差的土壤上进行秸秆直接还田时，应施入石灰或白云石粉 450~600kg/hm^2，中和秸秆在分解过程中产生的有机酸，以预防中毒和促进秸秆的腐解。

4.5.2 稻草覆盖还田操作方法

4.5.2.1 稻草覆盖量

以 4 500~5 250kg/hm^{2}为宜。

4.5.2.2 还田方法

烟草移栽前，施肥起垄后，在土面上喷洒芽前除草剂一次，再将稻草切成 15~20cm 长，然后将稻草直接覆盖在垄面上即可移栽。移栽后在稻草上喷洒杀虫剂一次。

4.5.2.3 烤烟栽培注意事项

基追肥的比例及追肥使用方法要相应调整，降低基肥中的氮、钾肥比例20%左右，相应提高追肥的比例，追肥除了第一次提苗肥浇施外，其他追肥在多雨季节里应进行穴施。

ICS

Q/WAAA

湖南省烟草公司湘西自治州公司企业标准

Q/WAAA072—2018

绿肥改良植烟土壤技术规程

2018-02-25 发布　　2018-03-01 实施

湖南省烟草公司湘西自治州公司　　发布

前　言

本标准按照 GB/T1. 1—2009 给出的规则起草。

本标准由湘西自治州烟草专卖局提出并归口。

本标准起草单位：湖南省烟草公司湘西自治州公司、湖南农业大学。

本标准主要起草人：张胜、滕凯、陈前锋、田明慧、田峰、周米良、邓小华、张明发。

本标准为首次发布。

绿肥改良植烟土壤技术规程

1 范围

本标准规定了绿肥种植的品种、播种、管理和还田压青技术等内容。

本标准适用于湘西自治州植烟土壤改良。

2 适宜种植品种及其特征特性

2.1 箭筈豌豆

为豆科一年生草本植物。茎有条棱，呈半攀缘状，长80~120cm，分枝30~50个；叶为偶数羽状复叶，小叶4~10对，顶端具卷须；花梗短，花冠呈紫红色；主根肥大，根瘤多，呈粉红色。喜冷凉，干燥气候，耐旱、耐瘠，适宜pH值为5~8.5。适应性强，茎枝柔软，生物量大，每666.67m^{2}播种量4~4.5kg。

2.2 光叶紫花苕

为豆科一年生或二年生草本植物。茎细长，呈攀援状，长150~250cm，分枝20~30个；叶为偶数羽状复叶，小叶10~16对、为披针形，顶端具卷须；总状花序腋生，总花梗长，花冠呈紫红色。耐寒能力较强，较耐旱、耐瘠，不耐潮湿，喜沙土及排水良好的土壤。每666.67m^{2}播种量4~4.5kg。

2.3 紫云英

又名红花草子，为豆科越年生草本植物。株高80~120cm，茎圆柱形、中空，茎粗0.2~0.9cm，一般有8~12节，每节1片奇数羽状复叶，具有7~13枚小，伞状花序，腋生或顶生，有小花8~10朵，簇生在花梗上。喜温暖气候和湿润、排水良好土壤，不耐瘠薄。每666.67m^{2}播种量3~4kg。

2.4 满园花

又名肥田萝卜，为十字花科一年生草本植物。株高60~100cm，直立生长；叶大而光滑或具尖毛，长圆披针形，具有较长的叶柄；总状花序排列，角果长柱形，根肥厚多肉质。早中熟品种植株较矮，叶较小；晚熟品种植株高，叶较宽大。耐旱性较强，耐瘠薄，在旱地、山坡地生长良好，耐酸性强。每666.67m^{2}播种量2~3kg。

2.5 黑麦草

多年生植物，秆高30~90cm，基部节上生根质软。叶舌长约2mm；叶片柔软，具微毛，有时具叶耳。穗形穗状花序直立或稍弯；小穗轴平滑无毛；颖披针形，边缘狭膜质；外稃长圆形，草质，平滑，顶端无芒；两脊生短纤毛，根系发达，较耐旱、耐瘠。每666.67m^{2}播种量2~3kg。

3 绿肥品种选择

主要推广种植箭筈豌豆。旱地可适当搭配种植黑麦草或满园花；稻田可适当搭配种植紫云英或满园花。

4 绿肥播种

4.1 播种时期

在9月底至10月上旬。

4.2 播种量

根据品种确定播种量，肥力较高土壤宜适当少播，肥力较低土壤宜适当多播。

4.3 播种方法

4.3.1 已经收完烟叶的烟田

先拔除烟杆，将烟地翻耕，耙平土壤后进行撒播，既可以冻胚晒垡、疏松土壤又有利于绿肥的生长。

4.3.2 没有收完烟叶的烟田

在采收中下部叶以后，直接在烟垄上和垄沟内条播或撒播，烟叶收完后，及时拔除烟杆和杂草。

种植其他作物，翌年准备种烟的土地，先进行翻耕，耙平土壤后撒播。

5 绿肥管理

5.1 整地开沟

多数绿肥喜湿，但又怕涝，播种后要开好围沟和腰沟等排水沟，防止田间渍水。

5.2　肥水管理

绿肥出苗需要一定的水分，播种时要保持较好的土壤湿度以保证出苗。根据土壤情况，可以适当施用一定的磷肥或腐熟的有机肥，达到以“小肥养大肥”的效果。

5.3　防治病虫害

绿肥的病虫害，对鲜苗和种子产量都有很大影响，必须做到防重于治，一经发现，立即治，全面治、彻底治。

6　绿肥还田压青

6.1　翻压时期

在第二年 3 月下旬至 4 月初进行翻压。种植烤烟的，于移栽前 15~20d 结合土地翻耕、起垄时进行。翻耕过早，虽然植株柔嫩多汁，容易腐烂，但鲜草产量低，养分总含量也低。翻压过迟，植株趋于老化，木质素、纤维素增加，难以分解腐烂。

6.2　绿肥压青量

每 hm^2 鲜草翻压量宜控制在 20 000~ 30 000kg。如翻压前绿肥鲜草产量过大，可将过多的绿肥割掉一部分，用于其他地块翻压或用于饲养牲畜。

6.3　翻压方法

翻压前先用机械将绿肥打碎或切断成 10~20cm 长，然后撒在地面或施入沟中，再进行翻耕。一般埋入土中 10~20cm 深，砂性土壤可适当深些，黏性土壤可适当浅些。

7　翻压绿肥土壤烤烟施肥量的确定

由于绿肥含有一定的养分，尤其是氮素含量较高。因此，在烤烟施肥时，为了防止施用氮素过多，应在总施氮量中扣除由绿肥带入的部分有效氮素。箭筈豌豆宜减少施氮量 10%~20%，黑麦草减少施氮量控制在 10%以内。

ICS

Q/WAAA

湖南省烟草公司湘西自治州公司企业标准

Q/WAAA073—2018

生物质黑炭施用技术规程

2018-02-25 发布　　　　2018-03-01 实施

湖南省烟草公司湘西自治州公司　　发布

前　言

本标准按照 GB/T1.1—2009 给出的规则起草。

本标准由湘西自治州烟草专卖局提出并归口。

本标准起草单位：湖南省烟草公司湘西自治州公司、湖南农业大学。

本标准主要起草人：陈前锋、田明慧、滕凯、张胜、邓小华、周米良、田峰、张明发。

本标准为首次发布。

生物质黑炭施用技术规程

1 范围

本标准规定了生物质黑炭的施用方法和技术要求等。

本标准适用于湘西自治州烤烟生产植烟土壤改良。

2 规范性引用文件

下列文件对于本文件的应用是必不可少的。凡是注日期的引用文件，仅所注日期的版本适用于本文件。凡是不注日期的引用文件，其最新版本（包括所有的修改单）适用于本文件。

DB 4331/T 4.9　湘西自治州烤烟生产技术规程 第9部分：施肥

DB 4331/T 4.10　湘西自治州烤烟生产技术规程 第10部分：整地待栽

3 术语和定义

3.1 生物质黑炭

生物质能原料经热裂解之后的产物，其主要的成分是碳分子，是一种作为土壤改良剂的木炭，能帮助植物生长，可应用于农业用途以及碳收集及储存使用，有别于一般用于燃料之传统木炭。

4 生物质黑炭技术参数

碳含量50%~70%；灰分15%~30%；pH7~11；比表面积50~200m^2/g；CEC 70~400mmol/kg。

5 烟田施用生物质黑炭

5.1 生物质黑炭施用量

每hm^2烟田施用量为3 750kg左右。

5.2 生物质黑炭施用时间与方法

在整地前，将过1mm筛的生物炭均匀撒施在地表，并旋耕深翻20cm，使生物黑炭与耕层土壤充分混合均匀。

5.3　烟田起垄与施肥

施用生物质黑炭后，烟田施肥按照 DB 4331/T 4.10 执行；烟田整地起垄按照 DB 4331/T 4.9 执行。

ICS

Q/WAAA

湖南省烟草公司湘西自治州公司企业标准

Q/WAAA074—2018

绿肥和秸秆生态协同改良植烟土壤技术规程

2018-02-25 发布　　　　2018-03-01 实施

湖南省烟草公司湘西自治州公司　　发布

前　言

本标准按照 GB/T1. 1—2009 给出的规则起草。

本标准由湘西自治州烟草专卖局提出并归口。

本标准起草单位：湖南省烟草公司湘西自治州公司、湖南农业大学。

本标准主要起草人：滕凯、杨丽丽、李源环、张胜、陈前锋、田明慧、周米良、邓小华、田峰、张明发。

本标准为首次发布。

绿肥和秸秆生态协同改良植烟土壤技术规程

1 范围

本标准规定了绿肥和秸秆生态协同改良植烟土壤技术要求等。

本标准适用于湘西自治州烤烟生产植烟土壤综合改良。

2 术语和定义

2.1 绿肥和秸秆生态协同改良

采用秸秆促腐还田和种植绿肥还田共同维护和改良土壤质量。垄沟掩埋秸秆还田并采用秸秆腐熟剂可加速秸秆腐解，垄沟种植绿肥，免耕聚垄掩埋绿肥，下层秸秆，中层绿肥，充分利用秸秆、绿肥和微生物协同改良土壤，提高土壤有机质和养分，提高土壤微生物量和酶活性，改善土壤物理性状。

2.2 聚垄

又叫聚土垄作，从垄脊将原垄分成二部分，用器具沿垄脊将垄体土壤翻入垄沟，分别向垄沟聚集土壤，在原垄沟上聚集土壤形成新的垄体的形式。聚土起垄，垄上种植，沟内培肥，第二季沟垄互换，实现全田快速培肥。

2.3 秸秆腐熟剂

能使秸秆等有机废弃物快速腐熟和分解的微生物活体制剂，使秸秆中所含的有机质及磷、钾等元素成为植物生长所需的营养，并产生大量有益微生物，刺激作物生产，提高土壤有机质，增强植物抗逆性，减少化肥使用量，改善作物品质，实现农业的可持续发展。

3 技术操作

3.1 秸秆处理

玉米等作物收获后，将其秸秆砍断成30~50cm长，不翻耕土壤，然后平铺于原垄沟中。垄沟深度要求不低于25cm，秸秆在原垄沟内的厚度不能超过10cm；秸秆还田量为7 500~1 200kg/hm^2。

3.2 撒施秸秆腐熟剂

选用30kg/hm^{2}有机废物发酵菌曲或BM有机物料腐熟剂等作为秸秆腐解

剂，将其均匀撒施在玉米秸秆上，促进玉米秸秆完全腐解。

3.3 秸秆覆土

将原垄体从中剖开，土壤分别倒向两边的原垄沟，覆盖秸秆，覆土厚度不低于5~10cm；覆土后，形成新的垄沟仍呈“凹”形。

3.4 播种绿肥

秸秆覆盖完成后，在新的垄沟中条播箭筈豌豆或紫花苕子及其他绿肥种子，播幅宽55~65cm；然后用土将绿肥种子覆盖，盖土厚度0.8~1.0cm。

3.5 绿肥翻压与聚垄

次年在烤烟移栽前10~15d，根据烤烟所需施用的基肥种类和数量，将肥料撒在绿肥上，然后沿绿肥两侧分别向绿肥聚集土壤，并掩埋绿肥，在原垄沟上聚集土壤形成新的垄体，而原垄体则因此形成新的垄沟。

4 烤烟栽培

依据烤烟起垄的要求整细土壤，在新的垄体上栽培烤烟。烤烟施肥量在原有水平基础上，减少氮肥施用量10%左右。

参考文献

薄国栋，申国明，张继光，等. 2016. 秸秆还田对植烟土壤养分及真菌群落多样性的影响［J］. 土壤通报，47（1）：137-142.

曹卫东，黄鸿翔. 2009. 关于我国恢复和发展绿肥若干问题的思考［J］. 中国土壤与肥料（4）：1-3.

曹文. 2000. 绿肥生产与可持续农业发展［J］. 中国人口·资源与环境，10（S2）：106-107.

陈渠昌，雷廷武，李瑞平. 2006. PAM 对坡地降雨径流入渗和水力侵蚀的影响研究［J］. 水利学报，37（11）：1 290-1 296.

陈银建，周冀衡，李强，等. 2011. 秸秆腐熟剂对不同作物秸秆腐解特征研究［J］. 湖南农业科学（10）：19-21，25.

崔建宇，王敬国，张福锁. 1999. 肥田萝卜、油菜对金云母中矿物钾的活化与利用［J］. 植物营养与肥料学报，5（4）：328-333.

崔正果，李秋祝，张恩萍，等. 2018. 玉米秸秆不同还田方式对土壤有机质及微生物数量的影响［J］. 玉米科学，26（6）：104-109.

代快，计思贵，张立猛，等. 2017. 生物炭对云南典型植烟土壤持水性及烤烟产量的影响［J］. 中国土壤与肥料（4）：44-51.

戴志刚，鲁剑巍，李小坤，等. 2010. 不同作物还田秸秆的养分释放特征试验［J］. 农业工程学报，26（6）：272-276.

邓小华，石楠，周米良，等. 2015. 不同种类绿肥翻压对植烟土壤理化性质的影响［J］. 烟草科技，48（2）：7-10.

邓小华，杨丽丽，陆中山，等. 2016. 黑麦草绿肥翻压下烤烟减施氮量研究［J］. 中国烟草学报，22（6）：70-77.

董绘阳，张家韬，董鹏飞，等. 2014. 绿肥对烟草品质及烟田土壤性质的影响［J］. 陕西农业科学，60（1）：10-12.

范春辉，张颖超，许吉婷，等. 2014. 复合污染旱田黄土中还田秸秆动态腐解的光谱学特性［J］. 光谱学与光谱分析，34（4）：1 045-1 049.

高永恒. 2004. 土壤改良剂对多年生黑麦草生长特性和土壤理化性质的影响研究［D］. 甘肃：甘肃农业大学.

龚丝雨，钟思荣，张世川，等. 2018. 增施生物炭对烤烟生长及产量、质量的影响［J］. 作物杂志（2）：154-160.

管恩娜，管志坤，杨波，等. 2016. 生物质炭对植烟土壤质量及烤烟生长的影响［J］. 中国烟草科学，37（2）：36-41.

郭和蓉，陈琼贤，郑少玲，等. 2004. 营养型土壤改良剂对酸性土壤中钾的调节及玉米吸钾量的影响［J］. 土壤肥料（2）：20-22.

郭和蓉，陈琼贤，郑少玲，等. 2004. 营养型土壤改良剂对酸性土壤中磷的活化及玉米吸磷的影响［J］. 华南农业大学学报，25（1）：29-32.

郭云周，尹小怀，王劲松，等. 2010. 翻压等量绿肥和化肥减量对红壤旱地烤烟产量产值的影响［J］. 云南农业大学学报（自然科学版），25（6）：811-816.

韩志强，王勇，李忠环，等. 2010. 不同土壤改良措施对烤烟农艺性状的影响［J］. 西南农业学报，23（6）：1 935-1 938.

胡军，陈彦春，程兰，等. 2010. 土壤改良剂对烤烟生长和烟叶品质的影响［J］. 安徽农学通报（上半月刊），16（23）：99-101.

胡瑞文，刘勇军，周清明，等. 2018. 生物炭对烤烟根际土壤微生物群落碳代谢的影响［J］. 中国农业科技导报，20（9）：49-56.

扈强，石锦辉，王寒，等. 2015. 不同绿肥翻压对陕南烤烟土壤和烟叶钾营养、农艺性状及经济性状的影响［J］. 安徽农学通报，21（3）58-61.

贾海江，徐雪芹. 2015. 稻草还田对烤烟农艺性状和吸食品质的影响［J］. 湖北农业科学，54（11）：2 673-2 675，2 766.

贾宏昉，陈红丽，黄化刚，等. 2014. 施用腐熟秸秆肥对烤烟成熟期碳代谢途径影响的初报［J］. 中国烟草学报，20（4）：48-52.

贾秀飞，叶鸿蔚. 2016. 秸秆焚烧污染治理的政策工具选择-基于公共政策学、经济学维度的分析［J］. 干旱区资源与环境，30（1）：36-41.

江智敏，田峰，邓小华，等. 2015. 多年定位翻压绿肥对烤烟大田生长及经济性状的影响［J］. 中国烟草科学，36（3）：35-39.

焦彬，顾荣申，张学上. 1986. 中国绿肥［M］. 北京：中国农业出版社.

解开治，徐培智，严超，等. 2009. 不同土壤改良剂对南方酸性土壤的改良效果研究［J］. 中国农学通报，25（20）：160-165.

晋艳，杨宇虹，段玉琪，等. 2002. 烤烟连作对烟叶产量和质量的影响研究初报［J］. 烟草科技，35（1）：41-45.

靳志丽，刘国顺，聂新柏. 2002. 腐殖酸对土壤环境和烤烟矿质吸收影响的研究［J］. 中国烟草科学，23（3）：15-18.

柯振安，刘伯衡. 1986. 绿肥解磷作用机理的探讨［J］. 石河子农学院学报（2）：57-62.

孔伟，鲁剑巍，储刘专，等. 2013. 光叶紫花苕子不同翻压期对烤烟生长发育的影响［J］. 中国农学通报，29（1）：150-154.

寇洪萍. 1999. 土壤 pH 对烟草生长发育及内在品质的影响［D］. 长春：吉林农业大学.

雷波，赵会纳，陈懿，等. 2011. 不同土壤改良剂对烤烟生长及产质量的影响［J］. 贵州农业科学，39（4）：110-113.

李成江，李大肥，周桂夙，等. 不同种类生物炭对植烟土壤微生物及根茎病害发生的影响

[EB/OL].作物学报：1-10［2019-02-19］. http://kns.cnki.net/kcms/detail/11.1809.S.20181030.1751.012.html.

李翠兰，张晋京，窦森，等. 2009. 玉米秸秆分解期间土壤腐殖质数量动态变化的研究［J］. 吉林农业大学学报，31（6）：729-732.

李贵桐，赵紫娟，黄元仿，等. 2002. 秸秆还田对土壤氮素转化的影响［J］. 植物营养与肥料学报，8（2）：162-167.

李航，董涛，王明元. 2016. 生物炭对香蕉苗根际土壤微生物群落与代谢活性的影响［J］. 微生物学杂志，36（1）：42-48.

李宏图，罗建新，彭德元，等. 2013. 绿肥翻压还土的生态效应及其对土壤主要物理性状的影响［J］. 中国农学通报，29（5）：172-175.

李彦东，罗成刚，温亮，等. 2011. 秸秆还田对烟株生长发育及烟叶产质量的影响［J］. 现代农业科技（20）：43-44.

李彰，熊瑛，吕强，等. 2010. 微生物土壤改良剂对烟草生长及耕层环境的影响［J］. 河南农业科学（9）：56-60.

李正. 2010. 绿肥对植烟土壤培肥效应及烤烟产质量的影响［D］. 河南：河南农业大学，1-46.

李正风，张晓海，夏玉珍，等. 2007. 秸秆还田在植烟土壤性状改良上应用的研究进展［J］. 中国农学通报，23（5）：165-170.

刘国顺，罗贞宝，王岩，等. 2006. 绿肥翻压对烟田土壤理化性状及土壤微生物量的影响［J］. 水土保持学报，20（1）：95-98.

刘宏，张英华，减传江，等. 2016. 冬牧07绿肥翻压模式对烤烟产量与质量的影响［J］. 实验研究，33（2）：65-67.

刘卉，张黎明，周清明，等. 2018. 烤烟连作下连续施用生物炭对烤烟黑胫病、干物质及产质量的影响［J］. 核农学报，32（7）：1 435-1 441.

刘巧真，郭芳阳，吴照辉，等. 2011. 不同土壤改良剂对烤烟根区土壤微生态·烟叶质量的影响［J］. 安徽农业科学，39（25）：15 283-15 285.

刘巧真，郭芳阳，吴照辉，等. 2012. 烤烟连作土壤障碍因子及防治措施［J］. 中国农学通报，28（10）：87-90.

刘荣乐，金继运，吴荣贵，等. 2000. 我国北方土壤-作物系统内钾素循环特征及秸秆还田与施钾肥的影响［J］. 植物营养与肥料学报，6（2）：123-132.

刘胜良，赵正雄，陈月舞，等. 2010. 绿肥全部还田条件下烤烟化肥氮用量调整研究［J］. 中国烟草学报，16（3）：57-60，63.

龙明杰，曾繁森. 2000. 高聚物土壤改良剂的研究进展［J］. 土壤通报，31（5）：199-202.

龙云鹏，王兆龙. 2013. 微生物催腐剂对小麦秸秆的催腐效果［J］. 上海交通大学学报（农业科学版），31（1）：41-45.

陆琳，杨跃，吴建洲，等. 2009. 前作秸秆还田烤烟经济性状分析［J］. 江西农业学报，21（4）：6-10.

罗贞宝. 2006. 绿肥对烟田土壤的改良作用及对烟叶品质的影响［D］. 河南：河南农业大学.

吕英华. 2003. 无公害果树绿肥技术［M］. 北京：中国农业出版社，105-110.

穆青，刘洋，展彬华，等. 2018. 我国植烟土壤主要问题及其防控措施研究进展［J］. 江苏农业科学，46（21）：16-20.

牛玉德，王国良，李金峰，等. 2016. 不同生物质炭施用量对汉中烤烟生长发育、产量产值和品质的影响［J］. 江西农业学报，28（1）：60-63.

潘福霞，鲁剑巍，刘威，等. 2011. 不同种类绿肥翻压对土壤肥力的影响［J］. 植物营养与肥料学报，17（6）：1 359-1 364.

潘金华，庄舜尧，史学正，等. 2016. 施用改良剂对皖南旱坡地土壤性状及烤烟产量和品质的综合效应［J］. 土壤，48（5）：978-983.

彭莹，李海林，田峰，等. 2015. 油菜秸秆覆盖还田对烤烟生长和产质量的影响［J］. 作物研究，29（6）：622-625.

齐耀程，崔权仁，周本国，等. 2016. 不同冬种绿肥对皖南烟区烤烟产质量的影响［J］. 中国烟草科学，37（6）：32-36.

任天宝，杨艳东，高卫锴，等. 2018. 基于高通量测序的生物炭施用量对植烟土壤细菌群落的影响［J］. 河南农业科学，47（12）：64-69.

尚志强. 2008. 秸秆还田与覆盖对植烟土壤性状和产量质量的影响［J］. 土壤通报，39（3）：706-708.

沈中泉. 1988. 有机与无机肥配施对烟叶品质的影响［J］. 烟草科技（6）：49-53.

石楠，周米良，邓小华，等. 2015. 翻压绿肥后减施氮肥对烤烟产质量的影响［J］. 作物研究，29（2）：166-169.

石秋环，焦枫，耿伟，等. 2009. 烤烟连作土壤环境中的障碍因子研究综述［J］. 中国烟草学报，15（6）：81-84.

时鹏，张继光，王正旭，等. 2011. 烟草连作障碍的症状・机理及防治措施［J］. 安徽农业科学，39（1）：120-122+124.

佀国涵，赵书军，王瑞，等. 2014. 连年翻压绿肥对植烟土壤物理及生物性状的影响［J］. 植物营养与肥料学报，20（4）：905-912.

孙星，刘勤，王德建，等. 2007. 长期秸秆还田对土壤肥力质量的影响［J］. 土壤，39（5）：782-786.

谭慧，彭五星，向必坤，等. 2018. 炭化烟草秸秆还田对连作植烟土壤及烤烟生长发育的影响［J］. 土壤，50（4）：726-731.

田艳洪，刘文志，赵晓锋，等. 2011. 秸秆还田对连作烟田土壤性状及烟株生长的影响［J］. 现代化农业（1）：28-31.

田艳洪，赵晓锋，刘文志，等. 2012. 腐殖酸对连作烟田土壤性状及烟株生长的影响［J］. 黑龙江农业科学（3）：58-61.

涂书新，郭智芬. 1999. 富钾植物籽粒苋根系分泌物及其矿物释钾作用的研究［J］. 核农学报，13（5）：305-311.

汪德水，张美荣，典雄. 1990. 乳化沥青作为土壤结构改良剂改土保水增产的研究［J］. 石油沥青

(3)：21-21.

王东升，徐志强，杜立宇，等. 2006. 大豆和小麦对矿物钾的活化作用研究［J］. 土壤通报，17（6）：1 118-1 122.

王富国，宋琳，冯艳，等. 2011. 不同种植年限酸化果园土壤微生物学性状的研究［J］. 土壤通报，42（1）：46-50.

王红，夏雯，卢平，等. 2017. 生物炭对土壤中重金属铅和锌的吸附特性［J］. 环境科学，38（9）：3 944-3 952.

王辉，董元华，李德成，等. 2005. 不同种植年限大棚蔬菜地土壤养分状况研究［J］. 土壤，37（4）：460-462.

王瑞宝，闫芳芳，夏开宝，等. 2010. 不同苕子绿肥翻压模式对烤烟产量和品质的影响［J］. 安徽农业科学，38（12）：6 183-6 188.

王树会，耿素祥. 2010. 过量施肥对烤烟生长发育和产质的影响［J］. 中国农业科技导报，12（5）：116-122.

王晓玉，薛帅，谢光辉. 2012. 大田作物秸秆量评估中秸秆系数取值研究［J］. 中国农业大学学报，17（1）：1-8.

王毅，宋文静，吴元华，等. 2018. 小麦秸秆还田对烤烟叶片发育及产质量的影响［J］. 中国烟草科学，39（2）：32-38.

王育军，江子勤，李强，等. 2018. 油菜秸秆还田减氮对烤烟经济性状及烟叶品质的影响［J］. 湖南文理学院学报（自然科学版），30（4）：78-83.

王哲，宓展盛，郑春丽，等. 2008. 生物炭对矿区土壤重金属有效性及形态的影响［EB/OL］. 化工进展：1-8［2019-02-19］. https://doi. org/10. 16085/j. issn. 1 000-6 613.2 018-1 732.

魏国胜，周恒，朱杰，等. 2011. 土壤 pH 值对烟草根茎部病害的影响［J］. 江苏农业科学（1）：140-143.

巫东堂，王久志. 1990. 土壤结构改良剂及其应用［J］. 土壤通报，21（3）：21-23.

吴萍萍，李录久，王家嘉，等. 2017. 秸秆生物炭对矿区污染土壤重金属形态转化的影响［J］. 生态与农村环境学报，33（5）：453-459.

吴淑芳，吴普特，冯浩. 2003. 高分子聚合物对土壤物理性质的影响研究［J］. 水土保持通报，23（1）：42-45.

奚柏龙，党军政，马哲. 2013. 冬油菜翻压量对烟田土壤性状及烤烟品质的影响［J］. 现代农业科技（3）：14-16.

邢世和，熊德中，周碧清，等. 2005. 不同土壤改良剂对土壤生化性质与烤烟产量的影响［J］. 土壤通报，36（1）：73-75.

熊茜，查永丽，毛昆明，等. 2012. 小麦秸秆覆盖量对烤烟生长及烟叶产质量的影［J］. 作物研究，26（6）：949-653.

熊瑶，陈建军，王维，等. 2012. 秸秆还田对烤烟根系活力和碳氮代谢生理特性的影响［J］. 中国农学通报，28（30）：65-70.

徐蒋来，胡乃娟，朱利群. 2016. 周年秸秆还田量对麦田土壤养分及产量的影响［J］. 麦类作物学报，36（2）：215-222.
许文欢. 2016. 生物炭对杨树人工林土壤微生物量及碳源代谢多样性的影响［D］. 南京：南京林业大学.
闫宁，郭东锋，姚忠达，等. 2016. 烟秆还田对烟草生长、产量、质量及病毒病发生的影响［J］. 江西农业学报，28（7）：68-72+77.
严红星，田飞，刘建国，等. 2008. 绿肥、稻草还田对植烟土壤团聚体组成及有机质分布的影响［EB/OL］. 烟草科技. https：//doi. org/10. 16135/j. issn1002-0861. 0102.
杨帮浚，刘泓. 1993. 有机肥与化肥配施对烤烟钾素营养与品质的影响［J］. 西南农业大学学报，15（6）：578-583.
杨钊，尚建明，陈玉梁. 2019. 长期秸秆还田对土壤理化特性及微生物数量的影响［J］. 甘肃农业科技（1）：13-20.
杨振兴，周怀平，关春林，等. 2013. 秸秆腐熟剂在玉米秸秆还田中的效果［J］. 山西农业科学，41（4）：354-357.
叶协锋，李志鹏，于晓娜，等. 2015. 生物炭用量对植烟土壤碳库及烤后烟叶质量的影响［J］. 中国烟草学报，21（5）：33-41.
叶协锋，杨超，王永，等. 2008. 翻压黑麦草对烤烟产、质量影响的研究［J］. 中国农学通报，24（12）：196-199.
叶协锋，于晓娜，李志鹏，等. 2016. 两种生物炭对植烟土壤生物学特性的影响［J］. 中国烟草学报，22（6）：78-84.
叶协锋，周涵君，于晓娜，等. 2017. 生物炭对弱碱性土壤烤烟 Cd 吸收及转运富集特征的影响［J］. 中国烟草学报，23（5）：65-72.
尤开勋，秦拥政，赵一博，等. 2011. 宜昌市植烟土壤酸化特点与成因分析［J］. 安徽农业科学，39（5）：2 737-2 739.
袁家富，徐祥玉，赵书军，等. 2009. 绿肥翻压和减氮对烤烟养分累积、产量及质量的影响［J］. 湖北农业科学，48（9）：2 106-2 109.
张长华，王智明，陈叶君，等. 2007. 连作对烤烟生长及土壤氮磷钾养分的影响［J］. 贵州农业科学（4）：62-65.
张继光，申国明，张久权，等. 2011. 烟草连作障碍研究进展［J］. 中国烟草科学，32（3）：95-99.
张继娟，李绍才，魏世强，等. 2005. 喷射条件下 PAM 特性参数对土壤物性的影响［J］. 西南农业大学学报，28（3）：381-385.
张黎明，邓万刚. 2005. 土壤改良剂的研究与应用现状［J］. 华南热带农业大学学报（2）：32-34.
张明发，田峰，邓小华，等. 2017. 不同绿肥品种翻压对烤烟产质量及土壤性状的影响［J］. 作物研究，31（1）：66-69.
张明发，田峰，田茂成，等. 2013. 绿肥不同还田量对烤烟产质量的影响［J］. 作物研究，27（5）：442-444.

张晓海，邵丽，张晓林. 2002. 秸秆及土壤改良剂对植烟土壤微生物的影响［J］. 西南农业大学学报，24（2）：169-172.

张宇，陈阜，张海林，陈继康. 2009. 耕作方式对玉米秸秆腐解影响的研究［J］. 玉米科学，17（6）：68-73.

章永松，林咸永，倪吾钟，等. 1996. 有机肥对土壤磷吸附—解吸的直接影响［J］. 植物营养与肥料学报，2（3）：200-205.

赵兰凤，张新明，程根，等. 2017. 生物炭对菜园土壤微生物功能多样性的影响［J］. 生态学报，37（14）：4 754-4 762.

赵满兴，贺治慧，徐世峰，等. 2017. 生物质炭对延安烤烟生长及经济性状的影响［J］. 土壤通报，48（5）：1 192-1 196.

郑加玉，张忠锋，程森，等. 2016. 稻壳生物炭对整治烟田土壤养分及烟叶产质量的影响［J］. 中国烟草科学，37（4）：6-12.

郑宪滨，刘国顺，邢国强，等. 2007. 腐殖酸对烤烟化学成分和经济性状的影响［J］. 河南农业科学（12）：43-45.

周波. 2003. 秸秆还田对土壤肥力及酥梨产量的影响［J］. 安徽农学通报，9（5）：62-63.

周恩湘，姜淳，霍习良，等. 1991. 沸石改良滨海盐化潮土的研究［J］. 河北农业大学学报（1）：14-18.

周凤，许晨阳，金永亮，等. 2017. 生物炭对土壤微生物 C 源代谢活性的影响［J］. 中国环境科学，37（11）：4 202-4 211.

朱克亚，孙星，程森，等. 2016. 不同改良剂对皖南烟田土壤性状及烤烟产量和品质的影响［J］. 土壤，48（4）：720-725.

朱玉芹，岳玉兰. 2004. 玉米秸秆还田培肥地力研究综述［J］. 玉米科学，12（3）：106-108.

邹健，彭云，王娜，等. 2017. 生物炭用量对烤烟生长及产量、质量的影响［J］. 云南农业大学学报（自然科学），32（4）：652-658.

左天觉. 1993. 烟草的生产、生理和生物化学［M］. 上海：上海远东出版社，23，223，281.

Busscher W J，Novak J M，Caesar-Tonthat T C. 2007. Organic matter and polyacrylamide amendment of Norfolk loamy sand［J］. Soil & Tillage Research，93（1）：171-178.

César Guerrero，Raúl Moral，Ignacio Gómez，et al. 2007. Microbial biomass and activity of an agricultural soil amended with the solid phase of pig slurries［J］. Bioresour Technol，98（17）：3 259-3 264.

Devereux R C，Sturrock C J，Mooney S J. 2012. The effects of biochar on soil physical properties and winter wheat growth［J］. Earth and Environmental Science Transactions of the Royal Society of Edinburgh，103（1）：13-18.

Gerke J，Meyer U. 1995. Phosphate Acquisition by Mustard on a Muic Podzol［J］. Plant Nutr，18：2 409-2 429.

Lehmann J. 2007. A handful of carbon［J］. Nature，447（7141）：143-144.

Peterson D E. 2006. Management effects on soil physical properties in long-term tillage studies in Kansas

[J]. Soil Science Society of America Journal, 70 (2): 434-438.

Recous S, Robin D, Darwis D, et al. 1995. Soil in organic Navail-ability: Effect on maizeresidue decomposition [J]. Soil Biology and Biochemistry, 27 (12): 1 529-1 538.

Santos F L, Reis J L, Martins O C, Castanheira N L, et al. 2003. Comparative assessment of infiltration, runoff and erosion of sprinkler irrigated soils. [J]. Biosystems Engineering, 86 (3): 355-364.

Thygesen K, Larsen J, Bodker L. 2004. Arbuscular mycorrhizal fungi reduce development of pea root-rot caused by Aphanomyces euteiches using oospores as pathogen inoculum [J]. European Journal of Plant Pathology, 110 (4): 411-419.

Yu J Q, Matsui Y. 1997. Effects of root exudates of cucumber (cucumis sativus) and allelochemicals on ion uptake by cucumber seedlings [J]. Journal of Chemical Ecology, 23 (3): 817-827.

Zeelie A. 2012. Effect of biochar on selected soil physical properties of sandy soil with low agricultural suitability [D]. Stellenbosch: Stellenbosch University.

Zhu Z, Wen Q, Freney J R. 1997. Nitrogen in Soils of China [M]. Springer Netherlands, 43-66.